图像识别智能放煤基础与应用

王家臣　李良晖　著

科学出版社

北　京

内 容 简 介

本书对图像识别智能放煤技术进行系统介绍，总结了作者近 20 年来在智能化放煤方面的基础研究和现场应用成果，提出了智能放煤技术需要实现的功能和技术难点，介绍了煤矿井下煤岩图像处理与特征提取、动态煤流图像增强与去噪技术、煤流含矸率识别技术、复杂外观条件下煤岩识别技术、智能放煤技术系统开发与现场应用效果等。

本书是国内外第一本系统介绍基于图像识别的智能放煤技术开发基础理论与工业应用的学术著作。本书可作为高等院校采矿工程、智能采矿工程、计算机科学与技术、人工智能等相关专业的本科生以及研究生的参考书，也可供从事煤矿开采、煤矿机电等方面的科研及技术人员阅读参考。

图书在版编目（CIP）数据

图像识别智能放煤基础与应用 / 王家臣，李良晖著. -- 北京 : 科学出版社, 2025. 3. -- ISBN 978-7-03-082059-4

Ⅰ. TD823.4-39

中国国家版本馆 CIP 数据核字第 2025Y3T157 号

责任编辑：李 雪 李亚佩 / 责任校对：王萌萌
责任印制：师艳茹 / 封面设计：无极书装

科学出版社出版
北京东黄城根北街 16 号
邮政编码：100717
http://www.sciencep.com
北京市金木堂数码科技有限公司印刷
科学出版社发行 各地新华书店经销
*
2025 年 3 月第 一 版 开本：787×1092 1/16
2025 年 3 月第一次印刷 印张：22 1/4
字数：528 000

定价：330.00 元

（如有印装质量问题，我社负责调换）

前　　言

放顶煤技术是我国开采厚煤层的主要方法，每年产出的煤炭量约占全国煤炭产量的四分之一，达 10 亿 t 以上。放煤作为放顶煤技术独有的工艺具有极其重要的地位，绝大部分放顶煤工作面的放煤产量占整个工作面煤炭产量的一半以上，因此研发能够提高放煤效率和回收率的智能放煤技术意义重大。

最近十余年来，我国综采工作面在基于液压支架电液控制、采煤机记忆割煤、刮板输送机惯导定位的煤矿开采智能化技术研发已经取得了长足进步，尤其是在系统管控平台、机器视觉系统、矿用大模型以及数字孪生技术等方面形成了具有我国特色的技术，总体上看，我国煤矿智能开采技术已经处于世界领先水平，有力地支撑了我国煤炭工业高质量发展。

放顶煤工作面与综采工作面相比，其智能开采既有许多相似之处，更有其特殊性和复杂性。在采煤机割煤、拉移支架、推移前部刮板输送机等方面二者相同，此外放顶煤工作面的采煤机割煤工艺只要采用固定采高的记忆割煤即可，不用进行割煤过程中的煤岩识别和采煤机以及支架调高，但是由于放顶煤工作面多了一个放煤工艺，放煤过程的作业条件不好、智能控制难度大，也没有国内外可以借鉴的智能放煤技术，这就使得放顶煤工作面的全面智能化更加复杂，难度也更大。

智能放煤技术或者说放煤过程的智能控制是放顶煤工作面智能化的核心和关键，其主要功能就是通过对放出煤流进行检测，智能识别煤矸，以及智能计算放出煤流中的含矸率，然后根据事先确定的含矸率阈值自动关闭放煤口。智能放煤也需要具有能够自动分辨顶煤夹矸和顶板矸石的功能，避免夹矸误判，导致夹矸以上顶煤丢失；智能放煤也需要具有能够精准实现高回收率放煤工艺的功能，如顺序放煤、间隔放煤、多轮放煤、组架放煤、逆序放煤、接力放煤，或者上述放煤工艺的组合等。智能放煤可以实现人工难以精准实现的多项放煤工艺，可以精准控制顶煤的含矸率，达到提高回收率的目的，但是其核心是对放出煤流含矸率的精准快速计算和对放煤口的精准控制。

作者在 1998 年开始思考和研究自动放煤问题，当时的出发点是想解决放煤工人肉眼识别放煤难度大、作业尘雾大、环境差的难题，试图通过红外等技术在工作面端头实现远程控制放煤，后来也曾研究过声波、振动等技术，在现场做了大量试验和数据采集，这些技术可以做到识别煤矸，但是无法计算煤流中的含矸率，达不到工业应用的目的。在探索了多种技术路线后，作者于 2009 年开始带领团队专注于图像识别智能放煤技术研发，也授权了国内外第一个自动化放煤发明专利（煤矸识别与自动化放煤控制系统，专利号：ZL200910152006.X），至今已获得放煤与智能放煤方面发明专利授权 25 件，占全国该方面授权发明专利的 49%，也曾获得教育部、煤炭工业协会一等奖。图像识别智能放煤技术于 2020 年开始在淮北、开滦、潞安、陕煤化、雁宝等煤炭企业进行推广应用，这也是智能放煤众多技术路线中唯一进行工业化应用的技术。为了推广这一有前途的技术，总结作者团队在技术研发过程中的经验与教训，撰写此书，供广大读者借鉴，以期为推动煤炭智能开采有所贡献。在技术研发推广和本书撰写过程中得到了中国矿业大学（北京）杨胜利教授、潘卫东教授、李杨教授、张国英教授、张锦旺副教授、王兆会副教授、魏炜杰讲师、刘凤琪博士、王志峰博士、安博超博士、张鑫博士、曲黎薇博士、刘云熹博士、宋世雄博士、陈勇升博士、王雨兵博士、侯东鑫博士、张朝善博士、岳豪博士、张燊博士、李家龙博士、汪嘉文博士、付承彩博士、李新源博士、李铁铮博士、贾海鑫博士、胡皓宇硕士、刘垚硕士、王泽伟硕士、秦熙渊硕士等的帮助，也得到了技术应用企业的支持，以及加拿大不列颠哥伦比亚大学（University of British Columbia）Bern Klein 教授、Maria E. Holuszko 教授、张依然博士、Nawoong Yoon 硕士、李亚林博士，美国犹他大学（University of Utah）李渊教授的帮助，在此一并致谢。同时也要感谢国家自然科学基金委员会的项目支持[创新群体项目（52121003）、青年基金项目（52404159）、面上基金项目（52374148、52374106）]。

由于作者水平有限，加之智能放煤属于一个全新领域，可供参考的资料极少，书中难免有不妥之处，敬请读者批评指正。

王家臣

2024 年 12 月

目　录

第 1 章　放顶煤开采技术概述

1.1　放顶煤开采技术原理及发展

1.1.1　放顶煤开采原理

综合机械化放顶煤开采，简称综放开采或放顶煤开采，是我国开采厚及特厚煤层的主要方法[1,2]。其实质是在煤层底部布置一个综采工作面，使用专用的放顶煤支架，用常规方法进行开采，同时利用矿山压力或辅助以人工弱化措施(如爆破作业、注水软化)使支架上方的顶煤破碎成散体，由支架尾部放煤口放出，经由工作面后部刮板输送机运出工作面，连同工作面前部刮板输送机运出的从煤壁上割下的底煤一并卸载到转载机上，经破碎后由皮带输送机运出工作面，如图 1-1 所示。

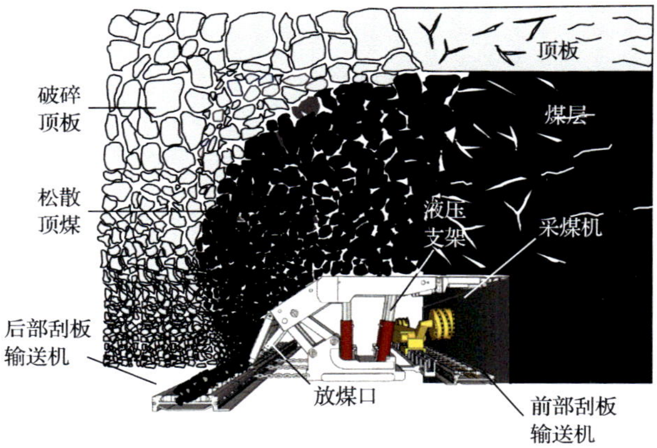

图 1-1　放顶煤开采示意图

放顶煤工作面有前、后两部刮板输送机出煤，根据工艺循环设计，采煤和放煤可以平行作业，此时前、后两部刮板输送机同时出煤，工作面生产效率较高；也可以采煤和放煤间隔作业，此时前、后两部刮板输送机交叉出煤。

放顶煤开采技术的特点决定了该方法具有巷道掘进率低、投资少、成本低、产量大、生产效率高等优点，对煤层厚度适应性强，4～20m 煤层均可采用。对于急倾斜厚煤层采用水平分段放顶煤技术开采时，煤层厚度最好大于 20m，否则工作面过短，巷道掘进率高、生产效率低、回收率低。放顶煤开采对顶煤回收率控制、工作面两巷全煤巷道稳定性控制、采空区防火、瓦斯涌出控制等难度较大，同时对煤层的硬度和裂隙发育程度要求较高，对于一些坚硬煤层或煤体裂隙不发育的煤层适应性较差[3,4]。

1.1.2 综放工作面作业流程

掌握综放工作面作业流程是实现智能化放煤的前提。综放与综采的区别在于前者多了放煤工序，首先介绍综采工作面的作业流程。图 1-2 为综采工作面跟机作业示意图，以采煤机割煤为作业核心，在采煤机运行前方需要收液压支架护帮板，使得采煤机沿煤壁顺利割煤。在采煤机经过液压支架前方时需要保证护帮板一直处于回收状态，采煤机完成割煤并完全通过当前液压支架后，液压支架前移，及时支护顶板，移架后及时打开护帮板支护煤壁，当采煤机通过一段距离，达到刮板输送机允许的推溜距离后，进行推溜操作。

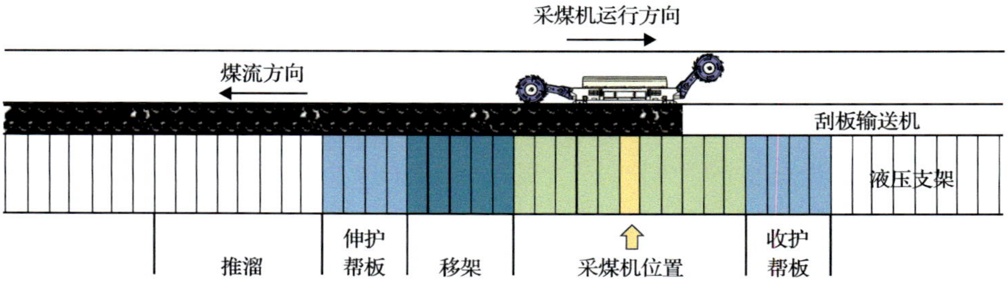

图 1-2 综采工作面跟机作业示意图

图 1-3 为综放工作面跟机作业示意图，同样以采煤机割煤为作业核心，在采煤机运行前方需要收液压支架护帮板，使得采煤机沿煤壁顺利割煤。在采煤机经过液压支架前方时需要保证护帮板一直处于回收状态，采煤机完成割煤并完全通过当前液压支架后，液压支架前移，及时支护顶板，移架后及时打开护帮板支护煤壁。移架后，放顶煤液压支架放煤口正好处于后部刮板输送机上方，进行放煤操作。采煤机通过一段距离后，达到前部刮板输送机允许的推溜角度后，进行推前溜操作。放煤后，达到后部刮板输送机允许的推溜角度后，进行拉后溜操作。

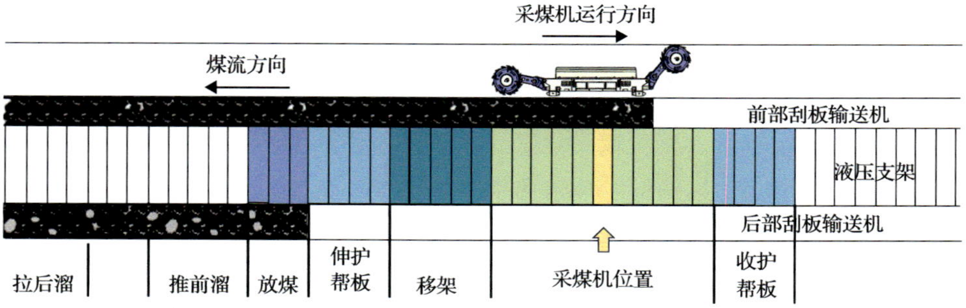

图 1-3 综放工作面跟机作业示意图

相对于综采工作面，综放工作面跟机作业内容增加了放煤操作和拉后溜操作，而利用机器代替人工实现智能化放煤操作是本书的主要内容。

1.2　放煤理论及放煤工艺

1.2.1　四要素放煤理论

放顶煤开采中，放煤工序产量一般占工作面总产量的 50%以上，因此确定科学、合理的放煤工艺对于提高顶煤回收率至关重要。四要素放煤理论，也称为 BBR 放煤理论，是指综合研究顶煤放出过程中煤岩分界面(boundary of top-coal)、顶煤放出体(drawing body of top-coal)、顶煤回收率(recovery ratio of top-coal)与含矸率(rock mixed ratio of top-coal)及其相互关系，从而用于指导放煤工艺开发的理论[5]，如图 1-4 所示。

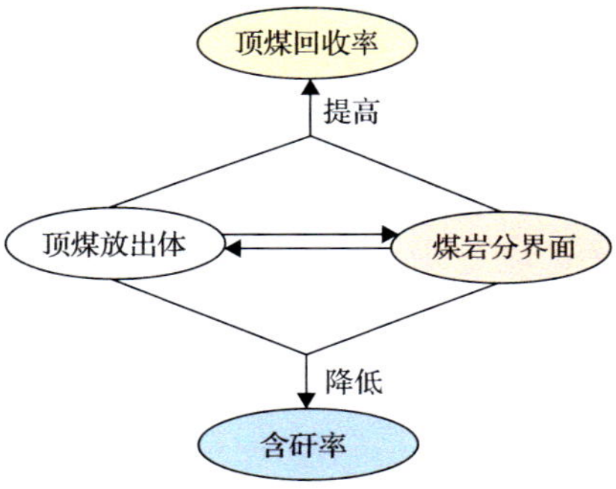

(a) 四要素放煤理论框架

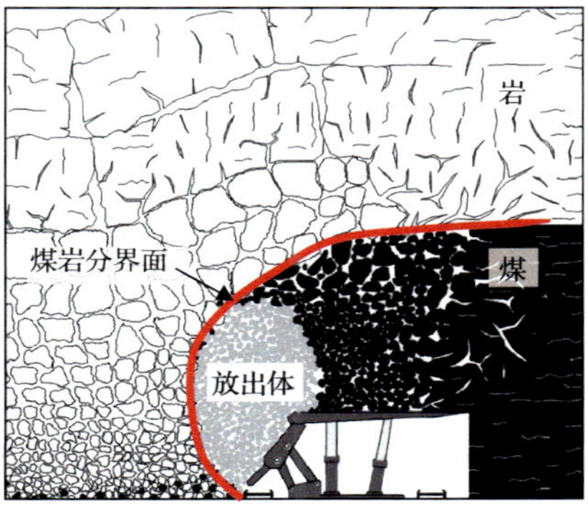

(b) 放出体、煤岩分界面及相互关系

图 1-4　四要素放煤理论

四要素放煤理论的核心是系统研究每个放煤循环中的起始和终止煤岩分界面形态、放出体发育过程及形态、放出煤量和混入岩石量等四个相互影响的时空要素，阐明顶煤放出体、煤岩分界面、顶煤回收率和含矸率之间的关系。该理论认为，通过控制顶煤放出体形态，使顶煤放出体与煤岩分界面重合，可以最大限度地提高顶煤回收率、降低含矸率，为开发高效智能放煤工艺提供科学指导[6-8]。

1.2.2　常见放煤工艺

放煤工艺是指为实现顶煤回收而制定的一整套技术流程和操作方法，它是工作面同时开启放煤口数量、放煤顺序、放煤轮次、放煤步距等参数的组合。选择适合的放煤工艺可以提高顶煤回收率、降低含矸率、提高生产效率。

按照同时开启放煤口数量、放煤顺序、放煤轮次、放煤步距等参数，可以将放煤工艺划分为单口放煤与多口放煤、顺序放煤与间隔放煤、单轮放煤与多轮放煤、一刀一放与两刀一放等。通过组合，可以形成单口顺序单轮放煤、双口间隔两轮放煤等多种形式。

1. 放煤工艺基本参数

1) 同时开启放煤口数量

在放煤作业中，一次性开启的放煤口数量为该次放煤同时开启放煤口数量。根据同时开启放煤口数量的不同，可以将放煤工艺划分为单口放煤与多口放煤。单口放煤即在放煤工序中按照一定的放煤顺序每次打开一个放煤口进行放煤作业；多口放煤即在放煤工序中将支架按顺序分组，每组有大于等于两台液压支架，并依次打开组中全部放煤口进行放煤，如图 1-5 所示。

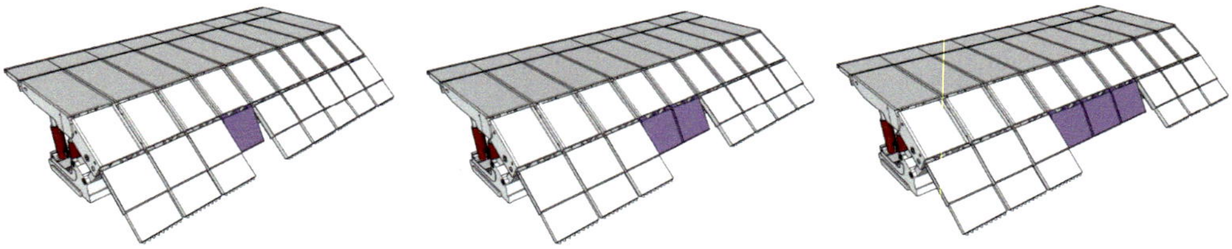

(a) 单口放煤　　(b) 双口放煤　　(c) 三口放煤

图 1-5　单口放煤和多口放煤

单口放煤操作简单，当出现卡煤、卡矸情况时，可以考虑使用多口放煤。通过增加同时开启放煤口数量，可以放出大块度煤岩，提高生产效率，但也增大了后部刮板输送机的运输负荷。

2) 放煤顺序

放煤顺序是指放煤时，各放煤口的放煤方式和次序。根据放煤顺序的不同，可以将放煤工艺划分为顺序放煤与间隔放煤。顺序放煤即按照支架的编号进行排序，按照相邻序号的顺序依次打开放煤口进行放煤作业；间隔放煤即按照支架的编号进行排序，顺序间隔 1 架或多架，依次打开放煤口进行放煤作业，如图 1-6 所示。

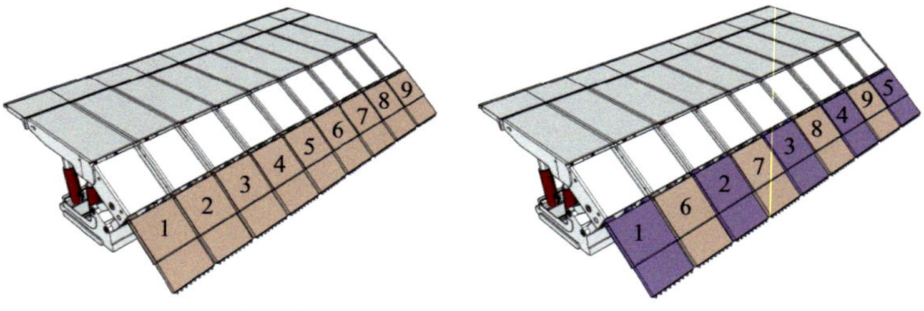

(a) 顺序放煤　　(b) 间隔放煤

图 1-6　不同放煤顺序示意图

相比于顺序放煤，间隔放煤扩大了放煤间隔，从而避免了由于临近放煤漏斗中矸石混入而降低含矸率的问题。同时间隔放煤为增加出煤点及多口放煤提供条件，在作业时间一定的条件下且后部刮板输送机运输能力满足时，间隔放煤可以进行多口同时作业，提高生产效率。

3) 放煤轮次

放煤轮次为一次将能放的煤全部放出所需将每架支架的放煤口全部打开的次数。按照放煤轮次的不同，可将放煤工艺划分为单轮放煤与多轮放煤。单轮放煤是指在放煤过程中每个支架的放煤口只打开一次，直至完成放煤。需要说明的是，在放煤过程中，为防止卡煤、卡矸，通常会反复摆动尾梁，将这种反复摆动视作放煤口打开一次。多轮放煤是指在放煤过程中每个支架的放煤口需要打开 2 次或多次，直至完成放煤。

多轮放煤适用于顶煤厚度较大的情况，通过增加放煤轮次使煤岩分界面均匀下降，减少混矸，提高顶煤回收率。相比于单轮放煤，多轮放煤操作复杂，通常需要两位或以上放煤工间隔若干支架进行放煤作业，且人工放煤难以准确控制放煤高度。

4) 放煤步距

放煤步距是指采用放顶煤采煤法时，沿工作面推进方向前后两次放煤的间距。根据放煤步距的不同，可以将放煤工艺划分为一刀一放与多刀一放。在综放开采中，放煤步距应与移架步距或采煤机截深呈倍数关系。一刀一放即采煤机截割一刀后，立即进行一次放煤作业；多刀一放即采煤机截割多刀后，再集中进行一次放煤作业。

由于一刀一放的放煤频率较大，放煤及时，可以减少顶煤在采空区积压。多刀一放由于在截割数刀后集中进行放煤，可以减少放煤口的开关次数从而减少工作量，并有利于顶煤充分破碎及均匀下放，提高顶煤回收率。同时多刀一放减少了采空区暴露面积，有利于顶板控制。放煤步距的设置应考虑顶煤厚度、采煤机截深、顶煤冒放性等因素。

2. 精准放煤工艺体系

通过合理搭配放煤工艺基本参数，提出了多种放煤工艺以对不同情况的工业生产进行适配，形成了复杂条件下精准放煤工艺体系[9]，如图 1-7 所示。

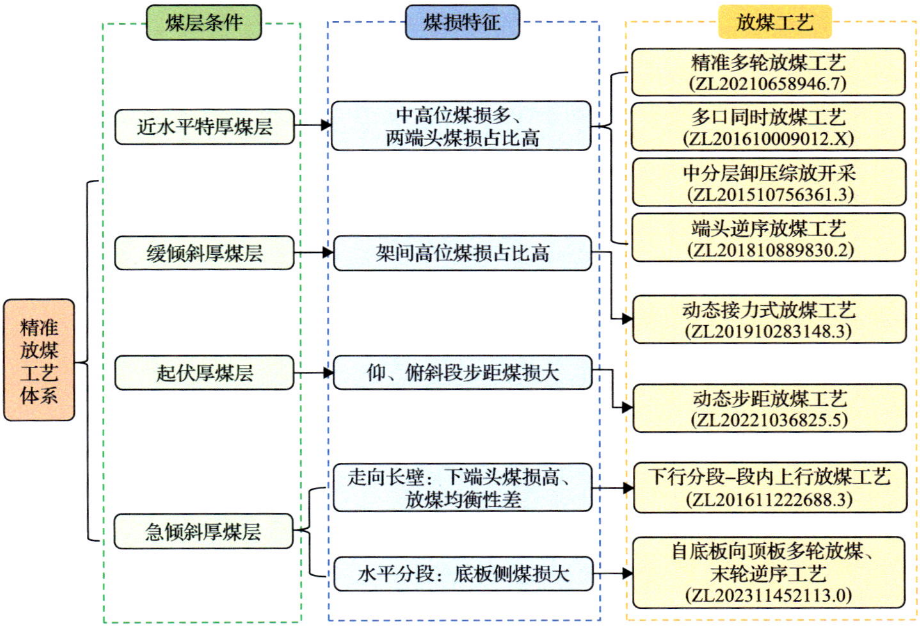

图 1-7　精准放煤工艺体系

1) 多口同时放煤工艺

多口同时放煤工艺应用于近水平特厚煤层的综放开采中，沿工作面布置方向同时打开多个相邻或间隔的支架放煤口进行放煤。多口同时放煤操作较单口放煤复杂，且对顶煤放出控制和后部刮板输送机运量的要求较高。

进行多口放煤时，首先将工作面放煤支架顺序分组，每组 n 台放煤支架($n\geqslant 2$)，在放煤工序中按分组顺序依次打开各组中全部支架的放煤口同时进行放煤作业，以提高放煤效率。在每组支架全部见矸关门后，多口同时放煤工艺采用分组移架及时支护的方式，对该组的 n 个支架进行移架支护工序，如图 1-8 所示。

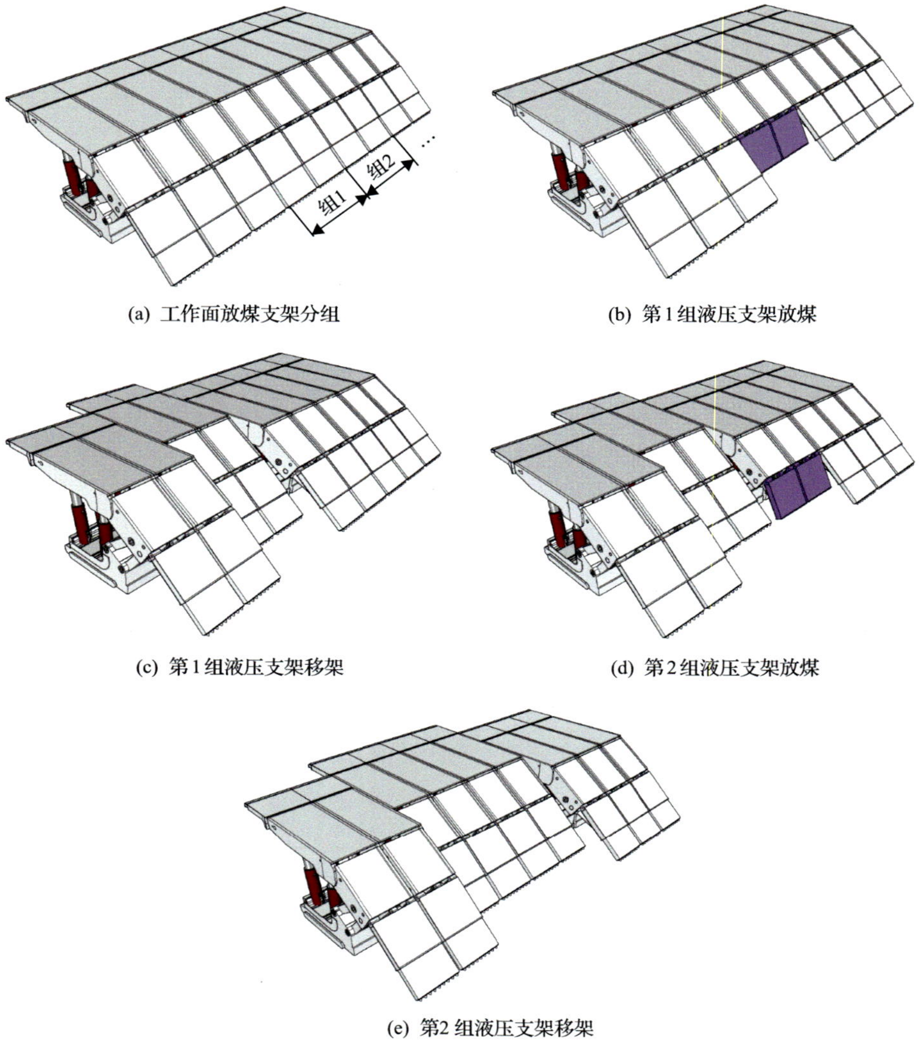

(a) 工作面放煤支架分组

(b) 第1组液压支架放煤

(c) 第1组液压支架移架

(d) 第2组液压支架放煤

(e) 第2组液压支架移架

图 1-8 多口同时放煤工艺作业示意图

图 1-9 为单口放煤、双口同时放煤以及三口同时放煤的采空区残煤形态。由于三口同时放煤有效减少了煤岩分界面的扰动次数，同时放煤口长度增加有助于终止煤岩分界面形成向已放煤侧凸出的形态特征，有利于下次放煤时放出体的充分发育，从而扩大放出体和煤岩分界面的相切范围，提高下次放煤的顶煤回收率。由图 1-10 可知，三口同时放煤有效降低了放出顶煤的含矸率，较单口放煤顶煤回收率提高了 3.5 个百分点。

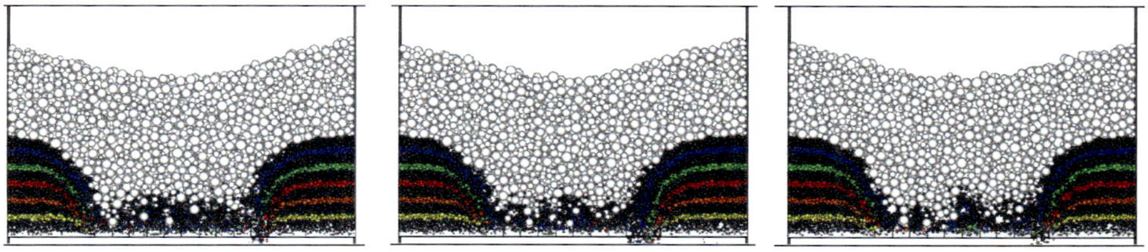

(a) 单口放煤　(b) 双口同时放煤　(c) 三口同时放煤

图 1-9　采空区残煤形态

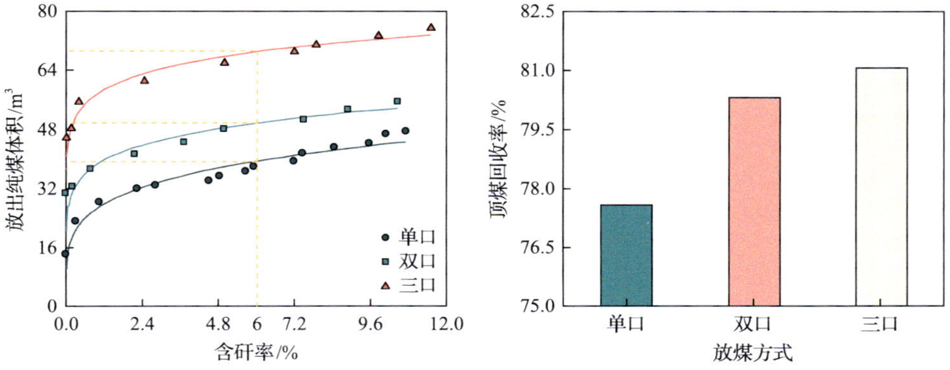

(a) 含矸率　(b) 顶煤回收率

图 1-10　不同放煤方式下的含矸率与顶煤回收率

2) 端头逆序放煤工艺

端头逆序放煤是指在工作面靠近端头侧设置一个逆序放煤段，在该段内放煤方向与正序放煤段内方向相反，通过逆序方式调整煤岩分界面形态，以提高端头侧顶煤回收率[10,11]，如图 1-11 所示。

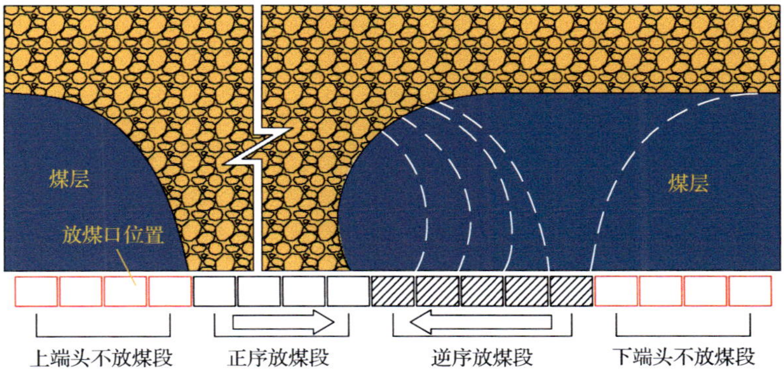

图 1-11　端头逆序放煤工艺示意图

端头逆序放煤工艺综合考虑煤岩分界面、顶煤放出体、顶煤回收率三者的关系，可以有效减少综放工作面端头顶煤损失，以此实现高产高效生产工作。端头逆序放煤工艺适用于近水平特厚煤层的放顶煤开采，在大同马道头煤业开展了生产实践。

3) 动态接力式放煤工艺

动态接力式放煤工艺是对传统的单口放煤工艺进行改良和优化，防止岩石过早处于低位并避免多轮放煤的反复工序，降低含矸率并提高了出煤效率，如图 1-12 所示。动态接力式放煤工艺适用于缓倾斜厚煤层，在北辛窑煤矿进行了生产实践。

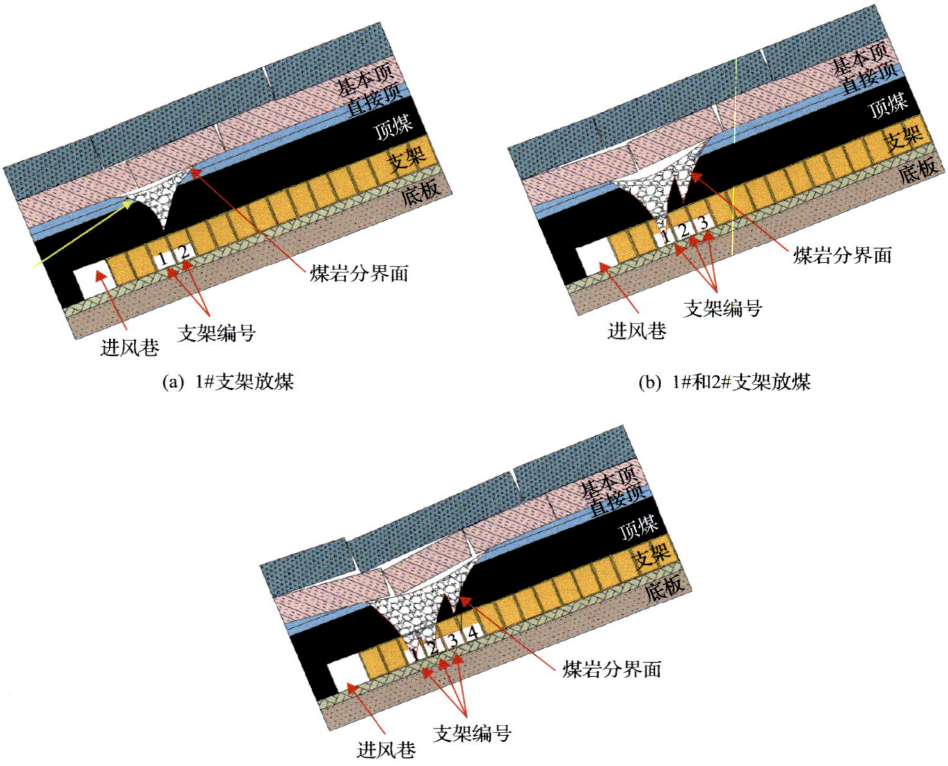

(a) 1#支架放煤　(b) 1#和2#支架放煤　(c) 2#和3#支架放煤

图 1-12　动态接力式放煤工艺示意图

动态接力式放煤工艺通过依次开启相邻支架放煤口，实现连续稳定的放煤过程。具体操作为：在 1#支架放煤至一半时，开启 2#支架放煤口；当 1#支架放煤见矸后关闭，同时开启 3#支架放煤口，依次类推，确保始终有两个支架处于放煤状态，且放煤进度错开。

动态接力式放煤工艺的顶煤放出体形态如图 1-13 所示，呈向工作面下端快速发育的形态，放出体形态可分为左右两部分，左侧部分来自本支架上部顶煤，右侧部分来自下一支架下部顶煤，顶煤放出体的这一形态特征有利于减小放煤工艺损失。相较于单口及多口放煤工艺，动态接力式放煤工艺有着适中的作业效率以及极高的顶煤回收率，如图 1-14 所示。

4) 下行分段-段内上行放煤工艺

下行分段-段内上行放煤工艺是一种应用于急倾斜厚煤层的走向长壁综放开采动态分段采放工艺，其放煤工艺示意图如图 1-15 所示。

图 1-13　动态接力式放煤工艺的顶煤放出体形态图

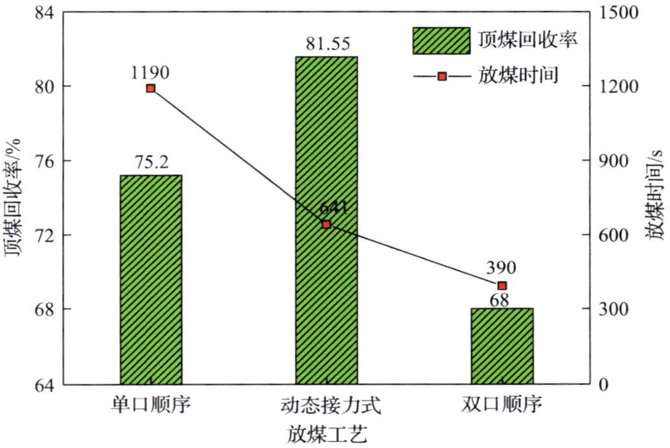

图 1-14　不同放煤工艺的顶煤回收率及放煤时间

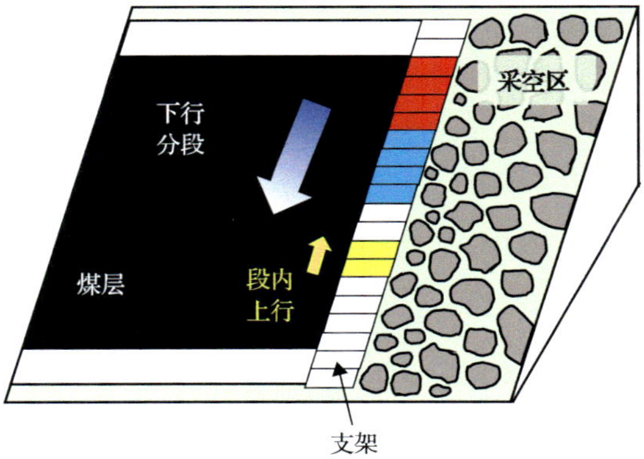

图 1-15　下行分段-段内上行放煤工艺示意图

下行分段-段内上行放煤工艺适用于急倾斜厚煤层的走向长壁放顶煤开采。首先在煤层中开掘运输巷和回风巷，并确保上巷掘进超前于下巷。在煤层内布置倾角为煤层倾角三分之二的综放工作面，并安装支护系统，按煤层赋存条件将支架自上而下划分为多个分段。采煤机自上而下割煤，放煤支架随之放煤，煤流经刮板输送机运出工作面。放煤过程中，各分段依次自上而下移架，而段内支架则自下而上放煤，依次完成整个工作面的放煤作业。

综上，对于不同煤层赋存条件，需要采用不同的放煤工艺。而有些放煤工艺操作复杂，依赖人工操作，不仅劳动强度大，还存在较高的误操作风险。智能放煤技术的引入，能够优化放煤流程，降低人为干预，实现自动化与智能化作业，从而提高煤炭开采的安全性和效率。

1.3 智能放煤技术进展

1.3.1 智能放煤关键技术

1. 智能放煤控制方法

智能放煤技术的核心是在自动化的基础上实现对放煤口的开启与关闭的智能化控制，其关键问题是整个工作面的放煤顺序与放煤方式和单个支架的放煤口打开与关闭时机。智能放煤技术实现的前提是实现采煤机定位、放煤口的智能电液控制、适用于放煤口的煤岩识别技术等。在这些技术的基础上进行软件开发，从自动感知、自主学习、自主决策、自主执行四个功能出发，建立智能放煤控制体系。

自动感知的目的是为自主学习、自主决策、自主执行功能提供必要的数据基础。由三个部分构成，包括：①放煤前采煤机相对于液压支架的位置及采煤机割煤方向的感知；②放煤时液压支架插板及尾梁摆动姿态的感知；③放煤时对冒落在后刮板上的煤岩体实时感知。

自主学习功能，在进行工作面放煤的初始阶段，系统会自动感知并学习人工放煤的相关参数，而在智能放煤的启动阶段，系统会自动学习并记录人工干预的数据。通过持续的深入学习，系统能够对放煤过程中的各种参数进行持续的优化。这个学习过程的主要目标是确保工作面的智能割煤技术与智能放煤技术之间的兼容性，从而确保智能放煤控制系统的持续优化，特别是放煤口的开启和关闭时机。

自主决策功能的实现路径是将自动感知功能获得的采煤机位置、含矸率等参数，与放煤数据库中已有的人工干预记录、记忆顺序放煤数据进行对比分析，自主决策放煤动作与放煤口开/关时机。

自主执行功能将放煤机构按照自主决策形成的动作指令，执行相应的动作，包括放煤机构的打开与关闭。智能化电液控制技术很好地实现了工作面设备的自主执行功能。

2. 智能化放煤技术逻辑

以智能放煤技术为核心，构建智能放煤控制结构，并以各放煤阶段自感知层收集到的数据为依据，建立智能放煤控制自学习数据库，通过内部算法实现控制系统的自主决策，最终将决策命令输入电液控制系统实现智能放煤控制的自主执行功能。

智能化放煤的技术逻辑如图 1-16 所示。

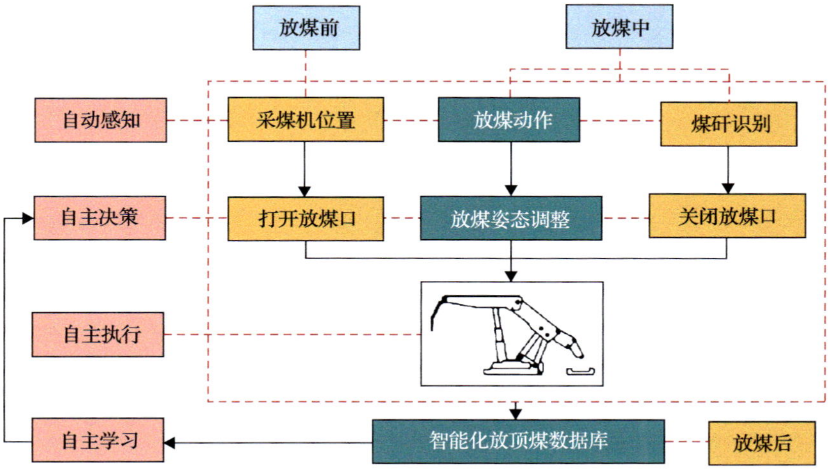

图 1-16　智能化放煤的技术逻辑图

3. 液压支架放煤动作启动判别

根据综放工作面循环作业流程，放煤动作的前置影响因素有采煤机运行方向上是否已经割煤、支架是否移架，而移架的前提是采煤机已经通过当前架。

以采煤机惯性导航定位系统为中心，是否已经完成移架可以通过设定好的移架距离参数与移架范围参数来确定。因此，判别支架组是否可以启动放煤可以通过设定在采煤机运行方向上滞后采煤机的相对距离参数来控制。而这个距离参数要大于或等于液压支架移架距离参数和移架范围参数。

4. 液压支架放煤动作设定

图 1-17 为放煤过程中单支架姿态示意图，移架动作完成[图 1-17(b)]是放煤动作启动的前置条件。当移架完成后，液压支架执行动作流程如下。

(1)启动放煤，首先收插板到指定位置，收插板目标位置参数统一提前设定，由插板行程传感器感知插板位置，当传感器感知得到的参数符合收插目标位置参数时，停止收插动作。

(2)一、二级尾梁向前摆动，摆动的目标状态角度和一级尾梁行程统一提前设定，当行程传感器与角度传感器感知得到的参数符合尾梁前摆目标参数，表明前摆完成，停止前摆动作。

(3)二级尾梁向后摆动，摆动的目标状态角度统一提前设定，当角度传感器感知得到的参数符合尾梁后摆目标参数时，表明后摆完成，停止后摆动作。

(4)尾梁归位，归位角度统一提前设定，根据尾梁行程传感器、角度传感器感知得到的参数，自主决策归位动作，当传感器感知到的参数符合归位目标参数，表明归位完成，停止该动作。

(5) 伸插板到指定位置，伸插目标位置参数统一提前设定，由插板行程传感器感知插板位置，当传感器得到的参数符合伸插目标位置参数时，停止伸插动作。

至此，一次放煤动作完成。待下一放煤支架(组)重复上述过程。在尾梁摆动过程中，尾梁前摆、后摆是一个循环往复的动作，一次放煤操作中，尾梁前后摆动次数可能有 4～5 次，具体由放煤口含矸率决定。

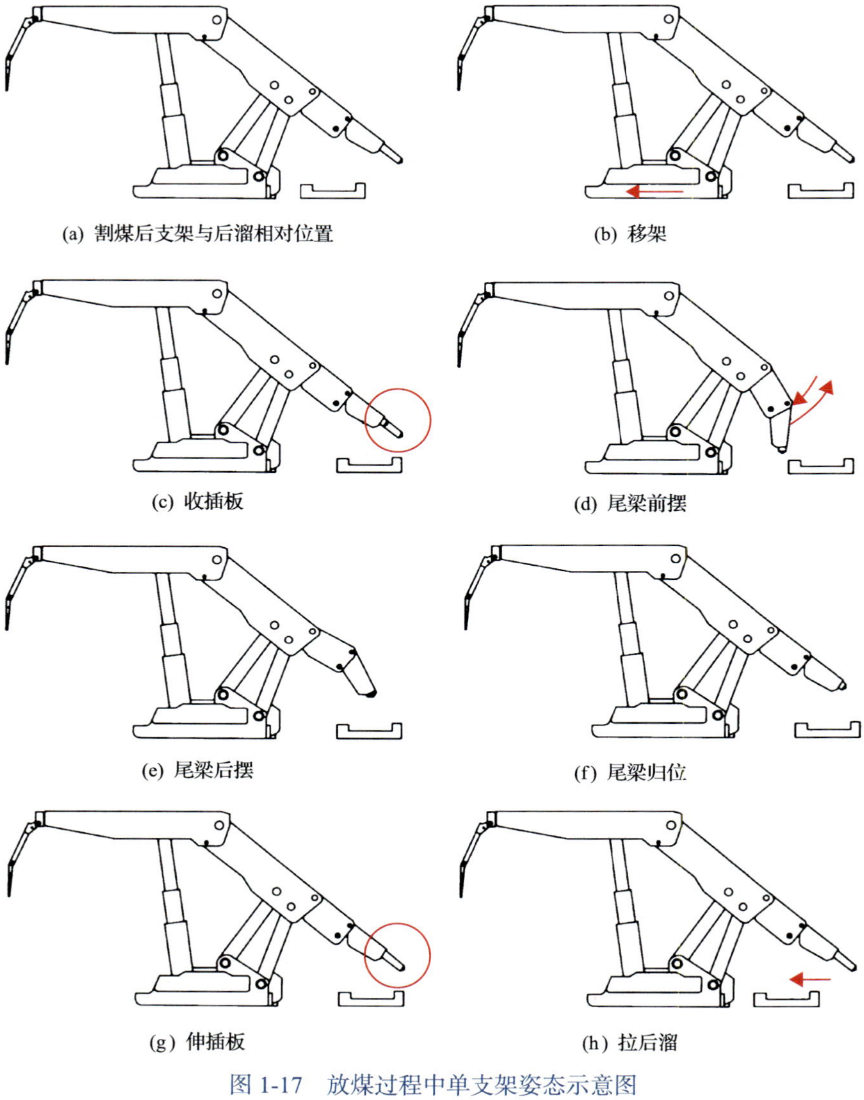

(a) 割煤后支架与后溜相对位置　(b) 移架

(c) 收插板　(d) 尾梁前摆

(e) 尾梁后摆　(f) 尾梁归位

(g) 伸插板　(h) 拉后溜

图 1-17　放煤过程中单支架姿态示意图

5. 液压支架放煤动作停止判别

实现放煤动作停止的判别是智能放煤技术的关键所在，其核心技术是实时、准确地识别出煤流的含矸率，并自动生成智能停止放煤控制参数。

在传统的人工放煤综放开采中，井下工人通过肉眼识别来控制放煤口的开关。图像识别智能放煤技术利用机器代替人工肉眼识别来控制放煤口。图 1-18 为井下使用图像识别后刮板输送机上煤岩轮廓的识别效果图。

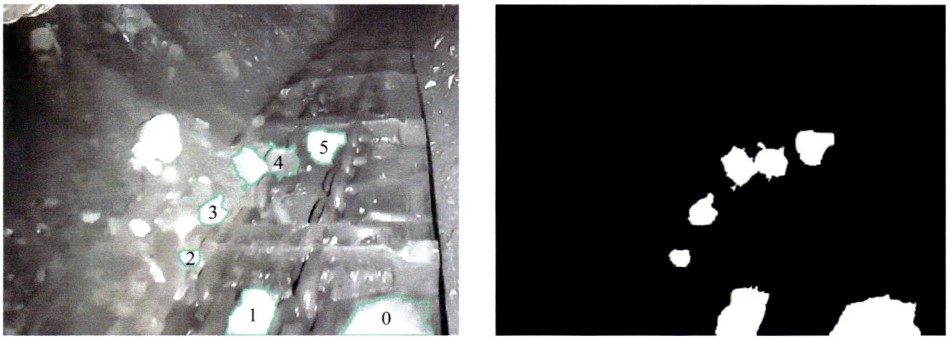

(a) 图像分割结果　(b) 图像处理结果

图 1-18　井下使用图像识别后刮板输送机上煤岩轮廓的识别效果图[8]

为了得到适合的智能停止放煤控制参数，在图像识别煤岩的技术中，不仅要区分出煤与岩石的轮廓，还要准确地识别出放出体的含矸率。

在每一帧图像中，用像素个数表示面积。因此，含矸率可以表示为

$$R_{\mathrm{M}} = \frac{P_{\mathrm{rock}}}{P_{\mathrm{rock}} + P_{\mathrm{coal}}} \tag{1-1}$$

式中，R_{M} 为含矸率；P_{rock}、P_{coal} 分别为图像中岩石和煤区域的像素个数。

1.3.2　智能放煤技术难点与分类

1. 智能放煤技术难点

放煤理论中关于顶煤回收率与含矸率的关系给出了顶煤回收率最大化时的含矸率阈值，但现场生产中若想要将放煤过程中的含矸率控制在某一具体数值或区间，就需要借助智能化的煤岩识别技术手段，以实现放煤过程中含矸率的快速、准确计算，这也是智能放煤技术的核心与关键。井下工作面环境复杂，放煤过程中机械振动、噪声、电磁波、水雾、粉尘、可见光等多种因素干扰着煤岩的精准快速识别，导致智能放煤技术开发比想象的要难得多。

目前放顶煤工作面主要采用人工控制放煤，同时也在支架位态、红外、声波、振动、高光谱、伽马射线等智能放煤技术方面进行了探索。支架位态智能放煤技术不受粉尘、水雾等因素的影响，但是准确性差；红外智能放煤技术也可以适应低照度、强噪声环境；声波、振动智能放煤技术则可以克服高粉尘问题，但是在煤岩物理力学性质相差不大时易产生较大的识别误差；高光谱、伽马射线等智能放煤技术具有灵敏度高的特点，但是

设备成本高，有些体积较大的设备也会受限于放顶煤工作面支架后部的狭小空间。上述几种方法都难以获得含矸率数据，而含矸率又是影响顶煤回收率和煤质的关键因素，因此对于智能放煤来说，除了要进行煤和岩石的识别，还需要进行含矸率的识别，这也是智能放煤技术突破的重点和关键。

2. 智能放煤技术分类

以图像识别为基准，将智能放煤技术与方法分为了非图像识别智能放煤技术、图像识别智能放煤技术两大类。非图像识别智能放煤技术主要包括记忆放煤技术、声音振动信号识别技术、γ射线探测技术、探地雷达技术、微波照射+红外探测技术、激光扫描放煤量监测技术等；图像识别智能放煤技术包括基于可见光图像的智能放煤技术和基于红外图像的智能放煤技术。下文针对非图像识别智能放煤技术进行综放开采智能放煤技术进展的介绍。

1.3.3 非图像识别智能放煤技术进展

1. 记忆放煤技术

记忆放煤是目前应用较为广泛的一种自动放煤技术，它主要是通过在电液控制系统中预设放煤参数，让放煤口在合适的时间自动打开与关闭，自动化完成放煤工序。其中，预设的放煤参数主要是每个支架放煤口的开闭时间，可以通过记录工人示范放煤来确定该时间，也可以通过专用设备，比如顶煤运移跟踪仪，记录顶煤放出时间。此外，也可以通过分析煤层赋存条件、研究顶煤放出规律等优化放煤时间的设置。

在合理确定放煤时间的基础上，记忆放煤系统应当具有人工干预优化参数的功能[12]。考虑到煤层赋存的复杂性，煤层的厚度、倾角、夹矸侵入等的变化会影响放煤时间的变化，记忆放煤系统可以允许工人对放煤过程进行干预，比如在记忆放煤时间内岩石大量持续放出，工人可以手动操作结束放煤；或者在记忆放煤结束后仍未见岩石放出，或者在放煤过程中出现卡煤、卡矸等异常放煤状态，则工人可以再次打开放煤口，或者摆动尾梁完成放煤。记忆放煤系统通过分析人工干预历史，形成对放煤参数的优化，并应用于后续放煤工序[13]。

通过研究顶煤放出规律，形成了更为精细化的记忆放煤策略。比如，在顶煤放出过程中，顶煤逐渐与岩石混合，提出了煤岩分界模糊段的概念，将放煤过程划分为纯煤段和煤岩分界模糊段，在纯煤段只有顶煤被放出，无须人工过多干预，而在煤岩分界模糊段，有岩石逐渐被放出，需要人工干预完成放煤，在此基础上提出了“纯煤段记忆放煤+煤岩分界模糊段人工反馈式干预放煤”的智能放煤控制策略[14,15]。

严格意义上说，单纯的记忆放煤还不是智能开采的最终目标，但是在智能化发展的初级阶段，应当给予记忆放煤技术足够重视。目前可以将记忆放煤技术与其他煤岩识别技术配合使用，利用记忆放煤系统的稳定性弥补井下恶劣环境下传感器精度不足、算法鲁棒性不高的问题。

2. 声音振动信号识别技术

通常煤和岩石的密度不同，在放煤过程中，它们与支架尾梁、刮板输送机之间撞击、摩擦产生的声音和振动信号会存在差异，通过分析声音和振动信号的变化，判断是否有岩石放出，进而决定是否关闭放煤口以实现智能放煤[16]。

关于智能放煤中的声音振动信号识别技术，目前研究的热点和难点主要集中在声音振动信号高精度采集、信号的精准分离与识别等方面，包括利用自适应阈值小波降噪法、奇异值分解降噪法等方法提高信号清晰度，降低工作面采煤机等设备产生的高频噪声对于识别性能的影响；利用独立成分分析（independent component analysis，ICA）理论、经验模态分析方法、下丘发放率结合卷积神经网络（convolutional neural network，CNN）、变分模态分解、小波包多尺度模糊熵和加权 KL 散度等实现有效信号的特征提取或识别。

该技术开展了大量实验室研究，也在一些放顶煤工作面进行了工业性试验，具有一定的应用前景，但是目前尚未形成成熟的技术与装备，其局限性在于工作面的复杂环境使得现有传感器的精度以及稳定性难以适应，且通过声音和振动信号可以定性判别“有矸”和“无矸”两种状态，但对于含矸率的精准量化描述仍然存在一定难度。

3. γ 射线探测技术

由于放射性元素在岩石中的分布存在差异性，可以根据放射性的强弱来实现对煤与岩石的区分，因此在综采工作面煤岩界面识别问题中常会使用γ射线探测技术，该技术也被进一步应用到放顶煤工作面放煤过程煤岩识别的研究中[17]，通过分析煤岩块体自然γ射线辐射特征以及放煤过程中岩石混入时辐射强度变化规律，提出复杂结构特厚煤层综放煤-矸-岩的识别方法，实现对放顶煤工作面煤流含矸率的识别，并进行了现场测试，目前该项技术的研究重点是开发成套装备和高精度数据处理算法。

4. 探地雷达技术

探地雷达是一种广泛应用于资源勘探、工程地质勘察、灾害地质调查等领域探测介质内部物质特性和分布规律的一种地球物理方法。彭苏萍院士等系统阐释了基于空气耦合雷达天线煤岩界面随采动态探测系统的基本原理，实现了矿井煤岩界面随采动态探测[18]。通过研究煤岩介质的电磁波特性和电子自旋共振（election spin resonance，ESR）自由基特性参数的差异规律，提出了一种改进的基于最小类内聚合度的雷达图像识别算法，实现对煤岩界面的准确识别。

在放顶煤工作面，可以利用探地雷达对顶煤厚度进行探测，作为放煤时顶煤原始存量，进而估算放煤时间，为智能放煤提供依据。通常在支架顶梁前部安装超宽带（ultra wide band，UWB）探地雷达，在放煤前对煤壁上方顶煤的厚度进行探测，测量范围 3～6m，精度达到厘米级，是目前一种较为新兴的智能放煤技术。

5. 微波照射＋红外探测技术

微波是指频率在 0.3～300GHz，对应波长为 1～1000mm 的电磁波。在微波作用下，岩石介质内的分子高速运动和相互摩擦，将电磁能转化为热能，表现为煤岩介质温度不断升高，而由于煤岩介质的物理化学特性的差异，如化学元素组成、矿物成分组成、比热容等，使得它们在相同微波条件照射下表现出不同的温升特征，进一步利用红外探测技术将这一特征差异进行捕捉，形成微波照射＋红外探测的主动式煤岩识别方法。这一技术的优势在于通过主动地向煤岩介质施加微波照射，扩大了煤岩介质之间的特征差异，便于在恶劣工况下对煤岩介质的属性进行判断。目前该项技术处于实验室测试阶段，在后续应用中可能会存在诸如井下恶劣环境干扰、夹矸误识别、专用设备开发等难题，但不失为对于智能放煤技术的一种有益探索。

6. *激光扫描放煤量监测技术*

激光扫描放煤量监测技术是利用激光雷达对放顶煤工作面后部刮板输送机上的煤流进行扫描，通过对煤流轮廓进行三维形态重构，确定煤流体积，进而对后部刮板输送机上的运煤量进行估算，当单口放煤时，刮板上的运煤量即为放煤量。放顶煤工作面的放煤量可以在一定程度上反映放煤工序所处的阶段，即当放煤量达到阈值后，可以认为放煤工序接近尾声，进而控制液压支架关闭放煤口，实现智能放煤。激光雷达具有一定的透粉尘、水雾的特征，可以适应放煤工作面的恶劣工况[19,20]。

除了将激光雷达用于监测后部刮板输送机的运煤量，也可以将激光雷达安装在支架顶梁和掩护梁结合处，通过云台旋转对顶煤空间进行扫描，进而对放煤空间进行三维成像，对放煤量进行实时监测，决定是否关闭放煤口。

利用激光扫描监测放煤量实现智能放煤的前提是在放煤前就要准确掌握顶煤的厚度，通过顶煤厚度可以计算顶煤体积，再与实时监测放煤量进行对比，可以确定最优的关闭放煤口的放煤量阈值。目前，探地雷达技术也被用于探测放顶煤工作面的煤壁前方顶煤厚度，这项技术目前与激光雷达、图像等传感器共同使用，形成“放煤前探地雷达探测顶煤厚度-放煤中激光雷达估算放煤量-放煤后识别煤流含矸率”技术体系，目前已完成工业性试验。

另外，机械振动、扫描角度等因素也会对激光扫描结果产生影响。例如，由于机械振动可能会造成扫描结果与实际轮廓产生偏差，液压支架位姿变化会影响激光雷达的扫描范围，以及会影响激光扫描的入射方向与表面的法线方向的夹角角度。目前学者针对这些问题开展了相关研究工作，比如利用最小二乘法等对激光回波数据进行回归处理降低轮廓偏差，利用倾角传感器提出了扫描角度自适应补偿方法。

此外，在放煤过程中，顶煤破碎后放出堆积在后部刮板输送机上，利用激光扫描获得的是煤流表面的轮廓，而煤流内部由于散体顶煤堆积形成的空隙无法直接获得，而这些空隙会影响体积的估算，进而影响最优的关闭放煤口时机的确定。另外，每个支架放出的顶煤量受到相邻架放煤的影响，本架放出的顶煤量与本架顶煤厚度的量化关系有待深入研究。因此利用激光扫描估算煤流体积时，如果考虑顶煤放出规律、放煤口打开数量、尾梁摆动角度、顶煤块度级配、刮板链速等因素的影响，会对提高精度有一定帮助。该技术通过实时监测煤流体积，对体积进行累积，而在煤流体积累积过程中，其误差也在累积，进而可能会影响最终的结果，因此关于降低累积误差的不利影响，也是该技术的一项重要研究课题。

参 考 文 献

[1] 王家臣. 我国综放开采 40 年及展望[J]. 煤炭学报, 2023, 48(1): 83-99.

[2] 王家臣, 张锦旺, 王兆会. 放顶煤开采基础理论与应用[M]. 北京: 科学出版社, 2018.

[3] 王家臣. 厚煤层开采理论与技术[M]. 北京: 冶金工业出版社, 2009.

[4] 王家臣, 魏炜杰. 厚煤层地下开采[M]. 北京: 科学出版社, 2024.

[5] 王家臣, 张锦旺. 综放开采顶煤放出规律的 BBR 研究[J]. 煤炭学报, 2015, 40(3): 487-493.

[6] 王家臣, 黄国君, 杨胜利, 等. 煤矸识别与自动化放煤控制系统: 200910152006.X[P]. 2010-01-27.

[7] 王家臣, 杨胜利, 李良晖, 等. 智能放煤理论与技术研究进展[J]. 工矿自动化, 2024, 50(9): 1-12.

[8] 王家臣, 潘卫东, 张国英, 等. 图像识别智能放煤技术原理与应用[J]. 煤炭学报, 2022, 47(1): 87-101.

[9] 王家臣, 张锦旺, 陈祎. 基于 BBR 体系的提高综放开采顶煤采出率工艺研究[J]. 矿业科学学报, 2016, 1(1): 38-48.

[10] Yang L, Wang J C, Yang S L, et al. Influence of loose gangue thickness on top coal recovery ratio in extrathick coal seam in longwall top coal caving[J]. Computational Particle Mechanics, 2023, 10: 1281-1294.

[11] Yang L, Wang J C, Yang S L, et al. Improving the top coal recovery ratio in longwall top coal caving mining using drawing balance analysis[J]. International Journal of Mining Reclamation and Environment, 2023, 37(5): 319-337.

[12] 马英. 基于记忆放煤时序控制的智能放煤模式研究[J]. 煤矿机电, 2015, 36(2): 1-5.

[13] 鲍永生. 特厚煤层综放工作面智能控制关键技术研究[J]. 煤炭科学技术, 2020, 48(7): 55-61.

[14] 韩会军, 王国法, 许永祥, 等. 6～10m 厚煤层超大采高液压支架及其工作面系统自适应智能耦合控制[J]. 煤炭科学技术, 2024, 52(5): 276-288.

[15] 许永祥, 李申龙, 王国法, 等. 特厚坚硬煤层超大采高综放首采工作面智能化技术[J]. 煤炭科学技术, 2020, 48(7): 186-194.

[16] 马英. 基于尾梁振动信号采集的煤矸识别智能放煤方法研究[J]. 煤矿开采, 2016, 21(4): 25, 40-42.

[17] 王增才. 综采放顶煤开采过程煤矸识别研究[J]. 煤矿机械, 2002, 23(8): 13-14.

[18] 许献磊, 彭苏萍, 马正, 等. 基于空气耦合雷达的矿井煤岩界面随采动态探测原理及关键技术[J]. 煤炭学报, 2022, 47(8): 2961-2977.

[19] 吕东翰. 综放工作面放煤量激光扫描在线智能监测技术研究[D]. 徐州: 中国矿业大学, 2021.

[20] 孙益壮. 基于激光扫描的综放工作面放煤量自适应监测技术[D]. 徐州: 中国矿业大学, 2022.

第 2 章　煤岩数字图像处理基础

2.1　数字图像基本概念

2.1.1　模拟图像与数字图像

在图像处理领域，图像主要分为模拟图像（analog image）和数字图像（digital image）。其中，模拟图像是一种连续的图像表示形式，通常以光学或物理方式记录和显示，如照片、底片或显像管屏幕显示的图像等，这种成像过程和记录的结果是连续的，没有固定的分辨率限制。数字图像是通过离散信号表示的图像，它将模拟信号经过采样和量化处理后，用一系列数字值（像素）来表示。每个像素都有明确的亮度值或颜色值，且具有固定的分辨率和尺寸，这使得数字图像能够被高效地存储、处理和传输。

图 2-1（a）展示了煤流图像的高分辨率灰度图像，从视觉效果来看，该图保留了煤流的完整细节，在观感上接近模拟图像的特性。

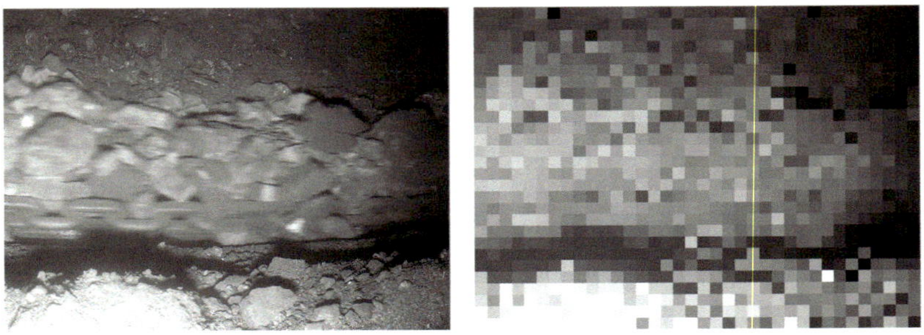

(a) 模拟图像　　(b) 数字图像

图 2-1　模拟图像与数字图像示意图

图 2-1（b）为通过采样对模拟图像［图 2-1（a）］进行离散化处理得到的数字图像。可以明显观察到像素化特征，图像的分辨率显著降低，细节减少，但保留了主要的结构特征。为了更直观地展示像素化特征，本次采样间隔较大，因此画面分辨率较低。但可以通过增大采样率来提高图像清晰度，以更接近模拟图像的效果。这种处理方法模拟了数字图像的离散性，体现了数字化在存储和处理方面的优势。

2.1.2　数字图像相关概念

将本书中常用到的一些数字图像相关的重要概念，在这里一并解释。

1. 景物

景物（scene）是指现实世界中任何可以通过成像设备捕捉到的物理对象或场景。它是图像的源头，包含了各种物体、颜色、纹理和亮度等特征。通过光学设备(如相机或扫描仪)，这些景物的特性被投射到二维平面上形成图像。

2. 图像

图像(image)是现实世界的二维投影，可以是模拟的，也可以是数字的。它表现了物体的颜色、形状、亮度等特征。

3. 数字图像

数字图像(digital image)是由有限数量的离散像素组成的图像，每个像素都由数字值表示，反映出图像中的亮度和颜色信息。数字图像可以方便地存储、复制和处理，是现代图像处理技术的核心。如图 2-2(a)所示，原始煤流图像中标记出一个特定区域，该区域包含一定数量的像素。

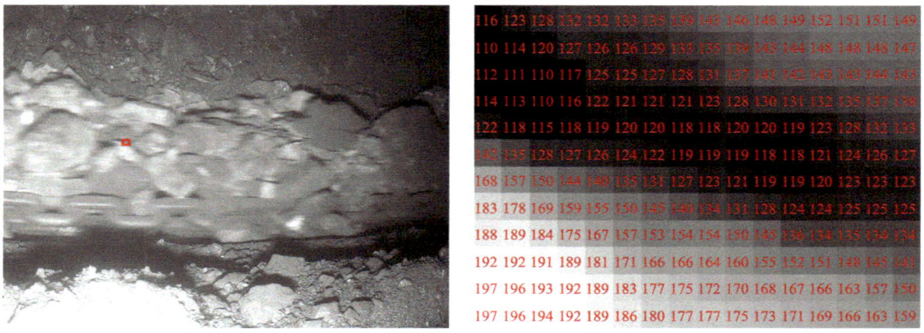

(a) 原始煤流图像与标记区域　　(b) 放大的像素区域

图 2-2　数字图像及像素分析

4. 像素

像素(pixel)是数字图像的最小单元，代表图像中的一个点，具有特定的颜色或亮度值。像素的数量和排列决定了图像的分辨率。Pixel 是“picture element”的缩写。如图 2-2(b)所示，对标记区域进行了放大，并展示了每个像素的亮度(灰度)。

5. 灰度

灰度(gray scale)是图像中每个像素的亮度，通常范围为 0～255，或者通过归一化将灰度范围改变到 0～1。灰度图像是由单一亮度信息组成的图像，没有颜色信息。图 2-2(b)中可以直观地观察到如图 2-2(a)所标记区域的每个像素的灰度。

6. 数字化

数字化(digitization)是将连续的模拟信号转换为离散的数字信号的过程。在图像处理中，数字化将模拟图像转换为数字图像，使其可以在计算机中进行处理和存储，主要包括采样与量化等步骤。

7. 采样

采样(sampling)是在空间或时间上以固定的间隔从连续信号中提取数据点的过程。在图像处理中，采样是将景物划分为离散的像素点，以记录每个像素点的亮度或颜色信息。采样率越高，图像的分辨率和细节表现能力越强。如图 2-3(a)所示，原始图像保留了完整的细节和高分辨率。随着采样率的降低[图 2-3(b)、(c)、(d)]，图像的分辨率逐渐下降，细节逐步丢失，表现出明显的像素化特征。

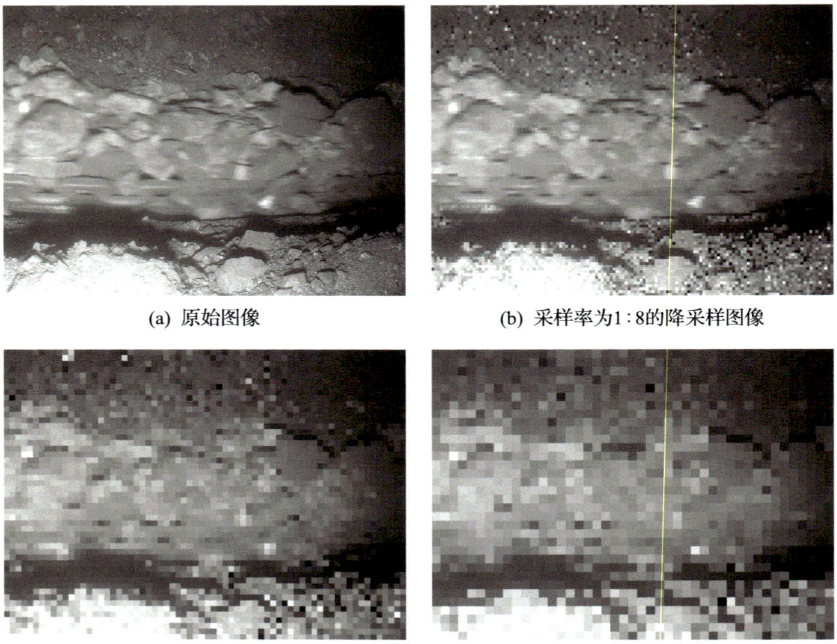

(a) 原始图像　　(b) 采样率为1∶8的降采样图像

(c) 采样率为1∶16的降采样图像　　(d) 采样率为1∶24的降采样图像

图 2-3　采样率对图像分辨率的影响

8. 量化

量化(quantization)是将采样后的连续信号值映射为有限个离散值的过程。在图像处理中，量化是将采样得到的像素亮度或颜色值转换为离散的整数值。量化级别由位深(bit depth)表示，位深是指每个像素用多少位二进制数表示其亮度或颜色信息。

位深与图像的颜色或灰度数量直接相关。位深越高，图像中可用的颜色或灰度级别越多，细节表现越丰富。例如位深为 1 时，每个像素可表示 $2^1 = 2$ 种颜色(如黑色和白色)，位深为 2 时，每个像素可表示 $2^2 = 4$ 种颜色(如黑色、深灰色、浅灰色和白色)，位深为 8 时，每个像素可表示 $2^8 = 256$ 种颜色(常见数字图像的完整灰度级)。

图 2-4 展示了不同量化位深对图像灰度表现的影响。原始图像[图 2-4(a)]为 8bit 灰度图像，保留了完整的细节和层次感。当位深降低到 4bit[图 2-4(b)]、2bit[图 2-4(c)]和 1bit[图 2-4(d)]时，灰度级逐步减少，图像细节逐渐丢失，最终在 1bit 图像中仅剩黑

白两种颜色，表现出明显的区域分割效果，在视觉上类似于图像二值化分割的结果，但二值化分割通常基于特定阈值，而非单纯的位深降低。

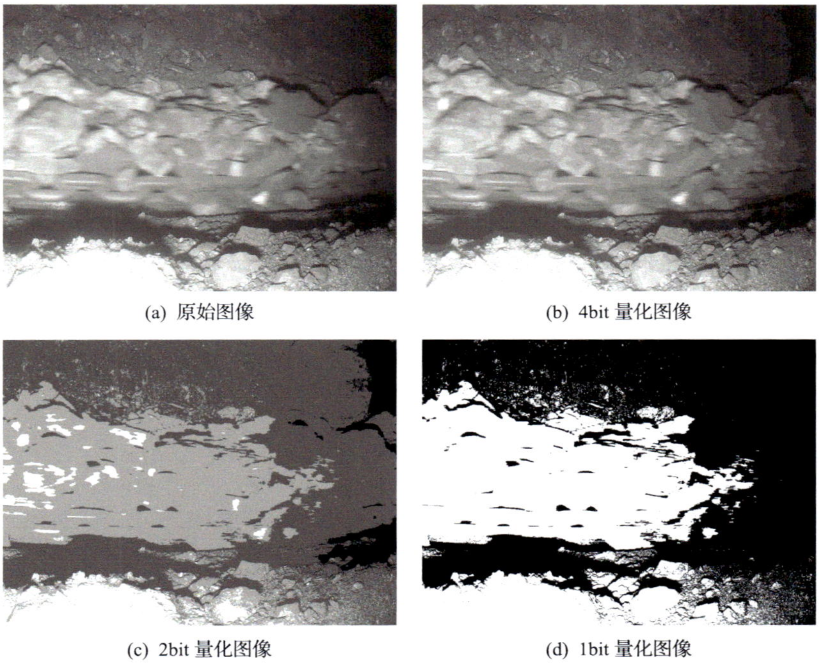

图 2-4　不同量化位深对图像灰度表现的影响

9. 空间分辨率

空间分辨率(spatial resolution)是指图像中能够分辨的最小细节，通常以每英寸的像素数(pixels per inch，PPI)或图像的总像素数来表示。分辨率越高，图像能够表现的细节越丰富。空间分辨率直接受采样率影响，采样率越高，图像的空间分辨率越高；反之，降低采样率会导致图像失去部分细节信息，表现为模糊或块状化。

10. 亮度分辨率

亮度分辨率(brightness resolution)是图像中每个像素的亮度值可以取的不同级别数量，通常以位深来表示。亮度分辨率直接受量化过程影响，量化级别越高，亮度表现越细腻；反之，降低量化级别会导致图像颜色或灰度的分层现象加重，最终呈现为块状化。比如，8bit 图像的亮度分辨率为 256 个级别，而 4bit 图像的亮度分辨率只有 16 个级别。

2.1.3　数字图像特点

数字图像在当代的信息处理、存储和应用中发挥着关键作用，现已广泛应用于多个行业和领域，它具有以下几个主要特点。

1. 高分辨率

数字图像的分辨率由其包含的像素数量决定，像素越多，图像的清晰度越高。随着图像传感器技术的不断进步，现代数字图像的分辨率可以达到极高的水平，能够精确再现物体的细节。这使得数字图像在科学研究、医疗影像和高端制造等领域得以广泛应用。例如，目前医疗领域中较为前沿的 11.7T 超高场(ultra high-field，UHF)磁共振成像(magnetic resonance imaging，MRI)扫描仪，可以获得分辨率接近 100～200μm 的图像，能够精确显示大脑中的神经回路，用于更细致地检测早期病变，确保诊断的准确性。

2. 易于存储和传输

数字图像以二进制数据的形式存储，能够保存在硬盘、固态存储设备、云存储等各种存储介质上。数字图像不仅可以方便地存储，还能通过各种网络协议进行快速传输，特别是在互联网日益发达的今天，数字图像的传输几乎可以在全球范围内实现。为了减少传输时间和存储空间，图像可以通过压缩算法(如 JPEG、PNG 等)进行有效压缩。这种压缩不会显著影响图像的质量，但大大提高了数据处理效率。

3. 便于处理和编辑

数字图像的一个显著优势是它们可以通过计算机进行高效的处理和编辑。常用的软件如 Adobe Photoshop、GIMP、ImageJ 以及多种编程语言中的图像处理库(如 Python 的 OpenCV 和 MATLAB 的 Image Processing Toolbox 等)可以对图像进行增强、分割和修复等。这种处理不仅用于个人或商业摄影领域，也被广泛应用于学界和工业界。例如，图像增强技术用于提高医学影像的可读性，图像分割技术用于选煤厂的煤矸分选。

4. 可无限次复制且不失真

数字图像可以在复制和传输过程中保持原有质量，而不会像模拟图像那样出现失真或噪声的累积。每次复制数字图像时，所有像素的信息都会被精确复制，不会因多次传输而引入噪声。这种特性使得数字图像在档案管理、博物馆艺术品数字化等领域尤为重要，保证了图像数据的长期保存与利用。数字图像还可以无缝嵌入各种多媒体系统中，实现跨平台和设备的流畅展示。相比之下，模拟图像在复制和传输时会不可避免地引入噪声而失真，难以保持原始图像的质量。

5. 抗干扰能力强

数字图像在数据传输和存储过程中具有较强的抗干扰能力。在传输过程中，即使信号受到干扰，只要有足够的纠错机制，仍然可以恢复出完整的图像数据。此外，数字图像可以通过加密算法进行安全传输，有效防止数据被篡改。这种抗干扰性和安全性使得数字图像在远程医疗、军事监控和法律取证等需要高保真数据传输的场景中具有不可替代的作用。

6. 支持多种图像格式

数字图像支持多种存储格式，包括 JPEG、PNG、TIFF、GIF 和 BMP，每种格式都有其特定的应用场景。例如，JPEG 是一种有损压缩格式，适用于日常摄影，具有良好的压缩比和视觉质量。PNG 是无损压缩格式，支持透明背景，常用于网页和图像处理。TIFF 格式支持无损压缩，适合高精度图像存储，常用于印刷和专业摄影。GIF 支持 256 种颜色，常用于简单图像和动画，尤其是网页中的小型动画。BMP 不压缩图像，文件较大，但能够保持原始质量，主要用于 Windows 系统。

通常，不同格式的图像可以通过计算机自由转换，以满足不同的存储需求和处理要求，增强了数字图像的适应性和灵活性。但在图像格式转换中，也存在不可逆的情况。例如，当从高精度的无损格式（如 TIFF）转换为有损格式（如 JPEG）时，图像细节会因压缩而丢失，这一过程是不可逆的，即无法通过将 JPEG 图像重新转换为 TIFF 来恢复原始质量。此外，某些格式（如 GIF）的颜色限制也会导致在转换为其他格式时失去颜色信息，无法恢复。这种不可逆转换主要发生在有损压缩或色彩信息受限的格式之间。

7. 易于分析与识别

数字图像可以通过计算机算法进行自动分析，特别是在深度学习、人工智能（artificial intelligence，AI）和大数据技术的加持下，图像的自动化识别和处理达到了前所未有的精度和效率。例如，在医学影像处理领域，AI 算法能够自动检测病灶区域，辅助医生诊断；在工业领域，计算机视觉系统可以检测产品缺陷，提升质量控制效率。数字图像分析技术还广泛应用于自动驾驶、安防监控和遥感测绘等多个前沿领域，为现代科技的发展提供了强大支撑。

数字图像不仅通过高分辨率、便捷的存储和传输方式改变了我们处理信息的方式，还随着 AI 技术的发展，推动了图像识别的自动化和智能化。未来，随着图像处理技术的进一步成熟，数字图像的应用前景将更加广阔，在科学、医疗、工业等领域继续发挥至关重要的作用。

2.2　煤岩图像获取

2.2.1　图像采集设备及参数选择

随着技术的进步，图像采集设备经历了从早期的模拟设备到如今的数字化设备的快速发展。早期的图像采集设备如传统胶片相机，依赖光化学反应记录图像。随着半导体技术的进步，数字图像传感器[如电荷耦合器件（charge coupled device，CCD）传感器和互补金属氧化物半导体器件（complementary metal oxide semiconductor，CMOS）传感器]逐渐取代胶片，成为现代图像采集的主流。数字相机不仅能快速采集图像，还具备即时查看和调整功能。近年来，多光谱传感器（multispectral sensors）、红外成像设备（infrared imaging device）和高光谱传感器（hyperspectral sensors）等图像采集设备不断发展，应用范围也大幅扩展。

目前，图像采集设备已广泛应用于工业检测、医学成像及环境监测等多个领域。常用图像采集设备主要包括数码相机(digital camera)、工业相机(industrial camera)、多光谱与高光谱传感器、红外成像设备、X射线成像设备(X-ray imaging devices)等。其中，数码相机利用CCD或CMOS传感器进行成像，具有高分辨率、便于携带等特点。它们广泛用于摄影、工业和医疗等领域，适合捕捉自然光环境下的高质量图像。工业相机常用于自动化检测系统中，具备高帧率、长时间连续工作等特性，能够适应恶劣环境，广泛应用于制造业和自动化检测中。多光谱与高光谱传感器能够在多个波段记录图像信息，适合环境监测、农业和地质勘探等领域，能够提供比普通相机更多的光谱信息，有助于识别不同材料或检测环境变化。红外成像设备通过捕捉热辐射来生成图像，能够在黑暗环境中工作，且具有一定透烟透雾能力，常用于军事、安防、夜视设备以及煤矿监控等应用。X射线成像设备通过X射线穿透物体生成图像，广泛应用于医学诊断、无损检测和矿物识别，其特点是能够对内部结构进行成像，适用于材料分析和病理检测。除了上述列出的成像设备，还有超声波成像设备(可用于软组织成像)、热成像设备(可监测温度和能量流失)、激光扫描设备(可用于三维建模和地理测绘)、电子显微镜(可纳米级成像)、共聚焦显微镜(可用于生物三维成像)、光声成像设备(可生物医学成像)等，这些设备根据特定应用提供独特功能，进一步丰富了图像采集设备的种类和应用领域。另外，图像采集设备的发展将更加集中在高分辨率、小型化、多功能化以及实时处理能力的提升上。特别是在人工智能与大数据技术的推动下，自动化图像采集设备将逐步实现智能化，无须过多人工干预即可获取和处理图像。

在图像采集过程中，设备的技术参数直接影响图像的质量和成像效果，主要的技术参数包括分辨率、光圈、焦距、感光度、快门速度、白平衡等。其中，分辨率是指设备能够捕捉图像细节的能力，通常以像素数表示；较高的分辨率能够捕捉到更多的细节，但也伴随数据量增加。在煤岩图像采集中，分辨率的选择需要在图像质量和数据处理能力之间找到平衡。光圈控制进入镜头的光线量，影响图像的亮度和景深，光圈越小，进光量越大，有助于在低光环境下获取清晰图像，较大的光圈还可以营造浅景深效果，用于突出特定区域的细节。焦距影响视角的大小和图像的放大倍率，短焦距适合广角拍摄，能够覆盖大范围的景物，而长焦距则用于捕捉远处物体的细节。在煤岩图像采集中，焦距的选择决定了是否能够清晰地捕捉到不同视角下的细节。感光度决定传感器对光线的敏感度，较高的感光度适合低光环境，但会增加图像中的噪点，在煤矿等低光场景中，适当提高感光度能够提升亮度，但需权衡噪点问题。快门速度控制曝光时间，较快的快门速度可以避免运动模糊，而较慢的快门速度则有助于在光线较差的环境中增加曝光量；根据现场的运动情况和光照条件选择合适的快门速度，能够确保图像的清晰度。白平衡决定了图像的色彩还原效果，在不同光源(如日光、钨丝灯等)下，白平衡的设置能够确保图像色彩的准确性，在煤矿或其他工业环境中，正确的白平衡设置可以避免由于环境光源变化而导致的色彩偏差。

因此，在图像采集中，选择合适的设备和参数至关重要。不同设备有其特定的应用领域，技术参数的调整决定了图像的质量和适用性。在煤炭复杂环境中进行煤岩图像采集，通过优化参数如分辨率、感光度和快门速度，可以提升图像的清晰度和可用性，为后续的图像处理与分析提供可靠的基础。随着图像采集设备技术的进步，未来设备将更加智能化、多功能化，可以为煤岩图像处理提供更大的支持。

2.2.2　多角度成像与光谱成像技术

多角度成像技术通过从不同角度对同一物体进行成像，获取其各个方向的表面信息。这种技术广泛用于三维重建、立体成像和物体形态分析。例如，在煤岩块体的图像采集中，多角度成像技术可以帮助获取块体的全方位视图，从而实现更加精确的体积计算和形态特征提取。多角度成像的方法有多种，在放顶煤开采放煤过程的煤岩图像识别中，最常用的方式之一是利用单相机拍摄多张照片，即当煤块在刮板输送机上运动时，单相机会从不同的时间点获取图像，从而实现多角度成像。另外，还可以通过多目相机系统或机械装置实现多角度成像，即多目相机同时从不同角度对目标物体进行拍摄，获取更为完整和精确的图像信息，通常用于医学图像的三维重建、工业中的非接触式测量，以及复杂场景的虚拟现实和增强现实应用，能够增强图像的立体感和细节保留。

光谱成像技术结合了空间和光谱信息，通过在不同光谱波段(如可见光、红外、紫外等)记录物体的反射或发射光谱，实现对物体的成分和结构分析。与传统的彩色图像(通常仅包含红、绿、蓝三个波段)不同，光谱成像能够捕捉到数十甚至数百个波段的光谱信息，从而揭示物体的材料特性和内部结构，常见的光谱成像技术包括多光谱成像技术、高光谱成像技术、超光谱成像技术等。其中，多光谱成像技术捕捉有限数量的波段，通常为 10 到几十个波段，适用于材料分类等任务。高光谱成像技术则能捕捉上百个波段，提供更高分辨率的信息，揭示物体的细微光谱特征。超光谱成像技术则捕捉更多、更密集的波段信息，通常用于气象、天文学和空间科学领域，能够获得极高的光谱分辨率。这些技术共同构成了光谱成像的关键组成部分,适用于不同复杂程度的物质分析和分类。

光谱成像技术在煤岩识别与分选中具有重要作用。例如，不同材料(如煤和岩石)在不同光谱波段下的反射率不同，光谱成像能够通过分析反射光谱差异，识别并分类煤和岩石。在农业、环境监测中，光谱成像也广泛用于物质的检测和分析。目前，光谱成像技术的发展趋势包括设备的便携化、分辨率提升以及数据处理的智能化等。结合深度学习等新兴技术，光谱成像技术在未来将进一步扩大其应用范围，特别是在医疗诊断和精准农业中的应用前景广阔。

2.2.3　红外成像技术

红外成像技术通过捕捉物体发出的红外辐射来生成图像，主要用于监测热量分布和温度变化。与可见光成像不同，红外成像能够在完全黑暗的环境中工作，并具有一定穿透烟雾和薄雾的能力。这种技术广泛应用于军事、安防、夜视设备、工业监控和煤矿作业等领域。

红外成像的核心原理是不同物体在不同温度下发出的红外辐射不同，红外成像设备通过传感器捕捉这些辐射并转化为可见图像。基于这一特性，红外成像能够精确识别物体的热特性，因此常用于在恶劣环境下识别热源。在煤矿等高风险工作环境中，红外成像技术可以实时监测设备的温度变化，及时预警可能出现的设备故障或过热情况。

红外成像根据波段范围可以分为近红外、中红外和远红外。近红外波段（0.7～1.5μm）靠近可见光，主要用于农业和医疗领域，如植物健康监测和无创医疗检测。中红外波段（1.5～5μm）用于探测高温物体，广泛应用于环境监测、化学分析和工业设备检测。远红外波段（5～15μm）适合低温物体的探测，主要用于工业监控、军事夜视以及建筑节能监测，能够检测温度差异，帮助识别潜在的设备故障或能源损耗。

此外，红外成像技术可以与其他成像技术（如可见光和光谱成像）相结合，形成多模态图像信息。这种结合为复杂场景提供了更全面的分析。例如，在煤矿场景中，将红外成像与多光谱成像结合使用，可以更精确地识别和区分煤岩，提升分选效率。

2.2.4 煤岩图像采集的环境因素

在采煤工作面中，图像采集过程受到多种环境因素的影响，尤其是在放顶煤工作面复杂的放煤场景下，包括光照条件、粉尘、湿度、温度、风速以及煤流的速度变化等因素对图像质量会产生显著影响。

光照条件对图像采集至关重要。在煤矿井下等光线不足或不均匀的环境中，采集设备常面临光照不均、强光和阴影等问题，这可能导致图像亮度不均或细节丢失。研究表明，煤和岩石在不同照度下，图像特征的差异性不同，选择合适的照度可以增大煤岩图像特征的差异，从而提高图像识别的精度。因此，在煤岩图像采集过程中，通常需要借助外部光源，并调整照度条件，以获得最佳的识别效果。

粉尘也会影响到图像的采集质量。在采煤作业过程中，如采煤机割煤、支架移架、放煤和刮板输送机运煤时，通常会产生大量粉尘，包括煤尘和岩尘。为了控制粉尘，常采用喷雾降尘措施，但这也导致作业区域充满悬浮液体颗粒。这些污染物不仅容易附着在图像采集设备的镜头上，造成模糊，还会悬浮在空气中干扰成像质量，或覆盖煤岩表面，影响对其特征的准确识别。

湿度也会影响煤矿中的图像采集质量，也会影响图像采集设备的性能，特别是在潮湿的井下环境中，湿气会导致设备内部的传感器失效或镜头起雾，从而降低图像清晰度。因此，煤矿作业中常采用密封性良好的防潮图像采集装置，特殊情况下配备必要的除湿装置，以减少湿度对图像质量的影响以及对设备的损害。

温度也是影响图像采集的重要因素，尤其是红外成像技术依赖于物体的热辐射。在高温环境下，设备的热噪声会增加，导致图像质量下降。为减轻这一影响，通常需要对采集设备进行温度控制，采用合适的散热装置或耐高温设备。

风速同样会显著影响煤矿中的图像采集效果。风速会影响放煤口附近粉尘的运移规律，不同的风速条件下，粉尘在空气中的消散速度与影响范围不同。合适的风速和风向可以帮助减少粉尘对图像质量的影响，降低空气中的颗粒物浓度，使成像更加清晰。另外，风速对温度场的分布也有影响，特别是在使用红外成像技术时，风速的变化可能导致温度场不稳定，从而影响红外成像的识别精度。因此，控制风速也是优化图像采集条件的重要措施，在具备调节风向的工作面或者在矿井设计阶段，应当考虑风向对图像采集质量的影响。

煤流的速度变化是另一个需要考虑的因素。煤块和岩石在输送带上的快速移动会影响图像的清晰度，尤其是当快门速度不够快时，容易产生运动模糊。这要求在图像采集过程中，调整快门速度、帧率等参数，以确保即使在高速运动下图像仍能清晰记录。

因此，通过合理优化采集设备和策略，可以在复杂的放煤环境中获取高质量的图像，为后续的图像处理和分析提供数据基础。

2.3　煤岩图像预处理

2.3.1　图像灰度化的基本原理与方法

图像灰度化是将彩色图像转换为灰度图像的过程，旨在去除颜色信息，仅保留亮度数据。这一过程有助于简化后续图像处理，如边缘检测、特征提取等。彩色图像由红、绿、蓝(red、green、blue，RGB)三通道组成，每个通道分别记录颜色信息。灰度化将这三种颜色的亮度合成为单一的灰度值，使得处理更加高效。

图像灰度化的应用具有几个显著特点。首先，它通过去除色彩数据来减少图像处理的复杂性，降低计算负担，同时保留了足够的亮度信息，确保后续步骤能够有效提取图像中的重要特征。其次，灰度化适用于依赖亮度对比的图像处理任务，如模式识别、边缘提取和形态学操作等。灰度图像在计算机视觉中具有广泛应用。

灰度化的基本原理是将 RGB 三通道信息转换为单一的灰度值。加权平均法是其中最常用的灰度化方法之一，它根据人眼对不同颜色的敏感度赋予每个通道不同的权重。常见的加权公式为

$$Y = 0.299R + 0.587G + 0.114B \tag{2-1}$$

式(2-1)反映了人眼对不同颜色的亮度感知差异。由于人眼对绿色的敏感度最高，因此赋予绿色较高的权重(0.587)，这能够更真实地反映自然场景中的亮度感知。红色权重为 0.299，尽管视觉上较为显眼，但其对整体亮度的贡献较低。蓝色的权重最低(0.114)，因为人眼对蓝色的亮度感知最弱。通过这种加权，灰度图像能更准确地模拟人眼对亮度的自然感知，确保视觉效果更加平衡和自然(图 2-5)。

(a) 原始RGB 图像

(b) 加权平均法灰度化后的图像

图 2-5　原始图像与灰度化图像对比

除了加权平均法，常用的灰度化方法主要包括平均值法、最大值法和单通道提取法

等。其中，平均值法是将 RGB 三通道的值取平均[图 2-6(a)]，该方法简单但忽略了人眼对不同颜色的敏感度差异，通常用于对颜色敏感度要求不高的场景，如基础图像处理和简单监控，适合低复杂度、实时处理的应用。最大值法是通过选择 RGB 通道中的最大值作为灰度值[图 2-6(b)]，能够突出高亮区域但可能导致对比度过强，适合突出高亮区域的应用场景，如金属刮痕、凹痕或异常反光部分的快速识别。单通道提取法是直接使用某一通道的颜色值生成灰度图。这种方法能够突出某些特定通道的信息，同时弱化其他不必要的区域，简化图像处理。如图 2-7 所示，单通道提取法分别展示了红色通道[图 2-7(a)、(b)]、绿色通道[图 2-7(c)、(d)]和蓝色通道[图 2-7(e)、(f)]的 RGB 图与灰度图。值得注意的是，蓝色通道灰度图[图 2-7(f)]表现出了更好的灰度化效果，突出了感兴趣的煤流区域，而其他区域的信息被弱化，有利于图像识别智能放煤。

(a) 平均值法灰度化后的图像　　(b) 最大值法灰度化后的图像

图 2-6　常用灰度化方法的对比

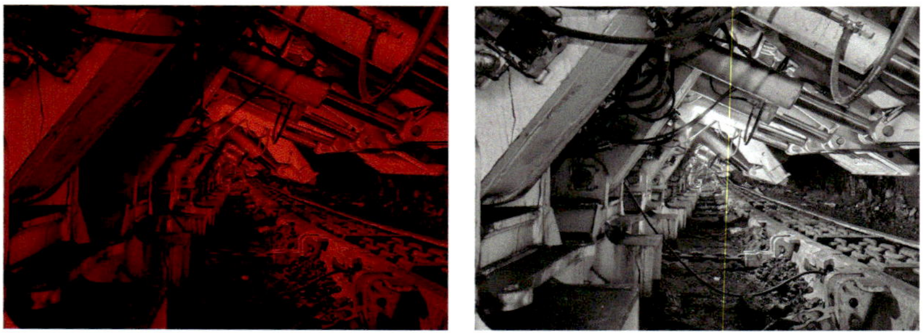

(a) 红色通道RGB 图　　(b) 红色通道灰度图

(c) 绿色通道RGB 图　　(d) 绿色通道灰度图

(e) 蓝色通道RGB 图　　(f) 蓝色通道灰度图

图 2-7　单通道提取法的 RGB 图与灰度图展示

加权平均法可以看作是单通道提取法的扩展，它通过对红、绿、蓝三个通道赋予不同的权重，将单通道信息综合为更加符合人眼亮度感知的灰度图。单通道提取法则专注于某一通道的信息，当目标特定波段至关重要时，单通道提取法可以有效简化处理并突出关键特征。

2.3.2　灰度直方图

灰度直方图是反映图像像素灰度值分布的统计工具，是图像分析与处理的基础。通过统计图像中每个灰度级像素的数量，灰度直方图能够直观展示图像的亮度分布情况。灰度值的范围通常为 0～255，其中 0 表示纯黑色，255 表示纯白色，介于两者之间的值表示不同的灰度级别[1]。

在灰度直方图中，横轴表示灰度，纵轴表示每个灰度对应的像素数量。通过观察直方图的形状，可以快速了解图像的亮度特性和对比度。例如，当灰度直方图的像素分布集中在低灰度区域时，表明图像整体较暗；当像素分布集中在高灰度区域时，图像则整体较亮。如果灰度直方图的像素分布较宽且均匀，说明图像的对比度较高；而当像素分布集中在狭窄范围内时，则意味着图像的对比度较低。

图 2-8 和图 2-9 分别展示了大巷和平巷图像及其灰度直方图。大巷照明条件较好，图像整体明亮，灰度直方图的像素分布集中在高灰度区域；平巷图像因照明条件较差，整体偏暗，其灰度直方图的像素分布集中在低灰度区域。累计灰度直方图的形态也揭示了两幅图像的亮度分布规律，即对于大巷图像，累计灰度直方图呈现明显的下凹形态，表明像素集中在高灰度区域；而对于平巷图像，累计灰度直方图呈现上突的形态，说

(a) 原始图像　　(b) 灰度图像

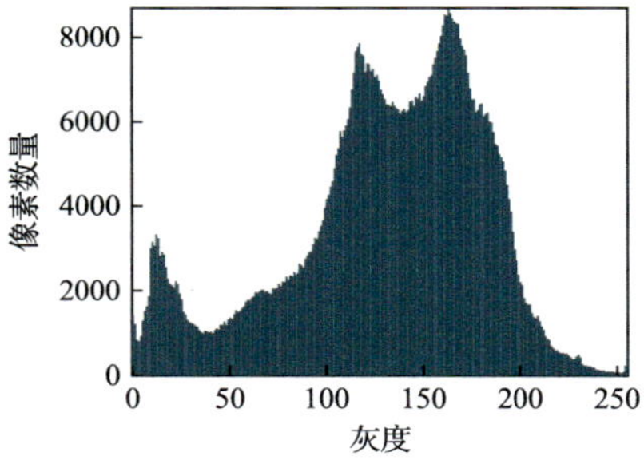

(c) 灰度直方图

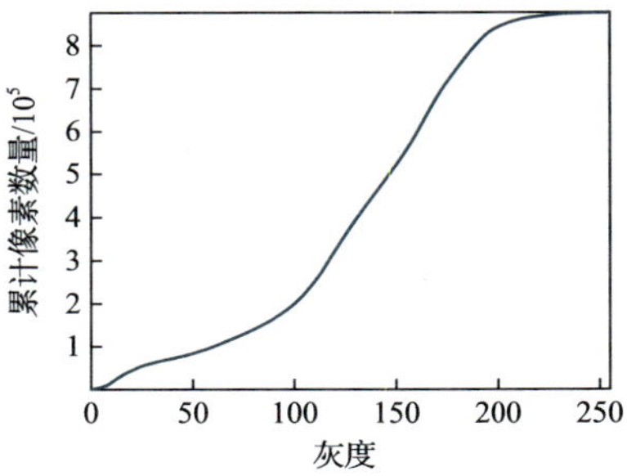

(d) 累计灰度直方图

图 2-8　大巷图像及其灰度分布特性

(a) 原始图像

(b) 灰度图像

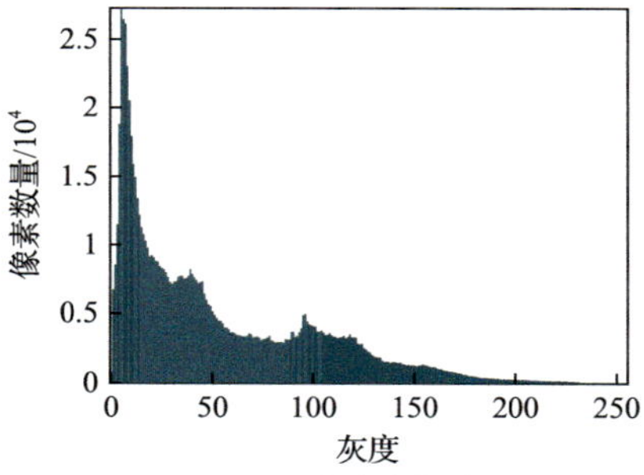

(c) 灰度直方图

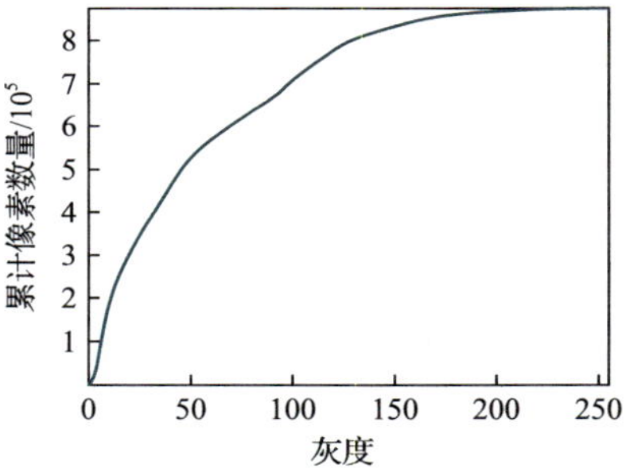

(d) 累计灰度直方图

图 2-9　平巷图像及其灰度分布特性

明像素集中在低灰度区域。通过灰度直方图可以直观反映图像的亮度分布和对比度等特点，同时它也是后续图像增强、分割和特征提取等处理的重要基础工具。

2.3.3　图像二值化处理的常用算法

图像二值化是将灰度图像转换为仅包含黑白两种像素值的过程。在二值化处理中，图像中像素的亮度根据设定的阈值进行分类：高于阈值的像素赋予白色(通常为255)，低于阈值的像素则为黑色(通常为 0)。常用的二值化方法包括全局阈值法、自适应阈值法、局部阈值法及迭代法等。

全局阈值法是通过为整幅图像设定一个固定阈值 T 来实现二值化的一种方法，适用于光照均匀的场景。其基本原理是根据阈值 T 对每个像素 $I(x,y)$ 的灰度进行分类，将像素值高于 T 的区域设为白色(通常为 255)，低于或等于 T 的区域设为黑色(通常为 0)。这一过程可用式(2-2)表示

$$B(x,y)=\begin{cases}255, & I(x,y)>T \\ 0, & I(x,y)\leqslant T\end{cases} \tag{2-2}$$

式中，T 为全局固定阈值；$I(x,y)$ 为原图像的像素值；$B(x,y)$ 为二值化后的像素值。

图 2-10 为全局阈值法在煤块图像上的具体应用。为便于控制实验条件并提升图像的对比度和稳定性，实验中选用了尺寸为 10cm×10cm×10cm 的立方体石墨试件代替煤块进行拍摄和处理。图 2-10(a) 为原始煤块灰度图像，图 2-10(b) 至图 2-10(f) 分别为阈值设定为 85、100、150、200 和 250 时的二值化结果。为了更清晰地表示二值化后的图像

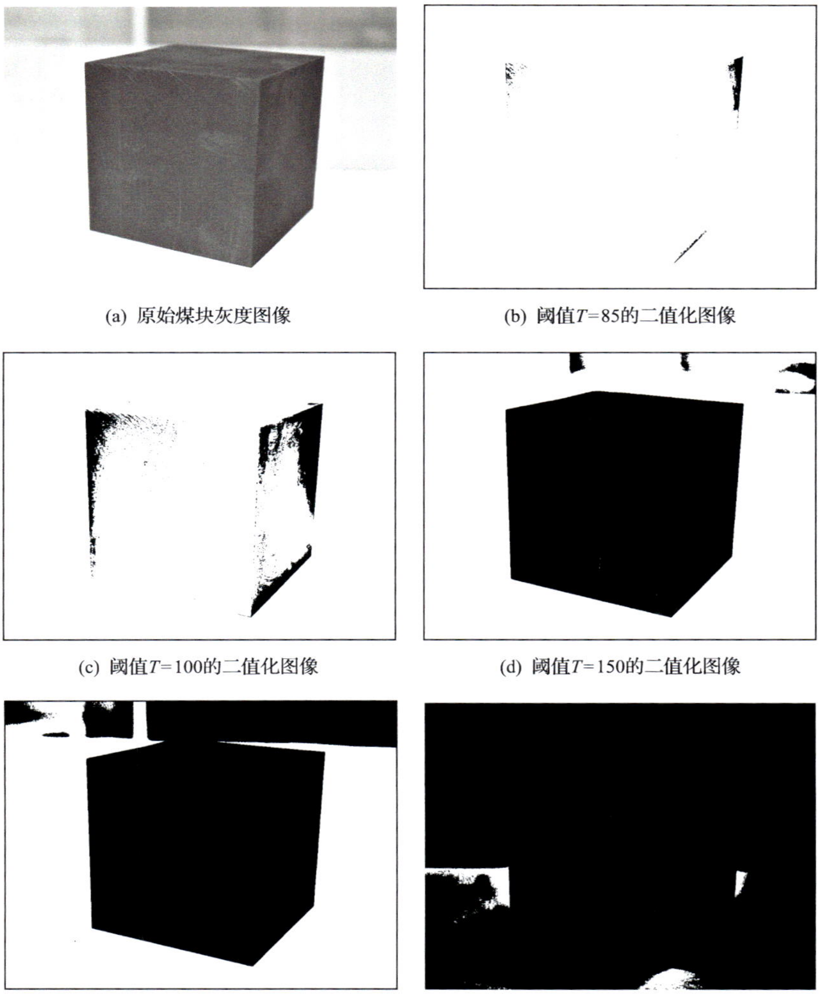

(a) 原始煤块灰度图像　(b) 阈值 T=85的二值化图像

(c) 阈值 T=100的二值化图像　(d) 阈值 T=150的二值化图像

(e) 阈值 T=200的二值化图像　(f) 阈值 T=250的二值化图像

图 2-10　不同阈值下全局阈值法的二值化效果

范围，二值化图像中额外添加了黑色边框。可以看出，随着阈值的增大，白色区域逐渐减少，显示了阈值选择对二值化结果的显著影响。

Otsu 算法是一种常用的全局阈值方法，其核心思想是通过最大化类间方差来自动确定最佳阈值，从而实现图像的高效二值化处理[2]。该算法通过将图像像素值划分为前景和背景两个类别，计算两类之间的方差(类间方差)，并选择能够最大化类间方差的阈值作为分割点，这种方法避免了手动设置阈值的问题。

图 2-11(a)为利用Otsu算法对煤块图像进行二值化的处理效果，图 2-11(b)为对应的灰度直方图及自动确定的阈值标注,其中自动确定的阈值为 179(灰度范围为 0～255)。Otsu算法在分离前景和背景的同时保持了较高的处理效率。但由于背景中某些灰度接近煤块区域，其部分像素也被错误识别为前景。

(a) Otsu算法的二值化效果

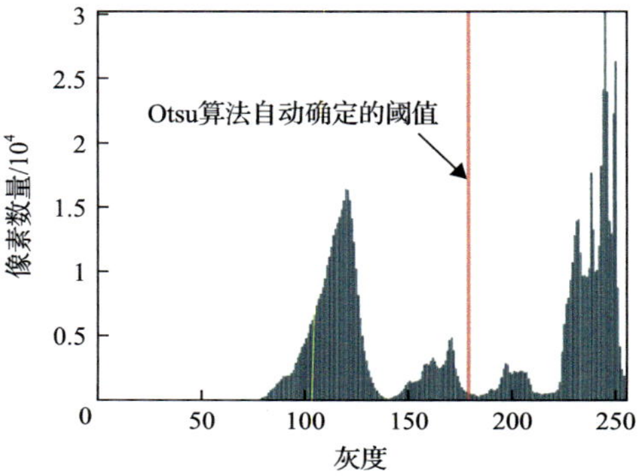

(b) 灰度直方图及Otsu算法自动确定的阈值

图 2-11 Otsu算法的二值化效果及阈值确定

自适应阈值法是一种动态调整阈值的二值化方法，根据图像中像素的局部特性而非全局特性来决定每个像素的阈值，适用于光照不均或灰度分布复杂的图像场景。其原理是将图像划分为多个局部区域，对每个区域单独计算统计特性(如均值或高斯加权平均值)，并动态确定局部阈值，从而对每个像素进行分类。

对于每个像素，阈值 $T(x,y)$ 是由其邻域内的像素平均值或加权平均值决定的，即

$$T(x,y)=\frac{1}{n}\sum_{i,j\in N(x,y)} I(i,j) \tag{2-3}$$

式中，$N(x,y)$ 为像素 (x,y) 的邻域；n 为邻域内像素数。

图 2-12 展示了自适应阈值法对煤块图像的处理结果，相较于Otsu算法，自适应阈值法能够更准确地分割出煤块的边界，避免了背景区域被误识别为前景。尽管煤块内部区域未被完全分割，但已经能够为图像分割提供重要的轮廓信息。通过适当的后处理和形态学操作，还可进一步完善分割结果，提升对煤块内部区域的识别能力。

这种方法适合处理场景复杂、光照条件不一致的图像。例如，放煤工作面后部刮板输送机上的煤流，如果受到不均匀光源的照射(如工人矿灯照射、补光灯聚光罩或遮挡阴影影响)，煤流表面的照度可能分布不均匀。在这种情况下，自适应阈值法可以根据煤流

表面不同位置的光照条件分区调整阈值，从而分离煤块与背景。

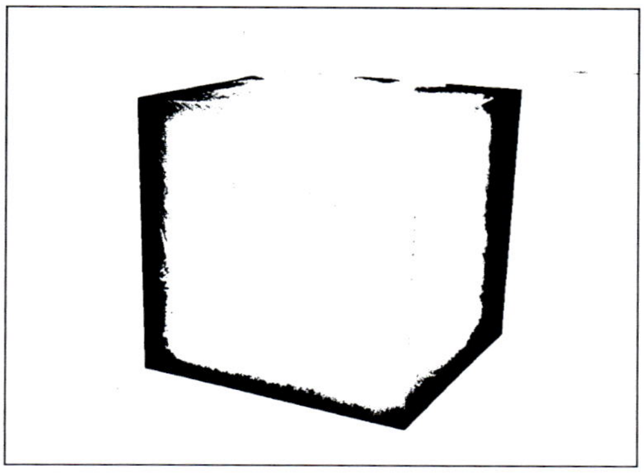

图 2-12　自适应阈值法的二值化效果

局部阈值法是一种根据图像局部特性动态计算阈值的二值化方法，也是一种应对光照不均匀的常用方法。与全局阈值法不同，局部阈值法对图像的每个局部区域单独计算阈值，从而使分割结果能够适应各区域的灰度特性。通过划分图像为多个小窗口并在每个窗口内计算统计特性（如均值或中值）确定局部阈值。局部阈值法在灰度变化显著或细节复杂的图像中表现较好。

该方法将图像划分为若干小块，对每一块分别设定阈值 T_i，从而更好地保留局部细节，即

$$B_i(x,y)=\begin{cases}255, & I(x,y)>T_i\\0, & I(x,y)\leqslant T_i\end{cases}\tag{2-4}$$

图 2-13（a）为原始煤块灰度图像，图 2-13（b）为局部阈值法处理后的二值化结果，可以清晰地分割出煤块与背景；图 2-13（c）显示了图像被划分为多个局部区域的网格结构；图 2-13（d）为每个局部区域的阈值分布图，通过颜色深浅来反映不同区域的阈值大小。该方法通过对每一局部块分别设定阈值 T_i，实现了对局部细节的更好保留，特别在局部对比度较大的图像中效果尤其明显。例如，在医学图像处理（如 X 光片）中，局部区域的对比度可能较大，通过局部阈值法，可以保留更清晰的病变区域细节。

(a) 原始煤块灰度图像

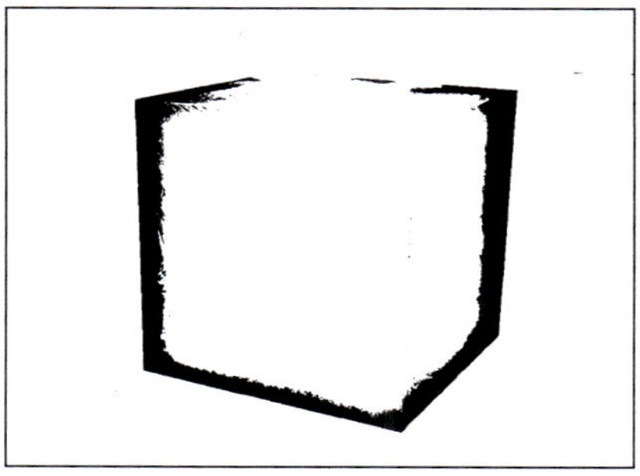

(b) 局部阈值法的二值化结果

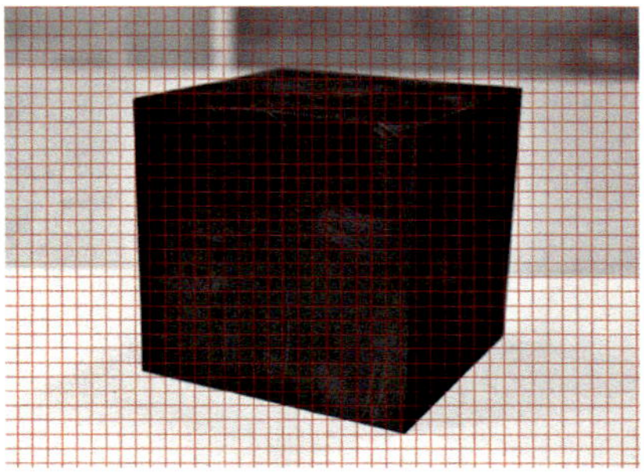
(c) 局部区域划分网格图

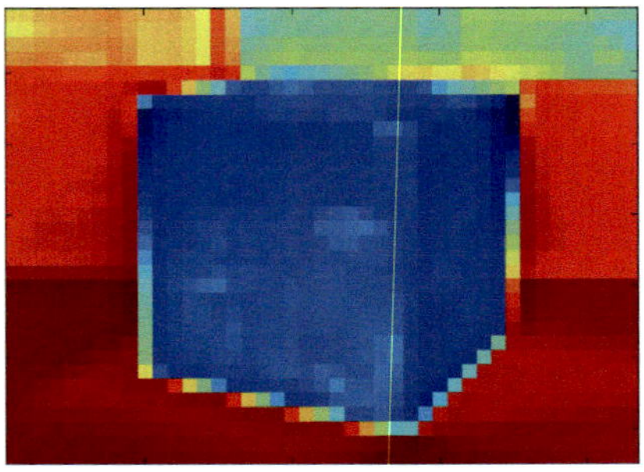
(d) 局部阈值分布图

图 2-13 局部阈值法的二值化效果

局部阈值法和自适应阈值法都基于将图像划分为局部区域来处理图像，但在划分方式上有所不同。局部阈值法通常使用固定大小的滑动窗口对图像进行划分，并在每个小块内计算阈值，而自适应阈值法则更加灵活，可以根据图像特性动态调整窗口大小和阈值，并采用更复杂的加权平均或高斯加权策略。自适应阈值法在处理复杂场景时提供了更高的适应性，但也伴随着更高的计算复杂度。

迭代法则通过反复调整阈值，逐步收敛到最佳结果。它首先设定一个初始阈值，然后根据图像中高于和低于该阈值的区域分别计算新的阈值，即

$$T_{k+1}=\frac{\mu_1+\mu_2}{2} \tag{2-5}$$

式中，μ_1 和 μ_2 分别为像素值大于和小于当前阈值的平均值，迭代直到阈值不再变化或低于某一预设值(如低于 0.1)。

这种方法在处理高噪声图像时效果显著，能够减少噪声干扰，提高二值化结果的准确性。

图像二值化广泛应用于图像分割、模式识别和形状分析等领域。针对不同应用场景，选择合适的二值化算法能够显著提高图像处理的准确性与效率，为后续的图像分析和处理提供坚实的基础。近年来，随着计算机视觉和深度学习技术的快速发展，二值化算法在理论和应用方面取得了重要进展。除了传统的全局阈值法和自适应阈值法，基于深度学习的二值化技术逐渐兴起。这些方法能够自动学习图像中前景与背景的复杂模式，不再依赖于单一阈值设定，而是通过神经网络的训练，智能化处理复杂图像，尤其是在噪声较大或目标物与背景难以区分的场景中表现出更优异的性能。

多尺度二值化技术也是一个重要的研究方向。通过在不同尺度上分析图像的局部与整体特征，能够实现对局部细节的精细处理和对全局结构的有效保留，从而改善传统方法在细节处理方面的不足。这一方法在图像处理中的应用不断扩展，尤其在需要准确捕捉图像细节的任务中，如边缘检测和微小物体的识别，表现出了显著的优势。

此外，还可以结合多模态数据处理，如将红外成像与可见光成像相结合，进一步提升复杂场景中二值化的准确性。例如，在煤矿作业环境中，通过融合不同光谱信息，可以更准确地识别煤块与岩石的边界，减少噪声和误分类。这些技术的进步显著提高了自

动分选系统的精度与效率，降低了人工干预的需求。同时，针对实时处理需求的增长，更加高效的二值化算法也是研究方向。

2.3.4　图像几何变换与校正

图像几何变换是指在图像处理过程中对图像进行平移、旋转、缩放、仿射变换等操作，以改变其几何特性。这些变换主要用于调整图像的视角、大小和位置，使图像满足特定的分析或展示需求。图像校正则是利用几何变换对由于成像设备、视角或环境造成的图像失真进行修正，确保图像的几何结构符合真实情况。

平移是最基本的几何变换之一，通过移动图像中的所有像素来改变其在二维平面中的位置。平移变换可以表示为

$$\begin{bmatrix} x' \\ y' \end{bmatrix} = \begin{bmatrix} x \\ y \end{bmatrix} + \begin{bmatrix} t_x \\ t_y \end{bmatrix} \tag{2-6}$$

式中，t_x 和 t_y 分别为水平方向和竖直方向的平移量。

图 2-14(a)为原始煤块图像,图 2-14(b)为经过平移变换后的煤块图像($t_x = 200, t_y = 150$)。可以看到，平移变换将图像中的所有像素整体移动，使煤块在画面中发生了位置改变。

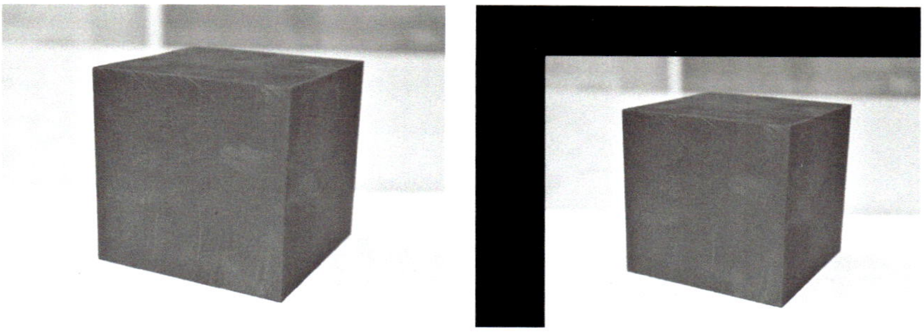

(a) 原始煤块图像　(b) 平移变换后的煤块图像

图 2-14　平移变换对煤块图像的处理效果

平移变换具有简单且高效的特点，广泛应用于图像对齐、拼接以及滚动场景的处理。例如，在放顶煤工作面，不同放煤口周围安装了多个摄像头，平移变换可用于将后部刮板输送机上煤流的连续图像进行对齐。通过这一处理，确保不同视角下的煤流图像能够拼接成完整的煤流监控画面，实现了多摄像头数据的有效整合。

此外，在放煤过程中，移架、拉溜等操作可能会导致相机与后部刮板输送机的相对位置发生变化，平移变换同样能够调整煤流图像的位置，使其移动至画面的中央，便于实时观察和进一步分析。

旋转变换通过将图像绕某个点(通常是图像中心)旋转一定角度，使图像的方向发生改变。旋转变换可以表示为

$$\begin{bmatrix} x' \\ y' \end{bmatrix} = \begin{bmatrix} \cos\theta & -\sin\theta \\ \sin\theta & \cos\theta \end{bmatrix} \begin{bmatrix} x \\ y \end{bmatrix} \tag{2-7}$$

式中，θ 为旋转角度。旋转变换在图像配准、目标对齐中有广泛应用。

图 2-15(a) 为煤块图像经过 30°旋转(θ=30°)后的结果，图 2-15(b) 为煤块图像经过 90°旋转后的结果。可以看出，旋转变换能够有效地改变图像的方向，为图像配准和目标对齐提供了基础操作支持。

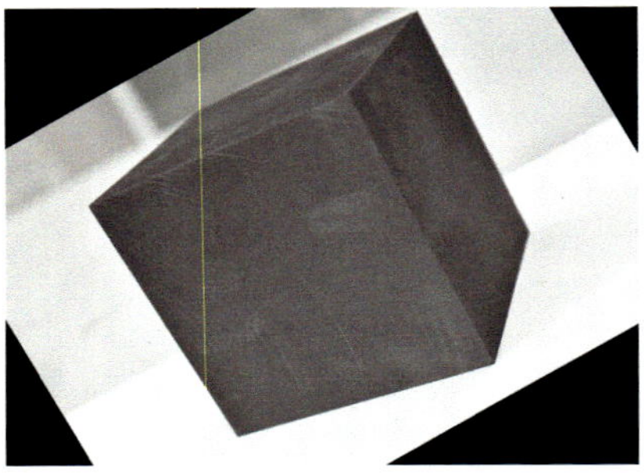

(a) 旋转30° 的煤块图像

(b) 旋转90° 的煤块图像

图 2-15　旋转变换对煤块图像的处理效果

旋转变换是图像几何变换中的一种重要操作，广泛应用于图像配准、目标对齐和方向校正等场景。例如，在放顶煤工作面，后部刮板输送机上的煤流图像可能由于摄像头安装角度不同而出现方向偏差，旋转变换可以用于对这些图像进行校正，使煤流方向保持一致，从而提高监控画面的可读性和分析准确性。

此外，在放煤过程中，由于移架、拉溜等操作可能引起摄像头安装角度的轻微变化，旋转变换能够对受影响的图像进行角度调整，使煤流保持在画面中的正确方向。这种方法有助于确保煤流监控画面的稳定性，便于后续的智能分析和处理。

缩放变换通过改变图像的尺寸，等比例或非等比例地调整图像的大小。缩放变换可以表示为

$$\begin{bmatrix} x' \\ y' \end{bmatrix} = \begin{bmatrix} s_x & 0 \\ 0 & s_y \end{bmatrix} \begin{bmatrix} x \\ y \end{bmatrix} \tag{2-8}$$

式中，s_x 和 s_y 为水平方向和竖直方向的缩放系数。

图 2-16(a) 为等比例缩小($s_x = s_y = 0.5$)的煤块图像。由于缩放后的图像尺寸减小，为更直观地显示缩小效果，图像周围添加了黑边。图 2-16(b) 为非等比例缩放($s_x = 0.5$，$s_y = 1.5$)的煤块图像，图像在水平方向上被压缩，而在垂直方向上被拉伸，表现出拉长的视觉效果。图 2-16(c) 展示了水平放大和垂直缩小($s_x = 1.2$，$s_y = 0.7$)的煤块图像，图像在水平方向上被扩展，在垂直方向上被压缩，表现出压扁的视觉效果。

缩放变换通过对图像的比例进行调整，改变其大小，同时保持图像的几何特性，是图像处理中的一种基本操作。在放顶煤工作面，缩放变换可以用于对不同视角下、不同距离下拍摄的煤块图像进行大小调整，以确保系统在分析煤流形态时各个图像具有一致的尺度，方便后续的体积估算与识别。

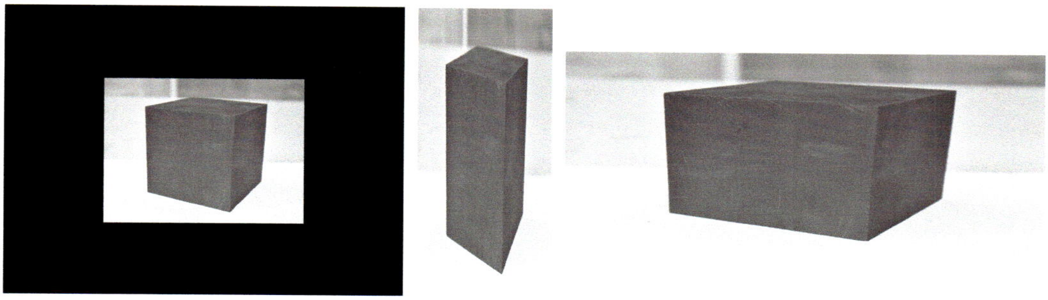

(a) 等比例缩小　(b) 水平缩小、垂直放大　(c) 水平放大、垂直缩小

图 2-16　缩放变换对煤块图像的处理效果

此外，缩放变换还可以用于突出煤流的某些特定区域，例如在后部刮板输送机的监控画面中，可以对感兴趣的煤流区域进行放大，增强其细节，便于判断煤流的含矸率和流动状态。

倾斜变换是一种几何变换，通过将图像的一个维度沿另一个维度拉伸或压缩，从而使图像的形状发生变化。该变换会保持图像的平行边不变，但角度可能发生改变，从而形成类似“斜梯形”的效果。倾斜变换可以表示为

$$\begin{bmatrix} x' \\ y' \end{bmatrix} = \begin{bmatrix} x \\ y \end{bmatrix} + \begin{bmatrix} k_x y \\ k_y x \end{bmatrix} \tag{2-9}$$

式中，x 和 y 为原始图像中的像素坐标；x' 和 y' 为变换后图像中的像素坐标；k_x 为水平方向的倾斜因子，表示 x 坐标随着 y 变化的程度；k_y 为垂直方向的倾斜因子，表示 y 坐标随着 x 变化的程度。

图 2-17(a)～(c)分别为在 $k_x = 0.2$、0.4、0.6，且 $k_y = 0$ 时的倾斜变换结果，随着 k_x 增加，图像的水平拉伸效果逐渐增强。图 2-17(d)和(e)为同时应用 $k_x = 0.3$，$k_y = 0.6$ 和 $k_x = 0.6$，$k_y = 0.3$ 的倾斜变换结果，展示了复合倾斜因子对图像双向拉伸的综合效果。

倾斜变换在图像处理中的应用十分广泛，包括图像校正、目标对齐和形变建模等场景。通过合理设置倾斜因子，可以实现特定方向上的图像拉伸或压缩，满足不同的实际需求。

(a) k_x=0.2，k_y=0　(b) k_x=0.4，k_y=0　(c) k_x=0.6，k_y=0

(d) k_x=0.3，k_y=0.6

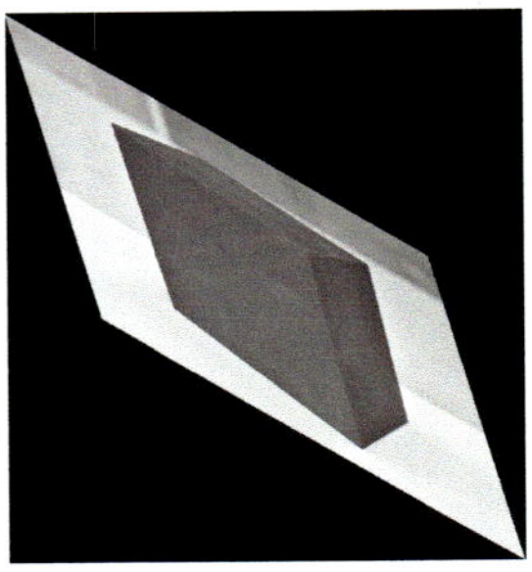

(e) k_x=0.6，k_y=0.3

图 2-17 倾斜变换对煤块图像的处理效果

仿射变换是一种更为复杂的几何变换，它可以同时实现平移、旋转、缩放以及倾斜变换。仿射变换的公式为

$$\begin{bmatrix} x' \\ y' \end{bmatrix} = \begin{bmatrix} a & b \\ c & d \end{bmatrix} \begin{bmatrix} x \\ y \end{bmatrix} + \begin{bmatrix} t_x \\ t_y \end{bmatrix} \tag{2-10}$$

式中，x 和 y 为原始图像中的像素坐标；x' 和 y' 为变换后图像中的像素坐标；a、b、c、d 为控制旋转和缩放的系数；t_x 和 t_y 为平移系数。

图 2-18 为经过仿射变换处理后的煤块图像。该变换综合实现了平移($t_x = 200, t_y = 150$)、旋转($\theta = 30°$)、缩放($s_x = 1.2$，$s_y = 0.7$)以及倾斜($k_x = 0.3$，$k_y = 0$)的效果。可以看到，图像整体发生了位置、大小和方向的显著变化，充分体现了仿射变换的灵活性和实用性。

图 2-18 仿射变换对煤块图像的处理效果

仿射变换不仅保持了图像中的平行线，还能通过组合多种几何变换，实现复杂场景的图像调整，常用于图像的校正和对齐。

图像几何校正是通过几何变换技术来消除由于成像设备、透视效果或其他外界因素引起的图像畸变。镜头畸变通常会导致图像中直线出现弯曲的现象，如桶形畸变或枕形畸变；而透视失真则会使图像中的平行线显得不再平行。常见的图像校正操作包括透视校正、镜头畸变校正等。

透视校正用于解决因相机拍摄角度不同而导致的图像变形问题，例如倾斜拍摄文档或建筑物时出现的梯形失真。通过定义参考点或利用数学模型，透视校正可以将图像调整为正视图，广泛应用于文档矫正、建筑测绘和道路分析等领域，具有重要的应用价值。图 2-19 展示了透视校正对煤块图像的处理效果。图 2-19(a)为通过透视变换模拟得到的梯形失真煤块图像。该图像通过人为设置透视投影矩阵对原始图像进行变换，模拟了在倾斜角度下拍摄煤块图像时常见的透视失真现象，其特征表现为图像边缘线条倾斜，原本平行的线条因透视效果而相交，几何特性被破坏。图 2-19(b)为经过透视校正算法处理后的煤块图像。校正过程通过定义参考点或利用数学模型，将失真图像调整为正视图，恢复了图像的原始几何形态，使得边缘线条重新变得平行。

(a) 梯形失真煤块图像　(b) 透视校正后的煤块图像

图 2-19　透视校正对煤块图像的处理效果

镜头畸变校正用于消除鱼眼镜头或广角镜头带来的图像边缘变形。通过几何变换和校正算法，可以将变形的图像恢复为正常的比例和结构。图 2-20 展示了镜头畸变校正对煤块图像的处理效果。图 2-20(a)为通过径向失真变换模拟得到的桶形畸变煤块图像。该图像通过人为引入径向畸变系数对原始煤块图像进行处理，模拟了广角镜头或鱼眼镜头常见的桶形失真现象，其特征表现为图像边缘区域被明显拉伸，而中心区域相对保持完整。这样处理的目的是便于展示镜头畸变校正算法的效果。图 2-20(b)为镜头畸变校正后的煤块图像，通过校正算法成功恢复了图像的正常比例和结构，消除了桶形失真的影响。

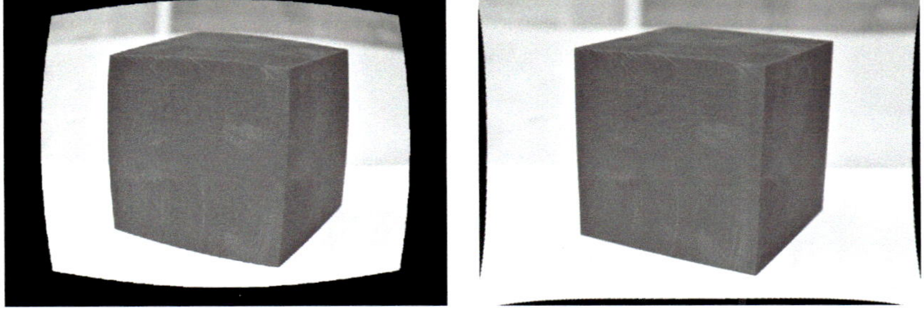

(a) 桶形畸变煤块图像　(b) 镜头畸变校正后的煤块图像

图 2-20　镜头畸变校正对煤块图像的处理效果

在放顶煤工作面，支架放煤口附近空间狭小，如果相机安装位置距离后部刮板较近而无法充分捕捉煤流信息时，可以考虑通过使用广角镜头以覆盖更大的视野，但这也会导致图像边缘的畸变。通过镜头畸变校正，煤流图像的比例和结构可以恢复到正常状态，便于后续分析。

2.3.5 图像直方图均衡化

图像直方图均衡化是一种用于增强图像对比度的技术，旨在调整图像中的灰度分布，使其更加均匀，提升整体的视觉效果，适用于对比度低的图像，通过拉伸或压缩灰度直方图，可以增强图像中的细节，使得亮暗区域更加分明。

灰度直方图展示了图像中每个灰度值的像素数分布。低对比度的图像通常表现为直方图集中在某个狭窄的灰度范围内。通过图像直方图均衡化，像素的灰度值被重新分配，使得直方图分布在更广的灰度范围内，进而提升图像的对比度[1]。图 2-21 展示了图

(a) 原始灰度图像

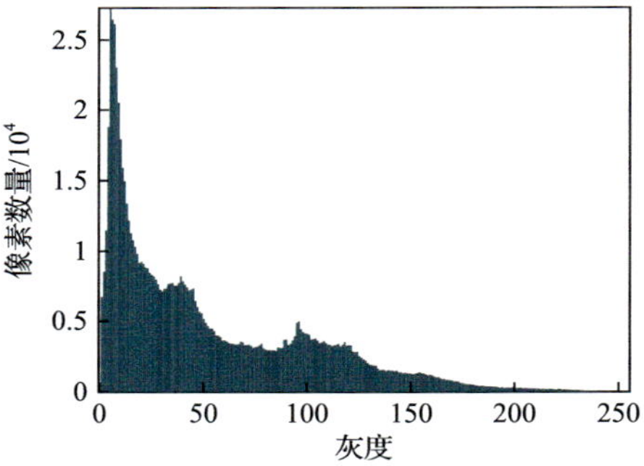

(b) 原始灰度直方图

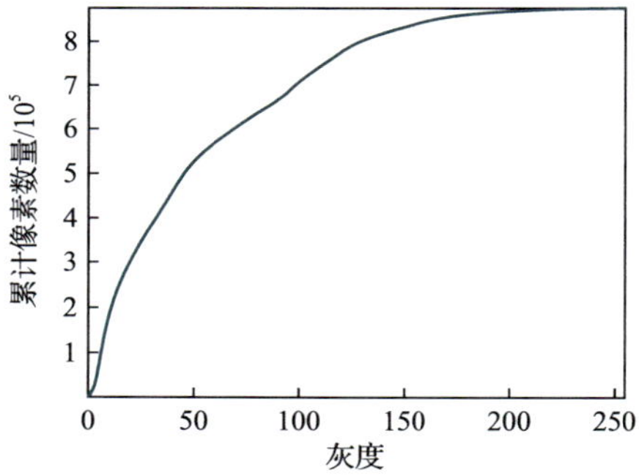

(c) 原始累计灰度直方图

(d) 均衡化后的灰度图像

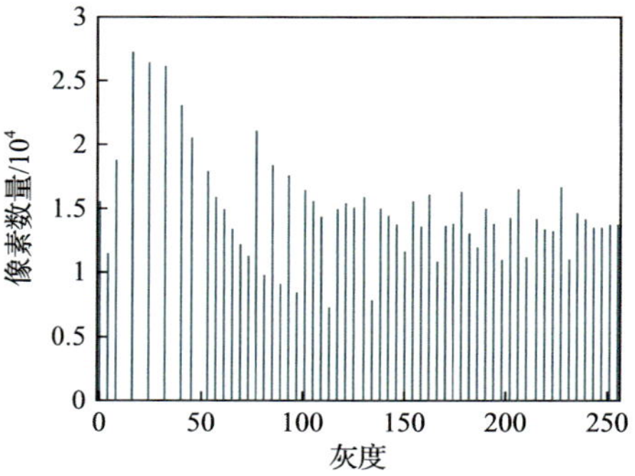

(e) 均衡化后的灰度直方图

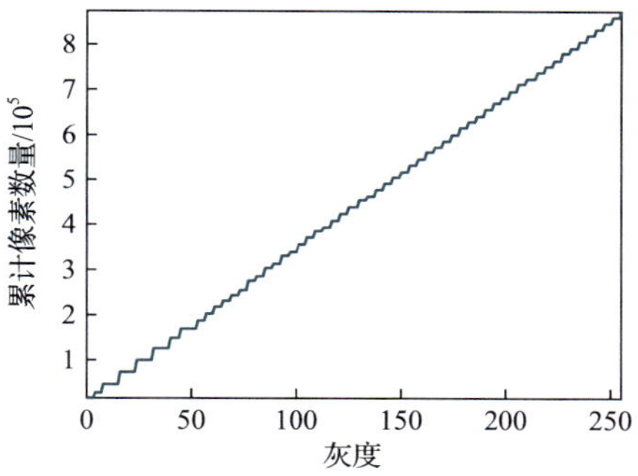

(f) 均衡化后的累计灰度直方图

图 2-21　图像直方图均衡化对平巷图像的处理效果

像直方图均衡化对平巷图像的处理效果，其中原始灰度图像对比度较低，而均衡化处理后的灰度图像在亮暗区域的分布更均匀，视觉效果显著提升。

图像直方图均衡化的具体过程包括计算原始图像的灰度直方图、基于灰度直方图计算累积分布函数(cumulative distribution function，CDF)、使用 CDF 将原始灰度值映射到新的灰度值，使灰度值更加均匀地分布在整个范围内。该过程可以表示为

$$s_k = \text{round}\left[\frac{L-1}{MN}\sum_{j=0}^{k} p_r\left(r_j\right)\right] \tag{2-11}$$

式中，s_k 为调整后的灰度级；L 为灰度级总数；M、N 为图像长和宽的像素数；$p_r(r_j)$ 为灰度级 r_j 的概率分布；round[*]为四舍五入运算。

图 2-21(a)为原始的平巷灰度图像，直方图显示其灰度主要集中在一个狭窄的范围内，导致整体对比度较低，亮暗区域的差异不明显[如图 2-21(b)和(c)所示]。图像的亮部和暗部未能充分展现细节，其灰度直方图表现为明显的峰值集中于低灰度区域，累计灰度直方图的变化相对平缓，表明灰度分布范围有限。

通过图像直方图均衡化处理后，图 2-21(d)为均衡化后的灰度图像，其对比度显著提升，亮暗区域的层次分明，细节得到了增强。对应的灰度直方图[图 2-21(e)]显示灰度被重新分配到更广泛的范围，使得像素分布更加均匀，累计灰度直方图[图 2-21(f)]的曲线从原来的部分平缓变得更加陡峭且接近线性，直观地体现了图像亮度均匀性和细节丰富度的显著改善。

图像直方图均衡化广泛应用于多种场景，尤其是在需要提升图像可视度和对比度的情况下。例如，在光照不足的场景下(如夜间监控或井工煤矿环境)，图像直方图均衡化能提高图像的亮度和细节，使物体轮廓更加清晰。在医学成像(如 CT、MRI)中，图像直方图均衡化可以帮助医生更好地识别病变区域，增强图像中的对比，使得病灶的边界更加明显。在卫星图像和航空摄影中，图像直方图均衡化常用于提升地貌和目标物体的对比度，从而提高遥感图像的分析精度。

在智能放煤系统中，煤流图像可能因光线不均或煤尘干扰，导致图像对比度低，识

别精度下降。通过图像直方图均衡化，可以显著改善图像对比度，使煤块与岩石之间的差异更加明显，有助于系统准确地识别煤岩块体。

尽管图像直方图均衡化能显著增强图像的对比度，但在某些场景下可能过度增强图像的亮度，导致图像部分区域过亮或过暗。例如，图像直方图均衡化后的灰度图像[图 2-21(a)]中，光源附近的画面明显过亮。

为了避免这些问题，对比度受限自适应直方图均衡化(contrast limited adaptive histogram equalization，CLAHE)通过将图像分割成小块并分别进行均衡化，有效保留了局部对比度，同时避免全局过度增强。如图 2-22 所示，自适应直方图均衡化后的灰度图像[图 2-22(a)]整体亮度和对比度显著提升，且颜色分布更加均匀。

(a) 自适应直方图均衡化后的灰度图像

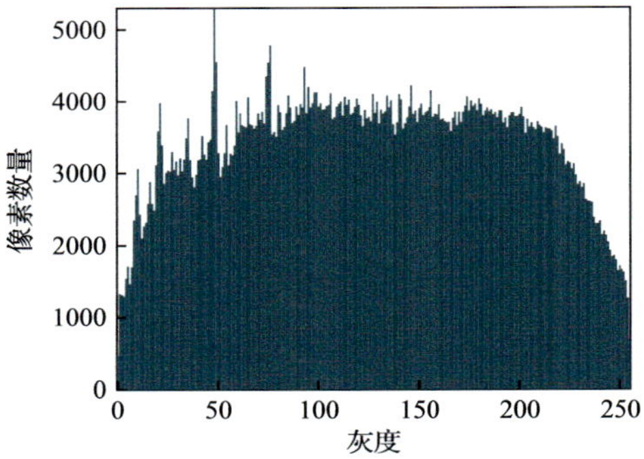

(b) 自适应直方图均衡化后的灰度直方图

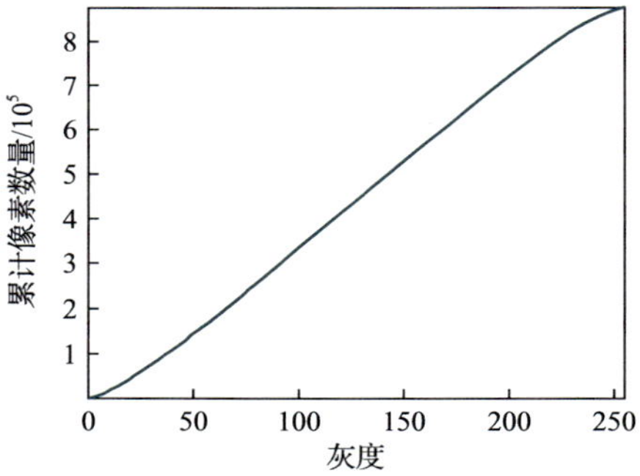

(c) 自适应直方图均衡化后的累计灰度直方图

图 2-22　自适应直方图均衡化对平巷图像的处理效果

2.3.6　图像噪声模型

图像在采集、传输和处理过程中常常受到各种噪声的干扰，这些噪声会降低图像的质量，影响后续图像分析的准确性。噪声模型用于描述不同类型的噪声对图像的影响，而去噪方法则旨在减少或消除这些噪声，提高图像的可视性和精度。常见噪声模型主要包括高斯噪声、椒盐噪声、泊松噪声、量化噪声等。

高斯噪声是最常见的噪声模型之一，通常由于传感器噪声、热噪声等产生。它的概率密度函数为正态分布，即像素值围绕某个均值 μ 随机波动，形成钟形曲线。高斯噪声

的概率密度函数可以表示为

$$p(x)=\frac{1}{\sqrt{2\pi}\sigma}\mathrm{e}^{-\frac{(x-\mu)^2}{2\sigma^2}} \tag{2-12}$$

式中，μ 为均值；σ 为标准差。

高斯噪声的强度由标准差σ决定，σ越大，像素值的波动范围越广，图像中的噪声越显著。高斯噪声广泛出现在自然拍摄场景和医学成像中。

在图 2-23 中，均值固定为 0，随着标准差从 20 增加到 80，噪声强度逐渐增大，图像的随机波动更加明显。而在图 2-24 中，标准差固定为 40，随着均值从−40 增加到 40，图像的整体亮度发生了显著改变。

(a) 均值μ=0，标准差σ=20

(b) 均值μ=0，标准差σ=40

(c) 均值μ=0，标准差σ=60

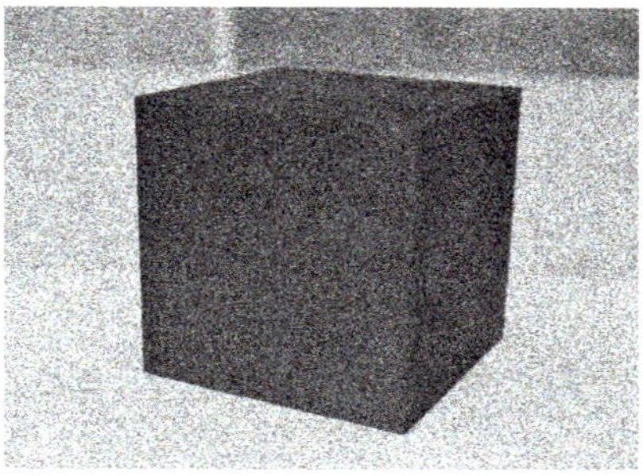

(d) 均值μ=0，标准差σ=80

图 2-23　不同标准差对高斯噪声强度的影响

(a) 均值μ=−40，标准差σ=40

(b) 均值μ=−20，标准差σ=40

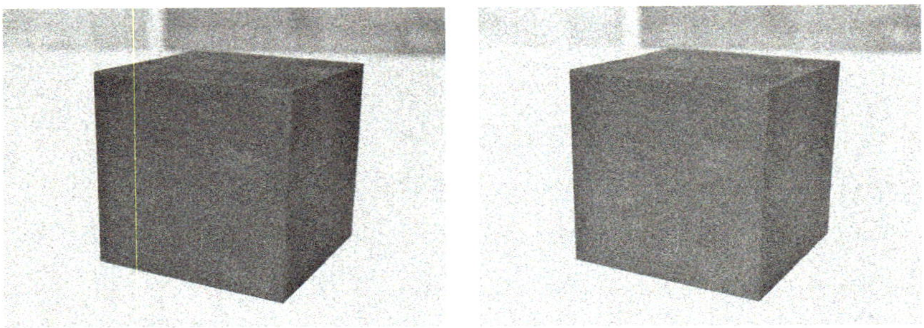

(c) 均值$\mu=20$，标准差$\sigma=40$　　(d) 均值$\mu=40$，标准差$\sigma=40$

图 2-24　不同均值对高斯噪声强度的影响

椒盐噪声通常表现为图像中随机出现的黑白像素点，常由于传感器故障或数据传输错误引起。图像中的某些像素会被替换为最小值(0)或最大值(255)，形成类似于椒盐的“黑点”和“白点”现象。椒盐噪声的强度通常由噪声密度 d 控制，噪声密度越大，图像中被替换为黑白像素的数量越多。

图 2-25 为不同噪声密度对椒盐噪声强度的影响。当噪声密度较小时[图 2-25(a)、(b)]，图像的细节仍能较好保留，仅受到轻微干扰；而当噪声密度增大时[图 2-25(c)、(d)]，黑白噪声点逐渐掩盖了原始内容。

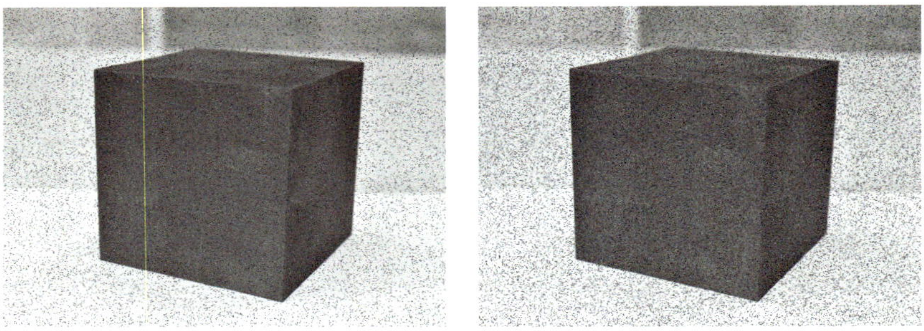

(a) 噪声密度$d=0.05$　　(b) 噪声密度$d=0.1$

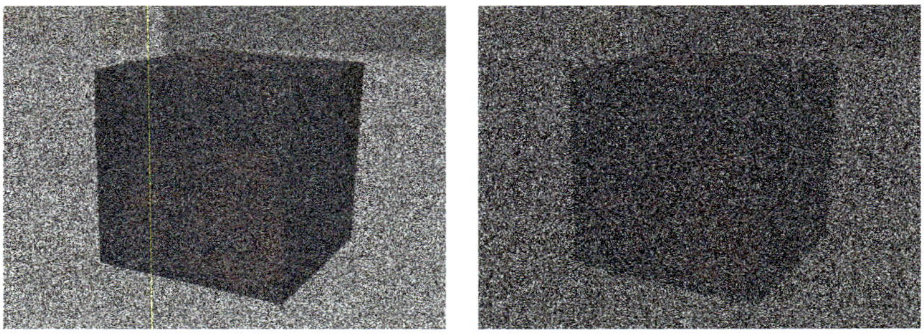

(c) 噪声密度$d=0.5$　　(d) 噪声密度$d=0.8$

图 2-25　不同噪声密度对椒盐噪声强度的影响

泊松噪声通常与成像过程中光子的统计性质相关，特别是在低光照或曝光不足的条件下较为常见。其特征是噪声的方差与信号强度 I 相关联，即方差等于均值。当图像的亮度较低时，信号强度较弱，噪声的相对影响显得更加显著，导致图像中暗区域的噪声更为明显。因此，光照条件和信号水平是控制泊松噪声影响的重要因素。

图 2-26 为泊松噪声对不同亮度图像的影响，图 2-26(a) 为平巷原始灰度图像[图 2-21(a)]添加泊松噪声后的效果，图 2-26(b) 为其添加噪声前后的差异图。可以看出，低亮度区域的噪声更加明显，验证了泊松噪声在低光照场景中影响显著的特性。相较之下，图 2-26(c) 为对 CLAHE 处理后的平巷灰度图像[图 2-22(a)]添加泊松噪声的效果，图 2-26(d) 为该图添加泊松噪声前后的差异图。通过均衡化处理，亮度较低的区域得到增强，使得噪声的分布更加均匀，进一步表明光照条件对泊松噪声影响的优化作用。

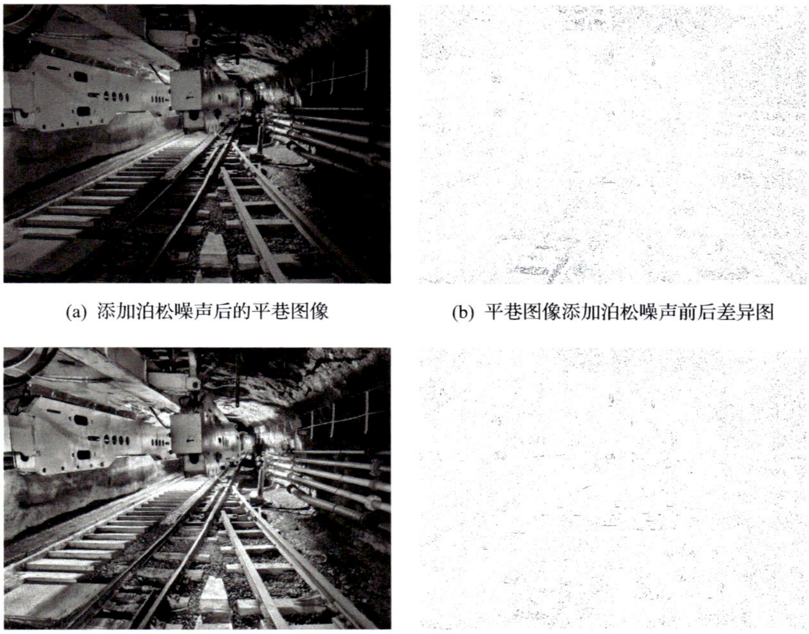

(a) 添加泊松噪声后的平巷图像　(b) 平巷图像添加泊松噪声前后差异图

(c) 添加泊松噪声后的CLAHE平巷图像　(d) CLAHE平巷图像添加泊松噪声前后差异图

图 2-26　泊松噪声对不同亮度图像的影响

量化噪声是在图像数字化过程中由于将连续信号量化为有限离散值而引入的一种误差，主要表现为图像细节丢失和灰度过渡区域的台阶效应，尤其在低分辨率或高压缩比的图像中最为显著。量化噪声的强度与量化位深密切相关，位深越低，量化级别越少，噪声越明显；位深越高，量化误差越小，图像细节表达更精确。这种噪声需要通过提高位深或改进压缩算法来抑制，以确保图像质量和细节完整性。

量化噪声的特性在不同位深下表现出显著差异，如图 2-27 所示。通过对煤块图像分别以 2bit、4bit、6bit 和 8bit 进行量化，可以观察到随着位深增加，量化级别逐渐提升，图像的细节和灰度过渡的平滑性也显著改善。

图 2-27(a) 显示了量化位深为 2bit 的效果，图像被限制为 4 个(即 2^2 个)灰度级，导致细节严重丢失，灰度过渡区域呈现明显的台阶效应；图 2-27(b) 为 4bit 量化，灰度级别增至 16 个(即 2^4 个)，图像细节略有恢复；图 2-27(c) 为 6bit 量化，灰度级别为 64 个(即

2^6个)，图像细节逼近原始效果；图 2-27(d)为 8bit 量化，灰度级别为 256 个(即 2^8个)，接近原始图像，量化误差几乎不可见。

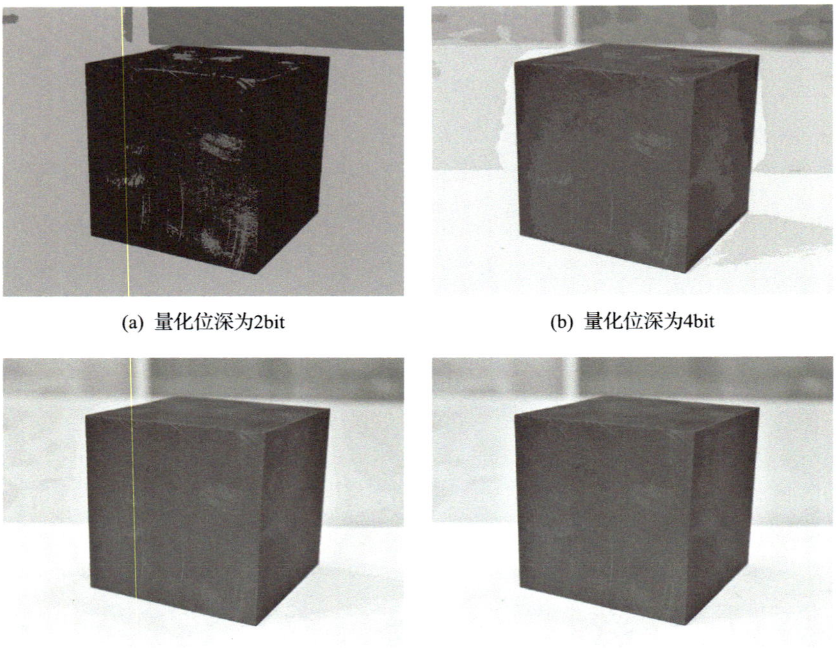

(a) 量化位深为2bit　(b) 量化位深为4bit

(c) 量化位深为6bit　(d) 量化位深为8bit

图 2-27　量化噪声对不同位深图像的影响

因此，量化位深对图像质量有着重要影响。适当提高位深能够有效抑制量化噪声，但需要在图像质量与存储和处理成本之间权衡，以满足实际应用需求。

除了以上四种噪声模型，在一些特定场景下还存在一些特殊的噪声模型。例如，瑞利噪声通常出现在距离测量系统中，特别是当信号是通过反射或散射获取时，如雷达成像或声呐系统。它的概率密度函数呈现非对称分布，在低信号强度下表现出较大的波动。指数噪声是一种与瑞利噪声类似的噪声模型，广泛存在于激光雷达成像和声呐成像等场景中，表现为在特定条件下信号强度随时间或距离呈指数分布。伽马噪声广泛存在于描述合成孔径雷达(synthetic aperture radar，SAR)成像中的噪声，它是由多个独立的信号叠加而成，具有伽马分布的特点。伽马噪声通常出现在雷达成像和医学成像系统中。脉冲噪声是一种短暂、间歇性出现的噪声类型，表现为图像中少量像素的强度突然发生较大变化。脉冲噪声往往由传感器故障、通信错误或电磁干扰引起，它与椒盐噪声类似，但强度波动更为随机。散斑噪声是一种乘性噪声，常见于激光成像、超声波成像和合成孔径雷达图像中。它是由多个相干信号相互干涉所造成的，导致图像中出现类似纹理的噪声。散斑噪声具有乘性特征，即噪声强度与信号强度成比例。泊松-高斯噪声是一种混合噪声，通常出现在光学图像传感器(如 CCD 传感器或 CMOS 传感器)中。在低光照条件下，图像中既有光子统计造成的泊松噪声，也有电子设备的热噪声导致的高斯噪声，这种噪声模型在医学成像和天文成像中较为常见。

2.3.7　图像去噪方法

1. 基于空间域的去噪方法

图像去噪可以在空间域(简称空域)或频率域(简称频域)中进行。常用空域去噪方法主要包括均值滤波、中值滤波、高斯滤波、小波去噪、自适应滤波等。均值滤波是一种经典的去噪方法，通过用邻域内所有像素的平均值代替中心像素值，来平滑图像中的噪声。如图 2-28 所示，不同滤波器尺寸的均值滤波对添加高斯噪声后的图像[图 2-23(b)]进行处理。随着滤波器尺寸的增大，图像中的高斯噪声逐渐被抑制，但同时边缘细节也变得更加模糊。因此滤波器尺寸的选择需要在去噪效果与边缘细节保留之间进行权衡。

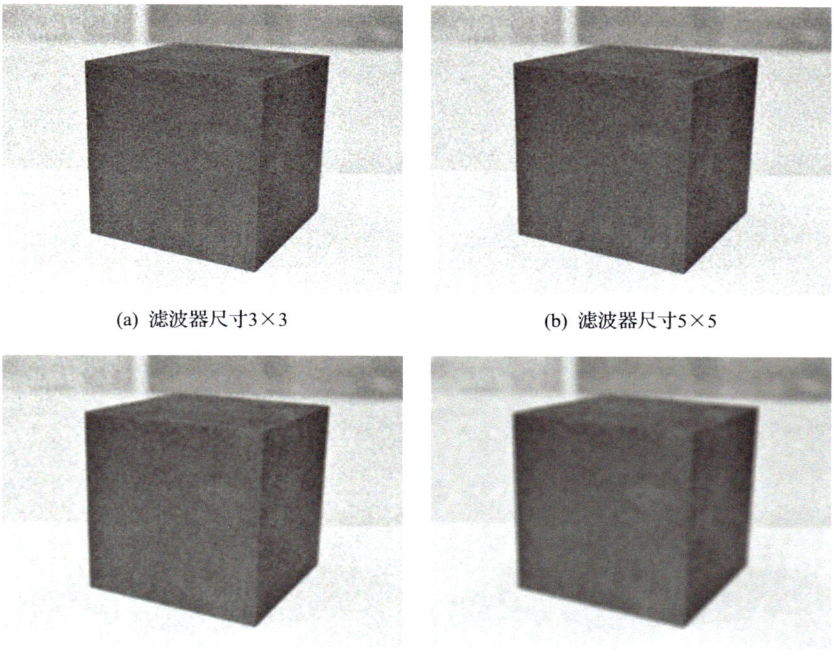

(a) 滤波器尺寸3×3　(b) 滤波器尺寸5×5

(c) 滤波器尺寸9×9　(d) 滤波器尺寸15×15

图 2-28　不同滤波器尺寸的均值滤波对高斯噪声的去除效果

中值滤波是一种经典的去噪方法，主要用于有效去除椒盐噪声。其核心原理是通过将像素邻域内的像素值按照大小排序，并用排序后的中值代替中心像素值，从而消除噪声点的影响，同时尽可能保留图像边缘的清晰度。相比均值滤波，中值滤波在去除椒盐噪声时表现更优，能够在保留边缘细节的同时显著降低噪声强度。

中值滤波的去噪强度受滤波器尺寸的显著影响。滤波器尺寸越大，去噪效果越显著，但可能导致图像细节模糊；相对较小的滤波器则能够更好地保留细节，但对噪声的去除效果有限。如图 2-29 所示，针对含有椒盐噪声的图像[图 2-25(c)]，应用不同尺寸的中值滤波器处理后，图像的噪声点逐渐减少，同时边缘细节的变化也更加明显。

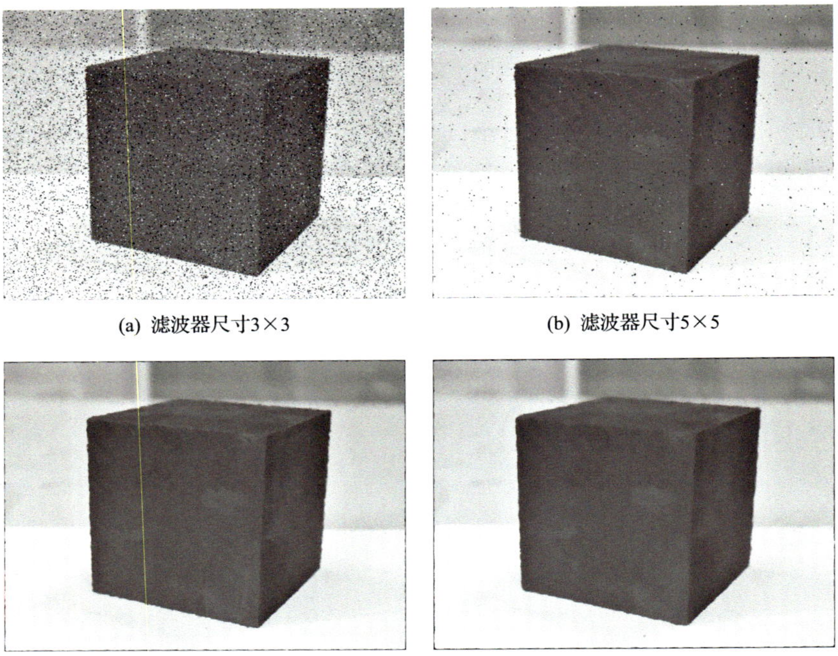

(a) 滤波器尺寸3×3　(b) 滤波器尺寸5×5

(c) 滤波器尺寸9×9　(d) 滤波器尺寸15×15

图 2-29　不同滤波器尺寸的中值滤波对椒盐噪声的去除效果

高斯滤波通过用高斯分布加权的方式平滑图像中的噪声，适用于去除高斯噪声。其优点在于平滑图像的同时保留一定的细节，使得去噪后的图像不会显得过于模糊。

如图 2-30 所示，不同高斯滤波器的标准差 σ 对添加高斯噪声图像[图 2-23(b)]的去除效果存在显著差异。随着标准差的增大，高斯滤波的平滑效果逐渐增强，噪声得到了更明显的抑制。然而，过大的标准差会导致图像中的边缘和细节信息被过度模糊。例如，图 2-30(a)展示了 σ=0.5 时的较弱平滑效果，噪声虽有一定抑制，但仍然明显；而图 2-30(d)展示了 σ=5 时的较强平滑效果，噪声几乎被完全抑制，但图像边缘的清晰度显著下降。因此，选择合适的标准差是实现平滑效果和图像细节保留之间的平衡的关键。

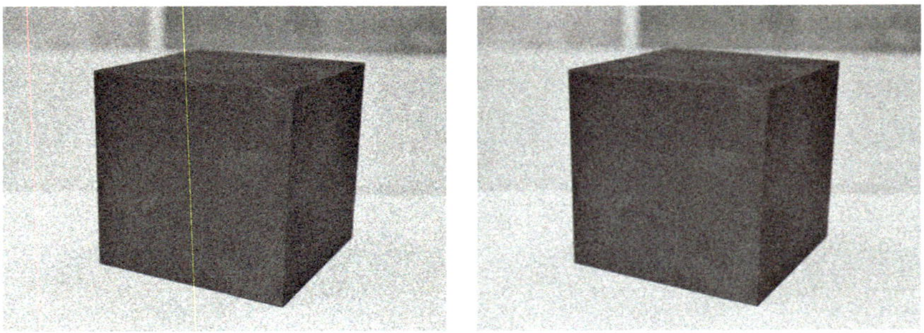

(a) σ=0.5　(b) σ=1

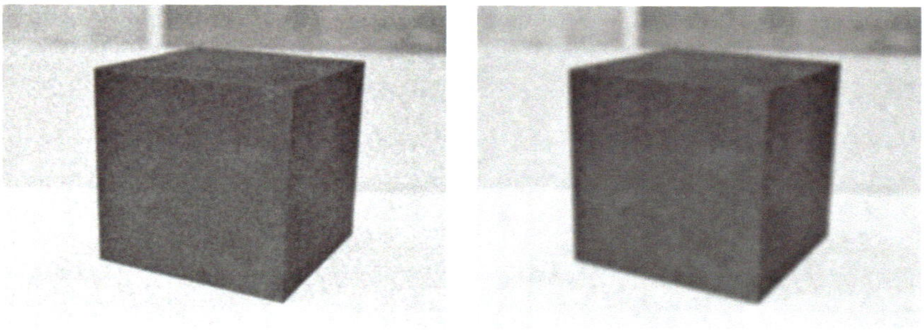

(c) $\sigma=3$　　(d) $\sigma=5$

图 2-30　不同高斯滤波器的标准差对高斯噪声的去除效果

小波去噪是基于小波变换的方法，通过将图像分解为多个频率子带，分别对每个子带的噪声进行处理。小波去噪方法具有良好的时频局部化特性，能够在去除噪声的同时保留图像中的边缘细节，尤其适用于高斯噪声和泊松噪声的处理。

如图 2-31 所示，对添加高斯噪声的煤块图像[图 2-23(b)]应用小波低频分解技术进行两次去噪处理，图像中的噪声得到了显著的抑制。其中，图 2-31(a)为第一次低频分解去噪后的图像，去除了大部分高频噪声；图 2-31(b)为第二次低频分解去噪后的图像，在进一步降低噪声的同时，较好地保留了图像的边缘和细节信息。

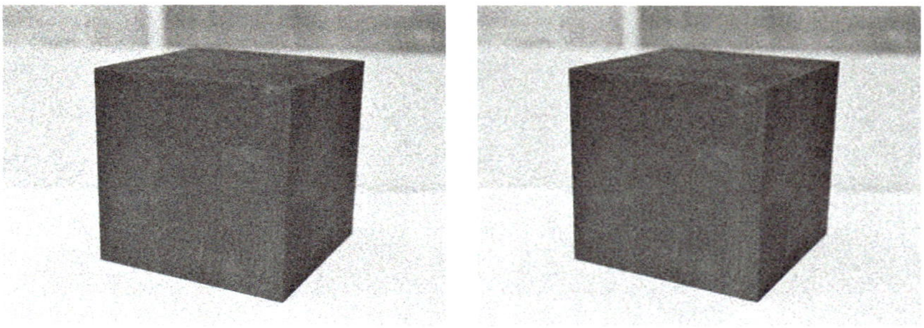

(a) 第一次低频分解去噪　　(b) 第二次低频分解去噪

图 2-31　小波低频分解对高斯噪声的去除效果

自适应滤波根据图像局部区域的统计特性动态调整滤波参数，能够在去噪的同时保留更多图像的细节和纹理信息。与全局滤波方法不同，自适应滤波通过分析图像的局部统计特性(如局部均值和局部方差)动态调整滤波参数，从而实现有效的去噪。具体而言，自适应滤波根据图像局部方差的大小来调节平滑强度，即在局部方差较小的区域(如平坦区域)，图像像素的灰度变化较小，噪声占主导，因此滤波器会执行较强的平滑操作以抑制噪声；而在局部方差较大的区域(如边缘或纹理丰富的区域)，灰度变化较大，通常包含了重要的图像细节信息，自适应滤波会减少平滑强度，以避免模糊图像的边缘和细节。这种方法区别于全局滤波，后者对整个图像执行固定强度的平滑，容易导致细节丢失。

如图 2-32 所示，采用不同滤波器尺寸的自适应滤波对添加高斯噪声后的煤块图像[图 2-23(b)]进行处理，当滤波器尺寸较小时[图 2-32(a)、(b)]，去噪效果有限，但能够更好地保留图像边缘细节；随着滤波器尺寸的增大[图 2-32(c)、(d)]，噪声得到了更为显著的抑制，图像边缘和细节也被平滑，但相比于均值滤波[图 2-28(d)]结果，其边缘和细节保留更好。此外，图 2-33 展示了添加高斯噪声后的煤块图像[图 2-23(b)]的局部方差分布，可以看到，图像不同位置的局部方差存在差异，自适应滤波能够利用这些差异在局部方差较小的区域执行较强的平滑操作，有效抑制噪声；在局部方差较大的区域执行较强的平滑操作，实现去噪与细节保留的良好平衡。

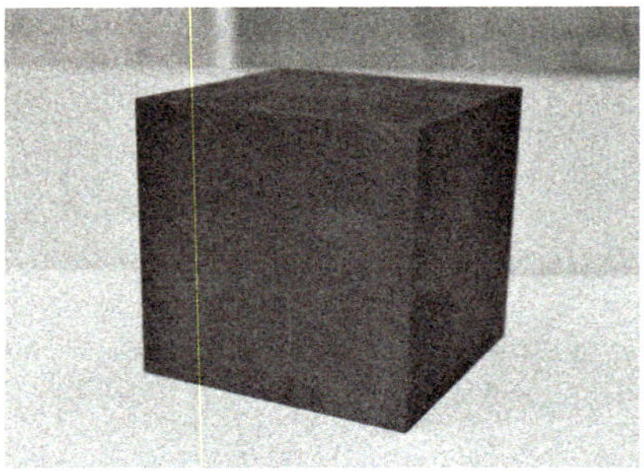

(a) 滤波器尺寸3×3

(b) 滤波器尺寸5×5

(c) 滤波器尺寸9×9

(d) 滤波器尺寸15×15

图 2-32 不同滤波器尺寸的自适应滤波对高斯噪声的去除效果

图 2-33 噪声图像的局部方差分布

在放顶煤工作面，图像噪声主要来自煤尘、低光照条件和传感器性能限制等因素。

高效的去噪方法有助于提升煤块识别的准确性，并减少含矸率检测过程中的误判。另外，图像去噪通常需要实时处理能力，如何提升算法的效率也是一个研究的重点。

近年来，基于深度学习的去噪技术取得了显著进展。卷积神经网络等深度学习模型通过大量训练数据能够学习到噪声的特征，并有效去除噪声，保留细节。特别是自监督学习和无监督学习方法能够在没有标注的清晰图像情况下进行去噪训练，克服了传统去噪方法的局限性。

2. 基于频率域的去噪方法

频域去噪是一种通过将图像从空域转换为频域以处理噪声的方法。与空域去噪相比，频域去噪能够在频率空间中更高效地分离和处理不同频率成分的噪声。傅里叶变换(Fourier transform)是实现频域去噪的常用工具，它将图像的空间信息分解为不同频率的正弦波，并通过频谱图直观地呈现图像的频率分布特性。

图 2-34 展示了煤块图像在傅里叶变换分析下的频谱特性，包括添加高斯噪声前后的图像及其对应的频谱图。在频谱图中，低频分量集中于中心位置，主要描述图像的整体轮廓、大尺度结构以及均匀区域的特征；而高频分量则分布在外围部分，反映了图像中的细节、纹理和快速变化的特征，如边缘和噪声。如图 2-34(b)所示，频谱图直观地揭示了图像在频域中的频率分布特性，低频部分对整体信息的贡献较大，而高频部分则包含更多的细节和复杂信息。

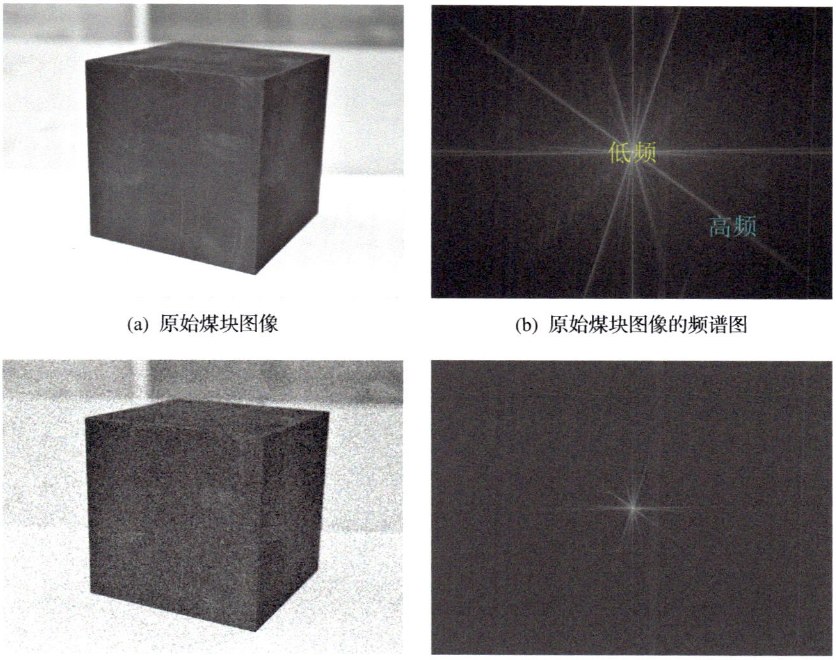

(a) 原始煤块图像　(b) 原始煤块图像的频谱图

(c) 添加高斯噪声后的噪声图　(d) 噪声图的频谱图

图 2-34　傅里叶变换及噪声图像频谱分析

为了更直观地展示噪声对频谱图的影响，向原图添加了均值为 0、标准差为 40 的高斯噪声[图 2-34(c)]。添加噪声后，其频谱图[图 2-34(d)]显示外围高频分量显著增强，而中心的低频分量则相对减弱。这表明所添加的噪声主要集中在高频区域。因此，通过在频率域中对高频分量进行滤除，可以有效去除噪声，同时保留图像的整体轮廓和大尺度结构，从而实现降噪处理。

常见的频域滤波器包括低通滤波器(用于去除高频噪声)和高通滤波器(用于去除低频背景噪声)。低通滤波器允许低频信号通过，同时抑制高频信号，适合处理高频噪声，而高通滤波器允许高频信号通过，同时抑制低频信号，可以用于突出图像中的细节信息。

如图 2-35 所示，经过低通滤波处理后，图像中的高频噪声被明显削弱，图像的整体轮廓和主要结构得以保留[图 2-35(a)]，从低通滤波后的频谱图[图 2-35(b)]可以看到，高频区域的分量被有效剔除，而中心的低频区域仍然保留[图 2-35(b)]，这进一步验证了低通滤波器在去除高频噪声时能够同时保持图像的整体结构特征。

(a) 低通滤波后的图像

(b) 低通滤波图像的频谱图

图 2-35 低通滤波效果

如图 2-36 所示，经过高通滤波处理后，图像的边缘、纹理及噪声等快速变化特征被强化，而整体轮廓和大尺度结构的成分被大幅度削弱[图 2-36(a)]。从高通滤波后的频谱图[图 2-36(b)]中可以看出，频谱中心的低频区域分量被显著抑制，而外围的高频分量得以保留。

(a) 高通滤波后的图像

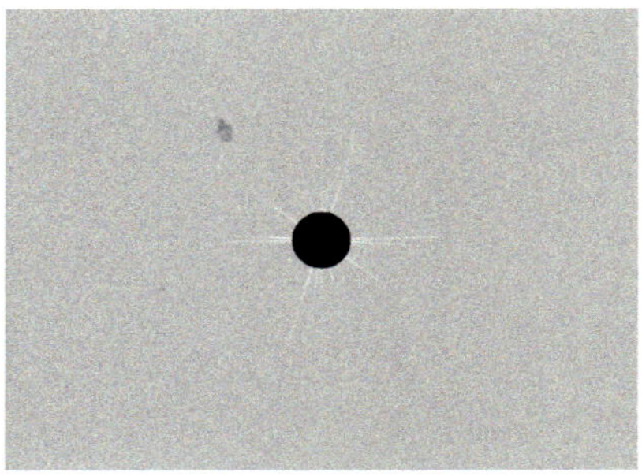

(b) 高通滤波图像的频谱图

图 2-36 高通滤波效果

通过调节滤波器参数可以控制去噪效果。以低通滤波器为例，其主要参数包括截止频率和滤波器的阶数。

截止频率是指滤波器开始削弱或完全去除高频成分的起始频率，也就是滤波器允许通过的最高频率范围。如果设置较高的截止频率，滤波器会仅去除非常高的频率，保留较多的高频成分。这样可以去除部分噪声，会保留更多的细节。不过，高频噪声也有可能部分保留，导致去噪效果不明显。如果设置较低的截止频率，滤波器将会去除更多的高频分量，导致噪声被大幅度去除，但也可能导致图像细节被模糊化。此时图像整体看起来平滑，但边缘和纹理可能丢失。

在实际应用中，需要根据具体的应用场景确定合适的截止频率。若需要保留更多的细节(如识别煤块与岩石的边缘)，可以选择较高的截止频率。而在噪声非常强的情况下，可以降低截止频率来去除更多噪声。如图 2-37 所示，采用不同截止频率的低通滤波对添加高斯噪声后的煤块图像[图 2-23(b)]进行处理，较低截止频率下，高频噪声被有效去除，但细节部分也随之削弱[图 2-37(a)]，而在较高截止频率下，图像的高频成分(如细

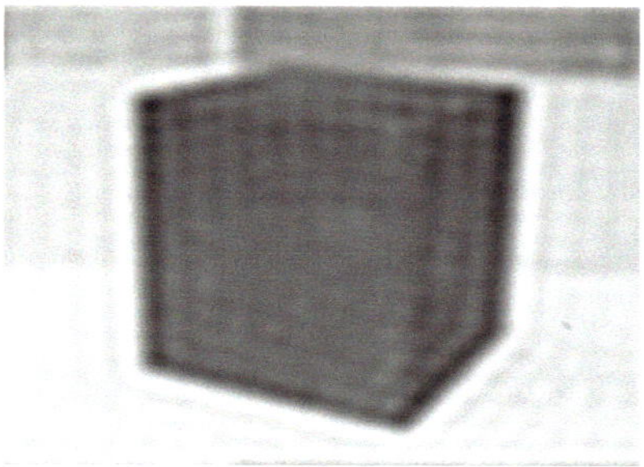

(a) 截止频率20pixels的去噪结果

(b) 截止频率20pixels的频谱图

(c) 截止频率50pixels的去噪结果

(d) 截止频率50pixels的频谱图

(e) 截止频率100pixels的去噪结果

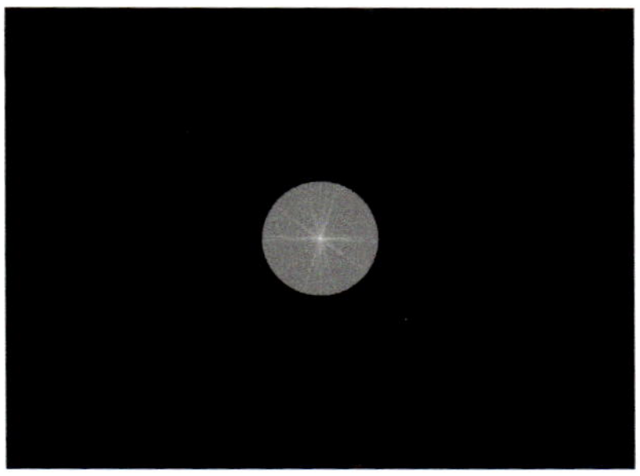

(f) 截止频率100pixels的频谱图

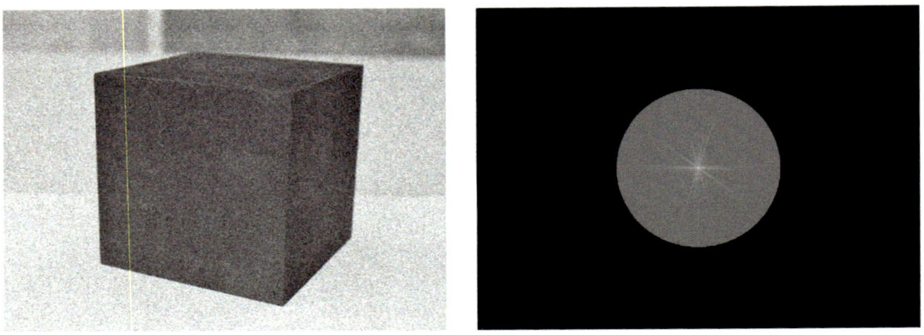

(g) 截止频率200pixels的去噪结果　　(h) 截止频率200pixels的频谱图

图 2-37　不同截止频率下的低通滤波效果

节和边缘)得以保留，但去噪效果较弱[图 2-37(g)]。频谱图[图 2-37(b)、(h)]清晰地显示了高频分量的变化。

滤波器阶数决定了滤波器对频率分量的衰减速率，通常阶数越高，滤波器对高频噪声的削弱效果越强，它会更迅速地去除高频噪声。但高阶滤波器可能会引入振铃效应，在图像边缘附近会出现伪影，影响图像的自然度。阶数越低，滤波器对高频部分的衰减较为缓慢，可能会保留较多的噪声，但图像的边缘部分看起来更加自然。

如图 2-38 所示，采用不同滤波器阶数的低通滤波对添加高斯噪声后的煤块图像[图 2-23(b)]进行处理，截止频率为 20pixels。低阶滤波器[图 2-38(a)、(b)]对高频噪声的削弱较为缓慢，但边缘部分显得更加平滑自然，适合在噪声较轻且需要保留更多细节的场景中使用。而高阶滤波器[图 2-38(g)、(h)]则能更有效地去除高频噪声，但可能导致图像边缘部分出现伪影，影响图像的自然性。

(a) 滤波器阶数1的去噪结果　　(b) 滤波器阶数1的频谱图

(c) 滤波器阶数2的去噪结果　　(d) 滤波器阶数2的频谱图

(e) 滤波器阶数4的去噪结果

(f) 滤波器阶数4的频谱图

(g) 滤波器阶数8的去噪结果

(h) 滤波器阶数8的频谱图

图 2-38　不同滤波器阶数下的低通滤波效果

在频域滤波中，不同类型的窗函数也会影响去噪效果和图像细节保留程度。常见的窗函数包括汉宁窗（Hanning window）、汉明窗（Hamming window）、布莱克曼窗（Blackman window）、矩形窗（rectangular window）和凯泽窗（Kaiser window）等。

2.3.8　图像伪彩色处理方法

图像伪彩色处理（pseudo-color image processing）是一种将灰度图像中的不同灰度映射为颜色的方法，目的是通过引入颜色增强图像的视觉对比度，使人眼更容易分辨出图像中的细节。特别是在只有亮度信息的图像中，伪彩色处理能够通过颜色的变化突出不同亮度区域之间的差异，进而提升图像的可视性。

图像伪彩色处理通过将图像的灰度（通常范围在 0～255）映射为对应的颜色。例如，可以将低灰度映射为蓝色，高灰度映射为红色，而中间灰度映射为绿色或黄色。图像伪彩色处理的具体步骤包括：读取灰度图像，获取每个像素的灰度；选择颜色映射表（color map），将不同的灰度映射为对应的颜色；将映射结果应用到原始图像，生成伪彩色图像。

如图 2-39 所示，图中灰度通过图像伪彩色处理后，原本灰度接近的区域被映射为不同的颜色，使得对比度得到提升。

图 2-40 展示了煤块灰度图像在 MATLAB 预定义颜色映射表下的伪彩色处理效果，包括 Parula［图 2-40（a）］、HSV［图 2-40（b）］、Hot［图 2-40（c）］、Sky［图 2-40（d）］、Abyss［图 2-40（e）］和 Turbo［图 2-40（f）］，另外，图 2-39 采用的是 Jet 颜色映射表。其中，Jet 是一种传统的彩虹色映射表，涵盖从蓝色到红色的完整渐变色，具有高对比度。Parula

具有柔和的色彩过渡，适用于广泛的可视化场景；HSV 基于色相、饱和度和亮度，具有较强的色彩分辨能力。Hot 以红色、橙色和黄色为主，模拟热成像效果。Sky 提供平滑的

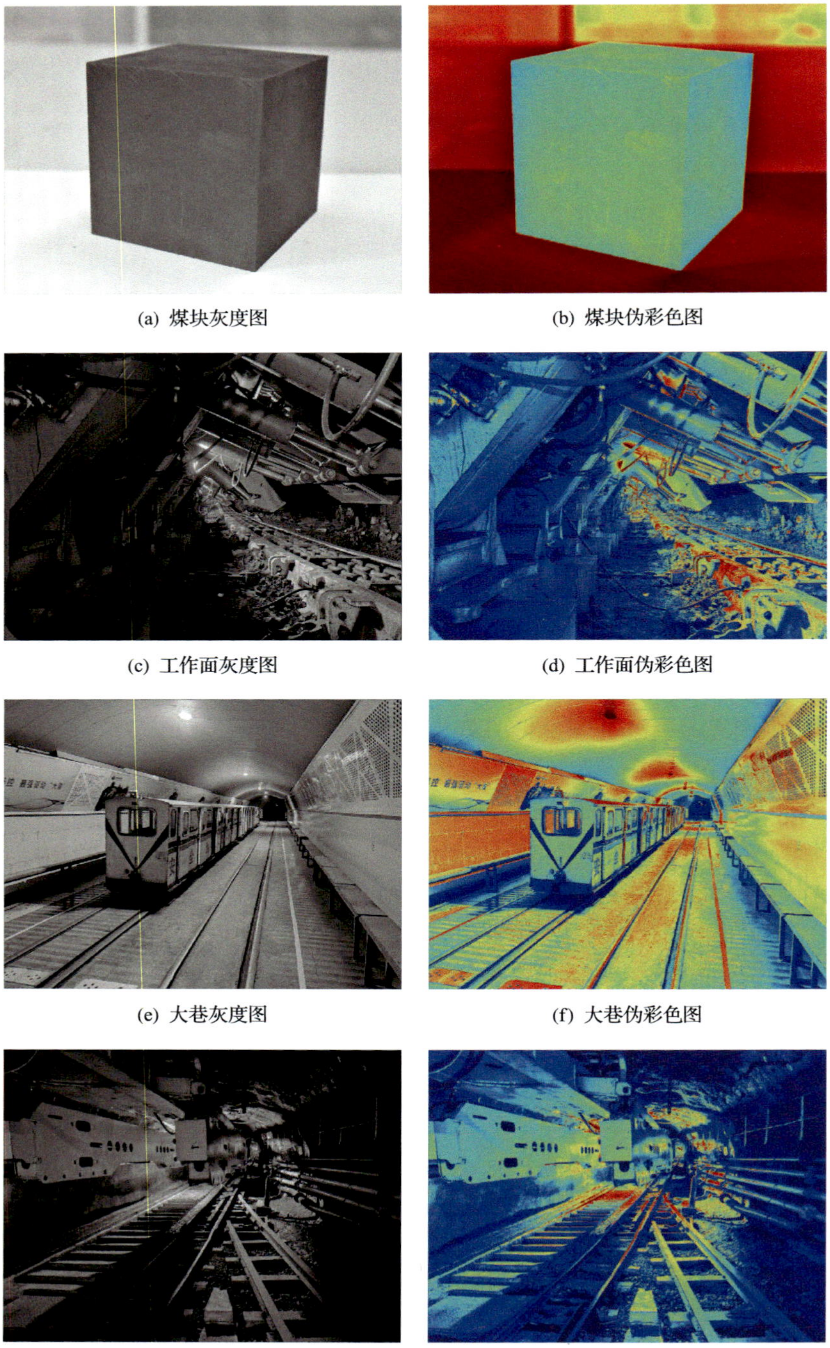

(a) 煤块灰度图　(b) 煤块伪彩色图

(c) 工作面灰度图　(d) 工作面伪彩色图

(e) 大巷灰度图　(f) 大巷伪彩色图

(g) 平巷灰度图　(h) 平巷伪彩色图

图 2-39　不同场景下的图像伪彩色处理效果

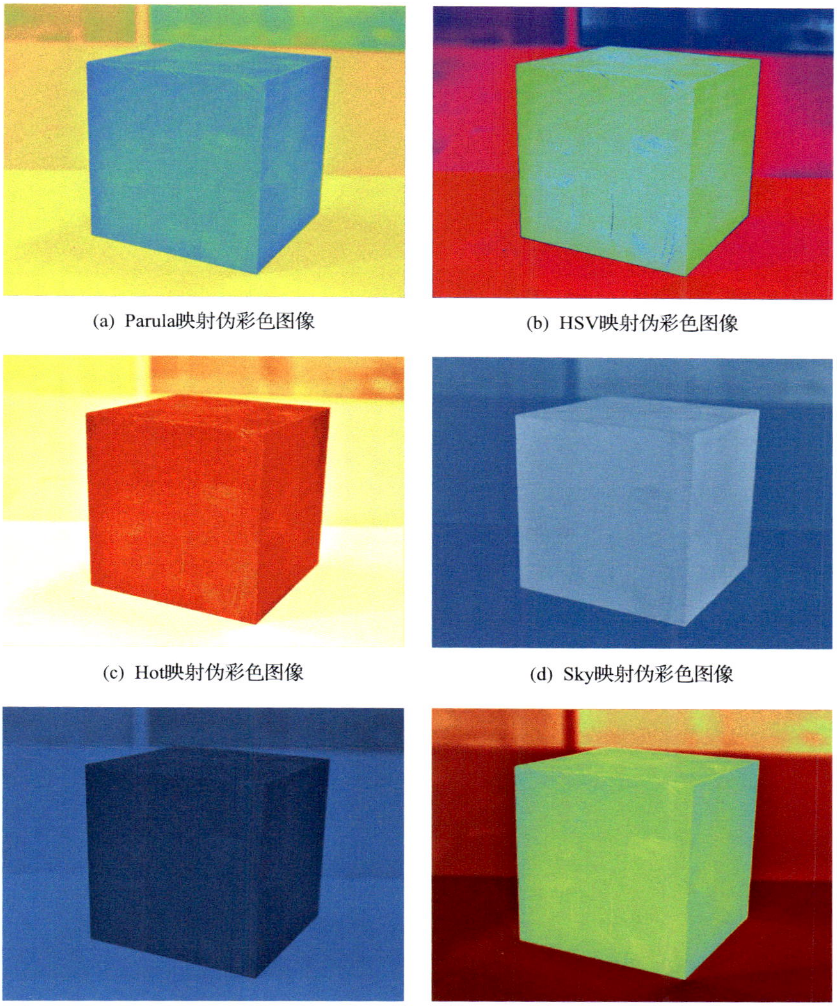

(a) Parula映射伪彩色图像　(b) HSV映射伪彩色图像

(c) Hot映射伪彩色图像　(d) Sky映射伪彩色图像

(e) Abyss映射伪彩色图像　(f) Turbo映射伪彩色图像

图 2-40　不同颜色映射表下的图像伪彩色处理效果

蓝色调，适合表现清新或寒冷的场景；Abyss 以深色调为主，模拟深海环境的视觉效果。Turbo 具有高对比度渐变映射，适合在数据变化剧烈时使用。

常用的伪彩色映射方法包括线性伪彩色映射、指数伪彩色映射、对数伪彩色映射、伽马伪彩色映射、双曲正切伪彩色映射、抛物线伪彩色映射和自适应伪彩色映射等。线性伪彩色映射将灰度值按比例线性映射到预设的颜色范围中。该方法简单且快速，适合在灰度变化均匀的图像上使用，通常用于显示 CT、MRI 等医学图像中的组织差异，图 2-39 和图 2-40 均是采用线性伪彩色映射得到的图像。对于灰度分布不均匀的图像，指数伪彩色映射通过非线性转换突出图像中的对比度差异[图 2-41(a)]。对数伪彩色映射通过压缩灰度动态范围，增强了低灰度区域的对比效果，适用于突出细微灰度变化的场景[图 2-41(b)]。

(a) 指数伪彩色映射

(b) 对数伪彩色映射

(c) 伽马伪彩色映射

(d) 双曲正切伪彩色映射

(e) 抛物线伪彩色映射

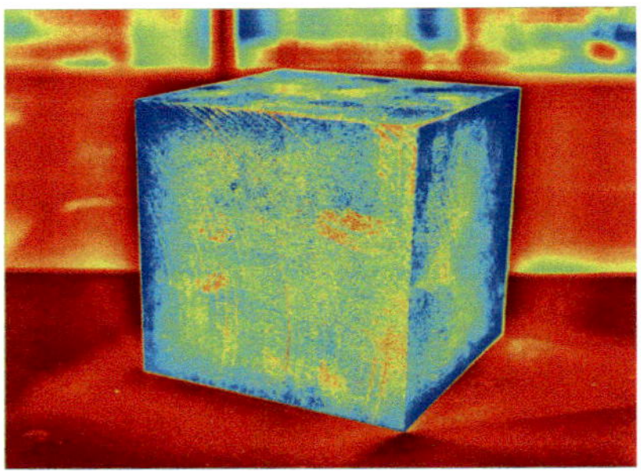

(f) 自适应伪彩色映射

图 2-41　不同伪彩色映射方法下的图像伪彩色处理效果

伽马伪彩色映射通过调整灰度的非线性响应，增强了中间灰度范围的对比，同时保留了整体灰度层次感[图 2-41(c)]。双曲正切伪彩色映射对中高灰度区域的变化较为敏感，能够有效突出较亮区域的细节[图 2-41(d)]。抛物线伪彩色映射则更侧重低灰度区域的增强，通过强调暗部细节提升图像的层次感[图 2-41(e)]。此外，自适应伪彩色映射根据图像的局部特征动态调整颜色映射表。它能够动态分配颜色给不同灰度区间，从而避免颜色的过度集中在某些灰度范围，自适应伪彩色处理适用于灰度范围变化较大的复杂图像[图 2-41(f)]。图 2-41 采用的颜色映射表为 MATLAB 预定义的 Jet 颜色映射表。

在智能放煤技术中，应用图像伪彩色处理方法识别和分析煤块与岩石的研究相对较少。由于煤流图像通常是在复杂光照或低对比度环境下采集的，图像的灰度分布较为集中，导致图像中的对比度较低，细节不易区分。图像伪彩色处理能够放大图像中微小的亮度差异，可能使煤块、岩石以及背景区域的区别更加明显，但有待深入研究。

2.3.9　运动模糊图像的复原方法

1. 图像运动模糊类型

在放顶煤工作面，后部刮板输送机上的煤流通常处于高速运动状态，这会导致煤流图像在拍摄过程中出现运动模糊现象，研究运动煤流模糊图像的复原方法对于提升智能放煤系统的性能至关重要。

在成像过程中，相机和被摄目标物体之间的相对运动会造成不同形式的图像模糊。常见的相对运动类型包括直线运动、旋转运动、径向运动、振动运动、非规则运动和复合运动等。其中，直线运动导致图像边缘呈现方向性拖尾，是最常见的模糊形式；旋转运动则会产生以旋转中心为起点的辐射状模糊；径向运动使模糊呈现放射状拖尾，与目标的远近有关；振动运动通常导致不规则方向性的模糊纹理；非规则运动表现为复杂的模糊形态，难以用简单数学模型描述；复合运动则是多种运动类型的叠加，模糊形态更复杂。这些运动类型还可以进一步细分为匀速运动和非匀速运动两类。匀速运动的模糊规律较为简单，易于用固定参数描述，而非匀速运动的模糊形式则较复杂，需要动态估计运动参数，才能进行有效复原。本节讨论相机和煤流之间的匀速直线运动、径向运动、旋转运动、振动运动等造成的模糊图像的恢复问题。

由于煤流高速运动、光学系统失焦等造成图像模糊的过程称作图像退化，图像模糊一般被看作清晰图像卷积模糊核得到模糊图像的过程，其退化模型可以表示为

$$I_{\mathrm{d}} = I_{\mathrm{o}} \otimes K_{\mathrm{b}} + I_{\mathrm{n}} \tag{2-13}$$

式中，I_{d} 为退化后的图像；I_{o} 为原始图像；K_{b} 为模糊核；I_{n} 为添加的噪声。

模糊核是成像过程中由光学系统或运动等因素引起的图像模糊的数学描述，它反映了高速运动下图像中每个像素的光子在曝光时间内移动的轨迹，通常以矩阵形式表示。原始图像通过与模糊核进行卷积运算，可以模拟成像系统的退化过程，从而生成模糊图像。根据不同的模糊特性，模糊核可以分为多种类型，如直线运动模糊核、旋转模糊核、振动模糊核、高斯模糊核等。其中，高斯模糊核通常用于模拟光学系统的失焦或均匀扩散导致的模糊现象，其特点是模糊程度在空间上呈现高斯分布，中心点处的权重最大，随着距离增加权重逐渐减小，形成平滑的模糊效果。

如图 2-42 所示，不同类型的模糊核对煤块图像的模糊效果有显著差异。图 2-42(a)为直线运动模糊核模拟的匀速直线运动导致的图像模糊现象，表现为物体沿一个方向拉伸。图 2-42(b)为旋转模糊核模拟的图像围绕某一中心点旋转时的模糊，常见于拍摄时相机发生旋转的场景。图 2-42(c)为振动模糊核模拟的相机受到振动时导致的复杂路径模糊，其特点是模糊轨迹不规则但具有规律性，可以模拟相机受到振动导致煤流图像模糊的情况。图 2-42(d)为高斯模糊核模拟的光学系统失焦或均匀扩散导致的模糊现象，其特点是模糊程度在空间上呈现高斯分布，中心点处的权重最大，随着距离增加权重逐渐减小，形成平滑的模糊效果。

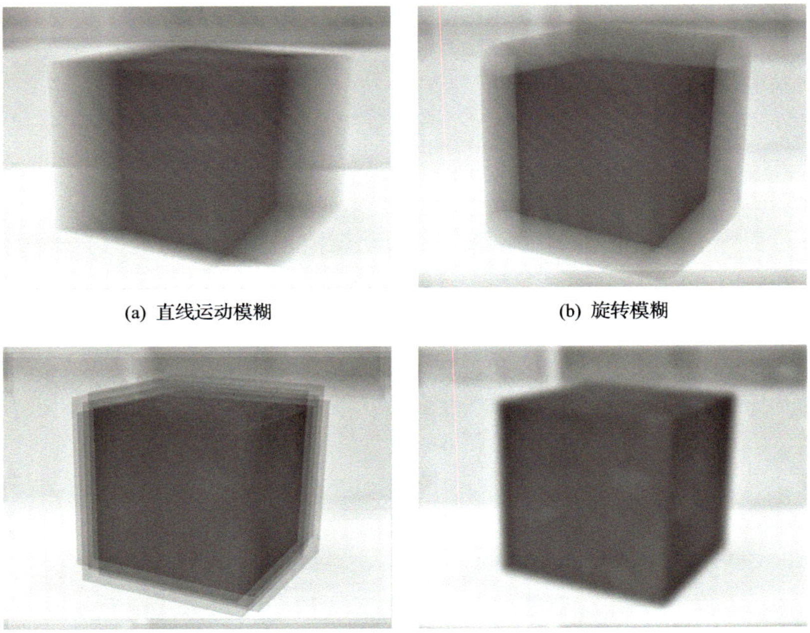

(a) 直线运动模糊　(b) 旋转模糊

(c) 振动模糊　(d) 高斯模糊

图 2-42　不同模糊核的模糊效果

直线运动模糊是图像识别智能放煤过程中最常见的模糊类型，其模糊效果主要由模糊长度和模糊角度这两个关键参数决定。如图 2-43 所示，当模糊角度固定为 0°时，随着

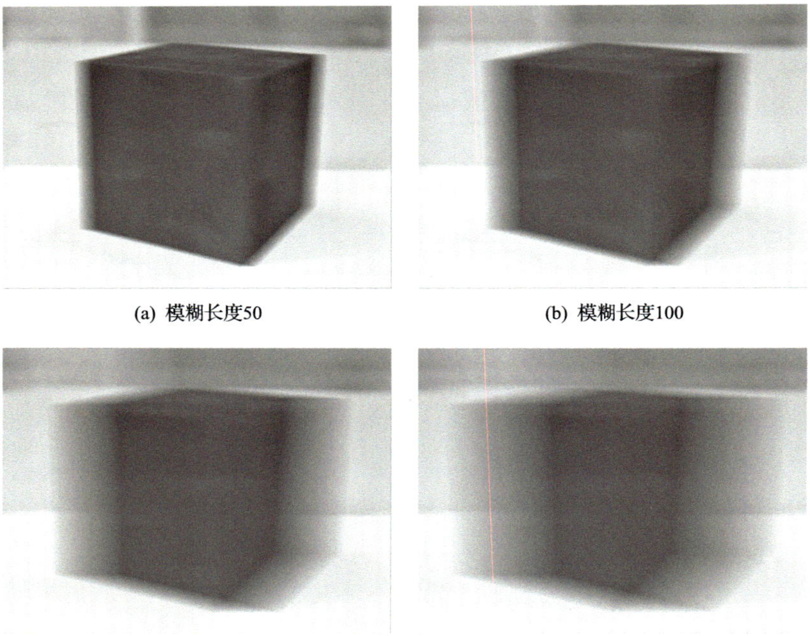

(a) 模糊长度50　(b) 模糊长度100

(c) 模糊长度200　(d) 模糊长度300

图 2-43　不同模糊长度下的模糊效果

模糊长度的增加，图像的模糊程度逐渐加深，细节变得更加模糊，呈现出拉伸的视觉效果。另一方面，如图 2-44 所示，在模糊长度固定为 200 的情况下，调整模糊角度能够模拟不同方向的运动模糊，使得图像的模糊方向和模糊程度随之变化。

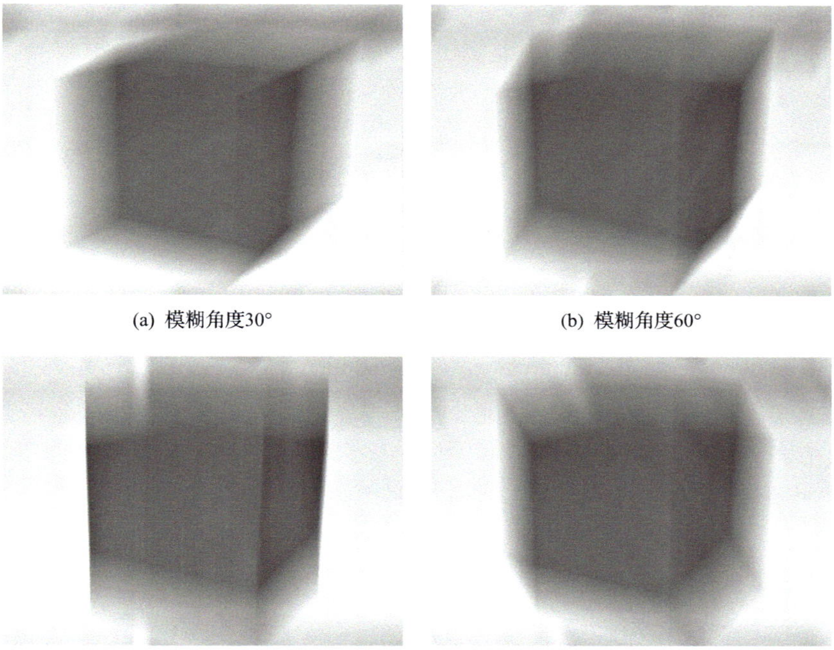

(a) 模糊角度30°　(b) 模糊角度60°　(c) 模糊角度90°　(d) 模糊角度120°

图 2-44　不同模糊角度下的模糊效果

2. 运动模糊图像复原

运动模糊图像复原是指通过一定的数学模型或算法，从因相机与物体之间的相对运动而导致模糊的图像中重建清晰图像的过程。复原的目标是逆转成像系统中由模糊核引起的退化效应，恢复图像的边缘、纹理及其他细节特征，为后续的图像分析、目标识别等任务提供高质量的输入数据。

复原直线运动模糊的常用方法包括逆滤波法、维纳滤波法和盲复原法。其中，逆滤波法适用于已知模糊核的场景，但对噪声较为敏感；维纳滤波法通过引入噪声模型，能够在抑制噪声的同时有效保留图像细节；盲复原法适用于模糊核未知的复杂场景，通过迭代优化估计模糊核和清晰图像。

1) 逆滤波法

逆滤波法是一种经典的图像复原方法，基于图像退化的数学模型，通过频域逆操作还原清晰图像。对于直线运动模糊，退化图像的形成可以表示为退化图像的频域表示等于清晰图像的频域表示乘以模糊核的频域表示。逆滤波的基本思想是对频域中的退化图像进行逆操作，以恢复原始图像。

图 2-45 为利用逆滤波法复原直线运动模糊图像的效果。该模糊图像[图 2-45(a)]为对煤块图像施加模糊长度 200、模糊角度 0°的直线运动模糊得到的。模糊图像中，图像细节被沿运动方向拉伸，导致边缘和纹理特征模糊不清。

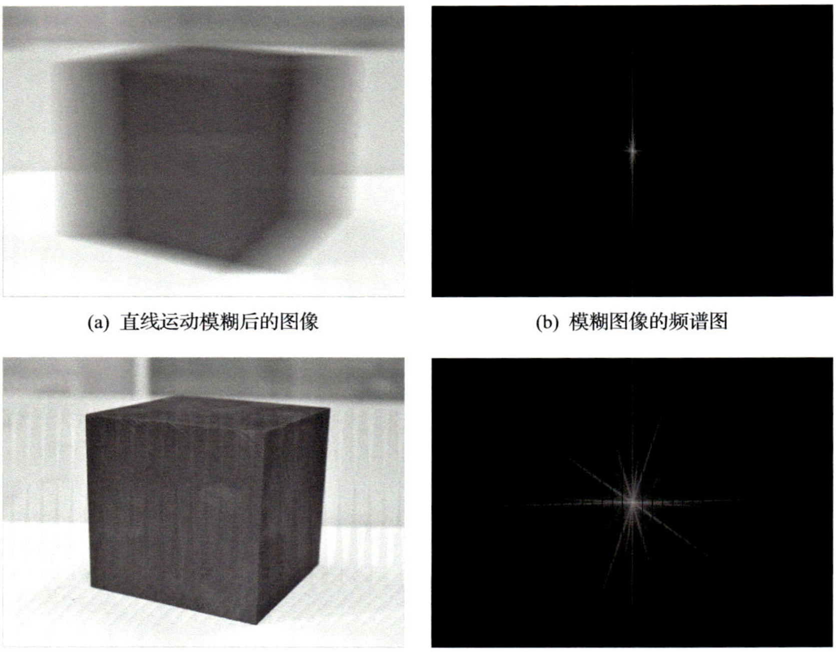

(a) 直线运动模糊后的图像　(b) 模糊图像的频谱图

(c) 复原后的图像　(d) 复原图像的频谱图

图 2-45　直线运动模糊图像的逆滤波复原效果

在模糊图像的频谱图[图 2-45(b)]中，高频分量显著减弱，表明细节信息受到模糊影响；而低频分量相对增强，反映出图像整体轮廓的平滑化趋势。在复原图像的频谱图[图 2-45(d)]中，频率分量有所恢复，但仍存在轻微伪影和噪声。这是由于逆滤波对噪声较为敏感，当模糊核的某些频率分量接近零时，复原过程容易放大这些频率的噪声。通过逆滤波处理，可以有效恢复模糊图像的部分细节，使得煤块轮廓更加清晰[图 2-45(c)]。

通过逆滤波处理，模糊图像的部分细节得以恢复，煤块的轮廓变得更加清晰。然而，由于逆滤波固有的噪声放大效应，其在实际应用中通常需要与其他正则化方法(如维纳滤波法)结合使用，以进一步提高复原效果和图像质量。

2) 维纳滤波法

维纳滤波法是一种基于统计优化理论的图像复原方法，通过最小化复原图像与原始图像之间的均方误差，在抑制噪声的同时恢复模糊图像的细节。与逆滤波法相比，维纳滤波法在复原过程中充分考虑了噪声和图像的先验信息，因此能够在噪声较大的场景下表现出更强的鲁棒性。

维纳滤波法在复原直线运动模糊图像时表现出优异的性能。通过调整滤波器的参数，能够有效抑制由于模糊核频率分量接近零而引起的噪声放大问题，使复原图像的边缘和纹理特征更加清晰。然而，由于维纳滤波法依赖于噪声和图像功率谱的准确估计，其效果在先验信息不足的情况下可能受到一定限制。在实际应用中，维纳滤波法常被用作处理运动模糊图像的主要工具，尤其适用于噪声较高或复杂场景中的图像复原任务。

图 2-46 为利用维纳滤波法复原直线运动模糊图像的效果，采用了与图 2-45(a)相同的模糊图像。在复原图像的频谱图[图 2-46(b)]中，频率分量得到了有效补偿，图像的边缘和纹理特征得以重建。

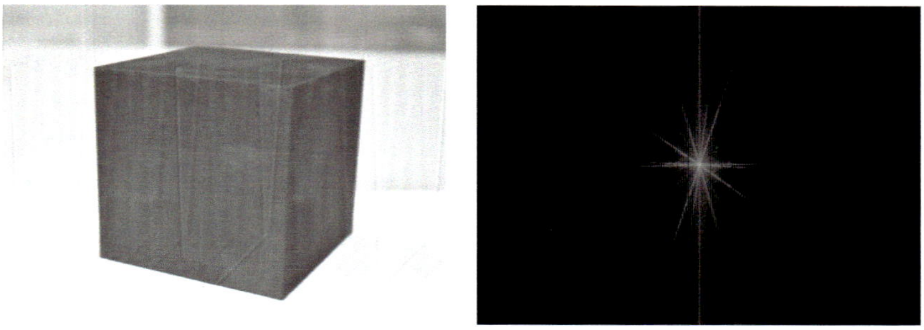

(a) 修复后的图像　(b) 复原图像的频谱图

图 2-46　直线运动模糊图像的维纳滤波复原效果

通过维纳滤波法复原后的图像[图 2-46(a)]显示，煤块的轮廓清晰，模糊程度降低，边缘特征和纹理信息得到了较好的恢复。

相比逆滤波法，维纳滤波法在噪声较大的场景中表现出更强的鲁棒性，有效改善了噪声放大的问题，使得复原效果更加稳定和自然。

图 2-47 为在不同噪声强度下，直线运动模糊图像分别经过逆滤波法和维纳滤波法复原的效果对比。模糊图像是通过施加模糊长度为 200pixels、模糊角度为 0°的直线运动模糊，并叠加高斯噪声生成的。高斯噪声方差分别设置为 0.001 和 0.01，以模拟不同强度的噪声场景。

如图 2-47(a)所示，噪声较低时，模糊图像中煤块的轮廓仍然清晰，但当噪声强度增大[图 2-47(b)]时，图像中的细节被噪声掩盖，复原难度显著增加。在低噪声和高噪声的场景中[图 2-47(c)、(d)]，逆滤波法复原图像中煤块轮廓完全丢失，无法进行有效复原。相比之下，维纳滤波法利用噪声与图像先验信息的统计特性，有效抑制了噪声的放大问题。无论是低噪声场景[图 2-47(e)]还是高噪声场景[图 2-47(f)]，维纳滤波法均能大体

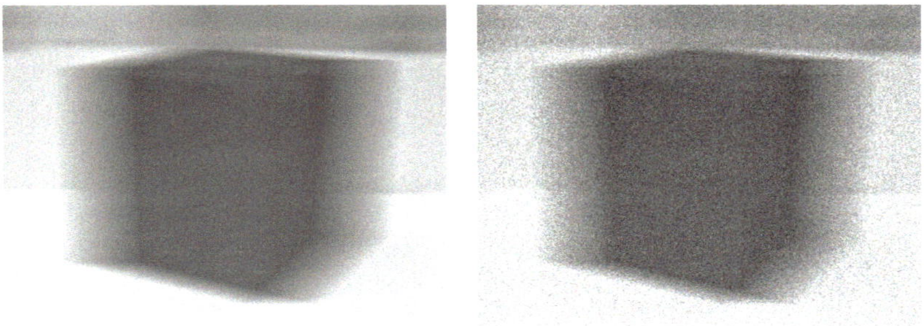

(a) 噪声方差0.001的噪声图像　(b) 噪声方差0.01的噪声图像

(c) 逆滤波法复原结果(噪声方差0.001)

(d) 逆滤波法复原结果(噪声方差0.01)

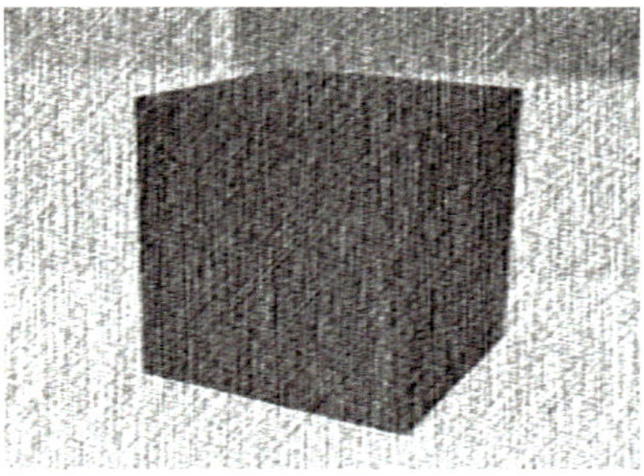

(e) 维纳滤波法复原结果(噪声方差0.001)

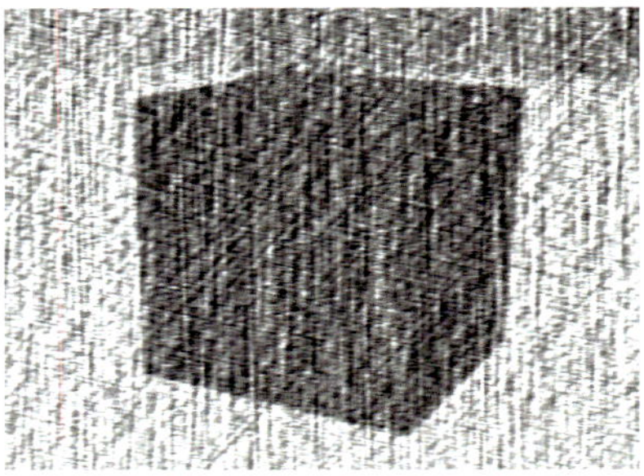

(f) 维纳滤波法复原结果(噪声方差0.01)

图 2-47　不同噪声强度下直线运动模糊图像逆滤波法与维纳滤波法复原效果

恢复煤块的轮廓，显示出更强的鲁棒性。这一特点使得维纳滤波法在复杂噪声场景中表现出显著的优势，为实际应用提供了可靠的解决方案。

3) 盲复原法

盲复原法是一种无须预先知道模糊核的图像复原方法，主要通过迭代优化或学习模型从退化图像中估计模糊核和原始图像。在数学上，盲复原法试图同时求解模糊核和原始图像，使其满足退化图像的形成模型。相比于逆滤波法和维纳滤波法，盲复原法不依赖模糊核的先验知识，因此在实际应用中具有较为广泛的适用性。

盲复原法的复原效果主要受初始模糊长度、迭代次数等参数的影响。初始模糊长度的合理性会直接影响算法的收敛速度和最终效果；迭代次数越多，通常复原效果越好，但也可能引入过度处理的伪影。通过适当调节这些参数，盲复原法能够在无模糊核先验的情况下，实现对运动模糊图像的高质量复原。

图 2-48 展示了不同迭代次数下盲复原法对直线运动模糊图像的复原效果。模糊图像通过对煤块图像施加模糊长度为 200、模糊角度为 0°的直线运动模糊生成，并以初始模糊长度 180 作为复原起点。可以看到，随着迭代次数的增加，复原图像的细节逐步得到改善，煤块的轮廓和纹理特征逐渐清晰。

在迭代 100 次[图 2-48(e)]时，复原效果较为理想，煤块边缘清晰，细节得到了充分恢复。然而，继续增加迭代次数至 200 次[图 2-48(f)]时，图像出现了一定程度的伪影，说明过多的迭代可能会影响复原效果，应根据具体应用场景合理选择，以避免过度迭代对图像质量造成不利影响。

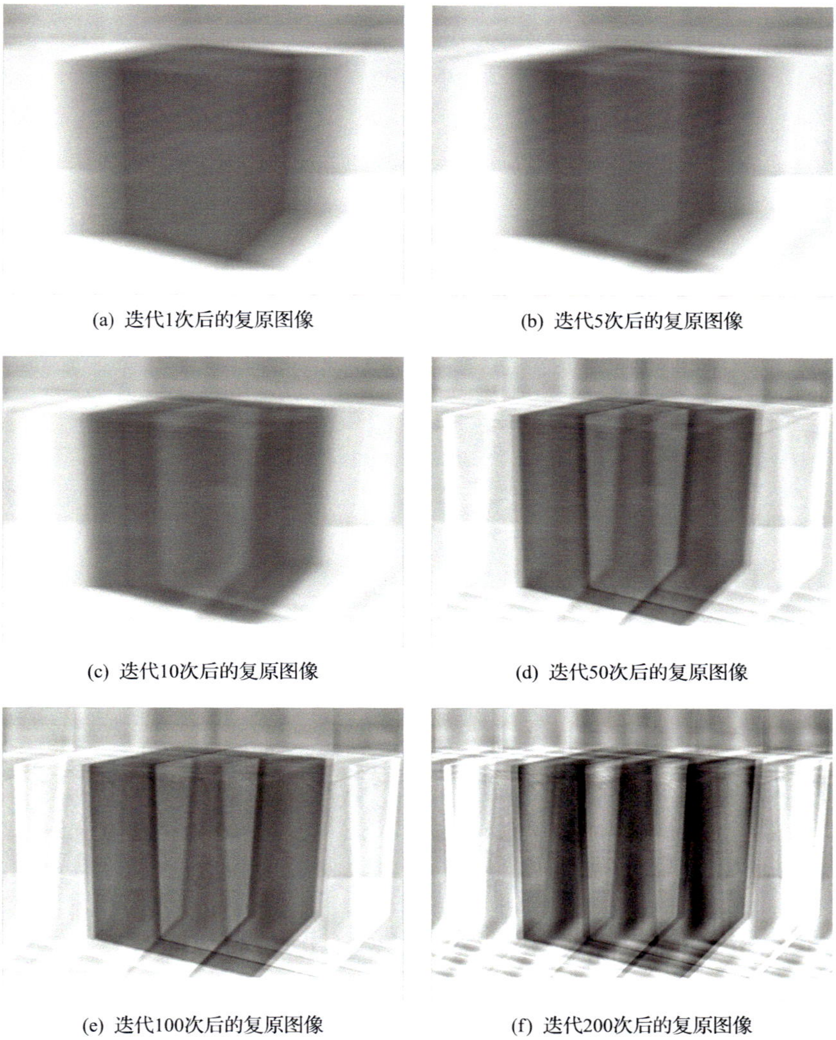

(a) 迭代1次后的复原图像　(b) 迭代5次后的复原图像

(c) 迭代10次后的复原图像　(d) 迭代50次后的复原图像

(e) 迭代100次后的复原图像　(f) 迭代200次后的复原图像

图 2-48　不同迭代次数下直线运动模糊图像盲复原法复原效果

合理选择初始模糊长度也是提升盲复原法复原效果的重要因素。如果初始模糊长度接近真实模糊长度，复原过程会更快速、更稳定，效果也会更理想。初始模糊长度的确定通常可以结合以下两种方法：第一，利用拍摄设备的参数，如曝光时间、相机与煤流的相对速度等，通过物理计算估算模糊长度；第二，通过对模糊图像的分析，借助频谱特征或边缘检测算法估算模糊长度的初始值。

在煤流运动图像的处理中，初始模糊长度和模糊角度的估算可以基于煤流的流速和相机参数。例如，已知相机的曝光时间和煤流的实际速度，利用二者乘积确定盲复原法的初始模糊长度。另外，模糊角度可以通过图像分析算法，检测煤块运动轨迹的方向来确定。通过合理确定这些参数，可以有效地提升煤流模糊图像的复原质量。

2.4 煤岩图像特征提取

2.4.1 边缘检测方法

边缘检测是图像处理中一个重要的步骤，旨在识别图像中强度变化较大的区域，即物体的边界。边缘通常出现在图像灰度急剧变化的地方，因此，边缘检测的核心思想是通过计算图像灰度值变化率来确定边缘位置。不同的边缘检测算法通过不同的算子来实现这一目标，常见的方法包括梯度算子、拉普拉斯算子和 Canny 算子。

1. 梯度算子

梯度算子基于图像的梯度信息，通过计算图像灰度在水平方向和垂直方向上的变化率(即梯度)来检测边缘。梯度的大小表示灰度变化的强度，而梯度的方向则表示灰度变化的方向。常见的梯度算子有 Roberts 算子、Prewitt 算子和 Sobel 算子。

1) Roberts 算子

Roberts 算子是最早的边缘检测算子之一，它通过计算图像在对角方向上的梯度来检测边缘。算子(operator)是一种对图像、函数或数据进行特定数学变换的工具或方法，通常以矩阵或函数的形式存在[1]。

与其他梯度算子相比，Roberts 算子的卷积核较小，仅为 2×2 的尺寸，计算速度快，适合快速检测边缘和处理实时图像数据。Roberts 算子的卷积核包括对角方向 1(主对角线方向)和对角方向 2(副对角线方向)的卷积核，分别用于检测图像在左上到右下方向和右上到左下方向的梯度变化。这两个方向的梯度信息可结合计算出图像的综合边缘特征，适用于细节变化较显著的图像处理场景。

其中，对角方向 1 卷积核为

$$\boldsymbol{R}_x = \begin{bmatrix} 1 & 0 \\ 0 & -1 \end{bmatrix} \tag{2-14}$$

对角方向 2 卷积核为

$$\boldsymbol{R}_y = \begin{bmatrix} 0 & 1 \\ -1 & 0 \end{bmatrix} \tag{2-15}$$

图 2-49 展示了使用 Roberts 算子对煤块图像进行边缘检测的效果，为了更直观地呈现边缘信息，对提取的边缘进行了加粗处理。图 2-49(a)为原始灰度图像，展现了煤块的整体形态和亮度分布特征。图 2-49(b)和(c)分别为 Roberts 算子在对角方向 1 和对角方向 2 上提取的边缘图像，能够清晰地显示沿不同方向的边缘特征。最终合并后的边缘图像[图 2-49(d)]中，煤块边缘得到有效提取。

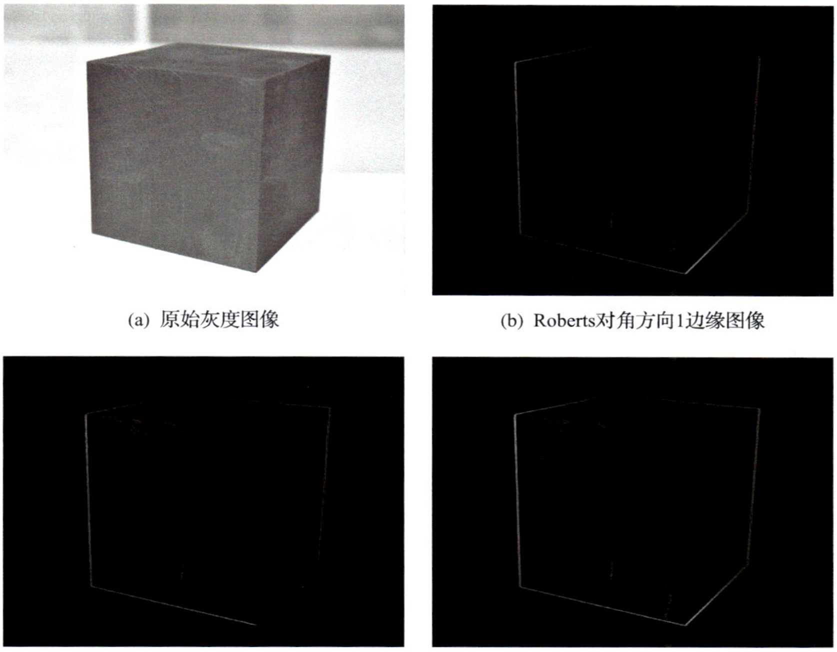

(a) 原始灰度图像　(b) Roberts对角方向1边缘图像

(c) Roberts对角方向2边缘图像　(d) Roberts合并边缘图像

图 2-49　Roberts 算子边缘检测

Roberts 算子能够检测图像中快速变化的灰度区域，但对噪声较为敏感，因此在噪声较大的图像中效果相对较差。

2) Prewitt 算子

Prewitt 算子与 Roberts 算子类似，通过计算两个不同方向的梯度来检测边缘。其核心思想是利用简单的加权差分方法估算梯度大小，能够有效识别图像中显著的边缘区域[1]。Prewitt 算子的卷积核尺寸为 3×3，较大的核尺寸在一定程度上增强了对噪声的抑制能力。Prewitt 算子的卷积核包括水平方向和垂直方向的卷积核，分别用于检测图像在水平方向和垂直方向上的梯度变化。这两个方向的梯度信息可以结合计算出图像的综合边缘特征，从而有效地提取图像中显著的边缘区域。

其中，水平方向卷积核为

$$\boldsymbol{G}_x = \begin{bmatrix} -1 & 0 & 1 \\ -1 & 0 & 1 \\ -1 & 0 & 1 \end{bmatrix} \tag{2-16}$$

垂直方向卷积核为

$$\boldsymbol{G}_y = \begin{bmatrix} -1 & -1 & -1 \\ 0 & 0 & 0 \\ 1 & 1 & 1 \end{bmatrix} \tag{2-17}$$

图 2-50 展示了利用 Prewitt 算子对煤块图像进行边缘检测的效果。Prewitt 算子通过分别计算图像在水平方向和垂直方向上的梯度，检测出对应方向的边缘特征。图 2-50(a)显示了水平方向的边缘图像，通过 Prewitt 算子的水平卷积核提取图像在水平梯度方向的变化信息；图 2-50(b)显示了垂直方向的边缘图像，反映了图像在垂直梯度方向的边缘特征；图 2-50(c)为合并后的边缘图像，将水平方向和垂直方向的梯度信息综合，得到更全面的边缘特征。

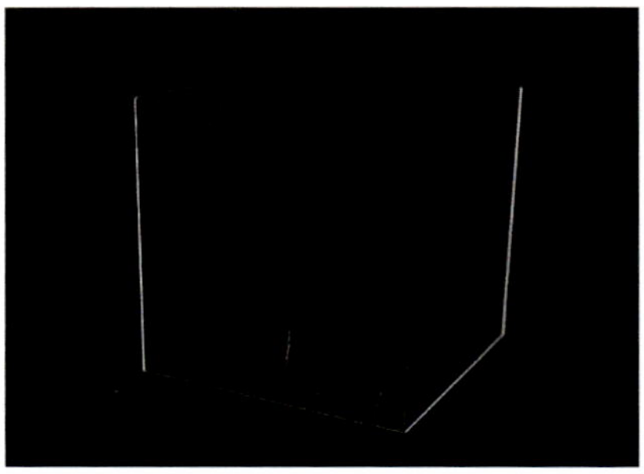

(a) Prewitt水平方向边缘图像

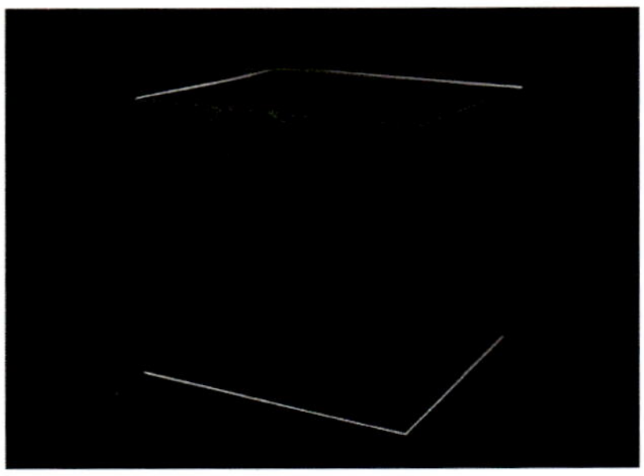

(b) Prewitt垂直方向边缘图像

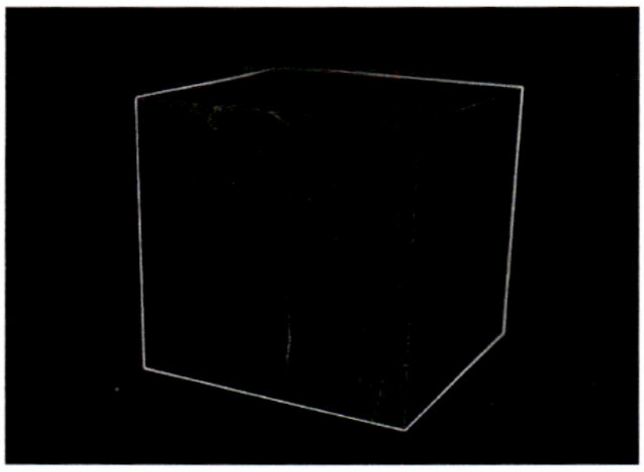

(c) Prewitt合并边缘图像

图 2-50　Prewitt 算子边缘检测

Prewitt 算子采用比 Roberts 算子更大的卷积核尺寸，这使得它在一定程度上能够更有效地抑制图像中的噪声。然而，由于 Prewitt 算子的卷积核权重均匀分布，对图像梯度变化的响应较为平滑，因此对高频噪声的抑制能力有限。在处理细节复杂且噪声较多的图像时，Prewitt 算子的效果可能会受到一定限制，但它在边缘平滑过渡和整体轮廓提取方面表现出色，适合用于较低噪声或边缘变化较平缓的图像场景。

3) Sobel 算子

Sobel 算子是边缘检测中最常用的梯度算子之一。它通过对图像进行水平方向和垂直方向的卷积运算来计算梯度。相比于 Prewitt 算子，Sobel 算子对图像噪声的抑制能力更强，因为它在卷积核中加入了更高的权重[1]。

Sobel 算子与 Prewitt 算子类似，也是通过计算两个不同方向的梯度来检测图像边缘。但相比于 Prewitt 算子，Sobel 算子在卷积核中引入了更高的权重，尤其是对中心像素的加权更大，这使得 Sobel 算子对图像边缘的检测更加敏感，并在一定程度上增强了对噪声的抑制能力。Sobel 算子的卷积核尺寸同样为 3×3，包括水平方向和垂直方向的卷积核，分别用于检测图像在水平方向和垂直方向上的梯度变化。通过结合这两个方向的梯度信息，Sobel 算子可以更准确地提取图像中的显著边缘特征，适用于需要较高边缘检测精度的图像处理任务。

其中，水平方向卷积核为

$$\boldsymbol{G}_x = \begin{bmatrix} -1 & 0 & 1 \\ -2 & 0 & 2 \\ -1 & 0 & 1 \end{bmatrix} \tag{2-18}$$

垂直方向卷积核为

$$\boldsymbol{G}_y = \begin{bmatrix} -1 & -2 & -1 \\ 0 & 0 & 0 \\ 1 & 2 & 1 \end{bmatrix} \tag{2-19}$$

图 2-51 展示了使用 Sobel 算子对煤块灰度图像进行边缘检测的结果。Sobel 算子通过分别计算水平方向和垂直方向的梯度，提取图像的边缘特征。利用 Sobel 算子进行边缘检测后，水平方向梯度[图 2-51(a)]和垂直方向梯度[图 2-51(b)]的边缘特征分别被提

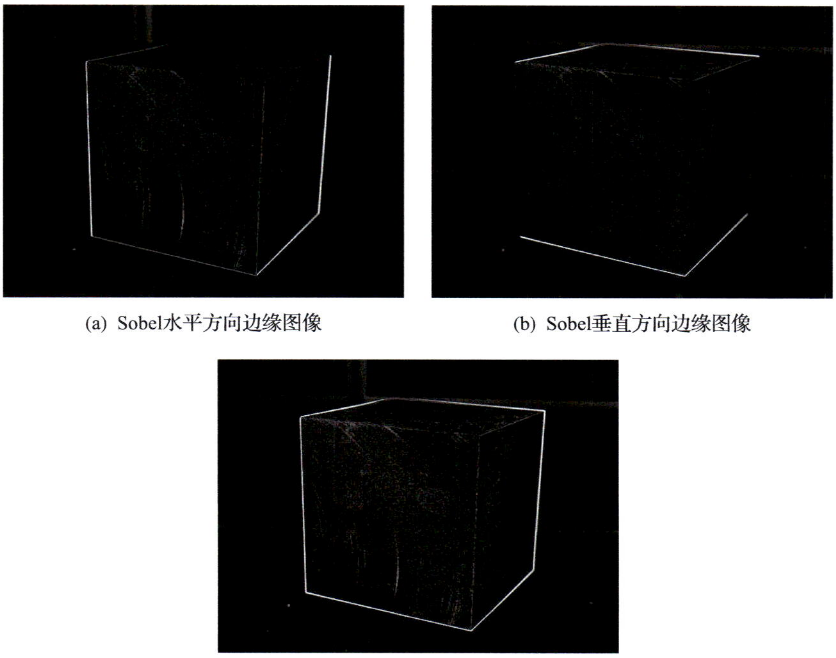

(a) Sobel水平方向边缘图像　(b) Sobel垂直方向边缘图像

(c) Sobel合并边缘图像

图 2-51　Sobel 算子边缘检测

取出来。通过综合两个方向的梯度信息生成合并边缘图像[图 2-51(c)]，有效地增强了煤块的边缘轮廓。

4) 不同梯度算子边缘检测抗噪能力

图 2-52 展示了在叠加均值为 0、标准差为 40 的高斯噪声条件下，不同梯度算子的边缘检测效果。Roberts 算子[图 2-52(a)]由于卷积核较小，计算速度快，但对噪声较为敏感，导致检测出的边缘较为细碎，不适合噪声较大的场景，此处为了体现 Roberts 算子边缘检测实际效果，未对提取的边缘进行加粗处理。Prewitt 算子[图 2-52(b)]通过更大的卷积核，在一定程度上增强了抗噪能力，边缘检测结果更为平滑和连续。Sobel 算子[图 2-52(c)]在卷积核中对中心像素赋予更高的权重，因此在边缘检测的精确性和抗噪性能上表现较好，适用于对边缘检测精度要求较高的场景。

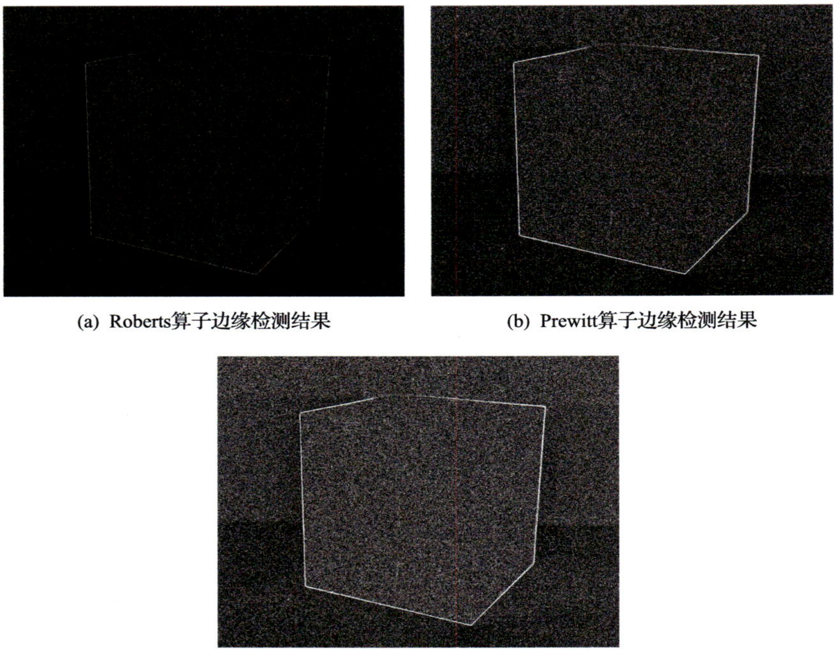

(a) Roberts算子边缘检测结果 (b) Prewitt算子边缘检测结果

(c) Sobel算子边缘检测结果

图 2-52 不同梯度算子在高斯噪声下的边缘检测效果

2. 拉普拉斯算子

拉普拉斯算子是一种二阶微分算子，通过计算图像灰度的二阶导数来检测边缘。与梯度算子相比，拉普拉斯算子具有方向无关性，能够同时捕获图像中所有方向上的边缘变化。其常用的卷积核包括 4 邻域形式和 8 邻域形式，分别计算像素点与其周围像素的灰度差异。

拉普拉斯算子的典型 4 邻域形式为

$$L_4 = \begin{bmatrix} 0 & 1 & 0 \\ 1 & -4 & 1 \\ 0 & 1 & 0 \end{bmatrix} \tag{2-20}$$

8 邻域形式为

$$L_8 = \begin{bmatrix} -1 & -1 & -1 \\ -1 & 8 & -1 \\ -1 & -1 & -1 \end{bmatrix} \tag{2-21}$$

拉普拉斯算子的二阶微分特性使其在检测边缘的同时，能够准确定位边缘的拐点，但对噪声敏感，通常在使用拉普拉斯算子进行边缘检测前，需要对图像进行平滑处理。

图 2-53 展示了拉普拉斯算子对不同处理方式的煤块图像进行边缘检测的效果。

如图 2-53(a)和(b)所示，原始煤块图像中边缘特征明显，拉普拉斯算子能够精确地检测到煤块的轮廓和细节边缘。图 2-53(c)和(d)为叠加高斯噪声后的煤块图像及其边缘检测结果。由于噪声的干扰，边缘检测结果中出现了大量噪声点，影响了边缘特征的提取效果。为了抑制噪声，对噪声图像进行了高斯平滑处理，结果如图 2-53(e)和(f)所示。经过高斯平滑处理，噪声点被显著抑制，边缘检测结果变得更加清晰和准确。其中，图 2-53(f)为像素值线性放大后的结果，以增强图像对比度。

(a) 煤块灰度图

(b) 煤块图像的边缘检测结果

(c) 叠加高斯噪声的煤块灰度图

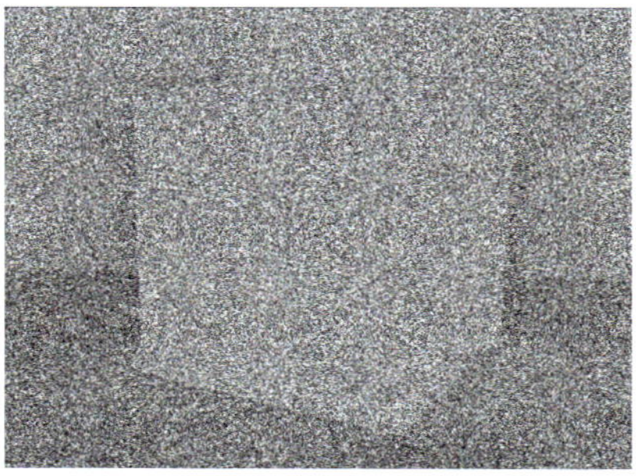

(d) 叠加高斯噪声的煤块图像的边缘检测结果

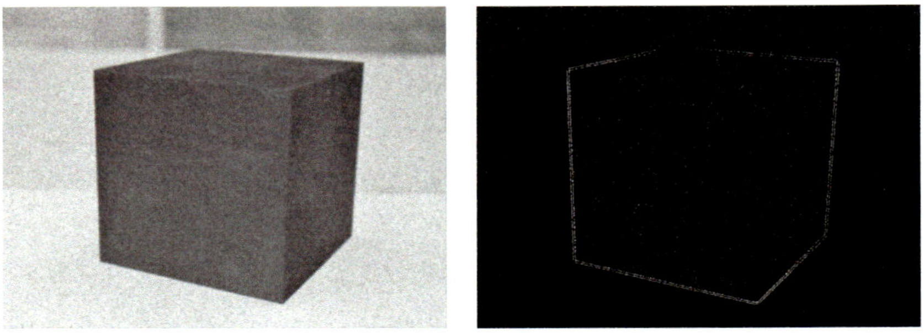

(e) 高斯平滑处理后的煤块灰度图　　(f) 高斯平滑处理后的煤块图像的边缘检测结果

图 2-53　拉普拉斯边缘检测结果

3. Canny 算子

Canny 算子是目前使用最广泛的边缘检测算法之一，它能够很好地平衡噪声抑制与边缘检测的效果。Canny 算法边缘检测包含以下几个步骤：对图像进行高斯滤波，平滑图像，减少噪声的影响；使用 Sobel 算子或其他梯度算子计算图像的梯度强度和方向；在梯度方向上抑制非极大值，以确保只保留边缘像素；应用高低阈值来检测强边缘和弱边缘，并连接相邻边缘；通过跟踪弱边缘，连接强边缘，形成完整的边缘线条。

图 2-54 为 Canny 算子在添加噪声前后煤块图像上的边缘检测效果。在煤块图像上应用 Canny 算子[图 2-54(a)]，可以看到边缘检测结果具有较好的连续性和精确度，煤块的轮廓得到了清晰的提取。在添加高斯噪声后的图像[图 2-54(b)]上，由于噪声的影响，Canny 算子检测出的边缘存在一定的误检和断裂现象，但边缘检测效果优于拉普拉斯算子[图 2-53(d)]，能够更好地平衡噪声抑制与边缘精确检测的需求。

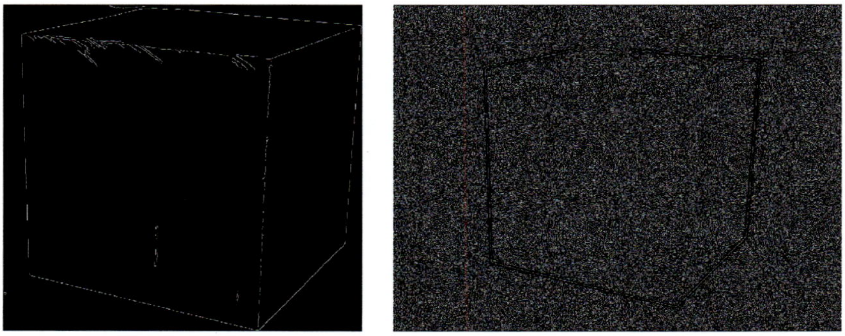

(a) 煤块图像的边缘检测结果　　(b) 叠加高斯噪声的煤块图像的边缘检测结果

图 2-54　Canny 算子边缘检测效果

2.4.2　灰度、纹理特征

在图像处理中，特征提取是识别和分析图像中物体的重要步骤。煤块和岩石最直接的区别是外观上的差异，比如颜色的深浅和表面纹理的差异。而在图像处理中，可以通过提取煤块和岩石的灰度、纹理特征，对煤块与岩石的物理属性进行准确区分。另外也可以将灰度、纹理特征作为评价煤岩种类的量化指标，通过引入最优照度环境或图像预处理等操作，进而扩大煤块和岩石在灰度、纹理特征上的差异度，提升图像识别的精度。

灰度特征是图像识别中最常用的一种指标，现有研究已经验证了它们的适用性和性能[3,4]。图像的主要灰度特征是均值(mean，M)、方差(variance，V)、歪斜度(skewness，S)、峰态(kurtosis，K)、能量(energy，ENE)、熵(entropy，ENT)。均值表示图像的平均灰度。方差表示图像灰度的离散程度。歪斜度、能量和熵从不同方面度量了图像灰度分布的不对称性和不均匀性。峰态反映图像灰度分布集中在均值附近的程度。

纹理特征是另一种经典的图像特征指标，它们反映了灰度图像由于局部元素或结构的缓慢或周期性变化而表现出的分布特征[5]。一般来说纹理图像中的灰度分布具有周期性，即使灰度变化是随机的，它也具有一定的统计特性。纹理的标志有三个要素：一是某种局部的序列性在该序列更大的区域内不断重复；二是序列由基本部分非随机排列组成的；三是各部分大致都是均匀的统一体，纹理区域内任何地方都有大致相同的结构尺寸。本书使用灰度共生矩阵方法提取了四种纹理特征，分别是对比度(contrast，CON)、相关性(correlation，COR)、角二阶矩(angular second moment，ASM)和同质性(homogeneity，H)[6]。对比度和相关性分别描述了图像中相邻像素之间灰度的差异和相似性。角二阶矩和同质性表示图像灰度分布的均匀性。此外，使用盒计数法计算图像的分形维数(fractal dimension，FD)[7,8]。分形维数在一定程度上反映了图像的纹理特征。一般来说，图像的纹理越复杂，分形维数越大。表 2-1 中列举了本书使用的图像特征。

表 2-1　图像特征[5,9,10]

图像特征	符号	定义	类型
均值[a]	M	$M=\sum_{i=0}^{255}\left[i\times \text{Hist}(i)\right]$	灰度特征
方差	V	$V=\sum_{i=0}^{255}\left[n_i(i-M)^2/N\right]$	灰度特征
歪斜度	S	$S=\sum_{i=0}^{255}\left[(i-M)^3\times \text{Hist}(i)/V^{3/2}\right]$	灰度特征
峰态	K	$K=\sum_{i=0}^{255}\left[(i-M)^4\times \text{Hist}(i)/(V^2-3)\right]$	灰度特征
能量	ENE	$\text{ENE}=\sum_{i=0}^{255}\text{Hist}(i)^2$	灰度特征
熵	ENT	$\text{ENT}=-\sum_{i=0}^{255}\left\{\text{Hist}(i)\times\log_2\left[\text{Hist}(i)\right]\right\}$	灰度特征
对比度[b]	CON	$\text{CON}=\sum_{n=0}^{255}\left\{n^2\left[\sum_{i=0}^{255}\sum_{j=0}^{255}P(i,j,l,\alpha)^2\right]\right\}$	纹理特征
相关性[c]	COR	$\text{COR}=\sum_{i=0}^{255}\sum_{j=0}^{255}\left[\left(ijP(i,j,l,\alpha)-u_1u_2\right)/\left(\tau_1^2\tau_2^2\right)\right]$	纹理特征

续表

图像特征	符号	定义	类型
角二阶矩	ASM	$\mathrm{ASM}=\sum_{i=0}^{255}\sum_{j=0}^{255}P(i,j,l,\alpha)^2$	纹理特征
同质性	H	$H=\sum_{i=0}^{255}\sum_{j=0}^{255}\left\{P(i,j,l,\alpha)/\left[1+(i-j)^2\right]\right\}$	纹理特征
分形维数 d	FD	$\mathrm{FD}=\log_2(N_r)/\log_2(1/r)$	纹理特征

a Hist(i)为 i 灰度级出现的概率。

b $P(i,j,l,\alpha)$表示像素(x,y)的所有 α 方向，相邻间隔为 l 的像素对中一个取 i 值，另一个取 j 值的相邻像素对出现的次数。

c $u_1=\sum_{i=0}^{255}\sum_{j=0}^{255}P(i,j,l,\alpha)$，$u_2=\sum_{j=0}^{255}j\sum_{i=0}^{255}P(i,j,l,\alpha)$，$\tau_1^2=\sum_{i=0}^{255}(i-u_1)^2\sum_{j=0}^{255}P(i,j,l,\alpha)$，$\tau_2^2=\sum_{j=0}^{255}(j-u_2)^2\sum_{i=0}^{255}P(i,j,l,\alpha)$。

d N_r 为用于覆盖图像长度为 r 的盒子的数量。

2.4.3 形态学特征提取

从研究目的划分，形态学特征主要包括尺寸特征与形状特征。从测量方式或手段划分，形态学特征可以分为一维形态学特征、二维形态学特征和三维形态学特征。从观察的尺度上，形态学特征可以分为宏观形态学特征、细观形态学特征和微观形态学特征。

用于描述这些特征的名称、类型、符号和定义见表 2-2 与表 2-3。

其中一些形状特征是基于尺寸的测量结果进一步计算得到的。比如，本研究的 7 个一维形状特征，之所以称为一维形状特征，是因为它们是通过基础尺寸参数(form dimensions)计算得到的，且这些尺寸参数均可以用尺子或卡尺测量获得。

表 2-2　二维及三维尺寸特征描述符[9,10]

序号	名称	类型	符号	备注
1	面积	二维尺寸特征	A_P	投影轮廓的真实面积
2	周长		P_P	投影轮廓的真实周长
3	长		d_1	其中一边为块体最长尺寸的外接矩形的长边
4	宽		d_2	其中一边为块体最长尺寸的外接矩形的短边
5	等效圆直径		D_{eq}	与投影轮廓具有相同面积的圆的直径
6	等效圆周长		P_{eq}	与投影轮廓具有相同面积的圆的周长
7	最大内切圆直径		D_{mic}	最大内切圆半径 $r_{mic}=D_{mic}/2$
8	最小外接圆直径		D_{mcc}	最小外接圆半径 $r_{mcc}=D_{mcc}/2$；最小外接圆面积 $A_{mcc}=\pi(D_{mcc}/2)^2$
9	体积	三维尺寸特征	V	块体的真实体积
10	表面积		A_S	块体的真实表面积
11	最大内切球直径		D_{mis}	最大内切球半径 $r_{mis}=D_{mis}/2$

表 2-3　一维、二维及三维形状特征描述符[9,10]

序号.	名称	类型	符号	定义
1	伸长度	一维形状特征	e	I/L
2	扁平度		f	S/I
3	Krumbein 球度		F_{Kr}	$\sqrt[3]{IS/L^2}$
4	Corey 形状系数		F_{Cr}	$S/\sqrt{LI}$
5	Sneed 与 Folk 球度		F_{SF}	$\sqrt[3]{S^2/LI}$
6	Aschenbrenner 球度		F_{Ac}	$\dfrac{12.8\sqrt[3]{f^2e}}{1+(1+e)f+6\sqrt{1+(1+e^2)f^2}}$
7	Wilson 与 Huang 形状系数		F_{WH}	$(I+S)/2L$
8	Cox 圆度	二维形状特征	φ_{Cox}	$4\pi A_P/P_P^2$
9	Riley 圆度		φ_{Riley}	$\sqrt{D_{mic}/D_{mcc}}$
10	二维 Wadell 圆度		R_2	$\sum_{i=1}^{N_2} r_{2,i}\Big/N_2 r_{mic}$，$r_{2,i}$ 为第 i 个最大内切圆的半径，N_2 为最大内切圆总数
11	面积球度		S_A	A_P/A_{mcc}
12	直径球度		S_D	D_{eq}/D_{mic}
13	圆比球度		S_C	D_{mic}/D_{mcc}
14	周长球度		S_P	P_{eq}/P_p
15	宽长比球度		S_{WL}	d_2/d_1
16	圆度		R_h	$R_h=\sqrt{\dfrac{1}{n}\sum_{k=1}^{n}(\rho_k-\rho_{k\text{-m}})}$，$n$ 为轮廓点总数，ρ_k 和 $\rho_{k\text{-m}}$ 为平滑前后表面的第 k 个轮廓点高度
17	球度	三维形状特征	ψ	$\sqrt[3]{36\pi V^2}/A_s$
18	三维 Wadell 圆度		R_3	$\sum_{j=1}^{N_3} r_{3,j}\Big/N_3 r_{mis}$，$r_{3,j}$ 为第 j 个最大内切球的半径，N_3 为最大内切球总数

基础尺寸参数由 3 个长度组成，分别是煤岩块体三角网格模型最小包围盒的最长边、中间边和最短边的长度，用 L、I 和 S 表示。

采用图像分析方法计算煤岩块体三角网格投影图像的二维尺寸特征，包括面积、周长、最大内切圆半径 r_{mic} 和最小外接圆半径 r_{mcc}，如图 2-55 所示。最大内切圆和最小外接圆的圆心分别为 c_{mic} 和 c_{mcc}。

其中，在测量投影图像的二维尺寸特征时，根据图像与真实块体的比例，将图像中根据像素点统计的面积与周长等数据换算成真实数据。3 种二维形状特征，即 Cox 圆度、Riley 圆度和二维 Wadell 圆度，通过表 2-3 中的公式进行计算。

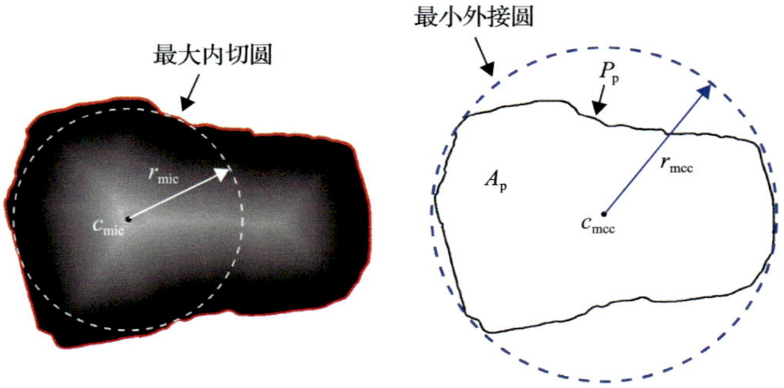

图 2-55 煤岩块体投影图像二维尺寸特征测量示意图

表 2-4 为代表三个尺度的煤岩块体形态学特征描述符，即宏观形态学特征、细观形态学特征和微观形态学特征。形状轮廓，是一个宏观尺度的形态学特征描述符，描述了一个煤岩块体的整体形状。局部圆度，是一个细观尺度的形态学特征描述符，描述了在形状轮廓基础上的角脊变化。表面纹理，是一微观尺度的形态学特征描述符，描述了在形状轮廓和局部圆度基础上的粗糙度。

表 2-4 煤岩块体三角网格的宏观、细观和微观形态学特征[11,12]

特征名称		公式	定义
宏观形态学特征	球度	$\mathrm{SP}=\dfrac{\sqrt[3]{36\pi V^2}}{S_A}$	与块体体积(V)相同的球体表面积与块体表面积(S_A)的比值
	截距球度	$\mathrm{IS}=\sqrt[3]{\dfrac{bc}{a^2}}$	块体的参考椭球体体积与外接球体体积的比值
	凸度	$\mathrm{CX}=\dfrac{V}{V_{CH}}$	块体体积(V)与包围块体的凸包体积(V_{CH})的比值
	长宽比	$\mathrm{AR}=\dfrac{\mathrm{EL}}{\mathrm{FL}}$	EL 为伸长度，FL 为扁平度。$\mathrm{EL}=\dfrac{a-b}{a+b+c}$, $\mathrm{FL}=\dfrac{2(b-c)}{a+b+c}$
	长宽比 2	$\mathrm{AR}_2=\dfrac{\mathrm{EL}_2}{\mathrm{FL}_2}$	$\mathrm{EL}_2=\dfrac{a-b}{a}$, $\mathrm{FL}_2=\dfrac{b-c}{b}$
	长宽比 3	$\mathrm{AR}_3=\dfrac{\mathrm{EL}_3}{\mathrm{FL}_3}$	$\mathrm{EL}_3=\dfrac{a\times c}{a\times c+b^2}-\dfrac{c}{a+c}$, $\mathrm{FL}_3=\dfrac{b^2}{a\times c+b^2}-\dfrac{c}{a+c}$
细观形态学特征	三维 Wadell 圆度	$R_3=\dfrac{\sum_{i=1}^{N_3} r_{3,i}}{N_3 r_{mis}}$	块体角脊内切球半径(r_3)平均值与块体最大内切球半径(r_{mis})的比值。N_3是角脊数
	基于平均曲率的圆度	$\mathrm{RD}=\dfrac{\sum_{i=1}^{N} C_i}{N}$	块体角脊的面积加权平均局部平均曲率(C)的平均值。N是角脊数
微观形态学特征	粗糙度	$\mathrm{RH}=\sqrt{\dfrac{1}{N}\sum_{i=1}^{N}\left(\bar{x}_i^2+\bar{y}_i^2+\bar{z}_i^2\right)}$	$\bar{x}_i=x_i-x_{sm,i}$, $\bar{y}_i=y_i-y_{sm,i}$, $\bar{z}_i=z_i-z_{sm,i}$ (x_i, y_i, z_i)和($x_{sm,i}, y_{sm,i}, z_{sm,i}$)是原始的和平滑后的块体顶点 i 在笛卡儿坐标系中的坐标

密实度（compactness）用于描述块体宏观形态学特征。球度（sphericity）、截距球度（intercept sphericity）、凸度（convexity）是与密实度相关的三个形态学描述符。其中，对于球度的定义有很多种，这里的球度指的是真实球度（the degree of true sphericity），它是由 Wadell 提出的，描述了一个块体和球体的接近程度。球度定义为与块体具有相同体积的球体的表面积与块体表面积之比。截距球度是指块体的参考椭球体（reference ellipsoid）与外接球体的体积比。凸度是块体的体积与其凸包（convex hull）的体积之比，它描述了块体与其凸包的接近程度。

伸长度（elongation）和扁平度（flatness）是三维块体在两个方向上尺度的比值，以尺寸比例的形式描述块体的形状。伸长度和扁平度的平均值被称为长宽比（aspect ratio），是一种常用的宏观形态学描述符。根据块体三个主要维度上的长度 a、b 和 c（$a \geqslant b \geqslant c$），提出了很多种关于伸长度和扁平度的计算方法，三个主要维度是通过主成分分析获得的。本研究选用了常用的 3 种长宽比描述符来描述煤岩块体的宏观形态。

圆度（roundness）是由 Wentworth 在 1919 年首次提出的，描述了颗粒或块体的棱角和尖锐程度。一百年来，针对不同的研究对象和研究目的，许多种圆度计算方法被提出。本研究选用了两种常用的圆度计算方法，即三维 Wadell 圆度（R_3）和基于平均曲率的圆度（mean curvature-based roundness，RD）。关于三维 Wadell 圆度的计算采用基于图像分析的煤岩块体三维 Wadell 圆度测量算法，具体计算流程可以参见第 4 章。基于平均曲率的圆度为块体角脊的面积加权平均局部平均曲率（area-weighted average local mean curvature）的平均值。本章未做特别说明时，所说的圆度均为基于平均曲率的圆度。在计算圆度时，需要避免粗糙度对圆度计算的影响。在计算圆度前，首先采用基于曲率的方法（curvature-based method）来平滑煤岩块体三角网格模型，以消除粗糙度。使用平滑后的煤岩块体三角网格模型进行圆度计算。

2.4.4　角点检测

角点检测是图像处理和计算机视觉领域中的一项重要技术，用于识别图像中具有显著局部特征的点，通常位于边缘交汇或曲率较大的区域。

当前，角点检测的方法多种多样，图 2-56 展示了煤块图像在不同角点检测方法下的检测效果。其中 Harris 角点检测是一种经典方法[13]，它基于图像梯度计算二阶矩阵，并通过特征值的分析来判断角点的位置。这种方法对旋转具有较强的鲁棒性，但对尺度变化较为敏感[图 2-56（a）]。为了提高检测精度，Shi-Tomasi 角点检测对 Harris 算法进行了改进，采用特征值最小值作为判断准则，使得检测结果更加稳定[14,15][图 2-56（b）]。基于加速分割测试（features from accelerated segment test，FAST）的角点检测方法[16]，利用圆形邻域像素灰度的快速比较，实现高效的角点检测，适用于实时应用，但容易受噪声影响[图 2-56（c）]。为了解决尺度和旋转不变性问题，尺度不变特征变换匹配（scale-invariant feature transform，SIFT）算法被提出[17]。该算法通过构建尺度空间来检测特征点，并提取关键点的方向信息，使其在复杂环境下依然具有良好的鲁棒性[图 2-56（d）]。加速稳健特征（speeded up robust features，SURF）算法[18]通过优化计算效率，在保证特征稳定性的同时提高了实时处理能力，成为近年来广泛应用于目标识别和视觉跟踪任务的主流方法之一[图 2-56(e)]。

(a) Harris角点检测结果

(b) Shi-Tomasi角点检测结果

(c) FAST角点检测结果

(d) SIFT角点检测结果

(e) SURF角点检测结果

图 2-56　角点检测示意

角点检测作为图像分析的重要步骤，为后续的图像识别、匹配和三维重建提供了关键的特征信息。随着深度学习和图像处理技术的发展，角点检测算法也在不断演进，以满足日益复杂的应用需求。

2.4.5　基于小波变换的特征提取

基于小波变换的特征提取是一种广泛应用于图像处理、信号分析等领域的技术，能够在时频域上同时分析信号的局部特征。小波变换通过将信号投影到一组小波基函数上，得到信号在不同尺度和时间位置的细节信息。其基本思想是利用具有良好局部特性的函数(小波)来展开信号，并在不同分辨率下分析信号的特征。常见的小波基函数包括 Haar、

Daubechies、Coiflet、Symlet 等，不同的基函数适用于不同的应用场景。

小波变换的基本公式为

$$W(a,b)=\int f(t)\psi_{a,b}(t)\mathrm{d}t \tag{2-22}$$

式中，$W(a,b)$ 为经小波变换后的输出图像；$f(t)$ 为输入图像；$\psi_{a,b}(t)$ 为平移尺度变换的小波函数；a 为尺度参数，控制频率分辨率；b 为平移参数，控制时域分辨率。

图 2-57 展示了煤块图像在离散小波变换（discrete wavelet transformation，DWT）下的分解结果。DWT 作为一种多尺度分析工具，能够将图像信号分解为不同频率的子带，从而提取图像的边缘、纹理等重要特征。在本节中，采用 Haar 小波对煤块图像进行一级分解，生成四个子图，分别对应不同的频率成分。

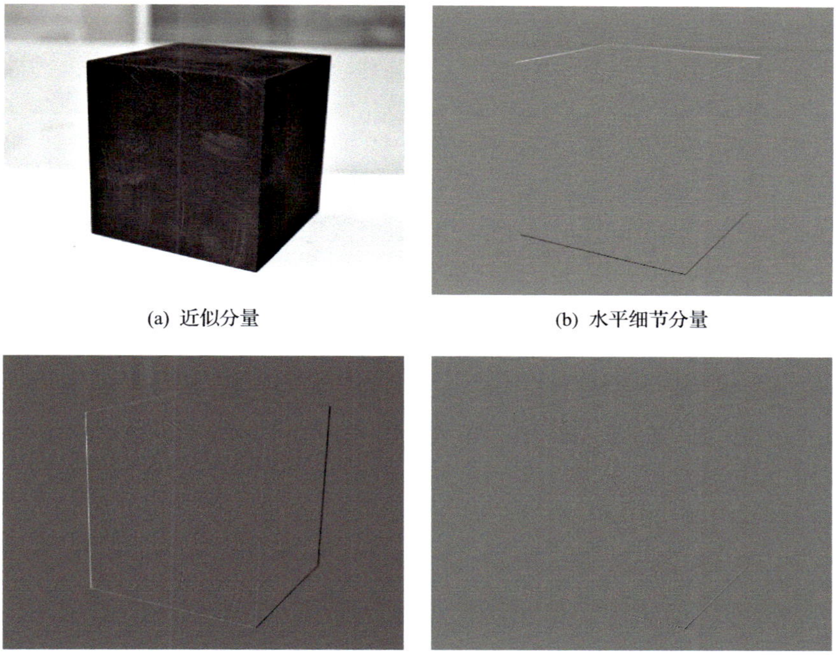

(a) 近似分量　(b) 水平细节分量

(c) 垂直细节分量　(d) 对角细节分量

图 2-57　基于离散小波变换的图像处理

图 2-57(a) 为近似分量，主要保留了图像的低频信息，反映了煤块的整体结构和亮度分布，提供了图像的基本轮廓。图 2-57(b) 为水平细节分量，突出了图像在水平方向上的边缘变化，有助于煤块水平边界特征的提取。图 2-57(c) 为垂直细节分量，捕获了图像在垂直方向上的细节信息，能够清晰地展现煤块在垂直方向上的纹理特征。图 2-57(d) 为对角细节分量，描述了图像在对角方向上的变化，能够有效刻画煤块的斜向边缘特征。

小波变换作为一种特征提取工具，能够在不同尺度下分析图像的边缘、纹理等特征，适用于多尺度特征分析。其优越的时频局部化能力，使其能够在时域和频域之间实现精确的局部分析，尤其适用于非平稳信号的处理。小波变换不仅在图像去噪、边缘检测等任务中表现出色，还能够有效地从空间关系、灰度信息和纹理信息等方面提取图像特征。空间关系特征通过像素间的距离和方向信息描述图像的空间结构，灰度信息特征基于不同尺度下的小波系数揭示图像的整体灰度分布，而纹理信息特征利用方向滤波器提取像素的局部模式，展现图像的细节变化。然而，小波变换也存在一定的局限性。例如，其计算复杂度较高，尤其是在多尺度和高维数据处理时，计算开销较大。此外，小波基函数的选择对特征提取的影响较大，需要根据具体应用场景选择合适的基函数。

2.4.6 基于卷积神经网络的特征提取

卷积神经网络(CNN)是一种在图像处理和计算机视觉领域得到广泛应用的深度学习模型。与传统的手工特征提取方法相比，CNN 能够自动从大量数据中学习和提取多层次的特征，大幅提升了图像处理的效率和准确性。在智能放煤系统中，CNN 可以被用于从煤流图像中提取煤块与岩石的灰度、纹理和形状特征，实现自动化的物体识别与分类。常用的 CNN 架构包括 LeNet-5、AlexNet、ResNet 等。

CNN 的基本结构主要由卷积层、激活函数、池化层、全连接层等部分组成。其中，卷积层通过在图像上应用卷积核，提取局部特征，如边缘、角点等。随着卷积层的加深，CNN 可以提取更复杂的特征，如物体形状和纹理。激活函数赋予 CNN 非线性能力，常用的函数包括 ReLU(rectified linear unit)，能够有效加速模型训练和提升表达能力。池化层通过下采样减少特征图的维度，保留重要特征并降低计算复杂度。常用的池化操作包括最大池化和平均池化。全连接层将卷积层提取的特征进行进一步处理，输出分类结果或特征向量。该层常用于 CNN 的末端进行分类或回归任务。

CNN 通过层级化的卷积运算，从图像中提取多层次的特征。卷积核在较浅的层次提取低级特征，如边缘、角点；而在更深的层次，卷积核能够捕捉到更高层次的语义特征，如物体的形状和整体结构。这种多层次的特征提取能力，使 CNN 在处理复杂图像时能够准确地提取出具有判别力的特征。

近年来，CNN 模型在深度学习的推动下取得了显著进展，涌现出了一些新的网络架构，比如深度卷积神经网络(deep convolution neural network，DCNN)和卷积循环神经网络(convolutional recurrent neural network，CRNN)等，它们进一步提高了模型的特征提取能力。CNN 目前的研究热点集中在自适应特征提取、轻量化与实时化等方面。随着 CNN 模型更加智能，将能够根据不同的任务自动调整网络结构，以适应不同的图像处理需求。另外，CNN 的轻量化设计将使其能够在资源有限的嵌入式系统中高效运行，满足实时煤流监控和复杂图像处理任务的需求。

2.5 煤岩图像压缩与存储

2.5.1 图像压缩算法

在煤岩图像分析与存储过程中，图像数据通常具有高分辨率、高冗余度的特点，导致存储和传输面临较大的数据压力。因此，采用适当的图像压缩算法不仅可以减少存储空间，还能提高数据传输效率，确保智能放煤系统在复杂环境下的实时响应能力。图像压缩技术主要分为无损压缩和有损压缩两类，各自适用于不同的应用场景。

常见的无损压缩算法包括霍夫曼编码、LZW 编码和可逆小波变换等。霍夫曼编码通过统计像素灰度的频率分布，生成最优的编码方案，适用于冗余度较高的煤岩图像。LZW 编码采用字典编码方式，能有效压缩煤岩图像中重复出现的模式，适用于长期存储。可逆小波变换则通过多尺度分析，在保留重要边缘特征的同时进行高效存储，适用于需要保留细节信息的煤岩图像处理。

相比之下，有损压缩通过去除人眼难以察觉的信息，实现更高的压缩比，广泛应用于远程传输和实时监测等场景。有损压缩方法包括离散余弦变换（discrete cosine transform，DCT）、小波变换压缩（JPEG2000）以及基于视觉特性的感知压缩算法。DCT 压缩将图像从空域转换到频域，通过量化降低高频成分，适用于边界较平滑的煤岩图像，但可能造成一定的边缘模糊。小波变换压缩基于多尺度分解，能够在保证图像质量的同时实现高效压缩，对于边缘复杂的煤岩图像具有较好的适应性。基于视觉转性的感知压缩算法则利用人眼视觉特性，重点保留煤岩的关键边缘和纹理信息，而减少对背景区域的精度需求，从而在保证识别精度的同时提高压缩效率。

2.5.2　图像存储格式与数据传输

图像存储格式与数据传输在煤岩图像处理过程中起着至关重要的作用。不同的存储格式会对图像质量、存储效率、兼容性以及数据传输速率等方面产生影响，合理选择适合的存储格式有助于在保持图像信息完整性的同时实现高效存储与快速传输。

常见的图像存储格式主要包括无损压缩格式和有损压缩格式。无损压缩格式（如 PNG、BMP、TIFF）能够保留图像的全部信息，不会在存储和传输过程中引入失真，适用于需要高精度分析的应用场景，如煤块与岩石的精确识别、矿区地质图像存档等。然而，无损格式的文件较大，数据传输和存储成本较高。有损压缩格式（如 JPEG、JPEG2000、WebP）通过去除图像中的冗余信息，以较小的存储空间换取较高的压缩比，适用于远程传输和大规模数据存储，但在压缩过程中会导致图像质量的部分损失。

在数据传输方面，煤岩图像的高效传输需要综合考虑网络带宽、传输时延以及容错能力等因素。为提高传输效率，通常采用多种优化策略，例如通过图像编码技术（如 JPEG2000 码流的渐进传输）实现分层传输，使接收端能够逐步恢复图像内容，从而减少延迟。除此之外，对于一些特殊场景，采集了一些尺寸特别大的图像，也可以考虑使用图像分块存储与传输技术，即将大图像拆分为多个小块进行并行处理，以减少单次传输的负荷，提高传输的可靠性和速度。

2.5.3　煤岩压缩质量与图像信息的权衡

在煤岩图像压缩过程中，压缩质量与图像信息的权衡是一个关键问题。图像压缩的主要目标是在减少数据存储和传输负担的同时，尽可能地保留图像的关键信息，以满足后续分析和识别的需求。然而，压缩比的提高通常会导致图像质量的下降，影响煤岩识别、裂隙检测等应用的准确性。因此，如何在压缩率与图像信息完整性之间取得平衡，对于煤岩图像处理系统的高效运行至关重要。

在权衡压缩质量与图像信息时，需要根据具体应用需求进行合理选择。不同应用场景对图像质量的需求不同，例如煤流实时监测系统可以接受一定程度的信息损失，而煤岩块度分析或矿物成分检测则需要更高的图像保真度。此外，选择合适的压缩算法也至关重要。JPEG 压缩适用于一般煤矿图像存储，而 JPEG2000 等更先进的压缩技术能够在较低比特率下提供更高的视觉质量。同时，在视频监控应用中，H.264、H.265 等视频压缩标准能够提供较高的压缩效率和较好的图像质量。

针对煤岩图像的特性，在压缩过程中需要特别关注边缘的清晰度和纹理的完整性。不同图像内容对压缩方法的适应性存在差异。对于纹理复杂的图像，较低的压缩比可以保证更多的细节信息，而对于相对简单的背景区域，可以适当提高压缩比以降低存储成本。另外，也可以采用区域分级压缩策略，即在煤块边缘、裂隙等重要区域应用低压缩比，而对背景区域应用高压缩比，能够在压缩存储需求的同时，最大限度地保留关键特征，为后续图像分析提供高质量的输入。

为了评估压缩对图像质量的影响，通常采用主观视觉评估和客观质量评估相结合的方式。客观质量评估指标如峰值信噪比(peak signal-to-noise ratio，PSNR)、结构相似性指数(structure similarity index measure，SSIM)等，能够量化压缩后的图像与原始图像之间的差异，而主观评估则结合视觉观察，确保图像的可用性和信息完整性。

参 考 文 献

[1] Gonzalez R C, Woods R E. Digital image processing[M]. 4th ed. New York: Pearson Education, 2018.

[2] Otsu N. A threshold selection method from gray-level histograms[J]. IEEE Transactions on Systems, Man, and Cybernetics, 1979, 9(1): 62-66.

[3] Hou W. Identification of coal and gangue by feed-forward neural network based on data analysis[J]. International Journal of Coal Preparation and Utilization, 2019, 39(1): 33-43.

[4] Liu K, Zhang X, Chen Y Q. Extraction of coal and gangue geometric features with multifractal detrending fluctuation analysis[J]. Applied Sciences -Basel, 2018, 8(3): 15.

[5] Haralick R M, Shanmugam K, Dinstein I. Textural features for image classification[J]. IEEE Transactions on Systems, Man, and Cybernetics, 1973, SMC-3(6): 610-621.

[6] Kistner M, Jemwa G T, Aldrich C. Monitoring of mineral processing systems by using textural image analysis[J]. Minerals Engineering, 2013, 52: 169-177.

[7] Fu C, Lu F, Zhang G. Discrimination analysis of coal and gangue using multifractal properties of optical texture[J]. International Journal of Coal Preparation and Utilization, 2022, 42(7/9): 1925-1937.

[8] Panigrahy C, Seal A, Mahato N K. Quantitative texture measurement of gray-scale images: fractal dimension using an improved differential box counting method[J]. Measurement, 2019, 147: 16.

[9] Zheng J, Hryciw R D. Traditional soil particle sphericity, roundness and surface roughness by computational geometry[J]. Geotechnique, 2015, 65(6): 494-506.

[10] Bagheri G H, Bonadonna C, Manzella I, et al. On the characterization of size and shape of irregular particles[J]. Powder Technol, 2015, 270: 141-153.

[11] Zheng J, Hryciw R D. Traditional soil particle sphericity, roundness and surface roughness by computational geometry[J]. Geotechnique, 2015, 65(6): 494-506.

[12] Nie Z, Liang Z, Wang X, et al. Evaluation of granular particle roundness using digital image processing and computational

geometry[J]. Construction and Building Materials, 2018, 172: 319-329.

[13] Harris C G, Stephens M. A combined corner and edge detector[C]//Proceedings of the Alvey Vision Conference 1988. Manchester: Alvey Vision Club, 1988: 147151.

[14] Tommasini T, Fusiello A, Trucco E, et al. Making good features track better[C]//Computer Vision and Pattern Recognition, 1998. Proceedings. 1998 IEEE Computer Society Conference on. IEEE, 1998: 178-183.

[15] Shi J. Good features to track[C]//Computer Vision and Pattern Recognition, 1994. Proceedings CVPR'94., 1994 IEEE Computer Society Conference on. IEEE, 1994: 593-600.

[16] Rosten E, Drummond T. Machine learning for high-speed corner detection[C]//Leonardis A, Bischof H, Pinz A. Computer vision–ECCV 2006. Lecture Notes in Computer Science, vol 3951. Berlin, Heidelberg: Springer.

[17] Lowe D G. Object recognition from local scale-invariant features[C]//Proceedings of the Seventh IEEE Internation-al Conference on Computer Vision. IEEE, 2002: 11501157.

[18] Bay H, Ess A, Tuytelaars T, et al. Speeded-up robust features (SURF) [J]. Computer Vision and Image Understanding, 2008, 110 (3) : 346-359.

第 3 章　煤流图像增强与去噪

3.1　放煤过程图像采集环境

3.1.1　光照环境

图像识别智能放煤技术的核心是通过图像分析确定含矸率。获取高质量的图像是开展含矸率检测的前提。光照环境是影响图像采集质量的重要因素，决定了被摄物体在图像中的呈现效果。

现场调研了包括北辛窑矿 8103、赵固一矿 18060 以及九里山矿 15081 等在内的数十个综放工作面，这些工作面分布于我国不同矿区，煤层赋存条件各异，在工作面长度、工作面倾角、煤层厚度以及采放比等方面具有一定的区分度，见表 3-1。有普通长度工作面(如北辛窑矿 8103 工作面、赵固一矿 18060 工作面等)，也有超长工作面(如曹家滩矿 122107 工作面)；有近水平煤层工作面(如赵固一矿 18060 工作面、保德矿 81039 工作面等)，也有缓倾斜煤层工作面(如北辛窑矿 8103 工作面、开滦唐山矿 0291 工作面等)；有厚煤层工作面(如北辛窑矿 8103 工作面、赵固一矿 18060 等)，也有特厚煤层工作面(如朱仙庄矿 8105 工作面、曹家滩矿 122107 工作面等)；有煤层厚度变异系数大而影响顶煤回收率的工作面(如九里山矿 15081 工作面)，也有因为煤层存在夹矸而影响顶煤顺利放

表 3-1　所调研工作面的基本情况

序号	矿名	工作面名称	工作面长度/m	工作面平均倾角/(°)	煤层平均厚度/m	割煤高度/m	放煤(夹矸)高度/m	工作面中部液压支架型号
1	北辛窑矿	8103 工作面	180	22	5.6	3	2.6	ZFQ13000/25/38
2	赵固一矿	18060 工作面	150	4	4.6	3	1.6	ZF18000/21/38D
3	赵固二矿	14022 工作面	180	5	6	2.8	3.2	ZF10000/20/32D
4	九里山矿	15081 工作面	265	11	4.7	2.7	1.8—4.0	ZF6800/20/38
5	朱仙庄矿	8105 工作面	171	10	16.5	2.8	8.4	ZF7000/18/28
6	袁店一矿	824 工作面	147	9	7.4 (含 2.1m 厚夹矸)	3	4.4	ZF8400/18/34D
7	开滦唐山矿	0291 工作面	150	22	10.1	3	7.0	ZF7600/17/34D
8	曹家滩矿	122107 工作面	300	2	11.8	5.9	5.9	ZFY21000/34/63D
9	保德矿	81039 工作面	240	4	7	3.8	3.2	ZFY18000/25/39D
10	串草圪旦	6101 工作面	158	5	11.1	3.6	7.5	ZF13000/22/42

出的工作面(如袁店一矿 824 工作面)。对这些工作面进行调研，可以反映目前常见综放工作面的实际情况，具有一定代表性。

在上述工作面，在检修班刮板输送机停机、保证安全的前提下，从架间进入液压支架后部空间，实地观察综放液压支架后部空间光照环境。对于一些不具备进入综放液压支架后部的工作面，通过架间观察支架后部空间的光照情况，如图 3-1 所示。

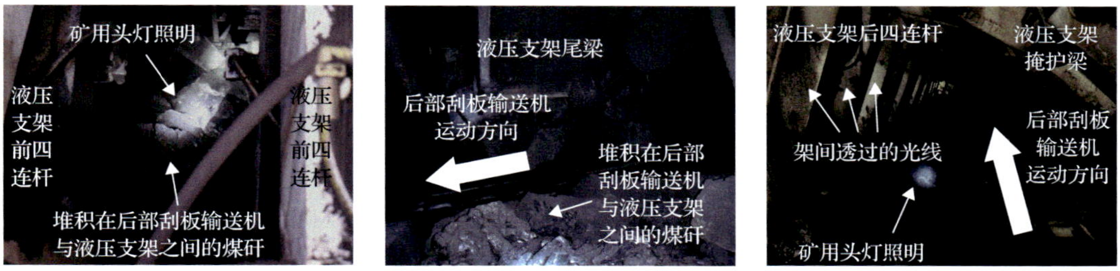

(a) 工人观察视角　　(b) 煤流　　(c) 放煤口

图 3-1　工作面光照环境调研

调研结果显示，液压支架后部空间光照极弱，即便有从液压支架连杆间隙透过的光线，但是也极其微弱，同时由于堆积在后部刮板输送机和液压支架之间的煤岩遮挡，进一步削减了后部刮板输送机上方的光照强度。这种极低的照度环境不足以满足可见光图像采集的光照需求，因此，如果要采集可见光图像用于煤岩图像识别，必须考虑增加额外的灯光补偿装置。

极低照度环境严重影响图像成像质量，会出现图像模糊、噪声严重以及细节丢失等问题，甚至出现由于照度过低而无法成像的情况，因此，极低照度环境是影响图像识别的一个不利因素。

但是，综放工作面液压支架后部空间存在着这么一个极低照度环境，也为提供合适且稳定的照度环境创造了可能。虽然液压支架后部空间照度低不利于图像识别，但是也说明了这个空间受外界光源干扰小，这是综放工作面煤岩识别有别于其他场景下图像识别的地方。充分利用综放工作面光照环境特点，可以为煤岩图像采集提供一个合适且相对稳定的光照环境。合适的光照不仅可以弱化由于环境因素给图像识别带来的不利影响，甚至可以适当放大被测物体间的特征差异，提高图像识别精度。因此，一方面，极低的照度是影响煤岩图像识别的一个不利因素；另一方面，极低的照度也为提高煤岩图像识别精度提供了一个有别于其他场景图像识别的环境优势。

3.1.2　粉尘环境

粉尘是煤矿五大自然灾害之一。煤矿粉尘因其自身的理化特性，导致其在具有爆炸危险性的同时，还具有减少仪器设备的使用寿命和精度、降低生产现场可见度、引发自燃以及导致长期接触粉尘人员患尘肺病等危害。在放顶煤工作面，粉尘对于图像识别智能放煤技术的影响主要体现在空气中弥漫的粉尘以及吸附在镜头表面的粉尘会影响图像采集的质量，进而影响图像识别的精度，放煤过程粉尘分布与运移规律见 3.3 节。

3.1.3 煤流堆积与运动

在放煤时，打开放煤口，顶煤会朝放煤口运动并从放煤口放出，随后部刮板输送机一同运动形成煤流，顶煤被运出工作面。

煤流的堆积状态会影响含矸率的估计。在图像识别智能放煤技术中，直接通过图像获得的含矸率是煤流表面岩石的投影面积与表面煤岩总投影面积的比值。而实际上，放出的煤和岩石并不是以二维形态存在的，也不是彼此独立平铺在后部刮板输送机上的。它们不仅是三维块体，而且相互堆积叠压。因此，能否准确识别堆积煤流的体积，并在此基础上预测含矸率是目前的一个研究难点。

此外，运动煤流也会影响到图像采集的清晰度。对运动的煤流进行图像采集时可能会产生运动模糊，这是一个在智能放煤中需要解决的问题。这种模糊主要是由于成像系统（如相机）与被摄物体（刮板输送机上的煤流）之间的相对运动造成的，同时，成像设备也可能因移架、振动等原因产生运动。这种成像系统与被摄物体之间的相对运动是运动模糊的主要原因。此外，相机的曝光时间也是影响运动模糊程度的一个重要因素。曝光时间较长时，成像系统与被摄物体之间的相对运动在曝光期间内积累，导致图像模糊程度增加。

3.2 最优光照环境设置

3.2.1 煤岩图像特征的照度影响机制

1. 问题的提出

合适的照度是图像采集工作的前提，高质量的图像采集工作将有利于后续的图像识别。合适的照度对煤岩识别有两方面积极作用，一方面，通过设置合适照度，让机器在漆黑的综放工作面液压支架后部空间“看见”煤和岩石；另一方面，通过设置合适的照度，来适当放大煤和岩石之间的特征差异。比如，在巷道同一个位置、不同照度条件下连续拍摄 3 张图片，随着照度的变化，不同反光特征的物体先后被呈现在图像中，如图 3-2 所示。

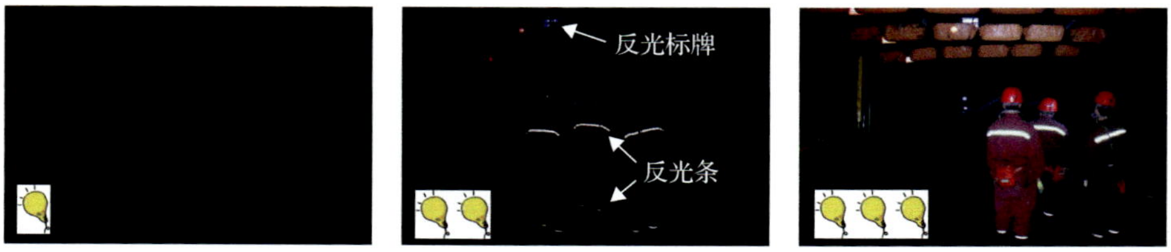

(a) 低照度　　(b) 中等照度　　(c) 高照度

图 3-2　照度因素对图像特征的影响

在低照度下，图像亮度整体很暗，几乎看不见任何物体。当照度提高到中等照度时，悬挂在巷道顶部的反光标牌以及工人服装上的反光条首先出现在图像中。照度继续增大，可以在图像中看到更多的物体，并且反光标牌和反光条变得异常明亮。这与煤岩识别问题比较类似。煤表面的高亮区域，如点状亮斑、条状亮纹和片状亮斑等，类似于反光标牌或反光条，随着照度的增大，它们会优先呈现在图像中。换句话说，煤和岩石对于照度的响应特性并不是一样的。因此，从原理上看，通过设置合适的照度，不仅可以看见煤和岩石，还可以适当放大煤和岩石之间的特征差异，让它们更容易被区分。

因此，本节研究照度对煤岩图像特征的影响机制，开发了智能放煤照度非接触测量与动态精准调控技术，可以为图像识别智能放煤技术如何设置合适光源环境提供理论依据。

2. 煤岩图像特征照度影响实验材料与设备

1) 煤岩样本

煤岩样本采集自大同煤矿集团有限责任公司（现晋能控股煤业集团有限公司）北辛窑矿 8103 工作面。煤块的宏观煤岩类型主要为半光亮型煤，少量光亮型煤，岩石类型为砂岩。煤岩样本的块度为 5～10cm，样本在采集回实验室后保持它们原有的形状，未进行人工破碎。

2) 图像采集装置

为了探究照度对煤岩图像特征的影响，建立了照度可控的图像采集系统以获取高质量的图像，如图 3-3 所示。该系统有四个主要部分：消费级 CMOS 相机、EF200 型 LED 补光灯、红外遥控器和 VC1010D 型照度计。

(a) 图像采集系统　(b) CMOS相机　(c) 红外遥控器　(d) VC1010D型照度计

图 3-3　图像采集系统及各部分

实验采用固定在金属三脚架上的 CMOS 相机，通过红外遥控器确保图像采集的稳定性。实验在全黑环境中进行，以避免光源干扰。LED 补光灯由高精度功率调节器控制，照度由最大量程 200000lx、分辨率 0.1lx 的照度计测量。先在较大照度范围内探索，后缩小范围深入研究，设定 6 种照度 3180lx、10780lx、17730lx、24200lx、30700lx 和 35600lx。为突出煤岩边界，便于图像分割，在煤岩下方放置带刻度尺和位置检测图形的白色背景板（图 3-4）。实验设备的空间布置如图 3-5 所示。相机的光圈值为 7.1，快门速度为 1/250s，感光度为 400。

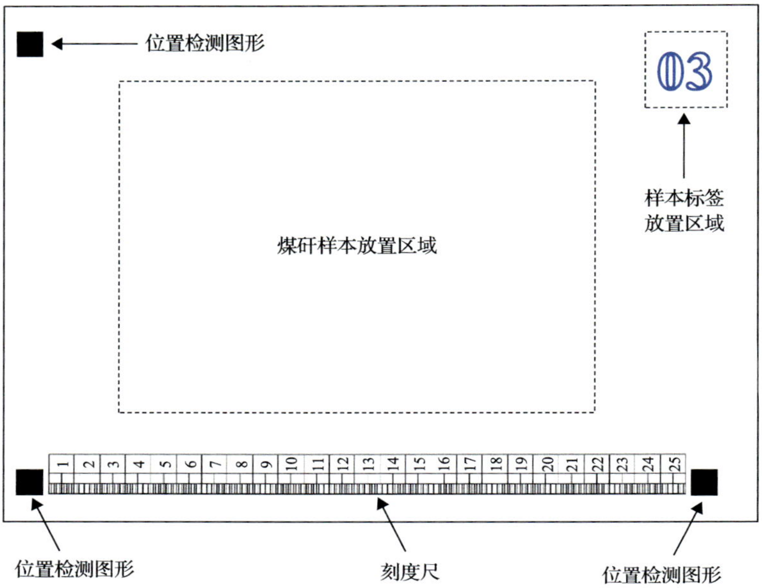

图 3-4 背景板示意图

图 3-5 实验设备的空间布置

3. 煤岩图像特征照度影响实验方案

实验采用密度分别为 1.48t/m^3 和 2.60t/m^3 的煤岩样本。样本经称重后，依据密度计算体积，配制不同含矸率的实验组。共设置 9 个实验组，含矸率范围为 10%～90%，每组间隔 10%。在每组条件下，分别在 6 种照度下采集 6 张图像(图 3-6)。

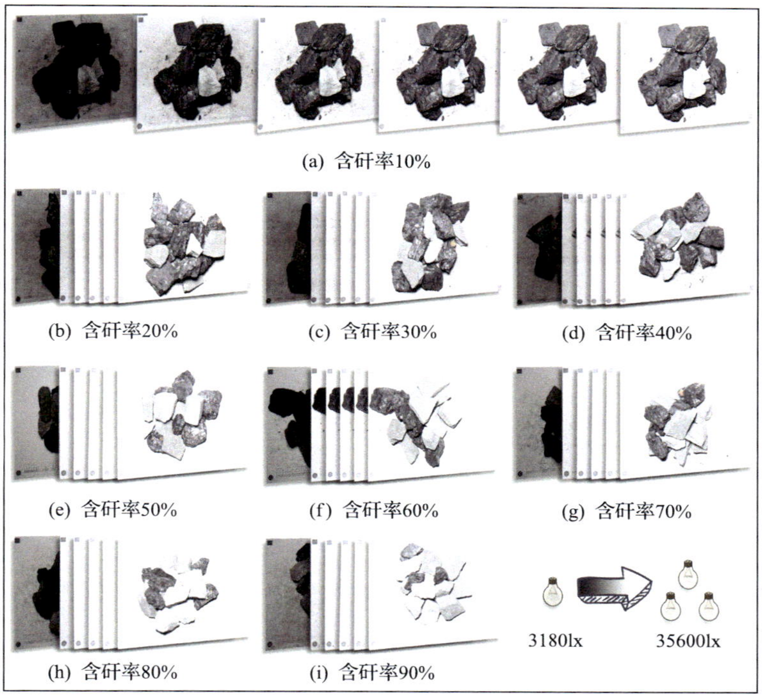

图 3-6　不同照度与含矸率条件下的煤岩混合图像

4. 煤岩图像分析方法

基于前期研究成果[1]，提出了一个煤岩图像分析流程，包括图像灰度化、感兴趣区域提取、图像分割和特征计算。

采集的 RGB 图像分辨率为 4272px×2848px。为提高处理效率，首先将 RGB 图像转换为 256 级灰度图，并采用高斯滤波去除噪声。随后，利用金字塔模型映射和形态学重建提升图像质量。通过二值化、膨胀、腐蚀等形态学操作，从白色背景板中提取煤岩区域。

煤样表面可能因镜煤和亮煤的镜面反射而出现高亮区域，影响分割效果。为此，采用双边滤波在保留边缘的同时平滑图像，减少高亮区域的干扰。最终，使用基于标记控制的分水岭算法对煤岩区域进行分割[2]。

5. 煤岩图像特征提取方法

提取煤岩图像的灰度与纹理图像，灰度特征包括均值、方差、歪斜度、峰态、能量、熵，纹理特征包括对比度、相关性、角二阶矩、同质性和分形维数。

6. 实验结果

1) 照度对煤岩图像灰度特征的影响

在不同照度条件下提取煤岩样本的灰度特征(图 3-7)，结果表明，照度对煤岩样本的灰度特征具有显著影响。例如，当照度为 35600lx 时，煤样本的灰度方差明显高于相同照度条件下的岩石样本。此外，单个样本的灰度特征随照度变化而变化。例如，随着照度增加，煤样本的灰度均值逐渐升高，而灰度歪斜度则呈下降趋势。

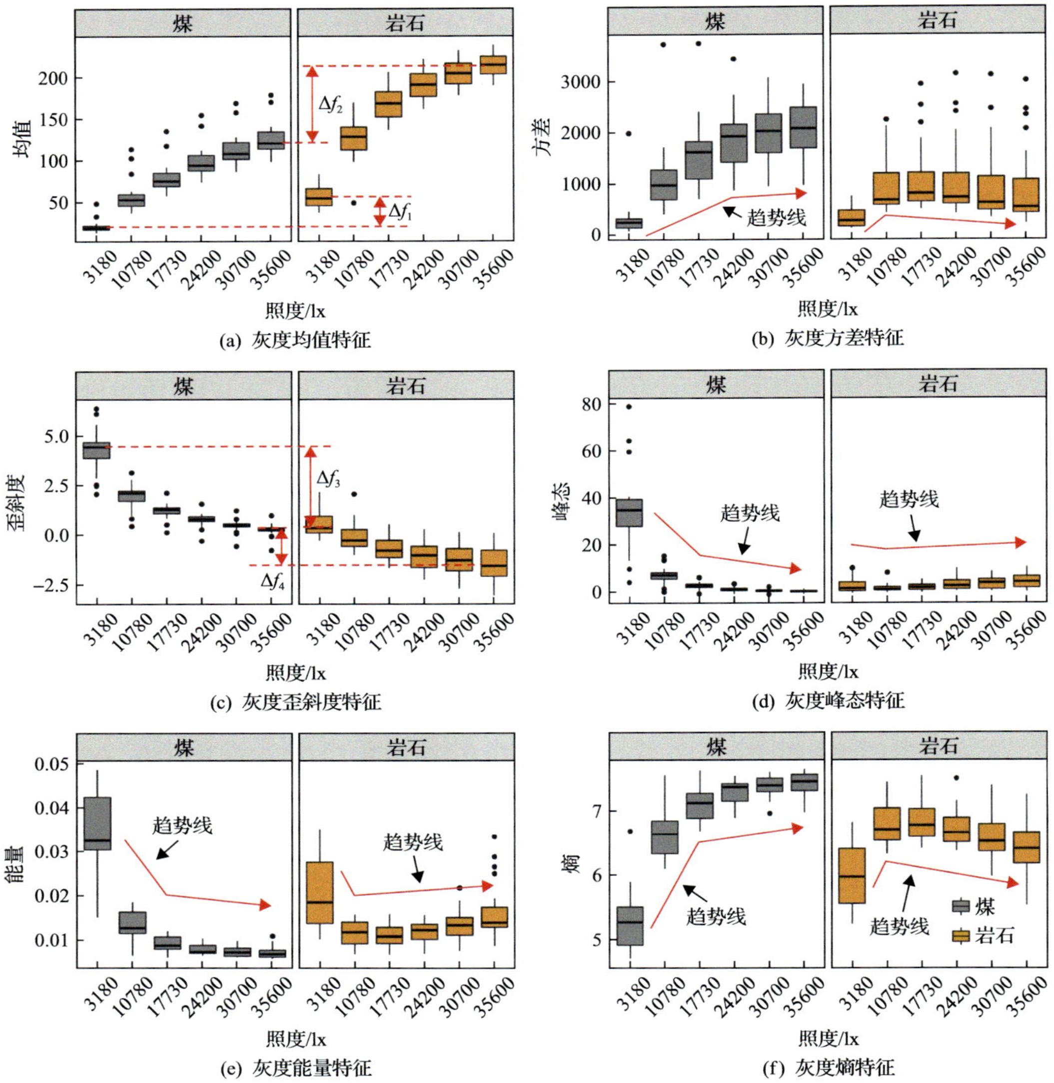

(a) 灰度均值特征　(b) 灰度方差特征

(c) 灰度歪斜度特征　(d) 灰度峰态特征

(e) 灰度能量特征　(f) 灰度熵特征

图 3-7　不同照度条件下煤岩样本的灰度特征

煤样本和岩石样本的灰度特征随照度变化呈现不同的趋势和变化幅度。例如，煤样本的灰度方差随照度增加先增大后趋于稳定，而岩石样本的灰度方差则先增大后减小，二者表现出不同的变化趋势。此外，煤样本和岩石样本的灰度均值均随照度增加而上升，但其变化幅度存在差异。在低照度条件下，煤岩样本的灰度均值的差异较小，而在高照度下，差异显著扩大，表明照度对煤岩样本的灰度均值特征具有不同程度的影响。

2）照度对煤岩图像纹理特征的影响

提取了不同照度条件下煤岩样本的纹理特征，如图 3-8 所示。照度对纹理特征有显著影响。例如，当照度为 3180lx 时，煤样本的纹理相关性明显低于相同照度条件下的岩石样本。此外，单个样本的纹理特征也随照度变化而改变。例如，随着照度增加，煤样本的纹理对比度逐渐增大，而纹理同质性则逐渐减小。

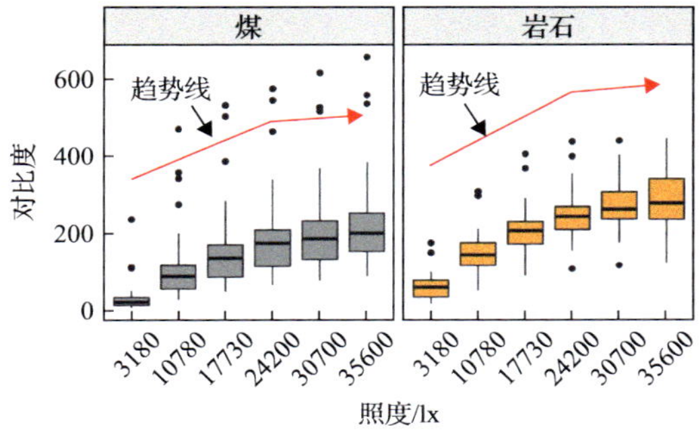

(a) 纹理对比度特征

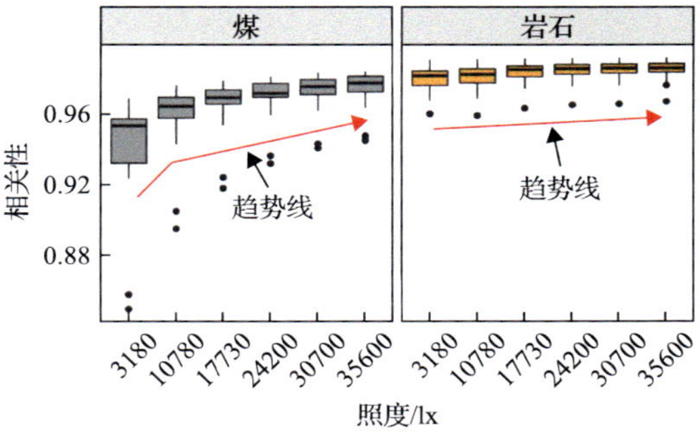

(b) 纹理相关性特征

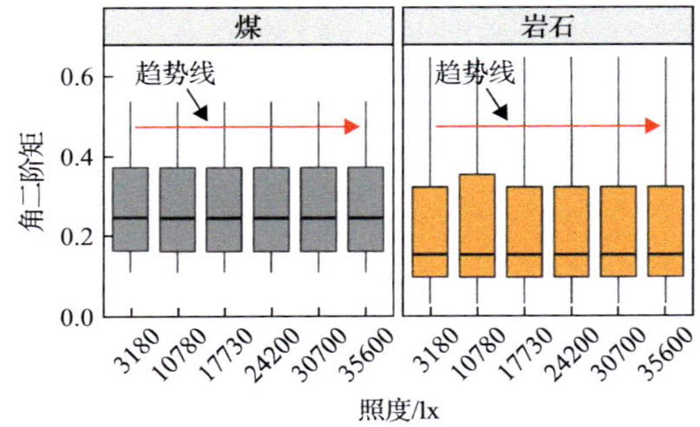

(c) 纹理角二阶矩特征

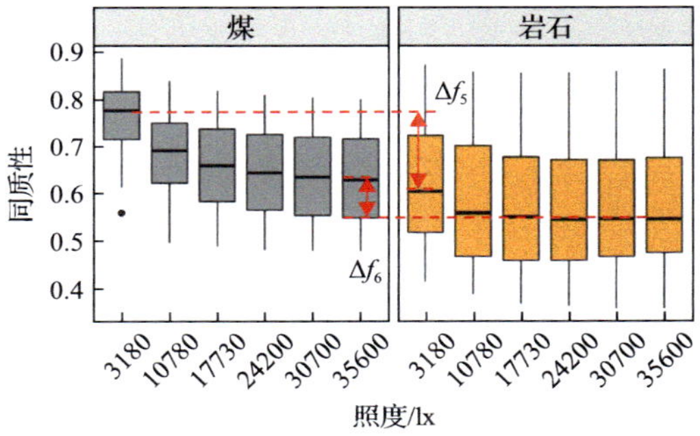

(d) 纹理同质性特征

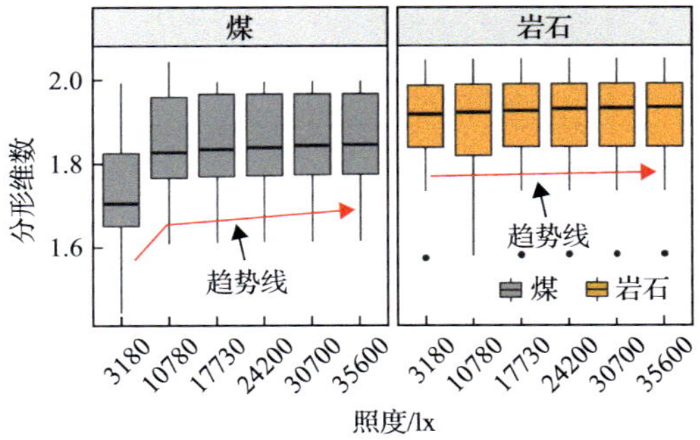

(e) 纹理分形维数特征

图 3-8　不同照度条件下煤岩样本纹理特征

煤样本和岩石样本的纹理特征随照度变化表现出不同的趋势。例如，煤样本的纹理分形维数随照度增加逐渐增大，最终趋于稳定，而岩石样本的纹理分形维数几乎不变，始终保持稳定，二者表现出不同的变化趋势。煤样本和岩石样本的纹理同质性特征均随着照度增加而逐渐减小，但煤样本和岩石样本在低照度条件下的差异更为显著；在高照度条件下，二者的差异较小。此外，煤岩样本的纹理角二阶矩特征几乎不受照度变化的影响。

3）不同照度下的煤岩图像特征的差异

对不同照度下煤岩图像的灰度及纹理特征进行同质性检验，结果见表 3-2。煤样本和岩石样本在照度 3180lx 条件下的灰度方差特征（$t = -0.034$，$p = 0.973$）、照度 17730lx 条件下的灰度峰态特征（$t = 1.638$，$p = 0.108$）、10780lx 条件下的灰度熵特征（$t = -1.620$，$p = 0.112$）或 35600lx 条件下的纹理同质性特征（$t = 1.279$，$p = 0.207$）没有显著差异。对于两个纹理特征即对比度和角二阶矩，在实验涉及的所有照度条件下，煤样本和岩石样本之间均没有显著差异。因此，煤样本和岩石样本的上述特征在某些照度条件下差异小，不适合作为区分煤样本和岩石样本的指标。

表 3-2　同质性检验结果

特征名称	照度/lx	特征值（mean±SD）		t	p
		煤样本（$n = 21$）	岩石样本（$n = 29$）		
均值	3180	21.00±7.57	54.84±11.91	−12.256	0.000**
	10780	57.57±19.49	123.01±22.92	−10.593	0.000**
	17730	79.88±18.03	165.01±17.64	−16.688	0.000**
	24200	99.23±19.23	187.44±15.96	−17.695	0.000**
	30700	113.51±19.82	201.57±14.37	−18.232	0.000**
	35600	125.52±19.60	211.78±12.77	−18.848	0.000**
方差	3180	324.32±398.61	327.23±195.33	−0.034	0.973
	10780	1083.89±698.64	944.00±508.86	0.820	0.416
	17730	1574.86±667.82	1094.01±658.48	2.534	0.015*
	24200	1867.86±595.23	1081.71±719.83	4.091	0.000**
	30700	2016.26±527.80	1010.25±739.64	5.322	0.000**
	35600	2110.32±505.22	932.16±737.70	6.316	0.000**
歪斜度	3180	4.23±1.13	0.58±0.62	13.433	0.000**
	10780	1.92±0.63	−0.11±0.72	10.329	0.000**
	17730	1.19±0.40	−0.69±0.62	12.943	0.000**
	24200	0.75±0.36	−1.03±0.68	11.992	0.000**
	30700	0.47±0.34	−1.25±0.75	10.916	0.000**
	35600	0.26±0.33	−1.47±0.83	10.195	0.000**
峰态	3180	34.42±17.20	2.55±2.88	8.408	0.000**
	10780	6.89±3.93	1.43±1.63	6.002	0.000**
	17730	2.65±1.66	1.91±1.54	1.638	0.108
	24200	1.11±0.98	2.89±2.10	−3.990	0.000**
	30700	0.50±0.69	3.64±2.69	−6.009	0.000**
	35600	0.19±0.58	4.50±3.41	−6.677	0.000**
能量	3180	0.04±0.01	0.02±0.01	5.673	0.000**
	10780	0.01±0.00	0.01±0.00	2.283	0.030*

续表

特征名称	照度/lx	特征值（mean±SD）		t	p
		煤样本（$n=21$）	岩石样本（$n=29$）		
能量	17730	0.01±null	0.01±0.00	−0.849	0.400
	24200	0.01±null	0.01±0.00	−0.849	0.400
	30700	0.01±null	0.01±0.00	−2.703	0.012*
	35600	0.01±null	0.01±0.01	−3.822	0.001**
熵	3180	5.30±0.45	5.97±0.47	−5.106	0.000**
	10780	6.63±0.35	6.78±0.32	−1.620	0.112
	17730	7.08±0.26	6.83±0.29	3.090	0.003**
	24200	7.29±0.20	6.74±0.28	7.496	0.000**
	30700	7.38±0.17	6.60±0.31	11.232	0.000**
	35600	7.42±0.17	6.43±0.36	12.828	0.000**
对比度	3180	40.57±53.82	61.40±37.19	−1.620	0.112
	10780	133.01±123.61	146.15±58.17	−0.452	0.655
	17730	174.55±137.47	208.00±66.38	−1.031	0.312
	24200	211.12±146.08	247.03±72.12	−1.039	0.308
	30700	232.52±149.37	272.93±74.42	−1.141	0.264
	35600	250.34±155.38	291.22±76.46	−1.112	0.276
相关性	3180	0.94±0.03	0.98±0.01	−5.347	0.000**
	10780	0.96±0.02	0.98±0.01	−5.015	0.000**
	17730	0.97±0.02	0.98±0.01	−4.794	0.000**
	24200	0.97±0.01	0.99±0.01	−4.964	0.000**
	30700	0.97±0.01	0.99±0.01	−5.311	0.000**
	35600	0.97±0.01	0.99±0.01	−4.861	0.000**
角二阶矩	3180	0.27±0.13	0.23±0.17	0.986	0.329
	10780	0.27±0.13	0.23±0.17	0.933	0.356
	17730	0.27±0.13	0.23±0.17	0.973	0.336
	24200	0.27±0.13	0.23±0.17	0.973	0.336
	30700	0.27±0.13	0.23±0.17	0.973	0.336
	35600	0.27±0.13	0.23±0.17	0.966	0.339
同质性	3180	0.76±0.08	0.63±0.13	4.356	0.000**
	10780	0.68±0.09	0.59±0.14	2.606	0.012*
	17730	0.65±0.10	0.58±0.13	2.021	0.049*
	24200	0.64±0.10	0.58±0.14	1.705	0.095
	30700	0.63±0.10	0.58±0.13	1.474	0.147
	35600	0.63±0.10	0.58±0.13	1.279	0.207

续表

特征名称	照度/lx	特征值(mean±SD)		t	p
		煤样本($n=21$)	岩石样本($n=29$)		
分形维数	3180	1.73±0.16	1.91±0.11	−4.600	0.000**
	10780	1.84±0.13	1.90±0.12	−1.736	0.089
	17730	1.84±0.12	1.91±0.11	−2.130	0.038*
	24200	1.84±0.12	1.91±0.11	−2.071	0.044*
	30700	1.84±0.12	1.91±0.11	−2.008	0.050
	35600	1.85±0.12	1.91±0.11	−1.882	0.066

注：* $p<0.05$；** $p<0.01$。

另外，煤样本和岩石样本在照度 24200lx 条件下的灰度方差特征($t=4.091$，$p=0.000$)、照度 10780lx 条件下的灰度峰态特征($t=6.002$，$p=0.000$)、照度 24200lx 条件下的灰度熵特征($t=7.496$，$p=0.000$)、照度 3180lx 条件下的纹理同质性特征($t=4.356$，$p=0.000$)和照度 3180lx 条件下的纹理分形维数特征($t=-4.600, p=0.000$)存在显著差异。特别地，对于两个灰度特征(均值和歪斜度)和一个纹理特征(相关性)，在实验涉及的所有照度条件下，煤样本和岩石样本之间均存在显著差异。

因此，通过设置合适的照度环境，使煤样本和岩石样本的灰度和纹理特征表现出显著差异，将该照度(或照度范围)称为最优照度，在最优照度下提取的灰度和纹理特征适合作为区分煤样本和岩石样本的指标。

煤样本和岩石样本的灰度和纹理特征的差异影响了煤岩图像分割与识别的效率和精度，合适的照度条件可以增强煤样本和岩石样本灰度和纹理特征之间的差异。为了直观分析照度变化对煤样本和岩石样本灰度和纹理特征的影响，计算了煤岩样本的归一化特征差异指数(normalized feature D-value index，NFDI)。NFDI 表示在一定照度条件下煤样本和岩石样本灰度和纹理特征的相对差异，NFDI 越大，说明煤样本和岩石样本灰度和纹理特征在该照度条件下的差异越大，反之亦然。NFDI 的计算结果如图 3-9 所示。

总体上看，在不同照度条件下，灰度和纹理特征 NFDI 是不同的。比如，灰度均值特征的 NFDI 首先随着照度的增加逐渐增大，然后逐渐稳定，而灰度歪斜度特征、灰度峰态特征和纹理分形维数特征首先随着照度的增加逐渐减小，然后逐渐稳定。灰度方差特征的 NFDI 随着照度的增加逐渐增大，而纹理相关性特征和纹理同质性特征随着照度的增加逐渐减小。对于某些灰度和纹理特征，NFDI 不随照度的变化发生明显变化。例如，随着照度的变化，纹理角二阶矩特征的 NFDI 普遍较高，而纹理对比度特征的 NFDI 总是处于相对较低的水平。

采用支持向量机和深度学习算法对不同照度条件下采集的煤岩图像进行分类。研究表明，不同照度条件下采集的煤岩图像识别精度不同，合适的照度有利于提升图像识别精度[1]。

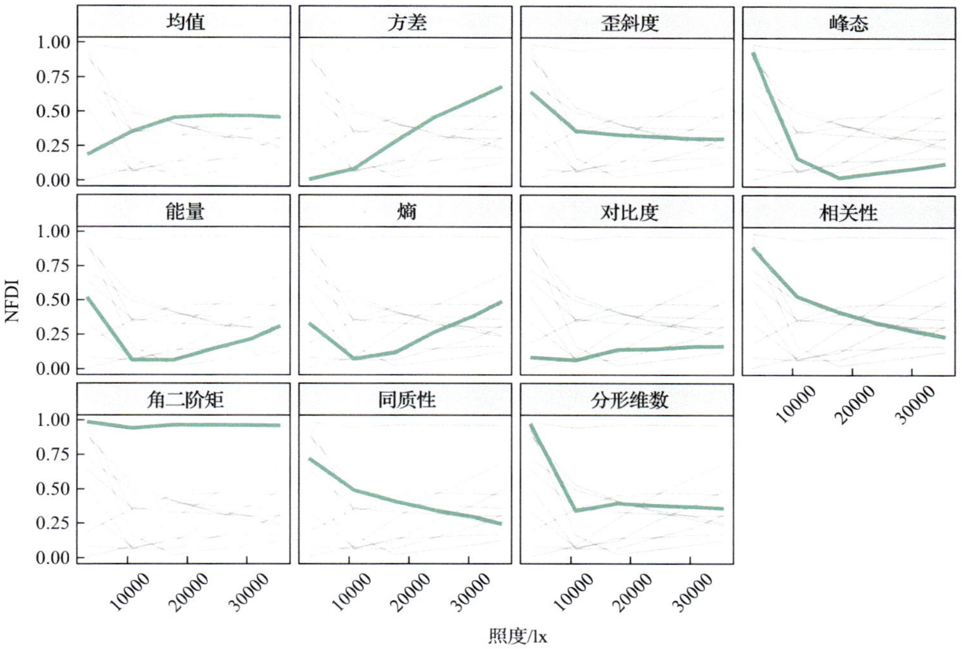

图 3-9　不同照度下的灰度和纹理特征归一化特征差异指数

7. 结果讨论

煤和岩石在图像中具有不同的灰度或纹理特征，且随着照度的变化，其变化规律也不同，从煤岩的物理化学性质方面对出现这种现象的原因进行分析。

1) 基于 SEM-EDS 分析技术的煤岩块体形貌分析

不同的组分或者矿物含量，使得煤岩块体断面具有不同的粗糙度，而不同的粗糙度影响了它们对光的反射，进而产生了不同的图像特征。采用扫描电子显微镜–X 射线光电子能谱仪(scanning electron microscope-energy dispersive spectrometer，SEM-EDS)，对煤块中的光亮条带(镜煤)、暗淡条带(暗煤)、泥岩和砂岩进行矿物定性和形态观察。SEM 型号为 ZEISS Gemini 300 超高分辨率场发射扫描电镜，EDS 型号为 Oxford Xplore 30，如图 3-10 所示。

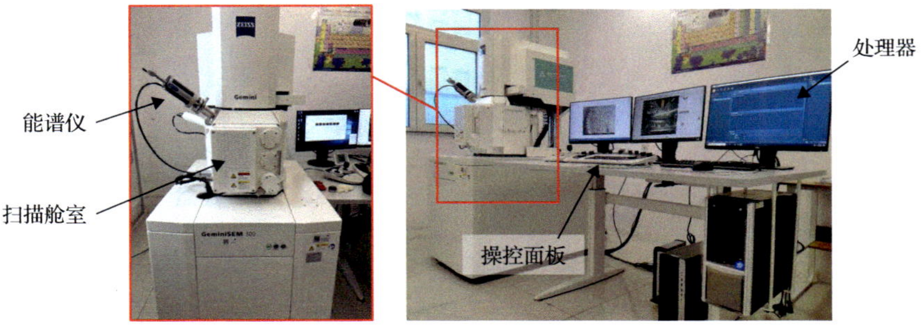

图 3-10　SEM-EDS 设备

对于煤块，特别是光亮煤或者半亮煤，其表面的镜煤和亮煤组分会形成高亮反光区域。根据断面形态的不同，这些区域可表现为点状亮斑、条状亮纹或片状亮斑等。这些高亮区域通常具有光滑表面，断口呈贝壳状或眼球状，能产生镜面反射，呈现出类似沥青、玻璃的光泽。即使煤块发生破碎或断裂，形成棱角分明的断口，其断面在微观尺度上仍然光滑，主要由纯净的有机质组成，含有少量黏土矿物[图 3-11(a)]。这些高亮反光区域在图像中形成规律性的纹理，并具有较强的反射能力。

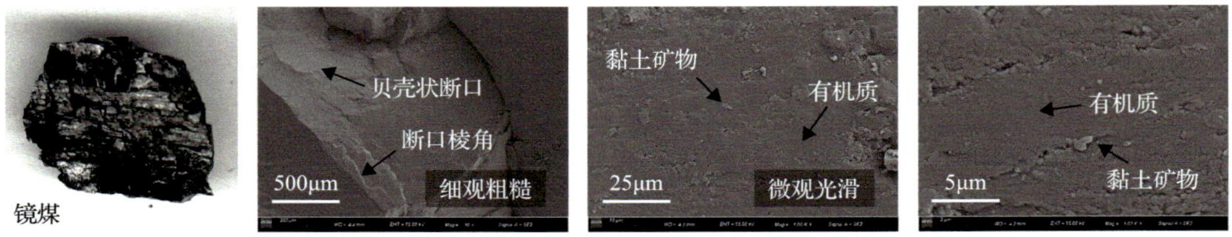

(a) 镜煤

(b) 暗煤

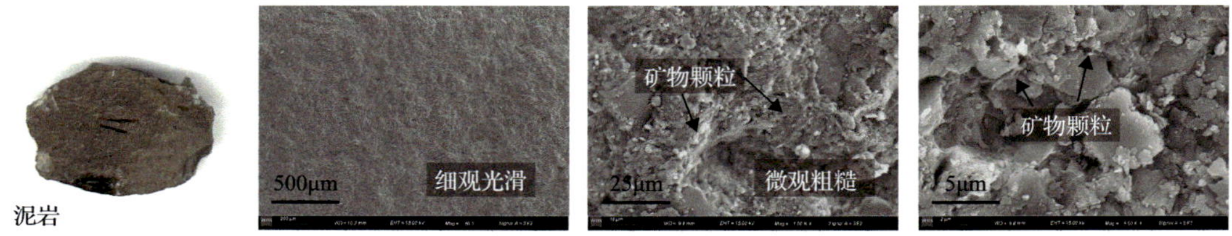

(c) 泥岩

(d) 砂岩

图 3-11　煤岩块体表面形貌

暗煤表面断口不规则或平坦，微观粗糙，含矿物成分较多，产生漫反射，图像颜色较暗，不易出现高亮反光区域[图 3-11(b)]。岩石(砂岩、泥岩)表面由于矿物颗粒多，微观粗糙，对光线产生漫反射，缺乏光泽，图像灰度较高，纹理简单[图 3-11(c)、(d)]。岩石在破碎后表面也呈粗糙状态，偶尔会产生白色斑点，但对图像识别影响小。

煤块和岩块在颜色和纹理上的差异，源于它们在微观粗糙度、反射率及成煤和成岩过程中的不同，这些因素导致它们在图像中表现出不同的灰度和纹理特征。

2）基于漫反射光谱分析技术的煤岩块体形貌分析

煤岩块体表面的镜面反射和漫反射确实会影响其图像特征。为了定量描述镜面反射或漫反射的程度，通常会使用紫外–可见–近红外分光光度计来测定物质的漫反射率，进而用于推断物质的组成含量及形貌结构。

紫外可见光谱分析的基本组成包括光源、积分球、光谱仪和处理器，如图 3-12 所示。积分球是一个中空的完整球壳，其内壁涂有均匀的白色漫反射涂层（如 $BaSO_4$ 或 MgO），用于收集样品表面所有的漫反射光。光源发出的光通过处理后进入样品，样品表面反射的光被积分球收集并投射到接收器上。接收器将光信号转化为电信号，并通过记录仪记录波长函数，最终形成光谱曲线。

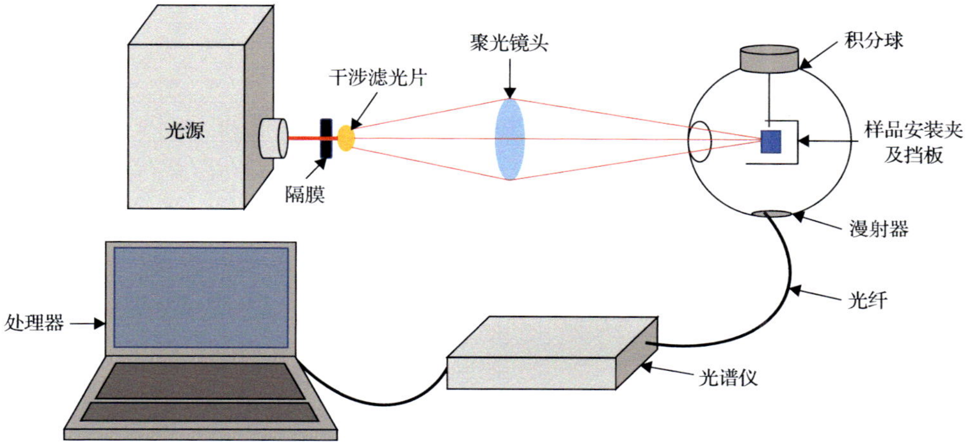

图 3-12　紫外可见光谱分析示意图

漫反射定律描述一束单色光入射到一种既能吸收又能反射光的物体上的光学关系，如式（3-1）：

$$F(R_\infty)=\frac{K}{S}=\frac{(1-R_\infty)^2}{2R_\infty} \tag{3-1}$$

式中，K 为吸收系数；S 为散射系数；R_∞ 为无限厚样品的漫反射率。

在漫反射率测定过程中，通常以标准白板（$BaSO_4$ 或 MgO）为参照，计算样品的相对漫反射率 r_∞，用于代替样品的绝对漫反射率 $R_{\infty,样品}$：

$$r_\infty=\frac{R_{\infty,样品}}{R_{\infty,标准白板}} \tag{3-2}$$

对不同种类煤岩块体的相对漫反射率进行测定，实验结果如图 3-13 所示。实验在可见光范围内完成，波长范围为 390～780nm，采样间隔 1.00nm，扫描速度 600nm/min。设备型号为 HITACHI UH4150 紫外–可见–近红外分光光度计。实验对象为图 3-11 中用于 SEM-EDS 测试的 4 个煤岩样本。

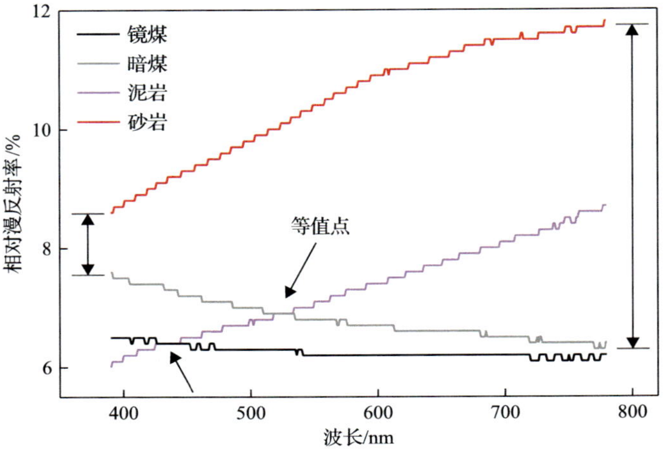

图 3-13 煤岩块体的相对漫反射率

随着波长增大，煤和岩石的相对漫反射率呈现不同趋势：煤的相对漫反射率逐渐减小，而岩石的则增大。在同一波长下，暗煤的相对漫反射率高于镜煤，砂岩高于泥岩，暗煤和砂岩的漫反射能力更强。值得注意的是，泥岩的相对漫反射率与镜煤和暗煤在某些波长条件下相交，导致煤岩样本之间的漫反射特征相似，影响图像识别。

因此，在智能放煤技术中，通过合理选择光源波长，可以放大煤岩块体之间的漫反射率差异，提升图像特征的区分度，进而提高识别精度。

综上所述，煤岩样本的灰度和纹理特征差异受照度影响。适当的照度条件可以增强图像特征差异，提高识别精度。合理设置或测量照度对于煤岩图像识别非常重要。

3.2.2 照度非接触测量与动态精准调控方法

1. 问题的提出

前面的研究表明，合理设置照度或者准确测量照度有利于扩大煤和岩石的图像特征差异。而在综放工作面，能否实时监测以及精准调控后部刮板输送机上快速移动的煤流表面的照度，成为该研究成果能否在现场落地应用需要面对的问题。

因此，提出一种利用立体视觉实现智能放煤照度非接触测量与动态精准调控的研究思路。用立体视觉技术实现距离测量，根据照度、距离和功率的关系，通过监测距离与功率数据，实现照度的实时测量，或者通过测量距离与调节功率，实现照度的精准调控。该照度测量与调控技术可以在不显著增加硬件设备与工作量的前提下，为图像识别智能放煤技术提供合适照度环境。

2. 立体视觉照度测量实验材料与设备

1) 立体视觉测距原理

相机成像涉及四个坐标系：世界坐标系、相机坐标系、图像坐标系和像素坐标系[3]，如图 3-14 所示。通过四个坐标系的转换，实现了从三维真实世界到二维图像的转换。

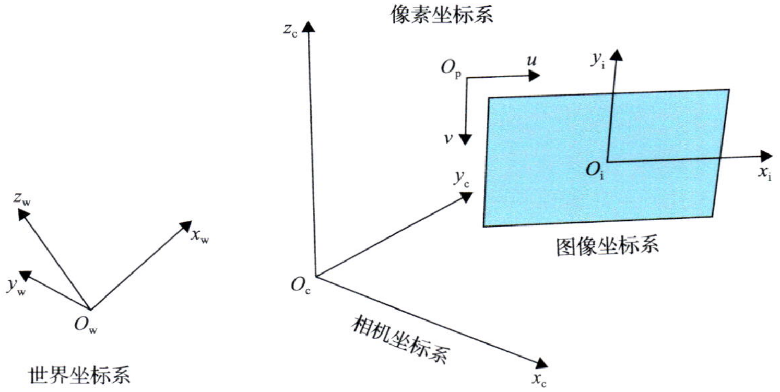

图 3-14　坐标系转换示意图

假设在世界坐标系中有一个点 $N(x_w, y_w, z_w)$，通过刚体变换，得到 N 点对应于相机坐标系中的坐标 $N'(x_c, y_c, z_c)$，可以表示为

$$\begin{bmatrix} x_c \\ y_c \\ z_c \\ 1 \end{bmatrix} = \begin{bmatrix} \boldsymbol{r} & \boldsymbol{t} \\ \boldsymbol{0}^T & 1 \end{bmatrix} \begin{bmatrix} x_w \\ y_w \\ z_w \\ 1 \end{bmatrix} \tag{3-3}$$

式中，$\boldsymbol{r}$ 和 $\boldsymbol{t}$ 分别为坐标系变换的旋转矩阵和平移矩阵。

世界坐标系和像素坐标系之间的关系为

$$\begin{bmatrix} u \\ v \\ 1 \end{bmatrix} = z_c^{-1} \begin{bmatrix} 1/\mathrm{d}x & 0 & u_0 \\ 0 & 1/\mathrm{d}y & v_0 \\ 0 & 0 & 1 \end{bmatrix} \begin{bmatrix} f & 0 & 0 & 0 \\ 0 & f & 0 & 0 \\ 0 & 0 & 1 & 0 \end{bmatrix} \begin{bmatrix} \boldsymbol{r} & \boldsymbol{t} \\ \boldsymbol{0}^T & 1 \end{bmatrix} \begin{bmatrix} x_w \\ y_w \\ z_w \\ 1 \end{bmatrix} = z_c^{-1} \boldsymbol{UV} \begin{bmatrix} x_w \\ y_w \\ z_w \\ 1 \end{bmatrix} \tag{3-4}$$

式中，(u, v)、(u_0, v_0) 分别为图像坐标系、像素坐标系中的坐标；$\mathrm{d}x$、$\mathrm{d}y$ 分别为图像坐标系 x 轴和 y 轴上的单位像素的物理长度；f 为相机的焦距；$\boldsymbol{U}$ 为内部参数矩阵；$\boldsymbol{V}$ 为外部参数矩阵。

为了定量描述基于立体视觉技术的距离测量原理，建立了立体相机成像几何模型，如图 3-15 所示。

相机的左视轴和右视轴相互平行，成像平面在同一平面上。H_l 和 H_r 分别是左图像和右图像的成像平面的主要点，O_l 和 O_r 是光学中心，从光学中心到成像平面的垂直距离是相机的焦距 f。两个相机之间的距离是基线距离 L_B。点 $P(x_c, y_c, z_c)$ 在左右图像上投影的成像点分别为 $P_l(x_l, y_l, z)$ 和 $P_r(x_r, y_r, z_r)$。z_c 是点 P 到相机的距离。根据相似三角形原理，可以得到

$$\frac{P_l P_r}{O_c B} = \frac{PP_m}{PP_n} \tag{3-5}$$

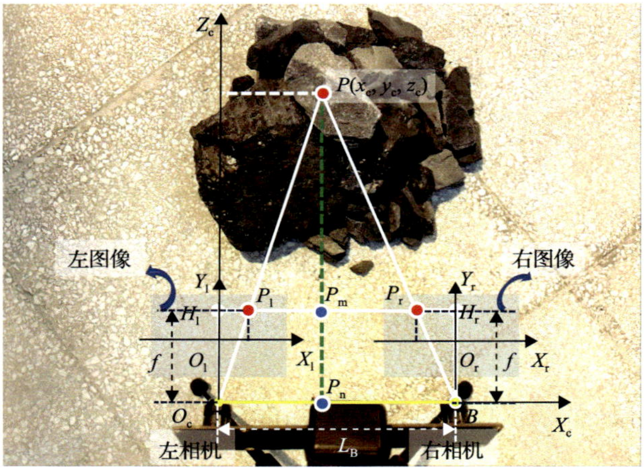

图 3-15　立体相机成像几何模型示意图

即

$$\frac{L_B - x_l - (-x_r)}{L_B} = \frac{z_c - f}{z_c} \tag{3-6}$$

所以，P 点到相机的距离 z_c 为

$$z_c = \frac{L_B f}{x_l - x_r} \tag{3-7}$$

式中，$x_l - x_r$ 为 P_l 和 P_r 之间的水平坐标差，被定义为视差，可以通过立体匹配获得视差。

2) 照度计算理论模型

为了定量揭示照度、功率和光照距离之间的关系，建立了单光源的照度分析模型，如图 3-16 所示。

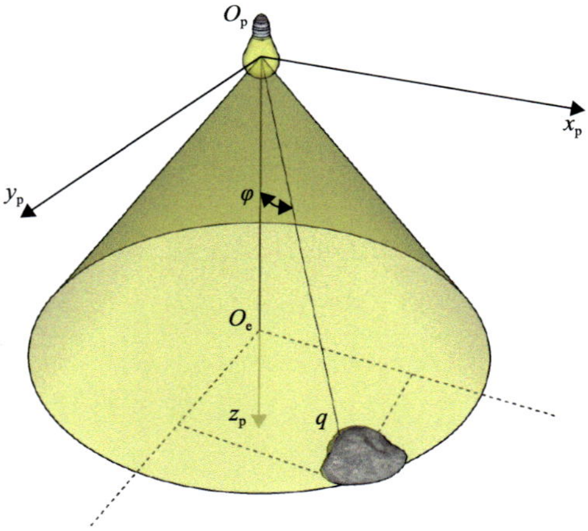

图 3-16　单光源的照度分析模型

以单光源 O_p 为原点建立直角坐标系 $O_p x_p y_p z_p$，$x_p y_p$ 平面与地面平行。点 $O_e(0，0，z)$ 位于地面，是照度中心。点 $q(x,y,z)$ 的照度为

$$E(x,y,z)=\frac{I\cos\varphi}{D^2}=\frac{\eta P\cos\varphi}{D^2}=\frac{\eta Pz}{\left(\sqrt{x^2+y^2+z^2}\right)^3} \tag{3-8}$$

式中，E 为点 q 处的照度；D 为点 O_p 到点 q 的距离；φ 为 qO_p 和 O_pO_e 之间的角度；I 为角度 φ 处的发光强度；η 为能效；P 为单光源功率。

可以得到

$$E(x,y,z)=\frac{I_0}{z^2}\left(\frac{z}{\sqrt{x^2+y^2+z^2}}\right)^{m+3} \tag{3-9}$$

式中，I_0 为照度中心的发光强度；m 为光源发光模式参数。

因为在照度中心有 $\cos\varphi=1$，照度中心 O_e 的照度为

$$E(0,0,z)=\frac{I}{z^2}=\frac{\eta P}{z^2}=\frac{I_0}{z^2} \tag{3-10}$$

进一步得到

$$E(x,y,z)=E(0,0,z)\left(\frac{z}{\sqrt{x^2+y^2+z^2}}\right)^{m+3} \tag{3-11}$$

组合光源条件下，点 q 处的照度为

$$E_s=\sum_{i=1}^{n}\frac{I_i\cos\varphi_i}{D_i^2}=\sum_{i=1}^{n}\frac{\eta_i P_i\cos\varphi_i}{D_i^2} \tag{3-12}$$

式中，E_s 为组合光源条件下点 q 处的照度；n 为组合光源中光源模块的数量；D_i 为第 i 个 LED 模块与点 q 之间的距离；I_i、η_i 和 P_i 分别为第 i 个光源模块的发光强度、能效和功率。

组合光源条件下，照度中心 O_e 的照度为

$$E_s(0,0,z)=\sum_{i=1}^{n}\frac{I_i}{D_i^2}=\sum_{i=1}^{n}\frac{\eta_i P_i}{D_i^2}=\sum_{i=1}^{n}\frac{\eta_i P_i}{z_i^2} \tag{3-13}$$

3) 立体视觉照度调控实验材料与设备

发光二极管(light-emitting diode，LED)和卤素灯(halogen lamp，HL)是具有代表性的两类光源，也是目前在工业上常用的光源。本实验设计了 LED 和 HL 两套解决方案。

煤岩样本采集自大同煤矿集团有限责任公司(现晋能控股煤业集团有限公司)北辛窑矿 8103 工作面。设计了立体视觉照度测量平台。该平台主要由三个子系统组成，即图像采集子系统、数据测量子系统和数据处理子系统，如图 3-17 所示。

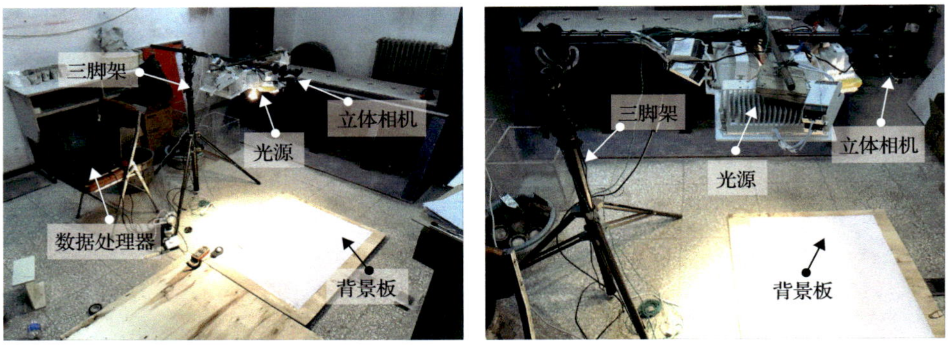

图 3-17 立体视觉照度测量平台

图像采集子系统包括 HBV-17142 型立体相机、光源、三脚架、摄影背景板和无级调光开关。立体相机如图 3-18(a)所示，图像采集由 MATLAB 代码控制。

(a) 立体相机 (b) LED光源 (c) HL光源

图 3-18 立体相机和光源

立体相机主要参数见表 3-3。三脚架高度可调，用于设置不同光照距离。

表 3-3 立体相机主要参数

参数	数值	参数	数值
传感器类型	OV9750×2(1/3")	有效焦距/mm	3.6
最大图像尺寸/px	2560×960	后焦距/mm	4.2
像素尺寸/μm	3.75×3.75	视场角/(°)	70
镜头结构	4G+IR	对焦方式	手动对焦
光圈	2	对焦距离/cm	>15

光源包括 MBD-178 型 LED[图 3-18(b)]和 MR16 型 HL[图 3-18(c)]，它们主要参数见表 3-4。

表 3-4　光源主要参数

型号	额定功率/W	输入电压/V	色温/K	显色指数	光束角/(°)
MBD-178	50	220	6000	＞80	120
MR16	50	12	2800	100	36

通过控制功率来改变照度，功率越大，照度越大，反之亦然。因此，无级调光开关可以为本实验提供精准的照度调节。

数据测量子系统包括 VICTOR-1010D 型照度计[图 3-19(a)]、Leica Disto-X310 型激光测距仪[图 3-19(b)]和 UT-230C 型功率计[图 3-19(c)]。照度、光照距离和功率分别由照度计、激光测距仪和功率计测量。在照度测量过程中，照度计放置在地面上，手动记录并重复三次测量，取平均值确保精度(表 3-5)。光照距离调节通过手动控制三脚架金属竖杆的伸缩实现，确保煤岩样本始终处于照度中心。

(a) 照度计　(b) 激光测距仪　(c) 功率计

图 3-19　数据测量设备

表 3-5　照度计主要参数

型号	量程/lx	分辨率/lx	精度	识别频率/(次/s)
VC1010D	200000	0.1	±3%+10digits	2

光照距离为光源与煤岩样本之间的距离，当光源与相机距离较近时，光照距离可近似为相机到样本的距离。该距离通过激光测距仪手动测量，每次测量重复三次，取平均值以减少误差，并认为这些测量值为真实距离。立体视觉照度测量平台主要设备的空间位置关系如图 3-20 所示。

3. 立体视觉照度测量实验方案

针对 LED 光源，进行了不同光源组合形式、光照距离和光源功率条件下的照度测量实验，以揭示 LED 光源的光照距离、功率与照度之间的关系。对于光源组合形式，研究了单 LED 光源和组合 LED 光源，如图 3-21 所示。

单 LED 光源包含一个 LED 光源模块，组合 LED 光源包括 8 个对称分布的 LED 光源模块。LED 光源模块在单 LED 光源和组合 LED 光源中的位置坐标见表 3-6。实验在完全黑暗的房间中进行，避免其他光源影响。

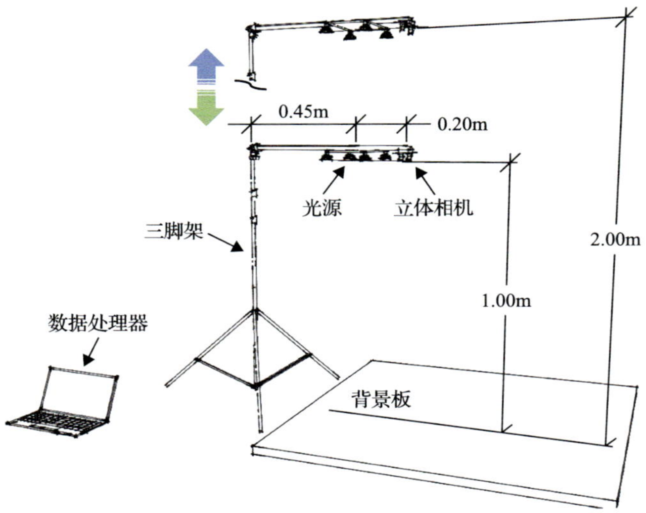

图 3-20 立体视觉照度测量平台主要设备的空间位置关系

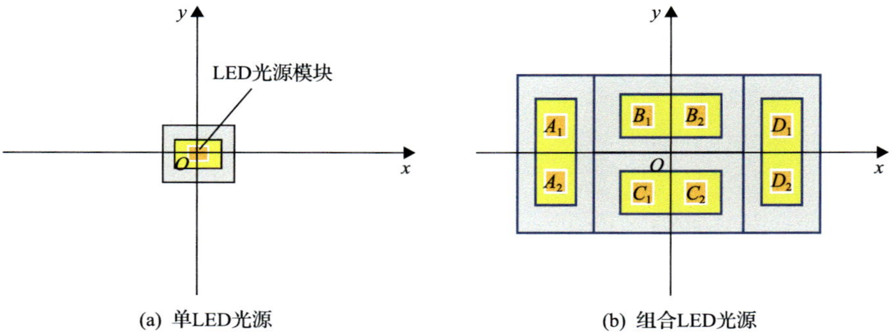

图 3-21 LED 光源组合形式

表 3-6 单 LED 光源和组合 LED 光源的光源模块位置坐标(cm)

坐标	单 LED 光源	组合 LED 光源							
		A_1	A_2	B_1	B_2	C_1	C_2	D_1	D_2
x	0	−19.5	−19.5	−6.0	6.0	−6.0	6.0	19.5	19.5
y	0	6.0	−6.0	7.5	7.5	−7.5	−7.5	6.0	−6.0

对于光照距离，设置了 11 个分组(表 3-7)，范围从 1.0m 到 2.0m，模拟相机与后部刮板输送机煤流的距离。当调整光照距离时，煤样和岩石样始终保持在照度中心。单 LED 光源与组合 LED 光源使用相同的光照距离分组方案。

表 3-7 LED 光源光照距离分组方案

组号	1	2	3	4	5	6	7	8	9	10	11
光照距离/m	1.0	1.1	1.2	1.3	1.4	1.5	1.6	1.7	1.8	1.9	2.0

光源功率的分组通过调节功率，在 1.0m 高度下记录达到 20 个特定照度时的照度。单 LED 光源和组合 LED 光源的功率分组方案分别见表 3-8 和表 3-9。

表 3-8　单 LED 光源功率分组方案

组号	1	2	3	4	5	6	7	8	9	10
照度/lx	25	50	75	100	125	150	175	200	225	250
组号	11	12	13	14	15	16	17	18	19	20
照度/lx	275	300	325	350	375	400	425	450	475	500

表 3-9　组合 LED 光源功率分组方案

组号	1	2	3	4	5	6	7	8	9	10
照度/lx	200	400	600	800	1000	1200	1400	1600	1800	2000
组号	11	12	13	14	15	16	17	18	19	20
照度/lx	2200	2400	2600	2800	3000	3200	3400	3600	3800	4000

针对 HL 光源，开展了不同光源组合形式、光照距离和光源功率条件下的照度测量实验，以揭示 HL 光源的光照距离、功率和照度之间的关系。

对于光源组合形式，研究了两种 HL 光源组合形式，包括单 HL 光源和组合 HL 光源，如图 3-22 所示。

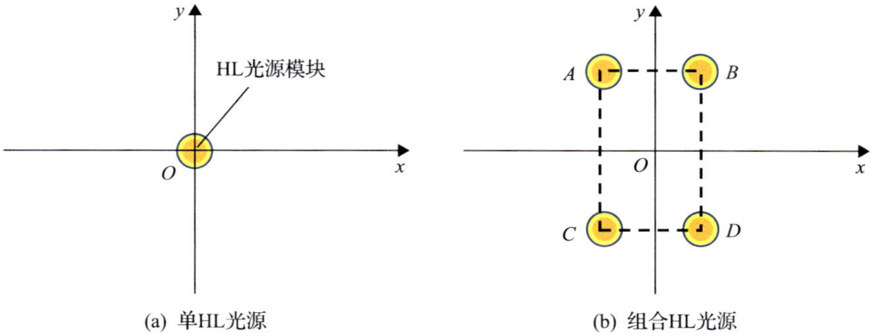

图 3-22　HL 光源组合形式

单 HL 光源包含一个 HL 光源模块，组合 HL 光源包括 4 个对称分布的 HL 光源模块。HL 光源模块在单 LED 光源和组合 LED 光源中的位置坐标见表 3-10。

表 3-10　单 HL 光源和组合 HL 光源的光源模块位置坐标

坐标	单 HL 光源	组合 HL 光源			
		A	*B*	*C*	*D*
x	0	–7.5	7.5	–7.5	7.5
y	0	12.0	12.0	–12.0	–12.0

光照距离分组见表 3-11。当调整光照距离时，煤样和岩石样始终保持在照度中心。

由于立体相机和光源并排紧贴放置，因此立体相机测量的距离近似认为是光照距离。单HL光源、组合HL光源采用相同的光照距离分组方案，见表3-11。

表 3-11 HL 光源光照距离分组方案

组号	1	2	3	4	5	6	7	8	9	10	11
光照距离/m	1.0	1.1	1.2	1.3	1.4	1.5	1.6	1.7	1.8	1.9	2.0

单HL光源、组合HL光源的功率分组方案分别见表3-12、表3-13。

表 3-12 单 HL 光源功率分组方案

组号	1	2	3	4	5	6	7	8	9	10
照度/lx	50	100	150	200	250	300	350	400	450	500
组号	11	12	13	14	15	16	17	18	19	20
照度/lx	550	600	650	700	750	800	850	900	950	1000

表 3-13 组合 HL 光源功率分组方案

组号	1	2	3	4	5	6	7	8	9	10
照度/lx	200	400	600	800	1000	1200	1400	1600	1800	2000
组号	11	12	13	14	15	16	17	18	19	20
照度/lx	2200	2400	2600	2800	3000	3200	3400	3600	3800	4000

4. 图像分析与照度分析方法

1) 立体相机标定方法

采用张正友标定法[4]对立体相机进行标定，如图3-23(a)所示。在标定过程中，立体相机拍摄了20多幅不同位置的标定板图像，如图3-23(b)所示。

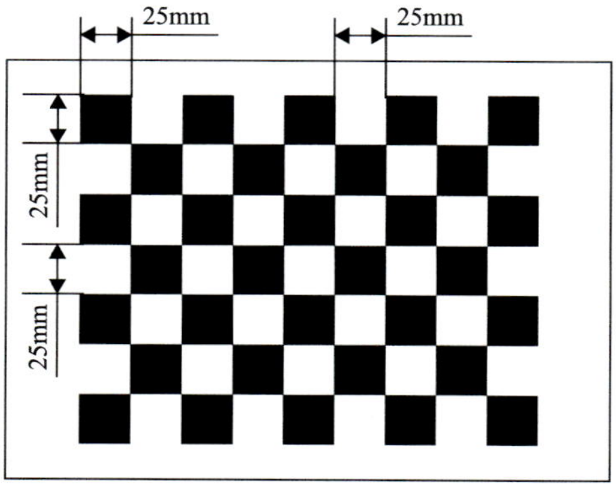

(a) 棋盘格标定板

(b) 标定板图像采集

图 3-23 立体相机标定

2) 图像预处理

图像预处理包括灰度化和裁剪。首先将立体相机采集的 RGB 图像进行灰度化处理，得到 256 级灰度图像。然后沿图像长边中线裁剪成两张分辨率为 1280px×960px 的图像，即左视图像和右视图像。这些图像将用于后续的距离测量。

3) 照度分布规律测量方法

照度分布的范围、强度和均匀性是评价光源性能的重要指标。传统的照度分布测量方法为测量网格节点上的照度。然而，由于本实验中使用的单 LED 光源、单 HL 光源、组合 LED 光源和组合 HL 光源均具有对称性，因此在测量方法上进行了简化。我们建立了一个以照度中心为极点 O 的极坐标系，其中极轴 Ox 沿光源对称轴，逆时针方向为极坐标系的正方向。每个坐标 (r, θ) 代表一个测量点，如图 3-24(a) 所示。为了简化测量过程，只在 θ 为 0～90°范围内测量照度分布，通过对称性推算出全照度分布。

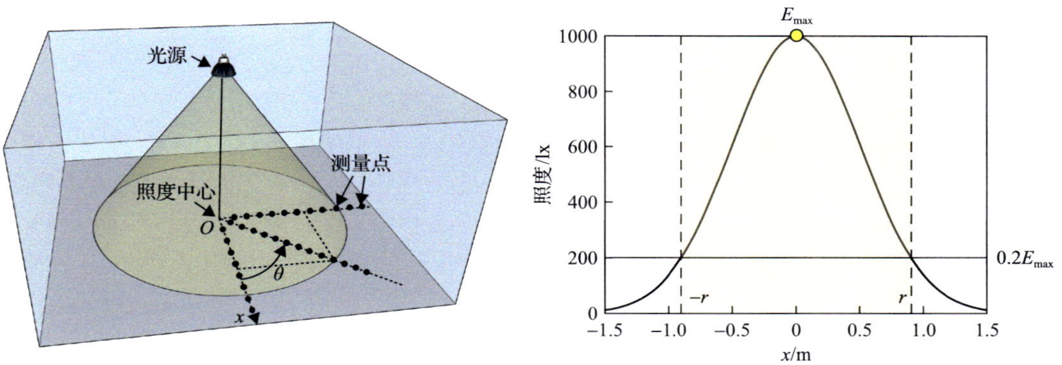

(a) 照度分布测量　　(b) 照度均匀性分析

图 3-24　照度分布测量与照度均匀性分析示意图

4) 照度均匀性分析方法

照度均匀性是评价光源性能的一个重要参数。高均匀度照明具有许多优点，如减少能源浪费，改善用户的视觉体验，减少视觉疲劳，以及提高相机成像效果和间接提高图像识别精度等。假设照度沿 x 轴对称分布，如图 3-24(b) 所示。最大照度为 E_{max}，在$[-r, r]$范围内照度大于 0.2 E_{max}。照度均匀度是描述光源照度均匀性的指标，被定义为

$$U = \frac{\overline{E}}{E_{\max}} \times 100\% \tag{3-14}$$

式中，U 为照度均匀度；$\overline{E}$ 和 E_{max} 分别是$[-r, r]$范围内的平均照度和最大照度。

平均照度 $\overline{E}$ 可以表示为

$$E = \frac{\int_{-r}^{r} E \mathrm{d}x}{2r} \tag{3-15}$$

因此，照度均匀度为

$$U = \frac{\int_{-r}^{r} E\mathrm{d}x}{2rE_{\max}} \times 100\% \tag{3-16}$$

照度均匀度 U 取值范围[0，100]，越接近 100，表明光源照度均匀性越好。

5. 实验结果

1) 基于立体视觉的光照距离测量结果

对立体相机采集的不同光源方案、11 种不同光照距离和 20 种不同功率条件下的煤岩图像进行分析，获得了光照距离。LED 光源方案光照距离测量结果与真实光照距离如图 3-25 所示。其中，真实光照距离是使用激光测距仪手工测量获得，HL 方案的结果类似，限于篇幅不再展示。

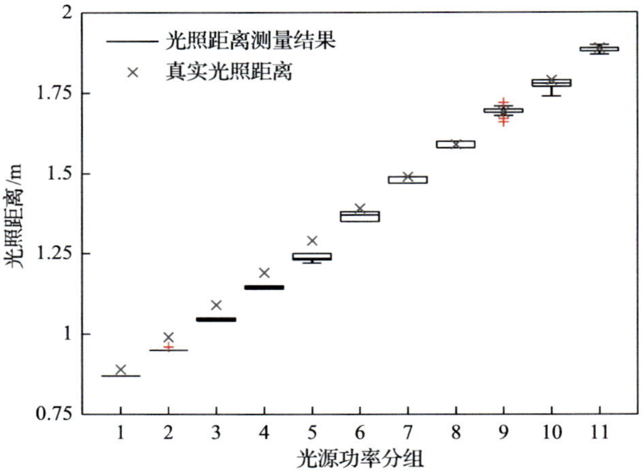

图 3-25　LED 光源方案光照距离测量结果与真实光照距离对比

不论是 LED 光源方案还是 HL 光源方案，通过立体视觉技术测量光照距离获得了较为稳定的测量结果，数据离散程度低，且与真实近距离吻合较好，表明使用立体视觉技术测量光照距离具有可行性。

2) 照度分布规律

图 3-26 为光照距离 1.0m、光源功率分组为 500lx 条件下的单 LED 光源的照度分布。随着距照度中心距离的增加，照度近似呈线性逐渐减小。组合 LED 光源、单 HL 光源以及组合 HL 光源也有类似的分布特点，限于篇幅这里不再展示。

图 3-27 为在光照距离 1.0m 条件下，照度中心的照度与光源功率的关系。可以看出，随着光源功率的增加，照度中心的照度呈线性增大。因此，在已知光照距离的前提下通过监测功率来实现计算照度的方案是可行的。

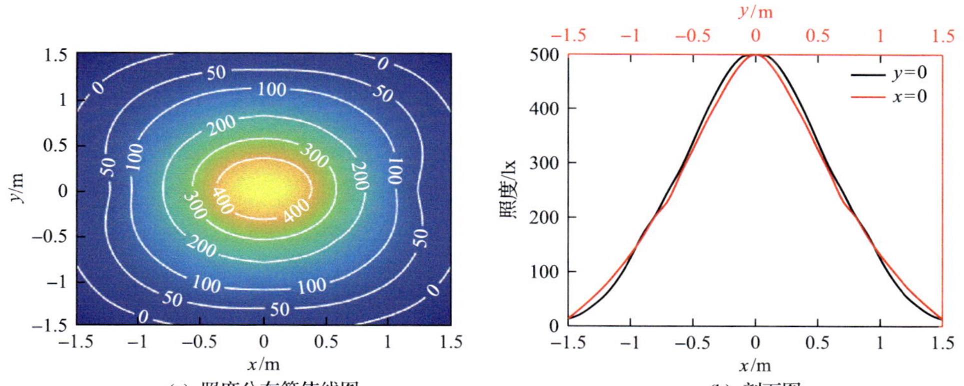

(a) 照度分布等值线图　(b) 剖面图

图 3-26　单 LED 光源照度分布

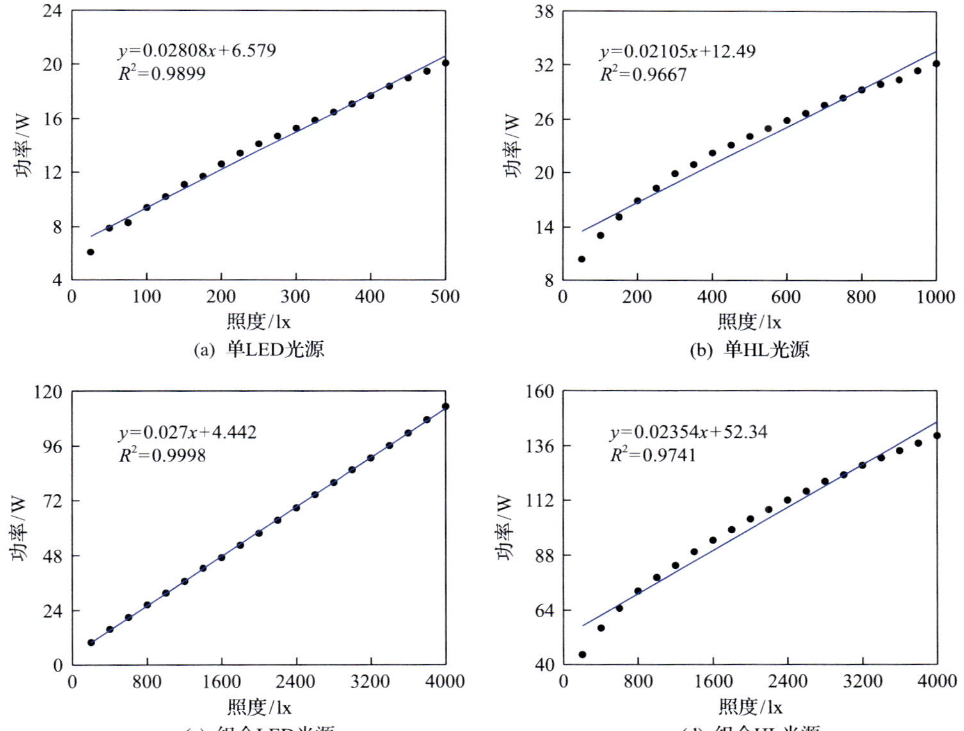

(a) 单LED光源　(b) 单HL光源

(c) 组合LED光源　(d) 组合HL光源

图 3-27　照度与功率的关系

3) 照度均匀性分析

为分析光束角对照度分布的影响，选用了具有不同光束角的 LED 光源和 HL 光源模块。LED 光源模块的光束角为 120°，照度分布较为均匀，多个光源模块组合后，照度相互叠加，未出现明显的多峰现象，表现出较好的照度均匀性。在智能放煤应用中，均匀的照度场有助于减少照度差异对图像特征的影响。

相比之下，HL 光源模块的光束角为 36°，提供较为集中的照度环境，尽管能量集中在照度中心，但均匀性较差，离中心较远时照度迅速下降。若采用这种光源，图像中不同位置的煤岩样本可能因照度差异产生明显的图像特征差异。因此，光源照度均匀性对图像识别精度至关重要。

为了对比不同光束角对照度均匀性的影响，计算了光束角较小的 HL 光源(36°)和光束角较大的 LED 光源(120°)在 x 轴和 y 轴方向的照度均匀度，并求出两个方向照度均匀度的算术平均值，结果见表 3-14。实验中，光照距离设置为 1.0m。

表 3-14 光源照度均匀度

组别	单 HL 光源			组合 HL 光源			单 LED 光源			组合 LED 光源		
	U_x	U_y	$\overline{U}$	U_x	U_y	$\overline{U}$	U_x	U_y	$\overline{U}$	U_x	U_y	$\overline{U}$
数值	51.6	66.0	58.8	67.5	54.6	61.1	63.2	59.5	61.4	62.5	60.7	61.6

单 HL 光源的照度均匀度小于组合 HL 光源，且沿 x 轴和 y 轴的照度均匀度差异较大，这与光源模块的高光束角有关。高光束角光源在布置时稍有偏移会导致较大的照度偏差，表明虽然光线集中，但难以保证照度均匀性。因此，建议降低光源光束角或合理组合高光束角光源，以兼顾集中光线和照度均匀性。相比之下，组合 LED 光源的照度均匀度略高于单 LED 光源，且两者在 x 轴和 y 轴的照度均匀度差异较小。LED 光源的光束角较大，光线均匀分布，布置时偏移对照度影响较小。

单 LED 光源和组合 LED 光源在照度均匀性上优于 HL 光源，但差异并不显著。由于组合光源模块放置较近，1.0m 光照距离下，不同光束角的模块光线会有所重叠，因此，光源模块布置形式对照度均匀性的影响值得进一步研究。在设计组合光源时，光源模块之间的距离(distance between modules，DBM)，如图 3-28 所示。

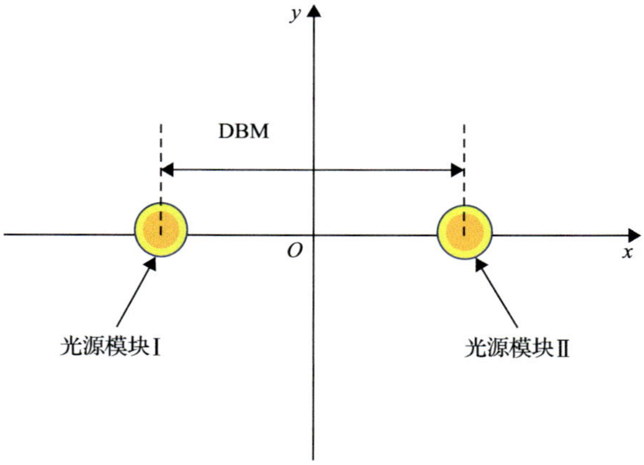

图 3-28 光源模块之间的距离示意图

图 3-29 为不同 DBM 条件下，组合 HL 光源照度分布情况。当两个 HL 光源模块的 DBM 较近时，HL 光源的照度分布呈现单峰形态[图 3-29(a)、(b)]。随着 DBM 逐渐增大至 1.7m 时，即两个 HL 光源模块的间隔距离逐渐变大，组合 HL 光源的照度分布逐渐

由单峰形态演变为双峰形态[图 3-29(c)、(d)]。

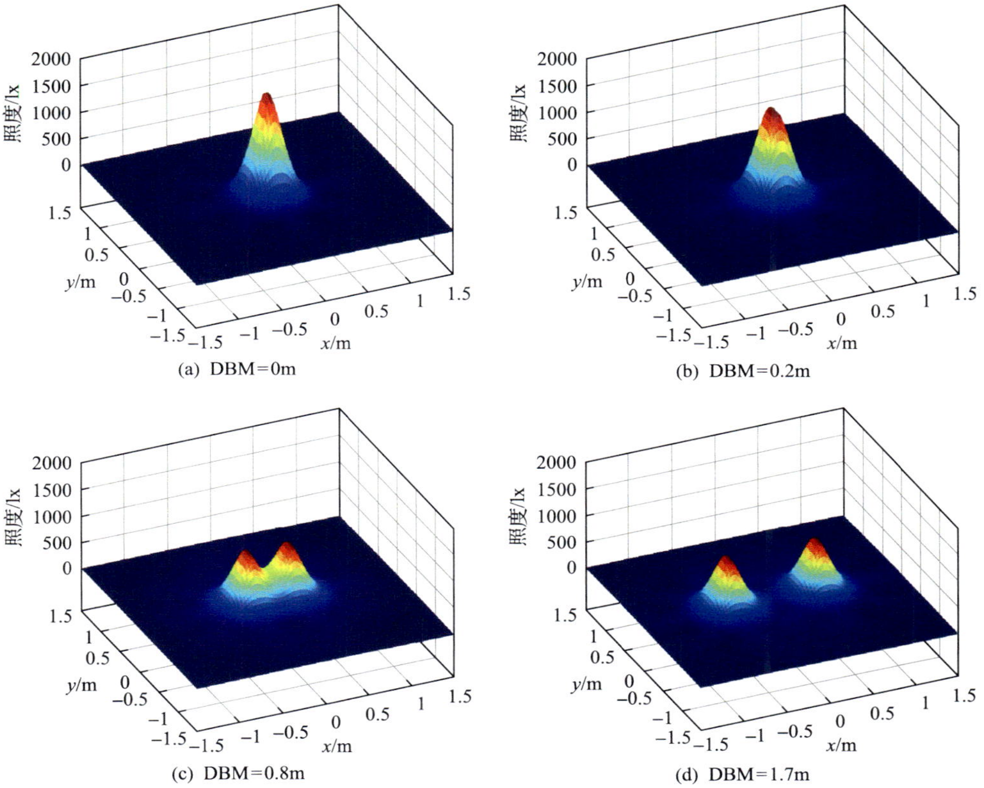

图 3-29　不同 DBM 条件下组合 HL 光源照度分布等值线图

图 3-30 为不同 DBM 条件下，组合 LED 光源照度分布情况。与 HL 光源模块不同，两个 LED 光源模块的 DBM 对照度分布没有产生显著影响。当 DBM 达到 1.7m 时，照度分布仍然是单峰的。

进一步计算两种光源在不同 DBM 条件下的照度均匀度，如图 3-31 所示。

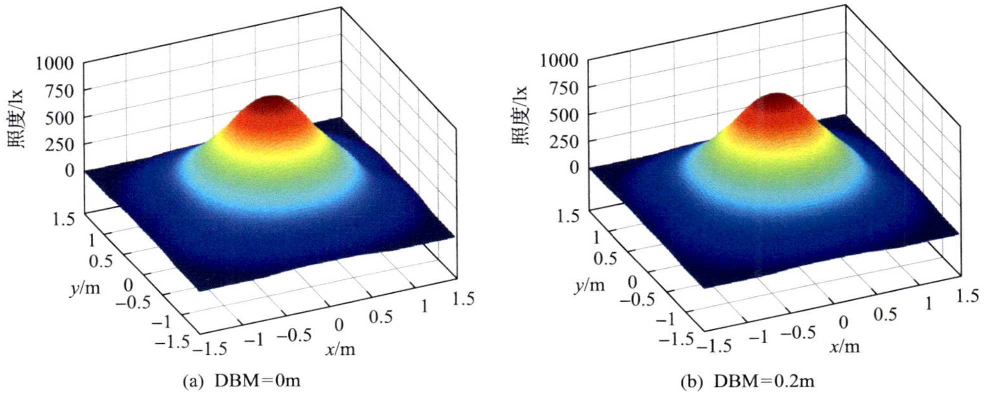

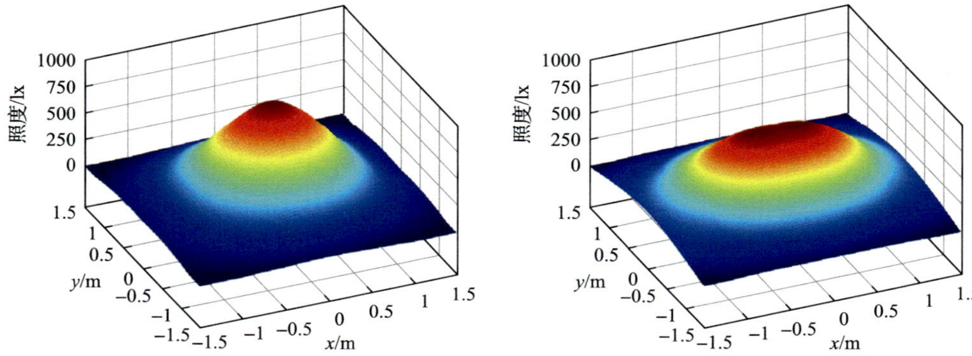

(c) DBM=0.8m　　(d) DBM=1.7m

图 3-30　不同 DBM 条件下组合 LED 光源照度分布等值线图

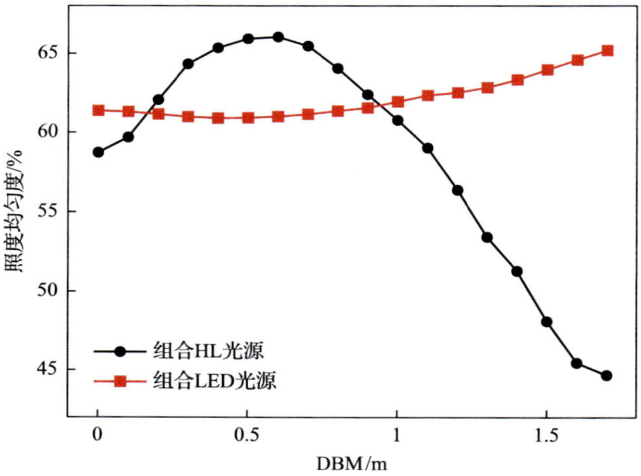

图 3-31　不同 DBM 条件下组合光源照度均匀度

随着两个光源模块的 DBM 增大，组合 HL 光源的照度均匀度先增大后减小。当 DBM 为 0.6m 时，组合 HL 光源的照度均匀度最大，为 66.1%；当 DBM 为 1.7m 时，照度均匀度下降到 44.7%。然而，组合 LED 光源的照度均匀度保持稳定，并随着 DBM 的增加而略有增加。所以相比组合 HL 光源，组合 LED 光源表现出更稳定的照度均匀性。

6. 照度预测模型

1) 单 LED 光源照度预测模型

光照距离和照度的关系可以通过式(3-17)计算得到，其中，照度 E、光源功率 P 和光照距离 D 可以分别由照度计、功率计和立体相机获得。单 LED 光源照度预测模型为

$$E = \frac{\eta P}{D^2} \tag{3-17}$$

式中，η 为能源效率。

以光源功率分组为 500lx 条件下的单 LED 光源为例，对不同光照距离条件下的照度进行预测，如图 3-32(a)所示。其中，从图 3-27(a)可以得到单 LED 光源条件下 500lx 照度对应的功率为 20.1W。光照距离变化范围为 1.0～2.0m。通过对实验数据拟合，得到单 LED 光源在功率 20.1W 条件下的能源效率为 24.84cd/W。

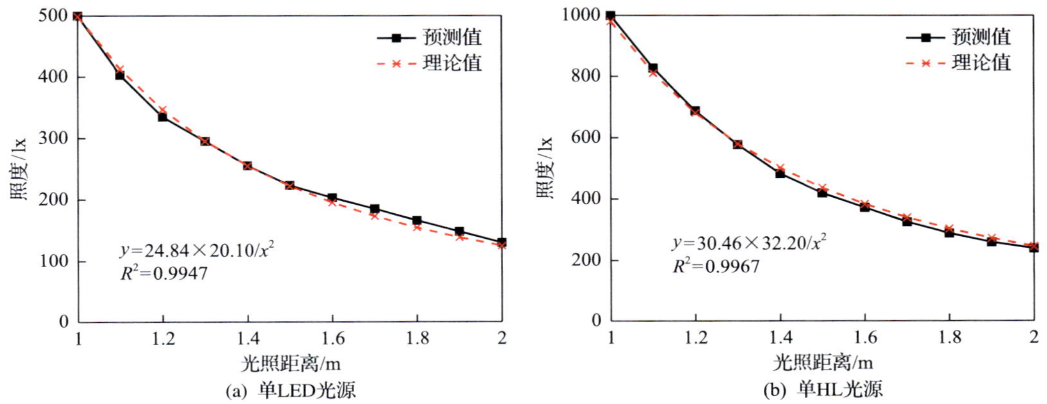

图 3-32 单 LED 光源和单 HL 光源照度预测

随着光照距离增加，单 LED 光源的照度逐渐降低，且下降速率逐渐变缓。预测值与理论值较好吻合，验证了单 LED 光源照度预测模型的合理性。因此，采用立体视觉测距和功率监测的方法，能够有效测量光束角较大的单 LED 光源的照度。

2) 单 HL 光源照度预测模型

以光源功率分组为 1000lx 条件下的单 HL 光源为例，预测不同光照距离下的照度，如图 3-32(b)所示。从图 3-27(b)可得，单 HL 光源条件下 1000lx 照度对应的功率为 32.2W。通过拟合实验数据，得到单 HL 光源在 32.2W 条件下的能源效率为 30.46cd/W。随着光照距离增加，单 HL光源的照度逐渐降低，且下降速率逐渐减缓。预测值与理论值较好吻合，验证了单 HL光源照度预测模型的合理性。因此，对于光束角较小的单 HL光源，同样可以通过立体视觉测距和功率监测来有效测量照度。

3) 组合 LED 光源照度预测模型

组合光源条件下，照度预测模型可描述为

$$E_C = \sum_{i=1}^{n} \frac{\eta_i P_i}{D_i^2} \tag{3-18}$$

式中，n 为组合光源中光源模块总数；E_C 为组合光源照度；η_i 为组合光源中第 i 个光源模块的能源效率；D_i 为组合光源中第 i 个光源模块的光照距离。

对 20 个不同光源功率分组条件下的组合 LED 光源在不同光照距离条件下的照度进行预测，如图 3-33 所示。

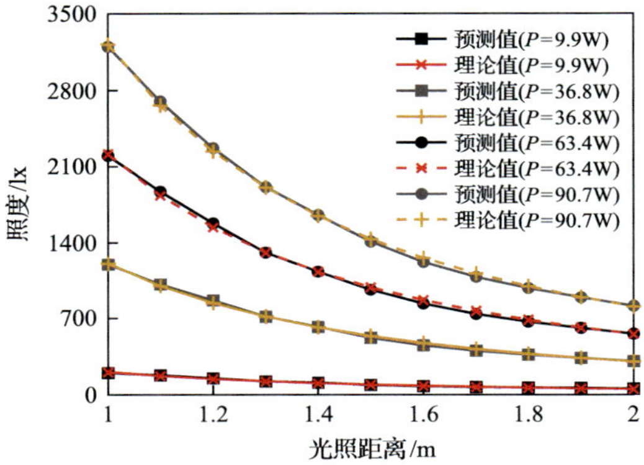

(a) 功率分组1，6，11，16

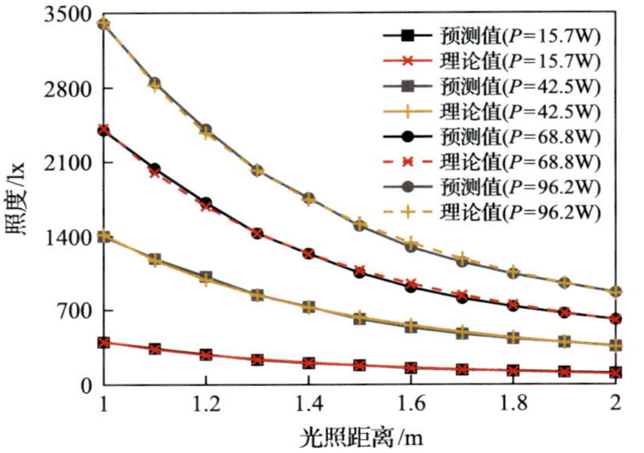

(b) 功率分组2，7，12，17

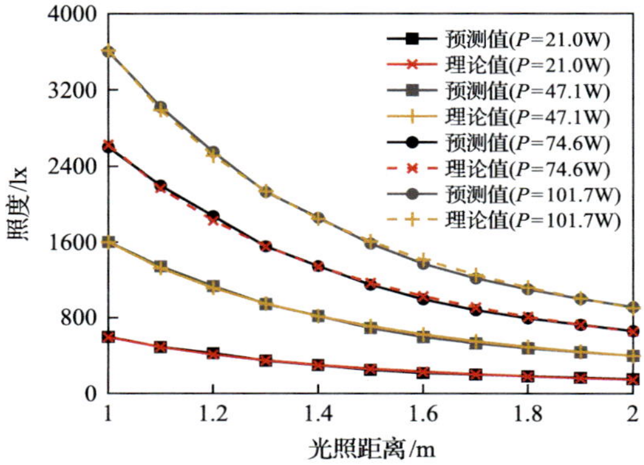

(c) 功率分组3，8，13，18

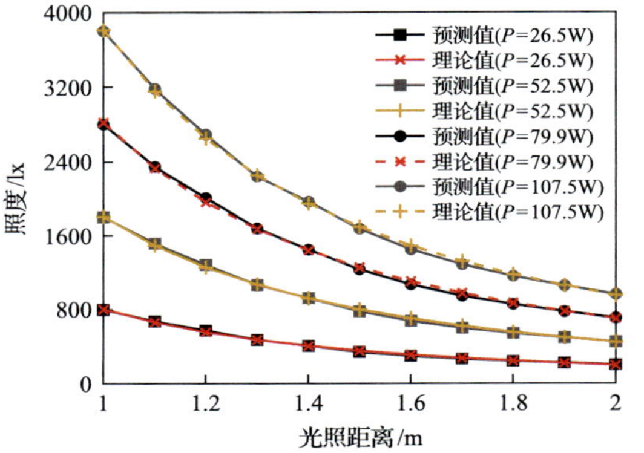

(d) 功率分组4，9，14，19

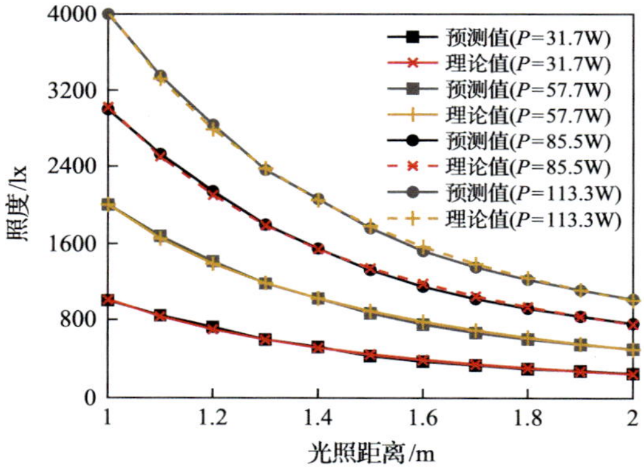

(e) 功率分组5，10，15，20

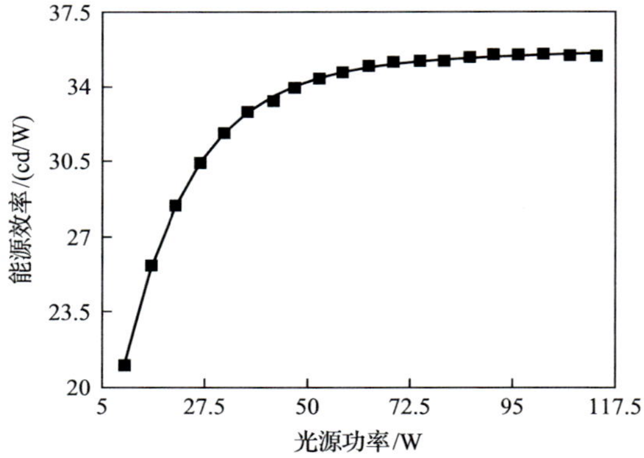

(f) 能源效率

图 3-33　组合 LED 光源照度预测

可以看出，随着光照距离的增加，组合 LED 光源的照度逐渐降低，且降低的速度逐渐减慢。通过实验数据拟合，确定了随着光源功率的增加，能源效率 η 逐渐增大，且增大的速度逐渐减慢，当光源功率达到 68.8W 时，能源效率趋于平缓，稳定在 35.5cd/W 附近。根据光源功率和能源效率，进一步得到了根据光照距离预测照度的公式，见表 3-15。

表 3-15　组合 LED 光源照度预测公式

图名	P/W	η/(cd/W)	照度预测公式	R^2
图 3-33(a)	9.90	21.05	E=4.85×44.40/D^2	0.9913
	36.80	32.83	E=32.83×36.80/D^2	0.9978
	63.40	34.98	E=34.98×63.40/D^2	0.9981
	90.70	35.51	E=35.51×90.70/D^2	0.9990
图 3-33(b)	15.70	25.65	E=25.65×15.70/D^2	0.9982
	42.50	33.34	E=33.34×42.50/D^2	0.9978
	68.80	35.16	E=35.16×68.80/D^2	0.9982
	96.20	35.50	E=35.50×96.20/D^2	0.9991
图 3-33(c)	21.00	28.46	E=28.46×21.00/D^2	0.9970
	47.10	33.96	E=33.96×47.10/D^2	0.9985
	74.60	35.21	E=35.21×74.60/D^2	0.9984
	101.70	35.53	E=35.53×101.70/D^2	0.9991
图 3-33(d)	26.50	30.42	E=30.42×26.50/D^2	0.9977
	52.50	34.39	E=34.39×52.50/D^2	0.9984
	79.90	35.32	E=35.32×79.90/D^2	0.9987
	107.50	35.46	E=35.46×107.50/D^2	0.9991
图 3-33(e)	31.70	31.83	E=31.83×31.70/D^2	0.9974
	57.70	34.68	E=34.68×57.70/D^2	0.9986
	85.50	35.38	E=35.38×85.50/D^2	0.9989
	113.30	35.44	E=35.44×113.30/D^2	0.9991

预测值和实验值吻合较好，验证了照度预测方法的合理性。因此，对于组合 LED 光源，也可以通过立体视觉测距和功率监测来测量照度。

如前所述，组合 LED 光源在不同功率条件下具有不同的能源效率，随着光源功率的增加，能源效率也逐渐增大，且增大的速度逐渐减慢。对于组合 LED 光源，光源功率和能源效率的关系为

$$\eta = 35\mathrm{e}^{0.0001456P} - 26.64\mathrm{e}^{0.06552P} \tag{3-19}$$

将能源效率用光源功率表示，得到组合 LED 光源条件下的照度预测模型：

$$E = \frac{35\mathrm{e}^{0.0001456P} - 26.64\mathrm{e}^{0.06552P}}{D^2}P \tag{3-20}$$

4) 组合 HL 光源照度预测模型

与组合 LED 光源类似，利用式(3-18)对 20 个不同光源功率分组条件下的组合 HL 光源在不同光照距离条件下的照度进行预测，如图 3-34 所示。

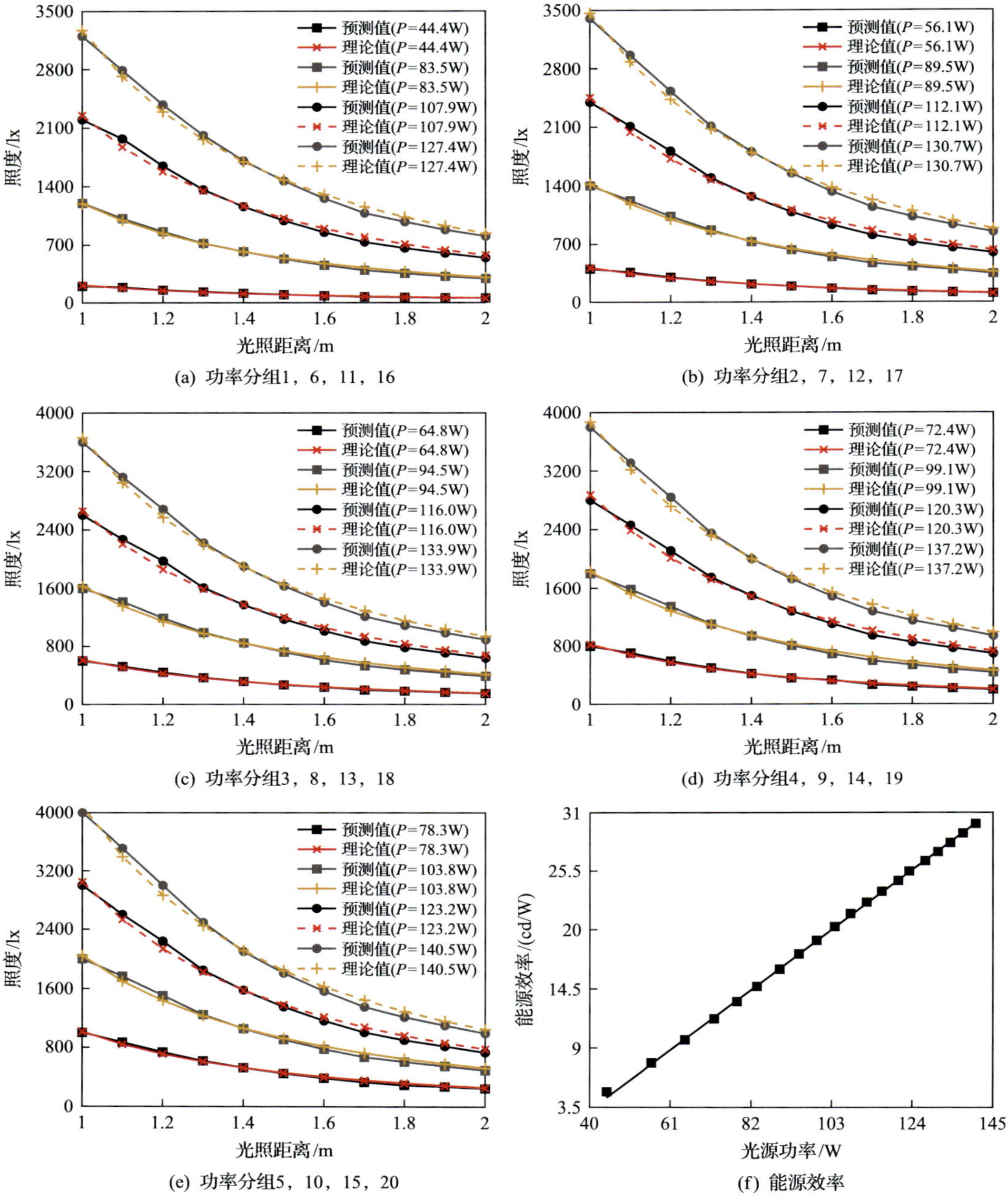

(a) 功率分组1，6，11，16

(b) 功率分组2，7，12，17

(c) 功率分组3，8，13，18

(d) 功率分组4，9，14，19

(e) 功率分组5，10，15，20

(f) 能源效率

图 3-34 组合 HL 光源照度预测

可以看出，与组合 LED 光源类似，随着光照距离的增加，组合 HL 光源的照度逐渐降低，且降低的速度逐渐减慢。通过对实验数据进行拟合，确定了能源效率η。与组合 LED 光源不同的是，组合 HL 光源的能源效率η随着光源功率的增加呈线性增大。

根据光源功率和能源效率，进一步得到了基于光照距离的照度预测公式，见表 3-16。

表 3-16　组合 HL 光源照度预测公式

图名	P/W	η/(cd/W)	照度预测公式	R^2
图 3-34(a)	44.40	4.85	E=4.85×44.40/D^2	0.9848
	83.50	14.43	E=14.43×83.50/D^2	0.9970
	107.90	21.04	E=21.04×107.90/D^2	0.9981
	127.40	25.89	E=25.89×127.40/D^2	0.9948
图 3-34(b)	56.10	7.46	E=7.46×56.10/D^2	0.9937
	89.50	16.01	E=16.01×89.50/D^2	0.9950
	112.10	22.08	E=22.08×112.10/D^2	0.9930
	130.70	26.73	E=26.73×130.70/D^2	0.9950
图 3-34(c)	64.80	9.56	E=9.56×64.80/D^2	0.9970
	94.50	17.40	E=17.40×94.50/D^2	0.9934
	116.00	23.08	E=23.08×116.00/D^2	0.9930
	133.90	27.57	E=27.57×133.90/D^2	0.9953
图 3-34(d)	72.40	11.46	E=11.46×72.40/D^2	0.9936
	99.10	18.62	E=18.62×99.10/D^2	0.9933
	120.30	24.07	E=24.07×120.30/D^2	0.9938
	137.20	28.45	E=28.45×137.20/D^2	0.9947
图 3-34(e)	78.30	13.03	E=13.03×78.30/D^2	0.9949
	103.80	19.86	E=19.86×103.80/D^2	0.9929
	123.20	24.94	E=24.94×123.20/D^2	0.9947
	140.50	29.32	E=29.32×140.50/D^2	0.9940

结果表明，利用公式计算的照度预测值和通过实验获得的照度实验值吻合较好，验证了本节所提的照度预测方法的合理性。因此，对于组合 HL 光源，也可以通过立体视觉测距和功率监测来预测照度。

如前所述，组合 HL 光源在不同功率条件下具有不同的能源效率，随着光源功率的增加，能源效率也逐渐增大。对于组合 HL 光源，光源功率和能源效率的关系为

$$\eta = 0.2609P - 7.291 \tag{3-21}$$

得到了组合 HL 光源条件下的照度预测模型：

$$E = \frac{0.2609P - 7.291}{D^2}P \tag{3-22}$$

5) 智能放煤照度非接触测量与动态精准调控

根据照度预测模型提出了照度非接触测量与动态精准调控方法，如图 3-35 所示。

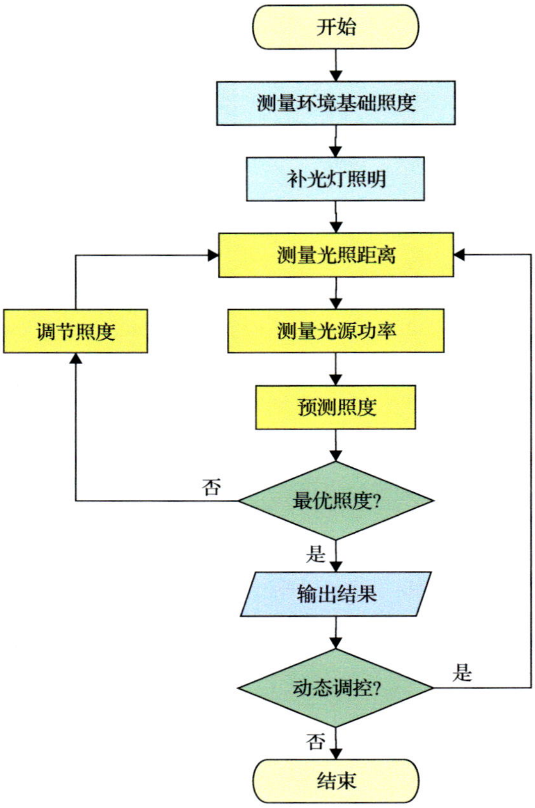

图 3-35 照度非接触测量与动态精准调控流程图

首先测量无灯光补偿时的环境基础照度。然后使用补光灯进行照明。在测量光照距离和光源功率的基础上预测照度，实现照度非接触测量。如果此时的照度在预设的最优照度区间内，则可以保持照明，输出照度数据；否则，通过改变光源功率调控照度，直至达到最优照度，实现照度动态精准调控。照度监测和调控既可以间隔一段时间进行一次，也可以实时动态调控。另外，如果有其他光源的干扰，可以通过添加环境基本照度来校正照度预测值。

以智能放煤应用场景为例，前期研究成果表明，合理设置照度或者准确测量照度有利于扩大煤和岩石的图像特征差异。在综放工作面，相机和光源被固定在液压支架上，对后部刮板输送机上快速移动的煤流进行拍摄与照明。利用图像分析确定光照距离，配合功率监测确定实时照度，进而通过调节功率获得最优照度，然后在最优照度下对图像进行采集和识别，实现了图像识别智能放煤过程中的照度动态调节，如图 3-36 所示。

对于距离测量，如果光源与相机布置位置较近，比如光源和相机并排放置，或采用环形光源，相机放置在环形光源的环内等，可以将相机到被测物体的距离近似认为是光照距离，而如果光源与相机分散布置，则可以通过简单的几何关系，将相机到被测物体的距离换算为光照距离。

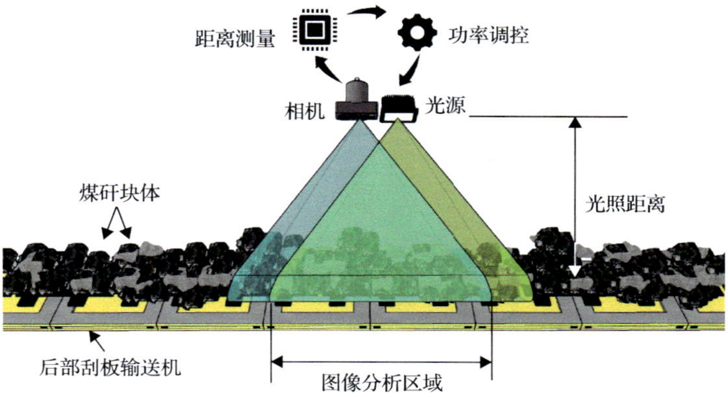

图 3-36　智能放煤照度非接触测量与动态精准调控示意图

本节所提的照度调控方法的优势在于可以在综放工作面狭小的支架后部空间内不增加额外设备、不影响工作面正常生产的情况下，实现对快速移动的煤流表面照度的非接触式测量与精准调控。此外，相比于其他距离测量技术，如激光测距、超声波测距等，立体视觉技术具有主动定位的能力，即在图像采集范围内主动寻找目标物体，进而计算相机与目标物体的距离，这避免了在工作面推进过程中，由于移架推溜等工序造成的监测设备与目标物体(后部刮板输送机上煤流)相对位置的改变，而引起的距离测量误差。此外，对于我国典型综放工作面光照环境的实地调研结果也表明，工作面液压支架后部空间照度极低，结合智能放煤照度非接触测量与动态精准调控方法，可以为煤岩图像采集提供一个适合煤岩识别的光照环境。

7. 精度分析

本节涉及的测量与预测主要包括两部分，一是利用立体视觉技术进行光照距离的测量；二是根据光照距离测量结果，利用照度预测模型对照度进行估计。光照距离测量和照度预测都会产生误差，现对它们的精度分别进行分析。

许多研究表明，立体视觉技术可以获得较好的距离测量精度[5,6]。将基于立体视觉的距离测量结果与使用激光测距仪手工测量获得的距离真实值进行对比，获得了距离测量的绝对误差和相对误差，如图 3-37 所示。

在本节设计的光照距离范围内，基于立体视觉的光照距离测量的绝对误差小于 0.06m，相对误差小于 4.5%。误差主要来源于人为操作，比如频繁调节三脚架高度时引起设备移动而产生的误差，功率测量的误差，以及利用激光测距仪测量距离的误差等。但是对于综放工作面照度测量而言，该误差是可以接受的。本节使用的方法在未来有进一步改进空间，比如提高距离和功率测量精度，减少设备移动等。使用其他技术来辅助测量也是一个改进思路，比如使用激光测距传感器进行辅助校正等。

分析照度预测模型的准确性。通过比较模型预测结果和人工测量结果，获得了照度预测的绝对误差和相对误差，如图 3-38 所示。

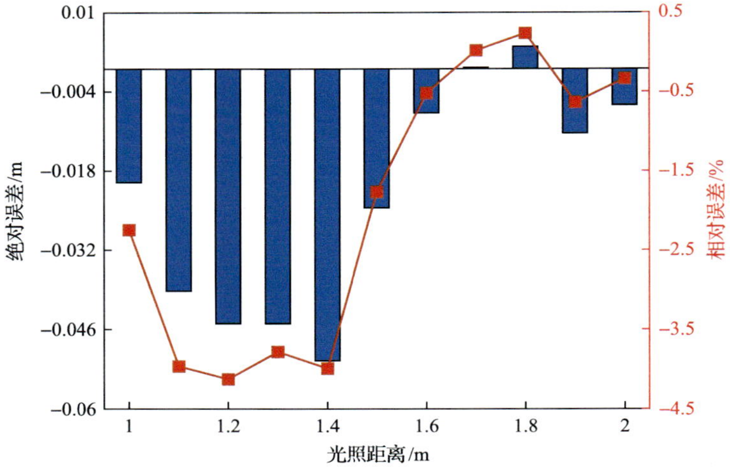

图 3-37　光照距离测量绝对误差和相对误差

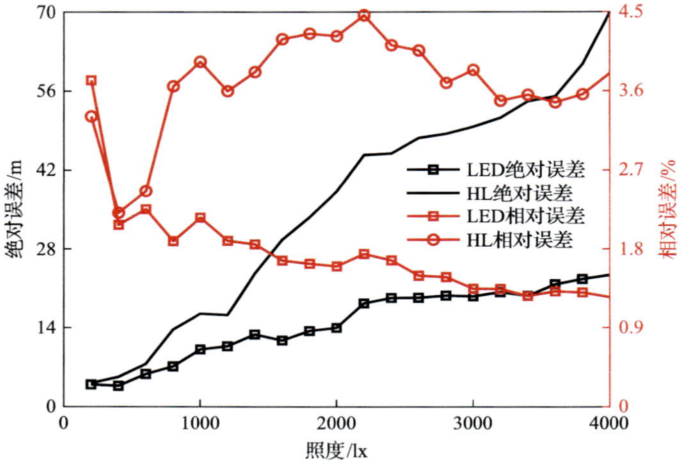

图 3-38　光源照度测量绝对误差和相对误差

对组合 LED 光源和组合 HL 光源两种方案在不同照度条件下的照度预测精度均进行了分析，光源高度为 1.0m，通过调节光源功率改变照度，照度变化范围为 200～4000lx。总体上看，照度预测模型的相对误差小于 4.5%，满足使用需求。

3.2.3　照度调控的感光度与快门速度平替策略

1. 问题的提出

照度变化导致相机进光量变化，进光量变化会直接影响图像的亮度，进而引起图像灰度特征的变化。特别是进光量的改变会使图像的整体亮度发生变化，同时由于高亮反光区域的亮度跃迁，还可能引起图像纹理的变化。

通过调节光源功率或光照距离，可以改变照度大小，从而影响图像亮度。然而，照度只是众多影响图像亮度的因素之一。其他因素还包括相机光圈（aperture）大小、快门速度(shutter speed)、传感器的感光度(ISO)，如图 3-39 所示。

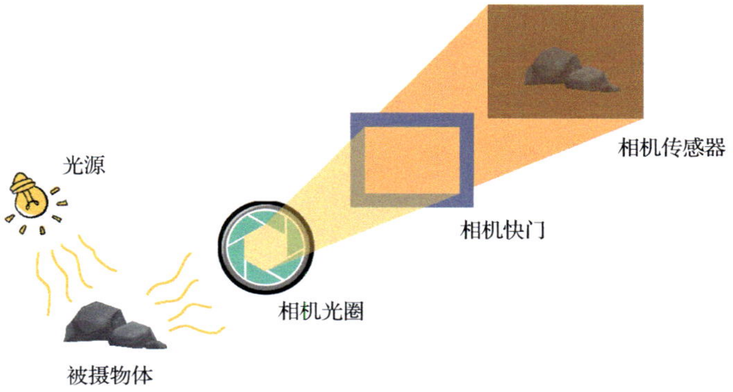

图 3-39　相机成像原理

相机光圈、快门速度和感光度通过控制进光量来影响图像亮度。光圈越大(光圈数值越小)和快门速度越长，进光量越多，图像越亮；光圈越小和快门速度越短，进光量越少，图像越暗。感光度越高，图像越亮；感光度越低，图像越暗，如图 3-40 所示。

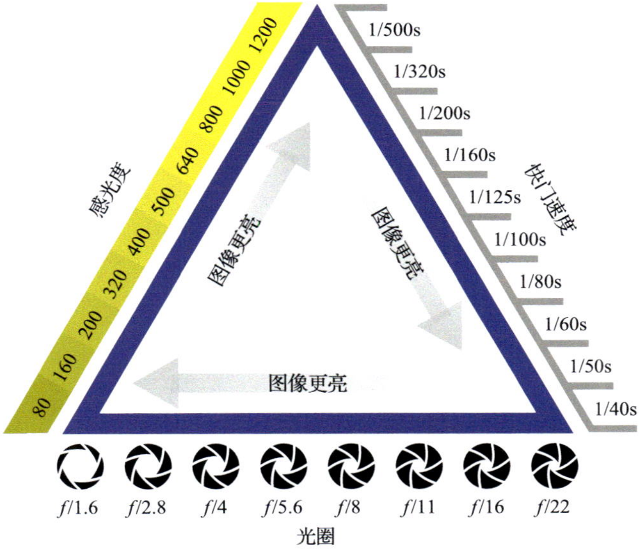

图 3-40　相机光圈、快门速度和感光度对图像亮度的影响

因此，可以通过改变相机光圈、快门速度和感光度等参数，调节图像亮度，从而达到与调整照度相同的效果。在现场应用图像识别智能放煤技术时，不仅可以通过调节光源功率来改变图像亮度，还可以通过在相机端调整光圈、快门速度和感光度等参数，更便捷地获得合适亮度的图像。

通过分析相机成像原理可知，相机光圈不仅影响图像亮度，还影响景深。光圈越大，景深越浅；光圈越小，景深越深。换言之，光圈可以影响画面的清晰度。对于综放工作面放煤工序，相机到后部刮板输送机的位置虽然会随着移架发生改变，但是变化范围有限。如果是为了获得合适图像亮度而改变光圈，进而影响到图像的清晰度，则得不偿失。所以，本节研究将固定光圈数值，确保合适景深，保证图像清晰度，在此基础上，改变快门速度和感光度，以获得不同的图像亮度。通过改变快门速度和感光度等参数来调节图像亮度的操作被认为是照度调控方案的平替策略。

2. 智能放煤照度调控平替实验材料与设备

1）煤岩样本

本实验使用采集于加拿大 Teck 公司下属煤矿的煤岩样本（简称为 Teck 样本）。煤岩样本的块度为 5～30cm，样本在采集回实验室后保持它们原有的形状，未进行人工破碎。

2）图像采集装置

为了探究照度、快门速度和感光度对煤岩图像特征的影响，设计了照度调控平替实验平台，如图 3-41 所示。

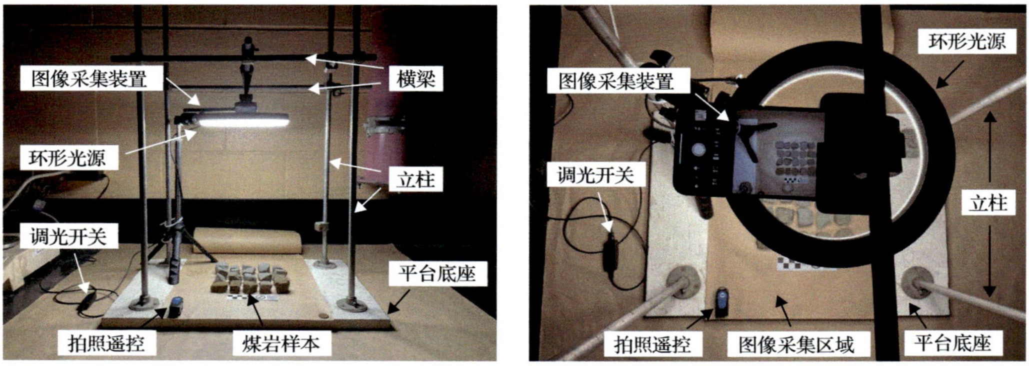

(a) 正视图　　(b) 俯视图

图 3-41　照度调控平替实验平台

实验设备包括图像采集装置、环形光源和平台底座等。图像采集装置通过金属横梁固定，立柱连接平台底座，并使用无线遥控器控制，减少不必要的晃动。快门速度和感光度可在采集装置中设置。环形光源安装在三脚架上，调节位置使采集装置位于中心，并通过调光开关调节照度。平台底座为木质材质，铺设牛皮纸以保持整洁并提升采集质量。实验设备布局如图 3-42 所示。

3. 智能放煤照度调控平替实验方案

设计照度调控平替实验方案，见表 3-17，包括照度（I）、感光度（ISO）和快门速度（S）3 个实验组，每个实验组包含 10 个梯度。其中，照度实验组的感光度 ISO 固定为 250，快门速度 S 固定为 1/160s。感光度实验组的照度 I 固定为 235lx，快门速度 S 固定为 1/160s。快门速度实验组的照度 I 固定为 235lx，感光度 ISO 固定为 250。

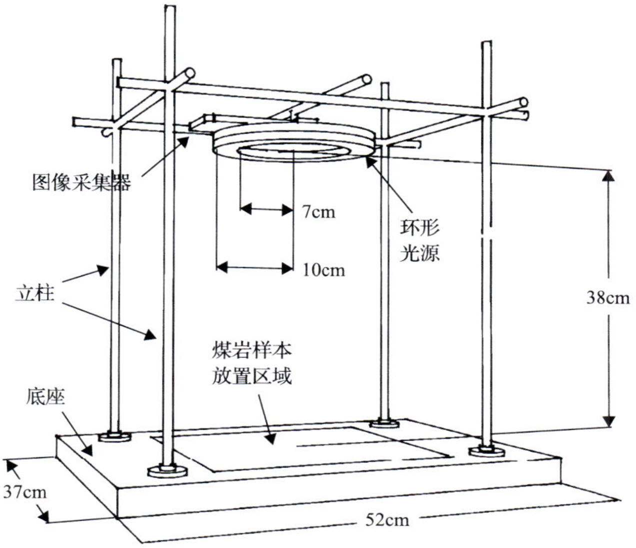

图 3-42　设备空间位置关系

表 3-17　照度调控平替实验方案

组别	1	2	3	4	5	6	7	8	9	10
照度/lx	84.1	159.1	235	313	391	465	536	614	693	786
感光度	80	160	200	320	400	500	640	800	1000	1250
快门速度/s	1/500	1/320	1/200	1/160	1/125	1/100	1/80	1/60	1/50	1/40

4. 煤岩图像预处理

在不同照度、感光度和快门速度条件下采集煤岩图像，如图 3-43、图 3-44 和图 3-45 所示。

可以定性地看出，通过改变感光度和快门速度采集的煤岩图像，获得了与调节照度相似的效果。

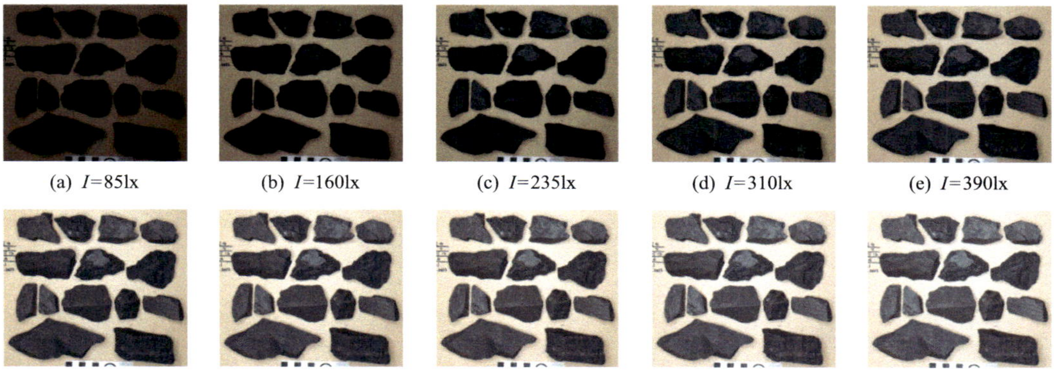

(a) I=85lx　(b) I=160lx　(c) I=235lx　(d) I=310lx　(e) I=390lx

(f) I=465lx　(g) I=535lx　(h) I=615lx　(i) I=690lx　(j) I=758lx

图 3-43　不同照度条件下煤岩图像

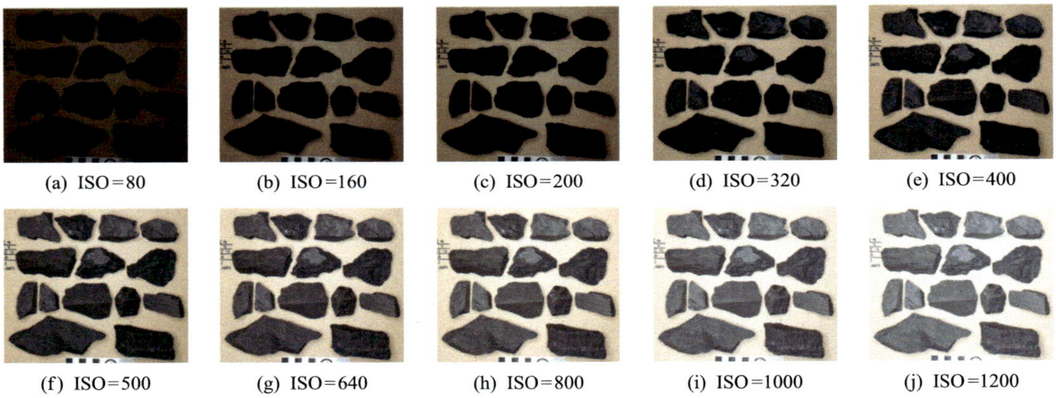

(a) ISO=80　(b) ISO=160　(c) ISO=200　(d) ISO=320　(e) ISO=400

(f) ISO=500　(g) ISO=640　(h) ISO=800　(i) ISO=1000　(j) ISO=1200

图 3-44　不同感光度条件下煤岩图像

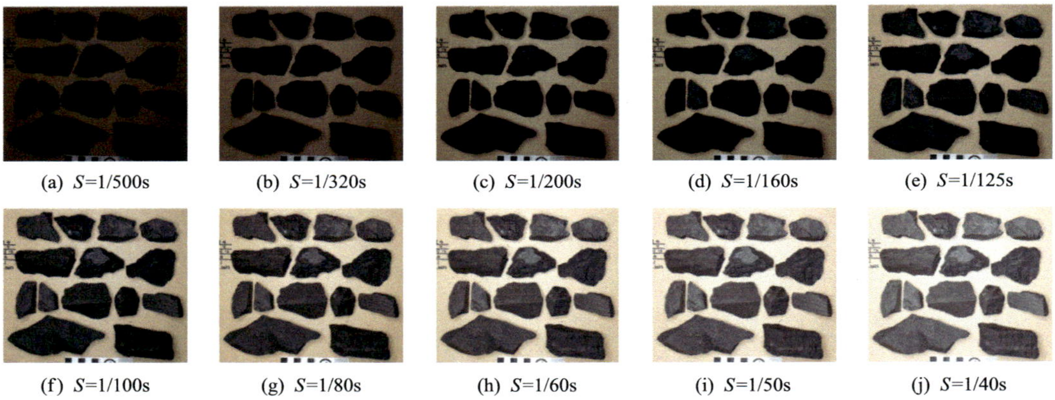

(a) S=1/500s　(b) S=1/320s　(c) S=1/200s　(d) S=1/160s　(e) S=1/125s

(f) S=1/100s　(g) S=1/80s　(h) S=1/60s　(i) S=1/50s　(j) S=1/40s

图 3-45　不同快门速度条件下煤岩图像

采用经典图像分割方法对煤岩图像进行分割，在分割后，每个煤岩块体所在的子区域被赋予了唯一的编号，如图 3-46 所示。图像分割的具体过程在 4.2 节进行介绍。

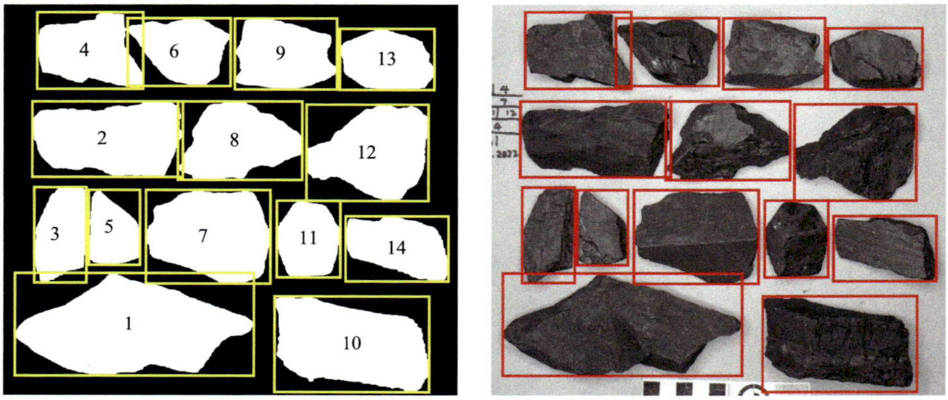

(a) 图像分割结果　(b) 分割结果叠加原图

图 3-46　煤岩图像分割结果

5. 煤岩图像特征提取方法

针对煤岩图像分割结果，对每个分割后的子区域的灰度及纹理特征进行计算，包括均值和方差等在内的灰度特征，以及对比度和相关性等在内的纹理特征。

6. 智能放煤照度调控的平替效果分析

照度方案与两种平替方案(感光度方案与快门速度方案)条件下的煤岩图像灰度和纹理特性提取结果如图 3-47 所示。对于涉及的所有灰度特征，两种平替方案达到了和照度方案相似的调控结果。因此，以灰度特征为标准，在不考虑刮板链速、图像噪声等因素，使用感光度方案与快门速度方案替代照度方案调节图像亮度是可行的。

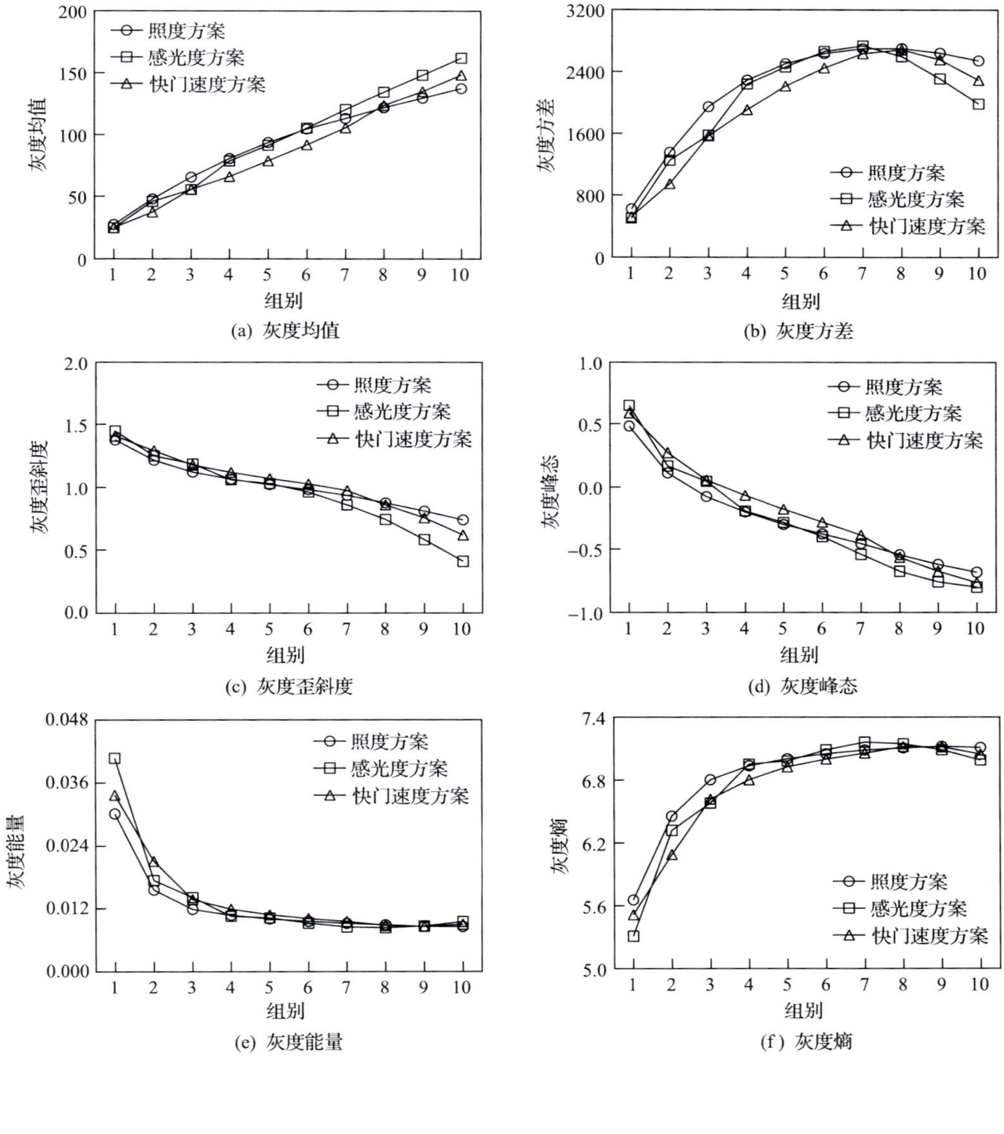

(a) 灰度均值　(b) 灰度方差

(c) 灰度歪斜度　(d) 灰度峰态

(e) 灰度能量　(f) 灰度熵

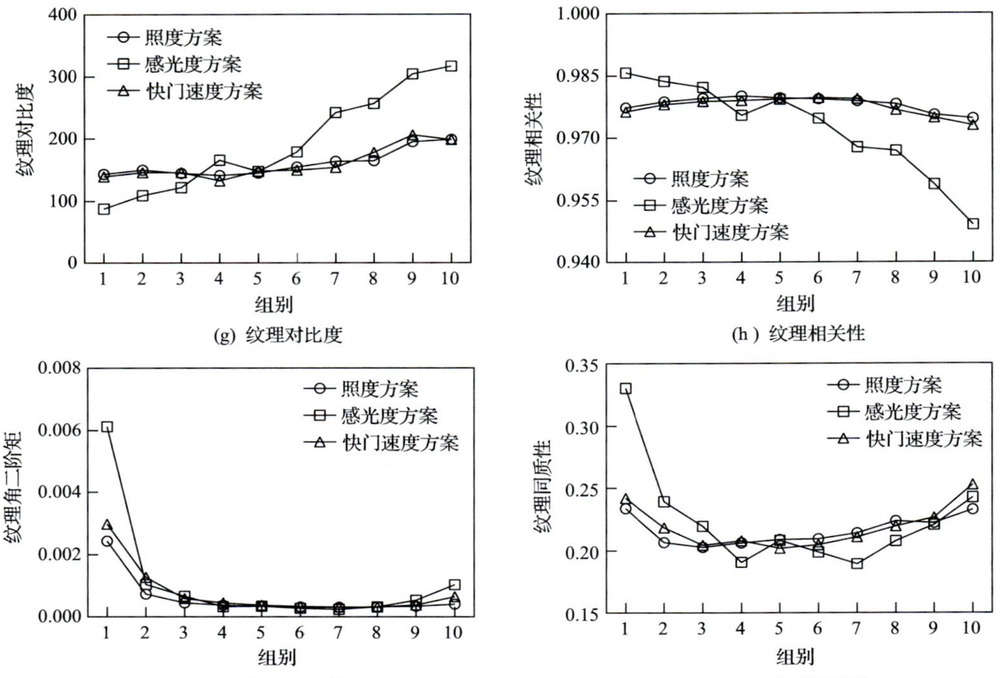

(g) 纹理对比度 (h) 纹理相关性

(i) 纹理角二阶矩 (j) 纹理同质性

图 3-47 照度方案与两种平替方案下的煤岩图像灰度和纹理特性

对于纹理特征，感光度方案的实验结果与照度方案在某些组别下差别较大，说明使用感光度方案不能很好地还原照度方案条件下的纹理特征，考虑是由于随着感光度的变化，增加了传感器对于光线的敏感度，图像中出现了明显的噪声，而这些噪声影响了图像的纹理特征，有趣的是，用肉眼并没有观察到明显的区别。而快门速度方案获得了与照度方案相似的调控结果。因此，以纹理特征为标准，在不考虑刮板链速、图像噪声等因素，使用快门速度方案替代照度方案调节图像亮度是可行的。

量化两种平替方案的煤岩图像灰度和纹理特性与照度方案的差异，相对误差计算结果如图 3-48 所示。

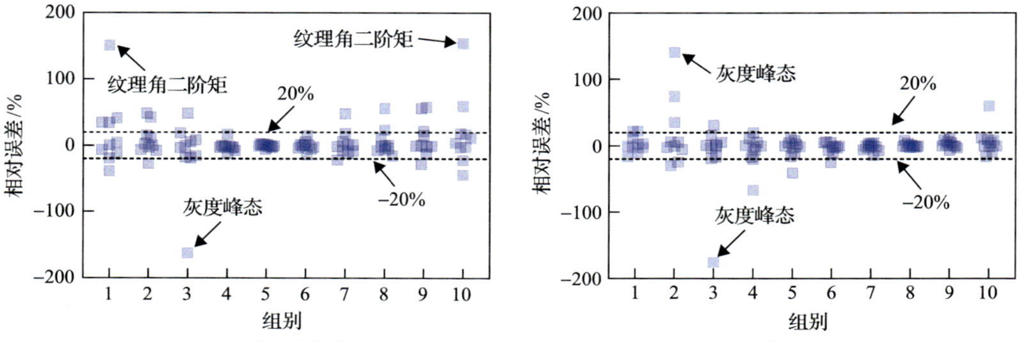

(a) 感光度方案 (b) 快门速度方案

图 3-48 平替方案相对误差

可以看出，感光度方案中，大部分的灰度特征与照度方案的相对误差普遍小于±20%。快门速度方案中，大部分的灰度和纹理特征与照度方案的相对误差普遍小于±20%。实验结果中，灰度峰态特征比较特殊，不论是感光度方案还是快门速度方案，均出现了较大的误差，即便在图 3-47 中，灰度峰态表现出了较好的规律，但是灰度峰态的数值较小，特别是在 2、3 组别，其数值接近 0，因此在计算相对误差时，分母较小，微小的差异都将产生较大的相对误差，这是灰度峰态特征在实验中出现异常的原因。但是不可否认的是，在感光度方案还是快门速度方案中，灰度峰态均表现出与照度方案相似的变化规律。

综上所述，考虑到综放工作面刮板输送机快速移动的实际情况，不宜将快门速度设置过低，以避免曝光时间过长导致图像模糊。此外，感光度方案虽然能够获得类似照度方案的图像，但其引入的噪声影响了纹理特征。因此，在实际应用中，优先考虑调节照度以获得合适亮度；在刮板链速适合的条件下，可调节快门速度以快速获得合适的图像亮度，不推荐通过调节感光度来改变图像亮度。

3.3　放煤过程粉尘分布与运移规律

3.3.1　风速测点与粉尘浓度测点布置

1. 风速测点

井下风流在综放工作面从进风巷入口流向回风巷入口，会受到放顶煤液压支架、采煤机机身、前/后部刮板输送机以及人员流动等因素的影响，导致风流的方向和风速发生不同程度的变化。

以王庄煤矿 91208 综放工作面为例，该工作面的通风方式为 Y 型通风，即辅助运输巷（主进风巷）和运输巷（次进风巷）进风，回风巷回风，测点布置如图 3-49 所示。

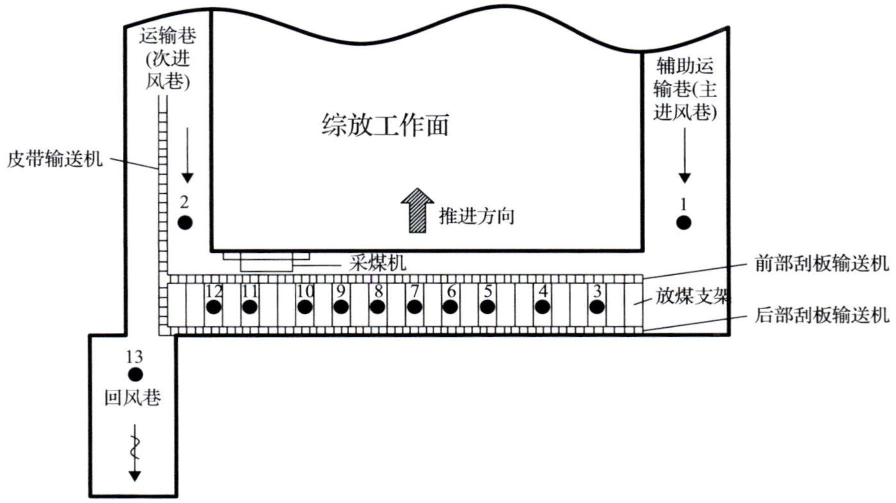

(a) 工作面风速测点俯视图

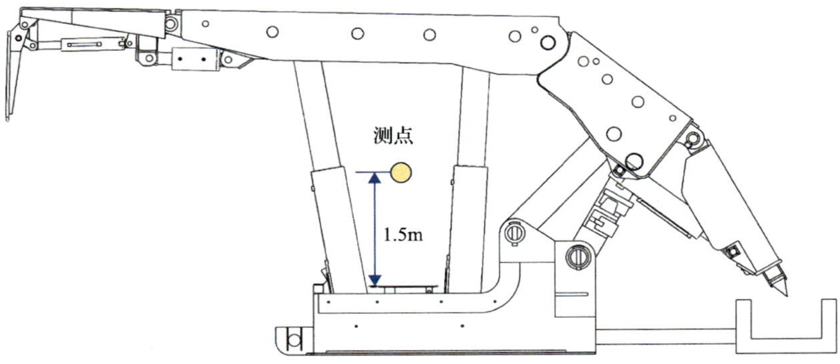

(b) 支架中的测点位置

图 3-49 91208 综放工作面风速测点布置图

2. 粉尘浓度测点

图 3-50 为 91208 综放工作面的粉尘浓度测点布置图，将测点设置在后连杆上智能放煤相机的附近，通过布置 4 个高度的测点来测定支架后连杆附近不同高度范围的粉尘浓度。

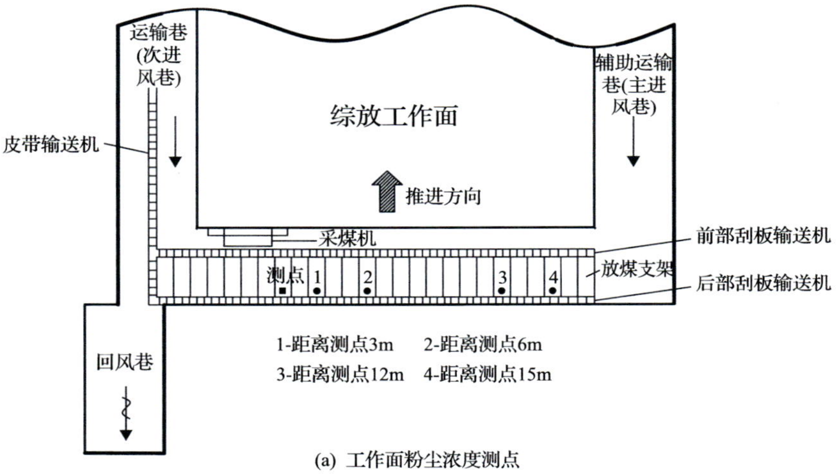

(a) 工作面粉尘浓度测点

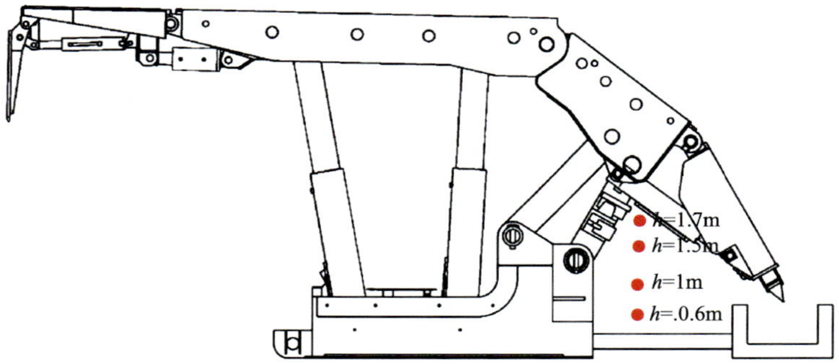

(b) 支架中的测点位置

图 3-50 91208 综放工作面粉尘浓度测点布置图

风速和粉尘浓度实测设备为矿用的 CFD25(A)风速检测仪、CCZ-1000 粉尘浓度测量仪、AKFC-92A 矿用粉尘采样器，具体参数不再介绍。对工作面风速和粉尘浓度进行测试，如图 3-51 所示。

(a) 风速测试　　(b) 粉尘浓度测试

图 3-51　现场测量图

3.3.2　风速与粉尘浓度分布规律

1. 91208 综放工作面风速

图 3-52 为 91208 综放工作面实测风速曲线图。风流从辅助运输巷刚进入工作面时，开切眼的断面面积($28.08m^2$)大于辅助运输巷的断面面积($17.5m^2$)，导致工作面内的风速小于辅助运输巷的入口风速，工作面内的风速测点布置在放煤支架的人行道中，该位置处于立柱之间，且周围的立柱较多，风流流经这里会形成大量的扰流，严重影响风的流

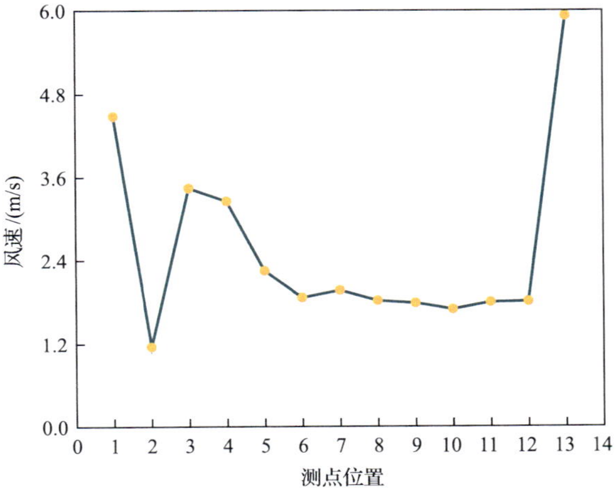

图 3-52　91208 综放工作面实测风速曲线图

1-辅运巷测点；2-运输巷测点；3～12-工作面内测点；13-回风巷测点

动，导致风速降低，之后稳定在 1.8m/s 左右。风流出工作面后，多条风流在回风巷聚集，导致风速增大。

2. 91208 综放工作面粉尘浓度分布

图 3-53 为 91208 综放工作面实测粉尘浓度曲线图。在同一高度下，随着放煤口的位置与测点的距离不断增加，工作面的粉尘浓度先增大后减小。在不同高度下，随着测点的高度逐渐增加，测点更接近放煤支架的掩护梁及尾梁的实体部分，放煤时产生的粉尘很难扩散到这些位置，使得测得的粉尘浓度会越来越低。因此，支架后连杆所在高度范围是安装图像识别装置的合适位置。

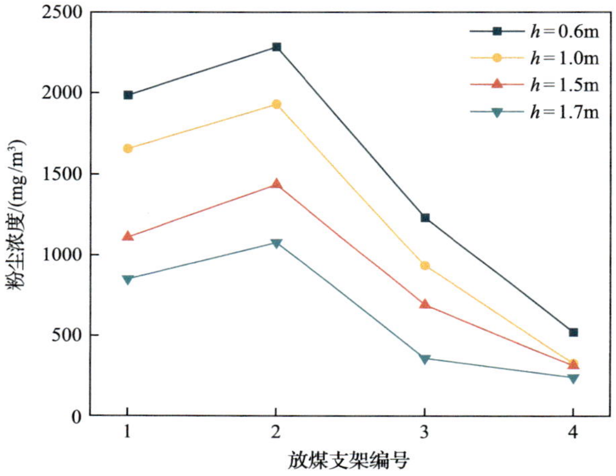

图 3-53 91208 综放工作面实测粉尘浓度曲线图

3.3.3 放煤过程粉尘运移规律

保持工作面的入口风速为 2m/s 不变，分析工作面不同放煤位置的粉尘运移规律。图 3-54 为粉尘颗粒运动轨迹图。可以看出，放煤工序产生粉尘颗粒都会随着工作面的风流主要在后刮板道进行运移，部分粉尘会横向扩散到人行道，少量粉尘扩散到采煤机道；大粒径的粉尘颗粒在重力作用下随风流运移逐渐沉降，没有沉降的粉尘颗粒随着风流逐渐扩散。

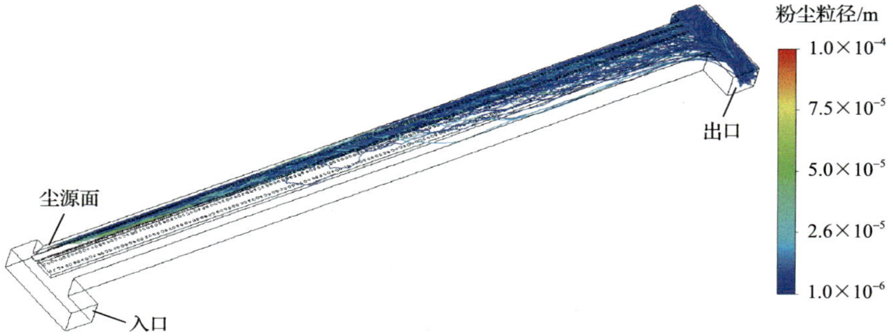

图 3-54 粉尘颗粒运动轨迹图

图 3-55 为粉尘浓度截面。在放煤作业产生粉尘后，粉尘迅速向下风向运动扩散。产尘位置靠近后部刮板输送机，且在重力作用下大粒径的粉尘颗粒会沉降。

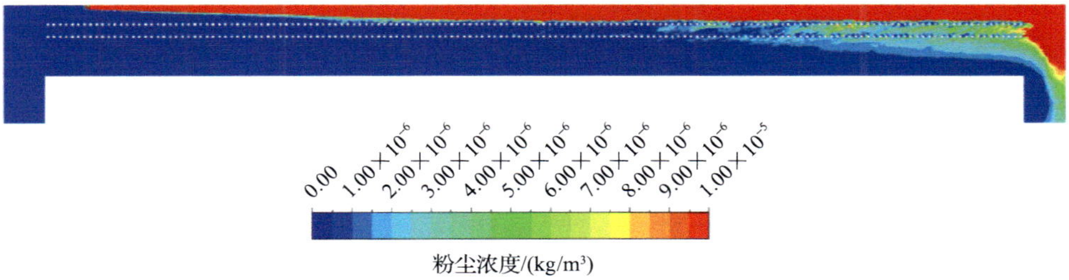

图 3-55　粉尘浓度截面

图 3-56 为不同位置粉尘浓度曲线图。随着监测高度从 0.8m 增加到 2.0m，整体的粉尘浓度不断下降，因此可以根据粉尘分布与运移特征，结合现场实际情况，确定安装智能放煤相机的合理位置，以及确定合适的除尘降尘方案。

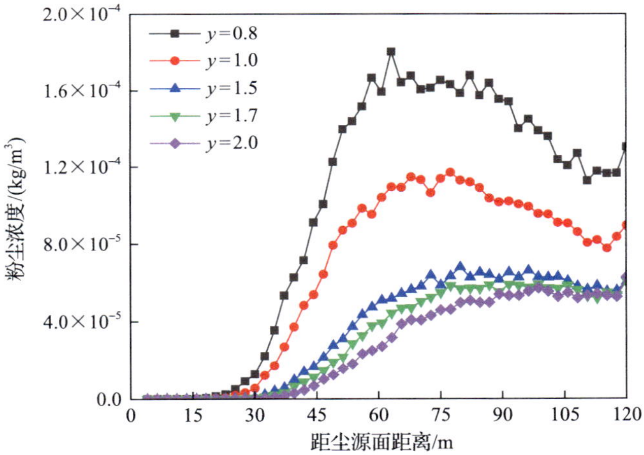

图 3-56　不同位置粉尘浓度曲线图

3.4　机器视觉系统表面自清洁技术

3.4.1　表面自清洁技术概述

机器视觉系统表面自清洁技术通常使用物理、化学甚至生物手段，将视觉系统表面的污垢、污水以及灰尘等污染物清除。根据不同的分类方式，主要分为四类，即按接触方式、驱动方式、清洁介质以及污染物性质等进行划分，如图 3-57 所示。

按接触方式分类，自清洁技术可分为直接接触式和间接接触式。直接接触式技术如雨刷或抹布擦拭，直接将污染物从表面剥离，而间接接触式技术则利用射流、超声波和激光等介质，通过水、声波或激光能量作用于污染物，实现非接触清洁。按驱动方式分类，自清洁技术包括机械驱动、压力驱动、声学驱动和电磁驱动。机械驱动利用雨刷等机械装置直接刮除污染物；压力驱动依靠高压水流或气流的冲击力去除顽固污渍；声学驱动通过超声波的高频振动使污染物脱离表面；电磁驱动则借助电场或磁场作用清洁，如静电吸附或电润湿技术。

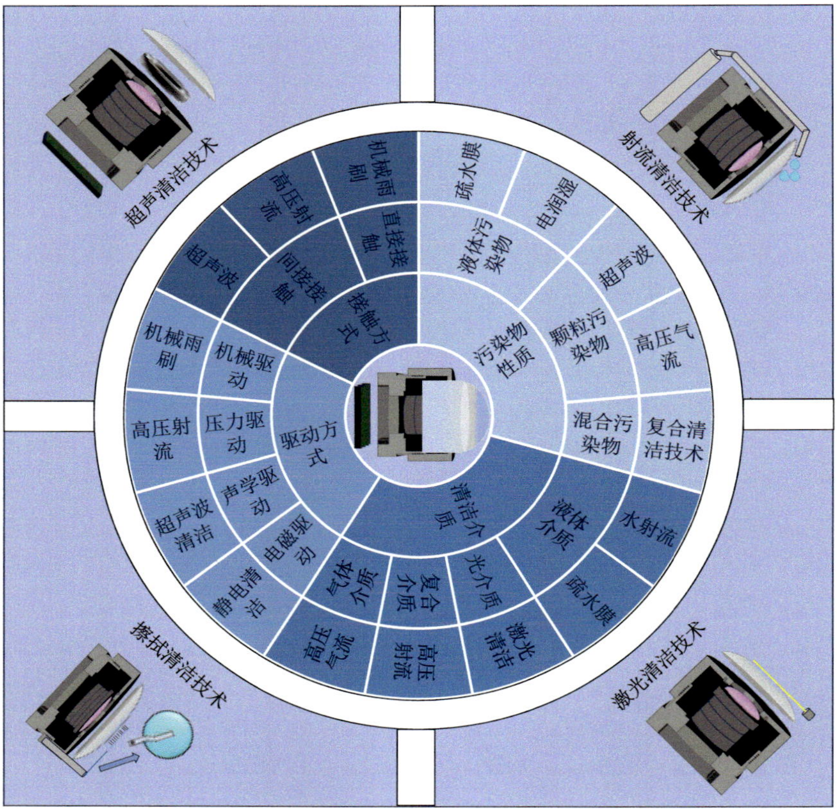

图 3-57　机器视觉系统表面自清洁技术分类图

在清洁介质方面，自清洁技术可分为气体介质、液体介质、光介质及复合介质清洁。气体介质清洁通常采用高压气流去除颗粒污染物；液体介质清洁依靠高压水流的冲击和剪切力去除油污和黏附性污染物；光介质清洁以激光为代表，通过热效应和冲击波实现精准清洁；复合介质清洁结合气体与液体的特性，提升清洁效果。根据污染物的性质，自清洁技术可进一步分为颗粒污染物清洁、液体污染物清洁以及混合污染物清洁。颗粒污染物通常通过气流射流或超声波振动去除；液体污染物则依赖疏水膜或电润湿技术实现有效清洁；对于粉尘与油污等混合污染物，则需采用复合清洁技术，结合多种方法以获得最佳清洁效果。

通过对不同分类方式的综合分析，可以根据机器视觉系统的工作环境和污染类型，选择最适合的自清洁技术，以确保系统在复杂环境下长期稳定运行。

3.4.2　射流自清洁技术

1. 高压水射流清洁技术

高压水射流清洁技术是一种典型的射流自清洁技术。水射流冲击污染物体表面，超过临界压力后，水射流以冲击点为圆心环形扩散，表面污染物逐渐被清洁。具体而言，水射流的压力可以在垂直和水平方向上进行分解，起主导作用的是水平分力(剪切力)。若污染物的黏附力大于剪切力，水射流会越过表面污染物；若污染物的黏附力小于剪切力时，污染物随即被清除。此外，污染物的黏附力由污染物与物体表面的材料、结构等共同决定[7]。在煤矿井下，随着作业时间的增加机器视觉系统会附着大量粉尘。图 3-58 为一种基于水射流的自清洁装置。井下机器人判别摄像头污染度后制定清洗策略，随后通过自主循迹、定位等功能，完成清洗系统对机器人图像采集模块的清洁[8]。

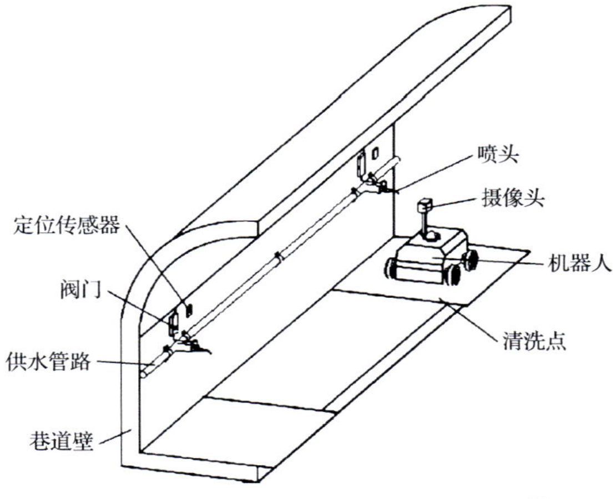

图 3-58　视觉镜头自动清洗系统示意图[8]

研究表明，喷射时间、距离和压力对清洁效率影响显著，其中喷射距离的调整对清洁效率的提升作用大于喷射压力的调整。当喷射压力达到一定水平后，清洁效率的提升趋于平缓，表明高压射流技术需精细控制，以优化清洁效果并避免能源浪费。

此外，仿生学为高压水射流清洁技术提供了新思路。动物眼睛作为天然的自清洁系统，能通过瞬膜闭合和液滴分泌实现自我清洁。基于此，研究人员开发了一种仿生自清洁装置(图 3-59)，模拟矛隼瞬膜结构。该装置利用机械驱动薄膜上下运动，先去除大体积污染物，随后通过薄膜充水膨胀，增大与光学表面的接触面积，结合高压喷水实现精细清洁。这种“先大后小”的分阶段清洁策略，适用于煤矿井下和隧道等复杂环境下的视觉系统，确保图像采集的稳定性和清晰度[9]。

2. 气体射流清洁技术

气体射流清洁技术利用高压风机产生的空气射流来清除物体表面的水分以及其他污染物。图 3-60 展示了在清除颗粒过程中高速空气射流作用在颗粒上的黏附力和扭矩。

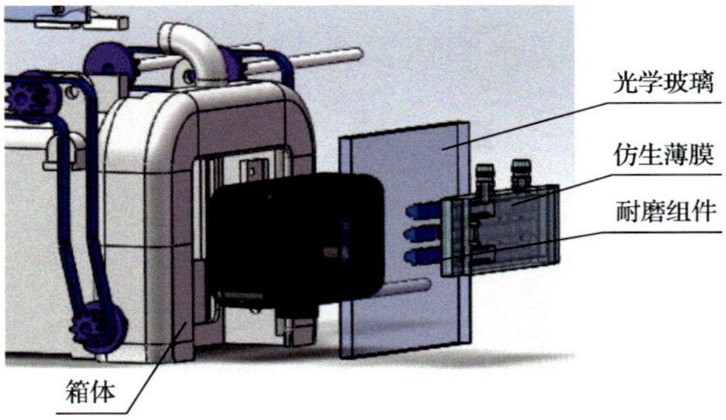

图 3-59　仿生自清洁装置示意图[10]

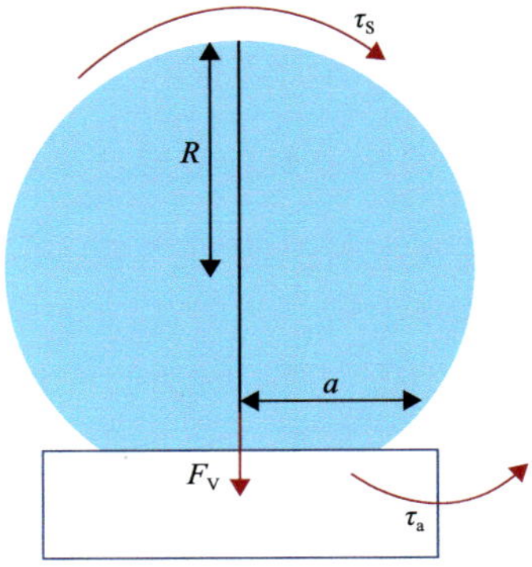

图 3-60　高速空气射流对颗粒的黏附力及扭矩示意图

范德瓦耳斯力(黏附力)为[11]

$$F_{\mathrm{V}}(R)=\frac{1}{6}\times\frac{AR}{Z_0^2} \tag{3-23}$$

式中，R 为颗粒半径；A 为哈马克常数；Z_0 为颗粒到表面的距离。

黏附力矩为

$$\tau_{\mathrm{a}}(R,a)=aF_{\mathrm{V}}\left(\frac{1+a^2}{RZ_0}\right) \tag{3-24}$$

式中，a 为颗粒与表面的接触半径。

低雷诺数流动中作用在颗粒上的扭矩(流动扭矩)的简单近似解为[11]

$$\tau_{\mathrm{s}}(u)\approx 6\pi\mu uR^2 \tag{3-25}$$

式中，μ 为动态黏度(黏度系数)；u 为流速。

当流动扭矩 τ_{s} 大于黏附力矩 τ_{a} 时，粒子克服与表面之间的黏附力，粒子开始滚动直至脱离表面。

灰尘所带的电性和比表面积都比较大，灰尘的黏附力极强，非常容易吸附到镜头膜上，轻则导致采集的数据失真，重则引起误判影响生产[12]。基于科恩达效应可以有效放大气体的流量[13]，通过使用组合风扇(图 3-61)可以在外界空气和摄像头前部形成气帘隔离，这两种方法是目前应用气体射流保持摄像头清洁度的主要手段。此外还有学者通过自动调节清洁区与作业区的气压差，避免了镜头膜被二次污染[14]。

在集成器件、读写卡以及磁记录介质等高端制造中，也需要气体射流技术及时处理污染硅片表面的亚微米颗粒以保证硅片质量。如图 3-62 所示，干冰射流去除表面的细小颗粒的过程分为团聚体和颗粒两个阶段。在颗粒清洁阶段，清洁频率比清洁面积更重要，当团聚体的影响占主导地位时，约–70℃时清洁效率较高[15]，有效减少了粒径范围为 0.2～

5μm 的颗粒数量[16,17]，低温气体射流技术可以提高亚微米颗粒的清洁效率[18]。

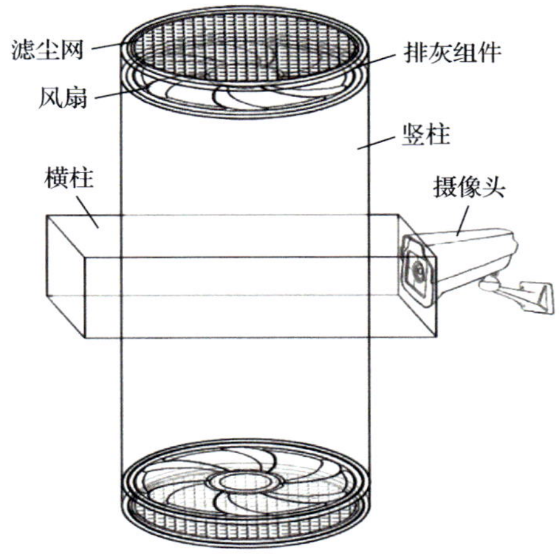

图 3-61　一种组合风扇自清洁装置图[12]

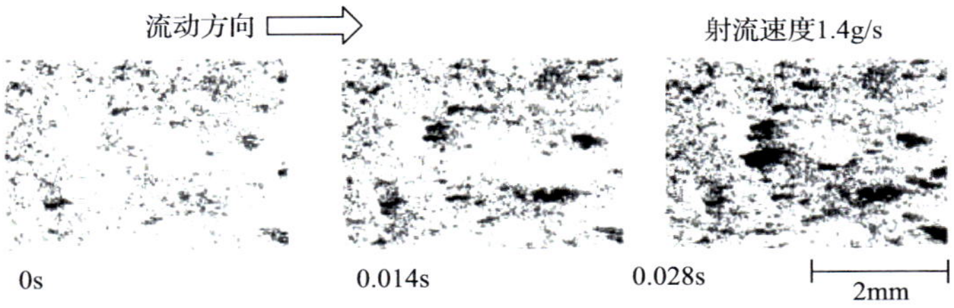

图 3-62　500 帧/s 时干冰射流去除颗粒的显微照片[15]

总的来说，低温高频率高流速的气体射流十分适合去除视觉系统表面附着的颗粒，然而由于电气防爆要求、安装空间等因素，当前煤矿井下的空气流体清洁设备普遍流速较低，施加的扭矩不足以清除污染颗粒，需要增加流速，产生的扭矩才足以克服附着力矩，并将颗粒从表面清除[19,20]。

3. 复合机械清洁技术

复合机械清洁技术是指融合射流清洁技术、雨刷清洁技术和揭膜清洁技术的一种综合清洁技术。复合机械清洁技术结构可靠、使用方便，没有化学工序，应用场景相对多元。胡而已等提出了一种揭膜自清洁装置(图 3-63)，该装置通过定时转动三叉戟来揭除表面的透光防尘膜，实现自清洁[8]。

综放工作面粉尘浓度较大，保持图像清晰是制约图像识别智能放煤技术的关键。王家臣团队研制了具备自清洁、边缘计算功能的图像采集系统“慧眼一号”。该系统采用雨刷与空气射流复合清洁技术，实现了图像采集系统粉尘自主感知与清除功能[21]，已经在保德煤矿进行了应用。

此外，也可以采用雨刷和水射流复合技术来清洁摄像头，同时通过优化算法减少水流损失[22,23]。雨刷式综合自清洁摄像头目前主要包括传统雨刷式、镜头旋转式、刀片式三种方式。如图 3-64(a)所示，视觉系统主体前端设有清洁雨刷，左图为视觉系统清洁前，右图为自清洁后，与清洁前相比效果良好。图 3-64(b)为镜头旋转自清，当识别到摄像头因碎屑而被挡住时，首先喷洒镜头，然后在雨刷保持静止时仅旋转最外层的镜头膜，达到清洁的效果。如图 3-64(c)所示，记忆合金受热激活后发生形变从而带动弹簧，弹簧又驱动擦拭刀片，从而起到清洁镜头膜表面的效果，通过这种方式擦拭刀片可以在不中断手术的情况下快速完成镜头清洁工作[24]，创建的二氧化碳气体屏障也起到保持镜头清洁的作用[25]。被清洁表面形态参数对清洁效率也存在影响。例如在光伏面板清洁中，经常使用带有刷子的转盘装置来清除光伏面板上沉积的尘埃颗粒[26]。

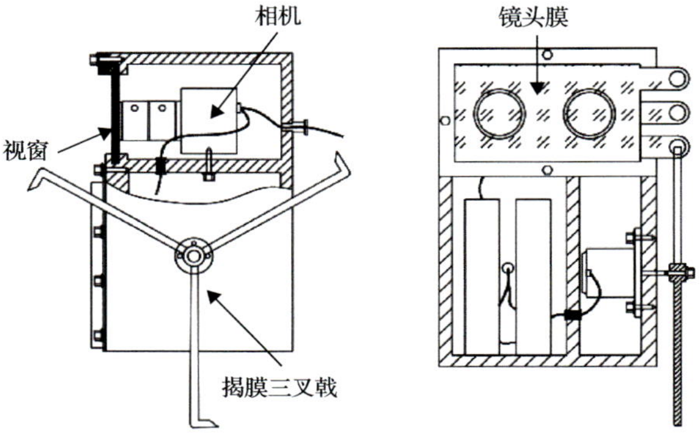

(a) 主视图　(b) 左视图

图 3-63　揭膜自清洁装置结构示意图[8]

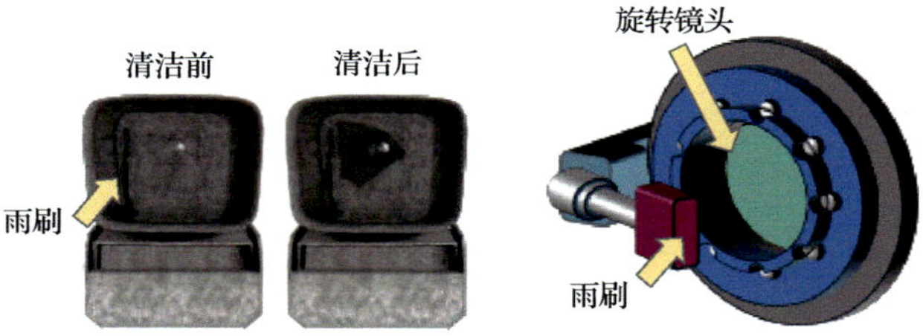

(a) 雨刷式　(b) 镜头旋转式

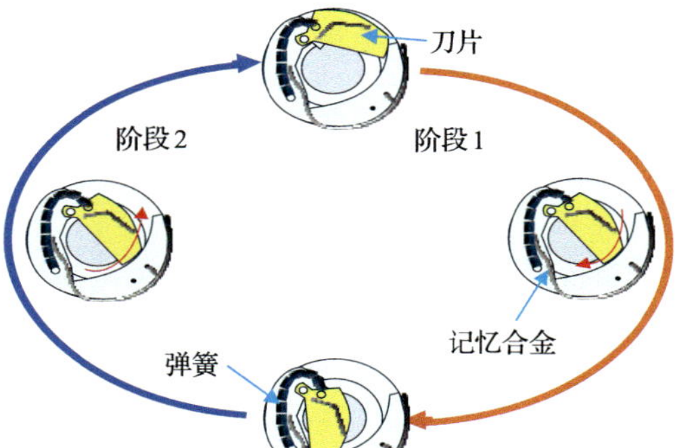

(c) 刀片式

图 3-64　雨刷式复合自清洁摄像头[24]

传统雨刷式清洁装置因其结构简单、操作便捷、改装难度低及成本优势，适用于清理视窗上的大体积污染物。然而，长期使用可能导致视窗表面划伤，且雨刷自身受污染后难以彻底清洁。此外，对于小于 50μm 的颗粒，范德瓦耳斯力是主要的黏附力来源[20]，由于雨刷尖端的整齐度和视窗表面的粗糙度较大，二者之间的天然间隙使得难以有效去除微小颗粒污染物。

复合清洁技术应用场景广泛，其中水射流和气体射流基于相同的清洁原理，即需克服污染物的临界黏附力。水射流技术依赖管路等配套设施，适用于去除油污、泥水，且成本较低，适合工业环境；而气体射流技术在颗粒污染清洁方面表现出色，特别适用于煤矿工作面，依靠通风系统可有效排除颗粒污染物，对亚微米级颗粒的去除效果尤为显著。

总体而言，射流清洁技术在井下煤矿视觉系统表面自清洁方面具有显著优势，能够适应复杂环境，实现高效、低成本的清洁，具有广阔的应用前景。

3.4.3 多功能表面超声波自清洁技术

1. 超声波自清洁技术

超声波自清洁技术通过声流和声空化效应去除纳米级颗粒物，特定设计的表面声波（surface acoustic wave，SAW）装置能够产生具有足够强度的定向声流，在不损坏基底的情况下实现对小于 100nm 颗粒的有效去除[11]。随着污染物颗粒尺寸的减小，附着力随着颗粒尺寸的减小而大大增加，小颗粒的清洁变得更加困难。Yan 等发现高频超声波在声波聚集过程中，把种子粒子用于促进细粒子聚集可以有效去除细小颗粒物[27]。Yusof 等通过低频（20kHz）超声波空化在特定应用中的物理（剪切力、微射流、微流动和冲击波）和化学效应来清除有机物污染[28]。Jin 等阐述了微纳米气泡技术通过其物理特性（如大比表面积、高质量传递速率、长时间稳定性）和化学效应（如自由基的氧化和消毒作用）去除表面污染物，成功在清洗金属零件、精密零件中应用[29]。

以上清洁方式利用了超声波在清洁溶液中传播时产生的空化效应和声流作用，能够有效地去除固体表面的微小颗粒。然而，井下视觉系统需要连续工作并且通常悬挂在高处或者独立安装在人难以到达的位置，不具备使用清洗溶液辅助清洗的条件。许多学者提出干式超声振动清洁技术来解决这个难题，该技术利用污染物与镜头膜固有频率的不同，通过激励镜头膜或者污染物产生共振来达到清洁的效果。以 ULC1001 干式超声振动自清洁系统为例（图 3-65），玻璃、硅和聚碳酸酯透镜的固有频率取决于它们的形状和厚度[30]。对于直径介于 10～40mm，厚度在 0.5～2mm 的圆形玻璃透镜而言，驱动此类材料所需的典型频率跨越了 20～100kHz。

如图 3-65 所示，ULC1001 控制模组[图 3-65（a）]会通过脉冲宽度调制技术来控制电压，电压输入振动传感器[图 3-65（b）]，而极化的压电材料在其电镀表面施加电压时会改变形状产生振动（图 3-66），镜头膜[图 3-65（a）]伴随振动，振动产生的力大于污染物的黏附力，可以有效地清除表面污染物。

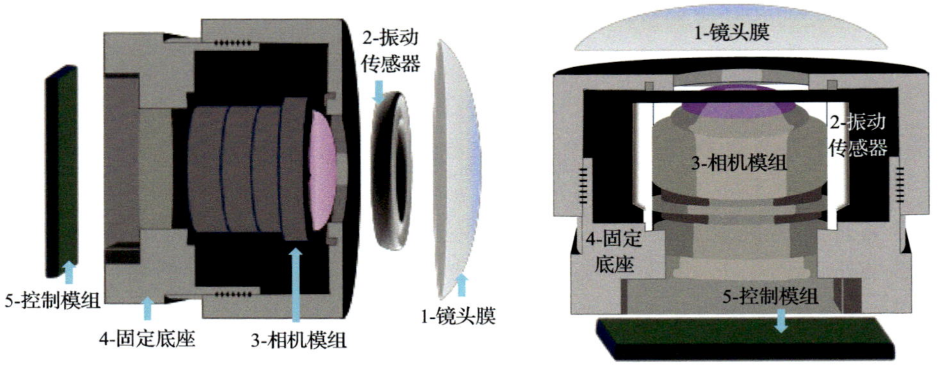

(a) 零件图 (b) 装配图

图 3-65 ULC1001 装置剖面图[30]

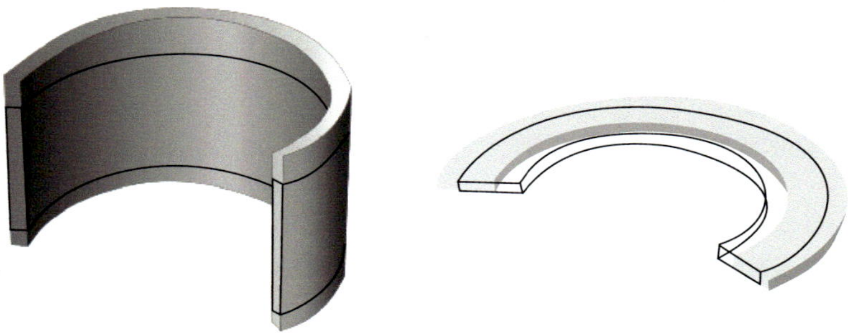

图 3-66 振动传感器形变过程图[30]

超声波镜头自清洁(ultra-sonic lens cleaning，ULC)技术包括三种模式，以适应不同污染物并优化清洁效果。第一种模式为单峰驻波模式[图 3-67(a)]，通过激励镜头膜在固有频率下共振，利用高强度加速度去除污染物。然而，由于加速梯度不均，部分区域清洁效果不佳，可通过多模式结合或优化扫描策略加以改进[31]。第二种模式为双峰驻波模式，在清洁周期内交替激励两个驻波形态[图 3-67(b)]，以消除清洁盲区，确保全面祛除污染物。第三种模式为 SAW 模式，该模式沿介质表面传播能量，使污染物高效剥离。SAW 技术在大面积或厚重光学元件(如激光雷达窗口)清洁方面能效更高，但在小尺寸表面的

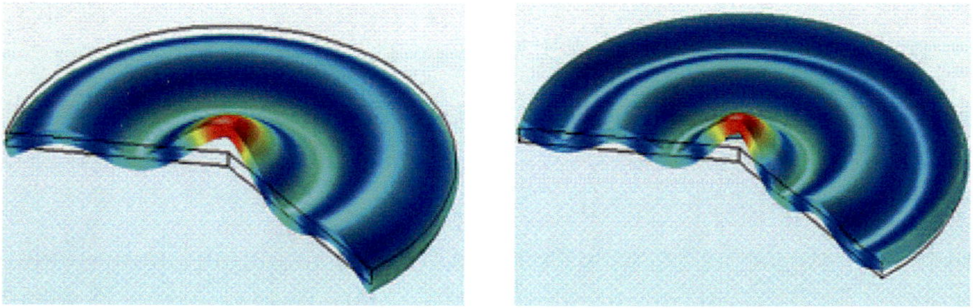

(a) 单峰驻波 (b) 双峰驻波

图 3-67 镜头膜单双峰振动形态[31]

应用成本较高[31]。此外，SAW 技术还能通过纳米尺度的“地震”效应、声流和加热效应（图 3-68），有效延迟冰晶形成并减少对冰结构的黏附力。ULC 技术因其高效、节能的特点，在汽车、交通监控、井下图像采集等领域具有广泛的应用前景。

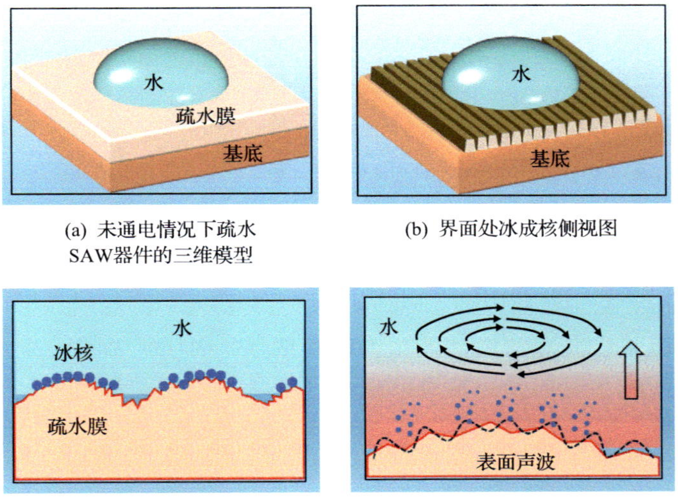

(a) 未通电情况下疏水SAW器件的三维模型　(b) 界面处冰成核侧视图　(c) 在防冰过程中应用的通电疏水SAW装置的三维模型

(d) SAW防冰机构侧视图　(e) 在除冰过程中应用的通电疏水SAW装置的三维模型　(f) SAW除冰装置的侧视图

图 3-68　多层集成疏水结构的示意图[32]

2. 多功能表面自清洁技术

受自然界中荷叶效应、水黾腿、蝉翼以及壁虎脚掌等生物体表现出的超级疏水性、疏油性、自清洁、低附着性和减阻性等特性的启发，学者将灵感应用于具有自清洁属性的表面材料的研发。经典的液滴-界面接触模型为Cassie-Baxter模型与Wenzel模型[33]（图 3-69）。前者描述了液滴在包含空气孔隙的粗糙表面上形成的状态，这导致较低的接触角 θ 滞后。后者则描述了液体与固体紧密接触的状态，这种状态下液体的接触角取决于固体的基底性质。

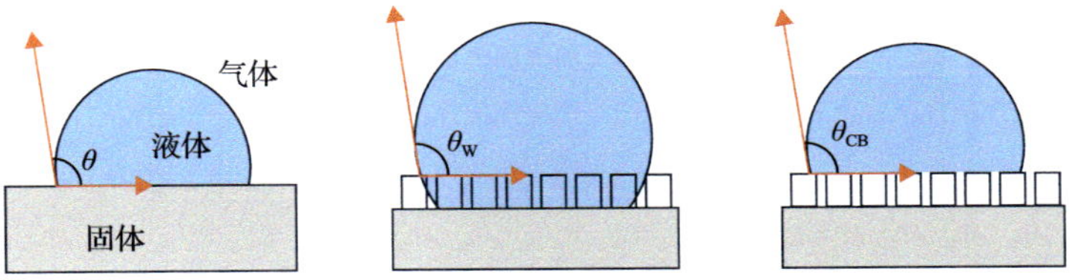

Wenzel模型　Cassie-Baxter模型

图 3-69　Cassie-Baxter 模型与 Wenzel 接触模型[33]

采用如图 3-70 所示的方法测量液滴与固体表面的接触角，可以确定材料是否具有超疏水性（>150°）或亲水性（<90°）。然后通过研究润湿行为，观察水滴在材料表面的滚动或滑动行为，来验证材料是否表现出预期的自清洁效果。

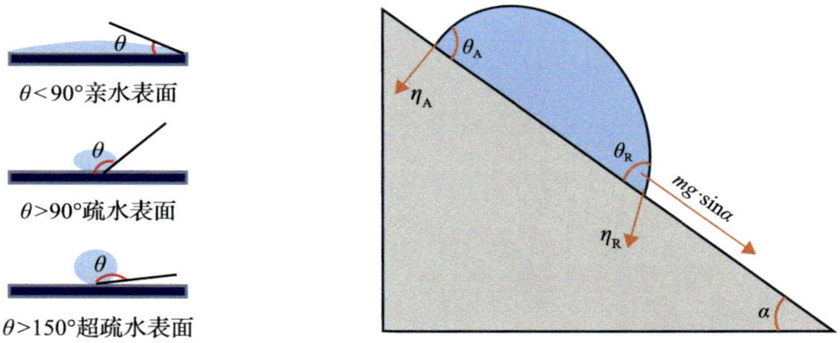

(a) 亲水、疏水性和超疏水性表面　　(b) 接触角测量图

图 3-70　接触角测试示意[33]

mg-液滴重力；θ_A-前进接触角；θ_R-后退接触角；α-滚动角；η_A-前进接触角的法向量；η_R-后退接触角的法向量

微结构对镜头膜自清洁和光学性能存在影响，Merdasi 等发现基底结构的引入可以增强液滴的动力学性能，提升疏水性和疏油性，减小奥内佐格数，可以使液滴在更小的平衡接触角度下分离出来。因此，各向异性拨叉输送器、交叉换能器和机械振动的主动自清洁表面系统，逐渐被用于清除光伏模块与智能汽车上的液滴和灰尘。

如图 3-71 所示，各向异性拨叉输送器(微米级别的亲水弧形横梁结构)被蚀刻在疏水性薄膜上，机械振动将液滴输送到镜头膜表面进行清洁。Sun 等制备了用于表面声波设备的交叉换能器，通过调节不同的润湿模型作为微流体定向运输的控制器，然后利用电压放大器驱动交叉换能器生成推动液滴的运动波[34]。镜头膜表面均涂覆了一层疏水层 Cytop 保护膜来改善可见光波段的透射率。图 3-72(a)和(b)展示了两种典型微结构——金字塔脊(frustum ridge)和金字塔柱(frustum pillar)[35]，针对微结构容易磨损的特点，在此基础

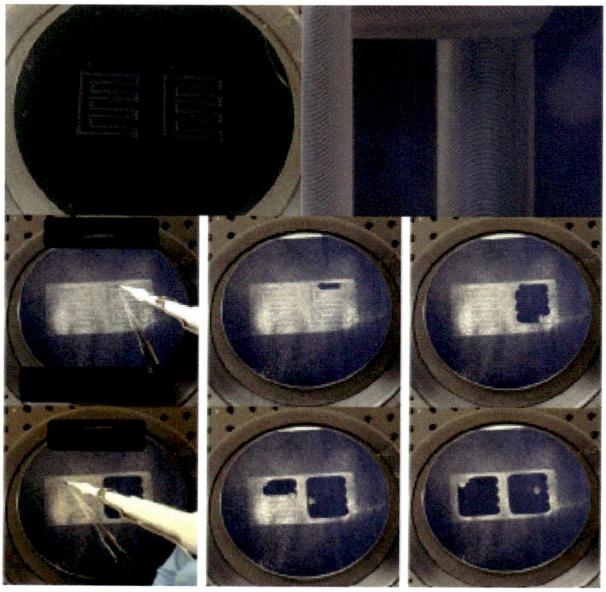

图 3-71　硅基片上的自清洁表面示意图[34]

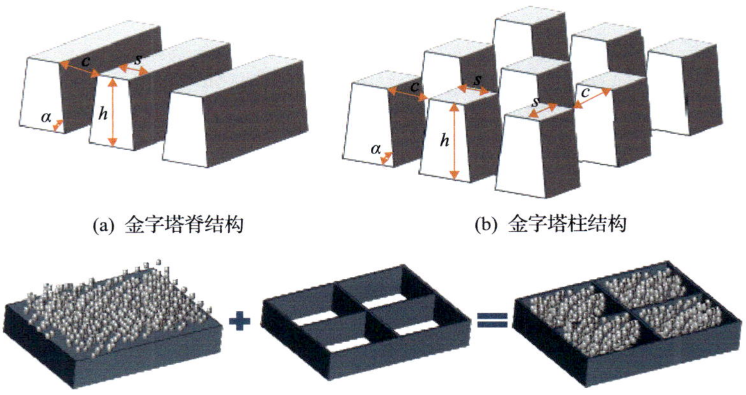

(a) 金字塔脊结构　　(b) 金字塔柱结构

(c) 保护框架

图 3-72　超疏水表面微结构示意图[35,36]

s-金字塔脊或金字塔柱的宽度；*c*-金字塔脊或金字塔柱的间距；*α*-金字塔脊或金字塔柱的底角；*h*-金字塔脊或金字塔柱的高度

上构建了提供保护表面微结构的“口袋”［图 3-72(c)］[36]。对比发现，金字塔脊的疏水性能与金字塔脊的高度 *h* 呈正相关，但是较高的金字塔脊可能会影响透明度或反射率，需要平衡光学性能要求。

通过各种刺激响应性功能，如离子交换、电润湿、光刺激、磁场诱导、等离子体处理、热刺激和自修复能力，同样可以实现智能表面的自清洁功能。电润湿(electrowetting-on-dielectric，EWOD)技术是一种通过施加电压改变液体接触角的技术。Lee 等设计了一种通过电润湿技术去除水滴和灰尘的自清洁镜头膜(图 3-73)，发现在倾斜疏水表面上利用高电压直流电润湿技术除去液态冷凝物与颗粒是可行的[37]。

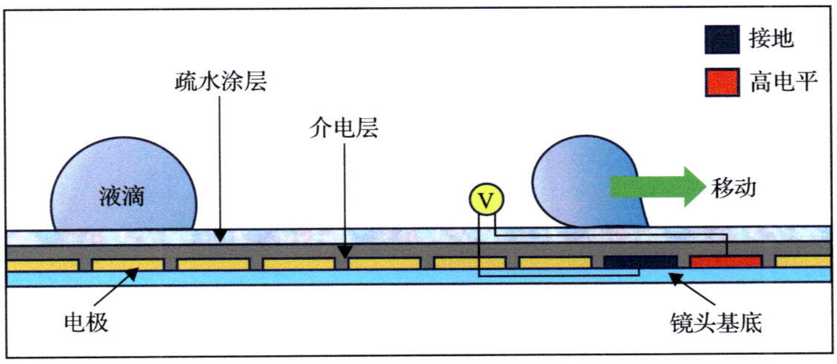

图 3-73　电润湿自清洁镜头膜[37]

嵌入式高透明度加热器通过热刺激使镜头膜表面的水滴快速蒸发，以及镜头膜发生形变引起污染物脱落。Jo 等发明了一种高透明度铜纤维加热装置，最高温高达 328℃，并且保持着超过 90%的透明度和 0.058Ω/m^2 的低密度[38]。Sas 等利用碳纳米填料组装了高功率因子 *n* 型热电多层薄膜，空气稳定性超过 60 天且无须保护措施，是热刺激自清洁表面薄膜的潜在材料[39]。Kim 等提出了一种热刺激镜头膜自清洁装置(图 3-74)，视觉系统检测到镜头污染后进行喷水，镜头加热模组快速响应使镜头表面悬挂的水珠快速蒸发[40,41]。

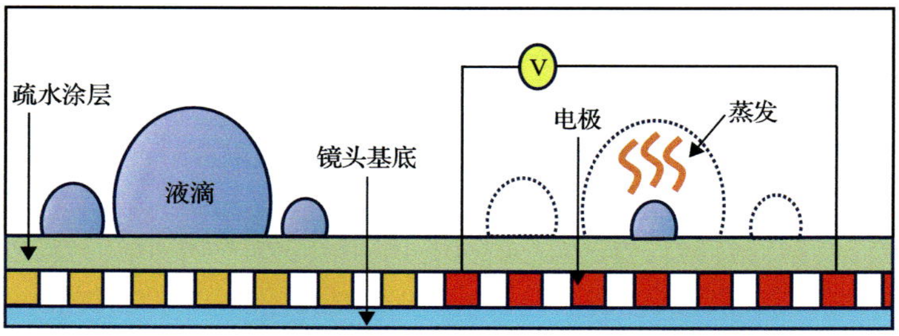

图 3-74 加热蒸发型自清洁镜头膜[41]

总体来讲，超声波自清洁技术高效可靠，对液体和颗粒都有很好的适应性，在煤矿井下机器视觉系统自清洁技术的扩展中具有巨大潜力。此外，多功能表面还需要具备可控油黏附、各向异性油润湿性、透明性、耐用性和自愈能力以及对外部刺激(如光、pH、温度、电势、磁场、周围密度等)的智能响应能力，以满足井下的实际需求。

3.4.4 激光与静电自清洁技术

激光与静电自清洁技术是利用高能激光束进行表面处理的物理清洁方法。其原理是利用高能高频激光束照射工件表面，瞬间蒸发或清除表面的污染物，从而达到清洁的目的。主要的激光自清洁方法如图 3-75 所示，包括干式激光清洁、液体辅助激光清洁和激光冲击波清洁[42]。激光自清洁技术具有高方向性、单色性、高相干性和高亮度的特点，能够使激光在不损伤工件表面的前提下高效地清除污染物。

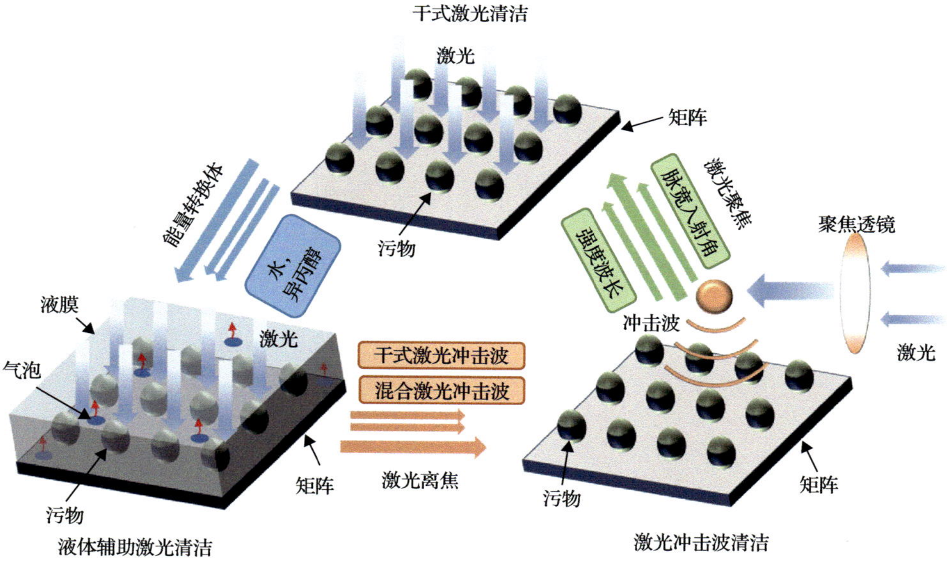

图 3-75 主要的激光自清洁方法[42]

1. 干式激光清洁技术

干式激光清洁是一种高效的表面清洁技术，通过激光束照射工件表面，利用热膨胀力和范德瓦耳斯力去除颗粒物或薄膜层。

2. 液体辅助激光清洁技术

液体辅助激光清洁技术利用液体介质增强激光的能量吸收率，从而提高去污效率并减少能量输入量。在液体辅助激光清洁系统中，首先将一层高吸水性聚合物涂覆于待清洗物体表面，然后在其上方覆盖一薄层透明保护膜。当 CO_2 激光器发射的高能激光聚焦到保护膜时，液体会迅速升温蒸发形成蒸汽泡，产生冲击波驱使附着的污染物脱离被清洗物体的表面。

3. 激光冲击波清洁技术

激光冲击波清洁技术利用激光诱导产生的空气等离子体冲击波来实现表面自清洁。激光冲击波清洁技术通常用于半导体晶片、光学视窗等精细清洁作业，能够有效地清除微米级别的污染物而不损伤基材本身。如图 3-76 所示，双光子激光冲击波清洗(double-beam laser shockwave cleaning，DLSC)工艺可以处理硅片表面的纳米颗粒污染，L_1、L_2 分别为双光子激光，PSL 为污染物颗粒(聚苯乙烯凝胶)[43]。通过调整两束激光的角度，诱导产生多个等离子核，可以显著减小由单个激光脉冲诱导的单一等离子核无法到达的盲区内残留物的数量。该技术适用于多种尺寸颗粒物的自清洁场景。

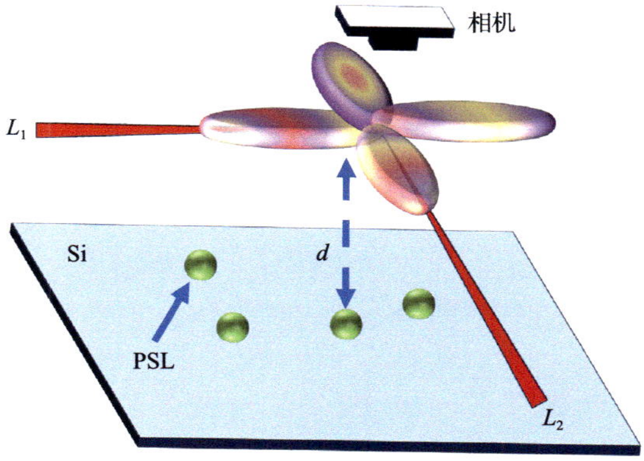

图 3-76　双光束诱导等离子体[43]

此外，激光冲击波也可以进行视窗自清洁，对于典型的含碳颗粒和飞灰，光子压力作用力可以达到范德瓦耳斯力的三倍左右，而光泳力则比后者多 2～3 个数量级，炭黑颗粒的去除是光子压力、光泳力等多种力共同作用的结果。光子压力是指当一束单色平面波照射到粒子时，如果粒子吸收部分或全部激光能量，则会在粒子表面形成压强差而施加一个推力。若粒子及其周围气体因吸收光束能量而不均匀加热导致迁移，那么粒子受到光泳力的作用，这通常被称为非均匀加热导致的附加力。这些力的合力可以克服颗粒与表面之间的黏附力，从而有效地去除附着在视窗上的颗粒物。

3.4.5　静电清洁技术

静电清洁技术主要利用静电吸附原理来清除物体表面的灰尘和微粒。高压的静电场将空气中的灰尘和小颗粒带上电荷，然后利用电场力将其偏转至收集板上沉积，从而实现清洁的目的。数值模拟是研究静电清洁技术的通用手段，不仅可以研究电晕静电沉淀器中细颗粒物的充电和传输行为，还可以模拟风速场对静电除尘器性能的影响。

总的来说，激光自清洁技术去除力强、操作灵活并且无二次污染，清洁效果与激光能量呈正相关，属于较为理想的非接触式自清洁技术。然而，高能的激光可能会引起煤尘颗粒的自燃，并且激光辐射也对人体健康有害。静电清洁技术不使用化学清洗剂，非接触式的清洁方式避免了镜头膜基底损伤。同时颗粒的半径会影响静电的捕获能力，增加电压和降低温度有助于颗粒物的沉积，静电自清洁对于微小颗粒的清除具有巨大优势。出于安全考虑，静电不适应井下防爆的要求，但是静电除尘是陆地、太空和实验室等场景进行除尘的有效手段。因此在现有技术条件下，需要慎重考虑激光自清洁技术与静电自清洁技术在煤矿井下机器视觉系统应用的可行性。

3.5 基于可见光与近红外融合的去尘去雾技术

可见光与近红外融合去尘去雾技术是一种结合可见光(visible light, VL)和近红外光(near-infrared, NIR)成像特性的图像处理技术，旨在提高复杂环境下图像的清晰度。该技术基于可见光与近红外光在光谱响应上的差异，利用近红外光较强的穿透能力，有效减少大气悬浮颗粒对成像的影响，并结合可见光的丰富色彩信息，通过图像融合算法提升图像的对比度与清晰度[44]。

实际上，由于近红外光的透雾能力更强，近红外图像在不经过任何处理的情况下，对比度和视距就好于可见光图像。也就是说，单从去雾来讲，近红外图像不需要进行融合处理。然而，可见光图像的最大优势在于其与人眼的感应波段相同，而彩色图像更利于人们观察。相对于单独的近红外图像，融合图像包含了更多的细节信息、更丰富的颜色信息，更适于观察。主要步骤包括图像获取与多光谱成像、图像预处理、图像配准、图像融合、图像增强与优化等。这里介绍图像配准与图像融合相关技术。

3.5.1 图像配准

图像配准就是将两幅在不同时刻或不同成像模式下拍摄的同一场景的图像由不同坐标系变换到同一坐标系的过程。一幅图像通常表示为一个二维矩阵，矩阵中的数值代表对应像素点的灰度。图像配准的目的在于为源自同一场景的两幅图像建立几何变换模型，通过平移、缩放、旋转等变换将两幅图像统一到同一坐标系中，从而实现几何意义上的精准对齐，达到场景共有信息量的最大值。

假设两幅图像分别为 I_1 与 I_2，设定 I_1 为参考图像，I_2 为待配准图像。图像配准主要任务就是寻找最优的空间变换与灰度变换，实现两幅图像的最佳对准[45]，即

$$I_2(x,y)=g(I_1(f(x,y))) \tag{3-26}$$

式中，$I_1(x,y)$ 与 $I_2(x,y)$ 为图像中对应位置的灰度；函数 f 为二维空间变换；函数 g 为一

维灰度变换。

图像配准方法的分类依据有很多种，包括按图像的来源、应用、维数、配准方式和变换模型等进行分类。根据配准方式不同，可以分为两大类：基于像素的配准和基于特征的配准。基于像素的配准方法是利用整幅图像的灰度信息，衡量多幅图像之间的相似程度，寻找使得图像间相似性度量取得最大值时的参数模型。基于特征的配准方法通过提取两幅或多幅图像中的公共特征，并用特征描述符详细准确地描述提取的特征，根据描述符的相似性寻找特征组对之间的对应关系，从而对图像对间的变换模型进行估算，实现图像的自动配准。其中，公共特征如车的轮廓、人的五官、房屋的边缘等。

3.5.2　图像融合

1. 基于传统方法的融合方式

最早的图像融合方法以像素作为最小融合对象，这种方法对像素进行数学运算，包括主成分分析、加权平均等，虽然这些方法在一定程度上提升了融合效果，但是在运算过程中信息和光谱不可避免地出现了丢失或失真等情况。后来传统方法利用数学中的运算手段，将图像转至变换域进行处理，在变换域中测量活动水平并设计融合规则以实现图像融合。这些融合方法包括基于多尺度分解的方法、基于子空间聚类的方法、基于稀疏表示的方法、基于优化的方法和混合模型的方法等。

2. 基于深度学习的融合方式

由于深度学习算法具有极强的学习能力，将深度学习算法引入图像融合领域能够更好地根据训练样本自身特征构建网络模型，实现端到端的输入输出。由于这种方法不需要人为规定特征提取与融合的规则，所以人为干扰对融合结果的影响被极大地削弱。

(1) 基于卷积神经网络的方法。卷积神经网络实质上是通过训练海量数据，以形成输入与输出数据间的一种映射关系。它可以利用卷积核有效地提取源图像的多尺度和多层级特征。基于卷积神经网络的融合方法通过设计特定的损失函数约束和训练构建的模型，隐式地实现图像的特征提取、特征融合和图像重构。

(2) 基于自编码器的方法。在图像融合领域，通常来说融合任务所提供的公共数据集相对较少且数据集所提供的图片数量也相对有限，这给深度模型的训练造成了一定的困难。为了解决少样本数据集的训练问题，相关学者将自编码器引入图像融合任务并取得了理想的结果。

基于自编码器的网络结构主要包括两部分：编码器和解码器。编码器用于提取源图像的深层特征，而解码器将编码器提取的特征重构为源图像。通常自编码器的融合方法主要包含三个主要步骤：图像自编码、特征融合和解码重构。首先，通过自编码网络来提取源图像的深层特征；然后，针对特定的融合任务来设计融合策略来融合编码特征；最后，通过解码器对融合的编码特征进行解码以生成融合图像。

(3) 基于生成对抗网络 (generative adversarial network, GAN) 的方法。GAN 主要包括两部分：生成器 (generator, G) 和判别器 (discriminator, D)。GAN 基于二人零和博弈思想，

即在 GAN 中形成生成器和判别器的对抗博弈，以拟合输入和输出数据在分布上的相似性。GAN 具有强大的数据分布拟合能力和对无监督数据生成分布样本的能力，近些年在图像融合领域备受推崇且出现了很多基于 GAN 的红外与可见光图像融合方法。GAN 是目前红外与可见光图像融合中最流行的方法，能够以隐式方式完成特征提取、特征融合和图像重建。

(4) 基于 Transformer 的方法。Transformer 模型架构最早由 Vaswani 提出。鉴于其具有较强捕获远程信息的能力，多年来 Transformer 在自然语言处理任务中研究广泛。受其在自然语言处理中的成功启发，Dosovitskiy 首次提出了一种用于图像分类的视觉 Transformer (vision Transformer, ViT)。Transformer 较卷积神经网络框架有两个突出优点：强大的远程依赖建模能力和模型并行集成学习能力。基于 Transformer 的网络结构和训练策略促进了图像融合技术的发展。Transformer 模型强化了数据远距离依赖建模能力，是对卷积神经网络的一种强有力补充。

融合去雾技术依靠近红外光优于可见光的穿尘透雾能力，结合近红外强度成像细节分辨能力强和可见光强度成像颜色信息丰富的优势，能够实现良好的去雾效果，其生成的融合图像在增强场景环境理解力的同时更便于后续的目标识别等任务。

3.6 基于偏振信息的去雾技术

光的偏振被人们普遍利用，尤其是在拍照和影视效果的打造中。本节从偏振光学的基本理论出发，系统地介绍光波的偏振现象以及基本物理概念，以及几种常见的完全偏振光的描述方式。在此基础上，讨论不同结构的偏振成像系统以及各种偏振参量的测量方法。

3.6.1 光场电磁学基础

光波是电磁波，也是一种横波。光波的振动方向和传播方向构成的面叫作振动面，光的振动面方向均匀分布的光叫作自然光。而光的振动面方向不均匀分布的光叫作偏振光[46]。在应用中光的许多效应主要通过其电场进行表征与处理，所以也会将光波的电矢量称为光矢量。根据光矢量在垂直于传播方向的平面内的不同振动状态，通常将偏振光主要分为三类：

(1) 完全偏振光(线偏振、圆偏振、椭圆偏振)；

(2) 非偏振光；

(3) 部分偏振光。

大多数光源属于非偏振光源，为了明确光波的偏振性质，可以先只思考单色平面波的情况，单色平面波定义为具有特定传播方向、频率、相位、振荡方向的正弦波，任何特定空间结构的光波都可以分解为一组不同频率与振幅的平面波[47]。

平面波 $E(z,t)$ 表示空间中光波某点的电场时变关系，其分量为

$$\begin{cases} E_x = E_{0x}\cos(kz-\omega t+\varphi_x) \\ E_y = E_{0y}\cos(kz-\omega t+\varphi_y) \\ E_z = 0 \end{cases} \tag{3-27}$$

式中，E_{0x}、E_{0y} 分别为 E_x、E_y 的最大实值；k 为波数；ω 为角频率；z 为空间位置；t 为时间；φ_x、φ_y 为相位。

化简消去 $kz-\omega t$ 则得到横电磁波的偏振椭圆，表示为

$$\left(\frac{E_x}{E_{0x}}\right)^2+\left(\frac{E_y}{E_{0y}}\right)^2-2\frac{E_x}{E_{0x}}\frac{E_y}{E_{0y}}\cos\varphi=\sin^2\varphi \tag{3-28}$$

式中，φ 为电场相位差。

电矢量端点的轨迹为一椭圆，定义为椭圆偏振光，对于不同相位差的椭圆偏振如图 3-77 所示。

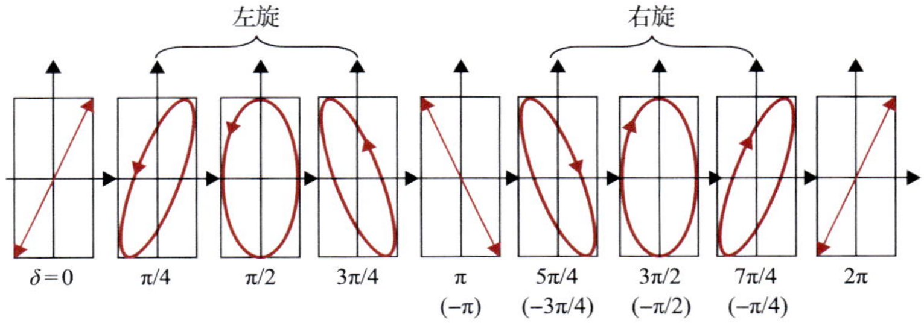

图 3-77　各种相位差的椭圆偏振

圆偏振光可视为振幅相等、振动方向正交、相位差 $\pm\pi/2$ 的两个同频率线偏振光的合成。椭圆偏振光可视为振动方向正交、相位差恒定的两个同频率线偏振光的合成。线偏振和圆偏振是椭圆偏振的两种特殊形式。偏振椭圆如图 3-78 所示。

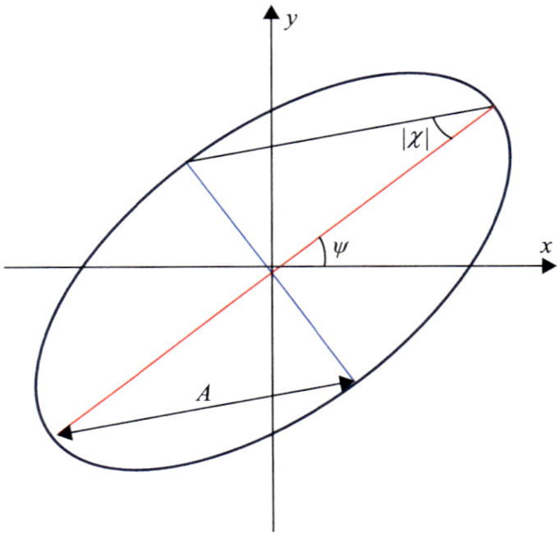

图 3-78　偏振椭圆图

在偏振椭圆中，定义定向角 ψ 为半长轴与 x 轴之间的夹角：

$$\tan 2\psi=\frac{2E_{0x}E_{0y}}{E_{0x}^2-E_{0y}^2}\cos\varphi,\quad 0\leqslant\psi\leqslant\pi \tag{3-29}$$

椭圆角 χ 定义为

$$\sin 2\chi = \frac{2E_{0x}E_{0y}}{E_{0x}^2 + E_{0y}^2}\sin\varphi, \quad -\pi/4 \leqslant \chi \leqslant \pi/4 \tag{3-30}$$

A 为椭圆幅，即波动的功率密度：

$$A = \sqrt{E_{0x}^2 + E_{0y}^2} \tag{3-31}$$

入射偏振光通过偏振片的过程可以由马吕斯定律来解释，出射光的辐照度 I 为

$$I = I_0 \cos^2 \theta_{\mathrm{i}} \tag{3-32}$$

式中，I_0 为入射光辐照度；θ_{i} 为入射光偏振方向与偏振片传输轴之间的夹角。

1. 斯托克斯矢量表示

1852年，乔治·斯托克斯提出一种基于强度量纲的斯托克斯矢量(Stokes vector)，通过四个参数构成向量[S_0, S_1, S_2, S_3]来描述光的偏振态，可以描述任意光束偏振态。根据定义，这四个参数可以直接测量获得[48]。

$$\boldsymbol{S} = \begin{pmatrix} S_0 \\ S_1 \\ S_2 \\ S_3 \end{pmatrix} = \begin{pmatrix} E_{0x}^2 + E_{0y}^2 \\ E_{0x}^2 - E_{0y}^2 \\ 2E_{0x}E_{0y}\cos\varphi \\ 2E_{0x}E_{0y}\sin\varphi \end{pmatrix} \tag{3-33}$$

几种常用偏振光的斯托克斯矢量见表 3-18。

表 3-18　常见偏振光的斯托克斯矢量

偏振光	斯托克斯矢量
自然光	$(1\ 0\ 0\ 0)^{\mathrm{T}}$
水平线偏振光	$(1\ 1\ 0\ 0)^{\mathrm{T}}$
45°线偏振光	$(1\ 0\ 1\ 0)^{\mathrm{T}}$
–45°线偏振光	$(1\ 0\ {-1}\ 0)^{\mathrm{T}}$
右旋线偏振光	$(1\ 0\ 0\ 1)^{\mathrm{T}}$
左旋线偏振光	$(1\ 0\ 0\ {-1})^{\mathrm{T}}$

2. 穆勒矩阵

一般情况下，具有一定偏振特性的入射光照射到物体上时，其反射光的偏振特性会

发生变化。由上节可知，一束具有偏振特性的偏振光可以通过斯托克斯矢量来表示，当这束光照射到物体上时，反射光的斯托克斯矢量就等于入射光的斯托克斯矢量与表征物体偏振特性的穆勒矩阵的乘积。

$$\begin{pmatrix} S_0' \\ S_1' \\ S_2' \\ S_3' \end{pmatrix} = \boldsymbol{M} \cdot \boldsymbol{S} = \begin{pmatrix} M_{01} & M_{02} & M_{03} & M_{04} \\ M_{10} & M_{11} & M_{12} & M_{13} \\ M_{20} & M_{21} & M_{22} & M_{23} \\ M_{30} & M_{31} & M_{32} & M_{33} \end{pmatrix} \begin{pmatrix} S_0 \\ S_1 \\ S_2 \\ S_3 \end{pmatrix} \tag{3-34}$$

式中，$\boldsymbol{M}$ 为穆勒矩阵。

以下列举常用的矩阵。

(1) 旋转矩阵(假设旋转 α 度)：

$$\boldsymbol{M} = \begin{pmatrix} 1 & 0 & 0 & 0 \\ 0 & \cos 2\alpha & \sin 2\alpha & 0 \\ 0 & -\sin 2\alpha & -\cos 2\alpha & 0 \\ 0 & 0 & 0 & 1 \end{pmatrix} \tag{3-35}$$

(2) 偏振片的透光轴方向为 β 时：

$$\boldsymbol{M} = \frac{t_x^2}{2} \begin{pmatrix} 1 & \cos 2\beta & \sin 2\beta & 0 \\ \cos 2\alpha & \cos^2 2\alpha & \sin 2\beta \cos 2\beta & 0 \\ \sin 2\beta & \sin 2\beta \cos 2\beta & \sin^2 2\beta & 0 \\ 0 & 0 & 0 & 0 \end{pmatrix} \tag{3-36}$$

式中，t_x^2 为偏振片的最大透过率。

该矩阵第四列为 0 是因为偏振片只影响线偏振光，对于斯托克斯矢量中的圆偏振分量 S_3 不影响。

偏振光可分解为不同状态的偏振光成分，在偏振成像的应用中定义偏振度(degree of polarization，DoP)来表征完全偏振光和总光强的比，采用斯托克斯矢量表示为

$$\text{DoP} = \frac{\sqrt{S_1^2 + S_2^2 + S_3^2}}{S_0} \tag{3-37}$$

对于线偏振度(degree of linear polarization，DoLP)，定义为光场中线偏振光与总光强的比例：

$$\text{DoLP} = \frac{\sqrt{S_1^2 + S_2^2}}{S_0} \tag{3-38}$$

对于圆偏振度(degree of circularly polarization，DoCP)，定义为圆偏振光与总光强的

比例：

$$\mathrm{DoCP} = \frac{|S_3|}{S_0} \tag{3-39}$$

根据偏振度定义，如果其值为 0，则为非偏振光；其值为 1 则对应完全偏振光，其值取(0,1)之间则为部分偏振光：

$$\mathrm{DoP} = \begin{cases} 0, & \text{非偏振光} \\ 1, & \text{完全偏振光} \\ 0 < \mathrm{DoP} < 1, & \text{部分偏振光} \end{cases} \tag{3-40}$$

偏振角(angle of polarization，AoP)是偏振成像的另一个重要参数，是偏振的长轴与水平方向上的夹角，在实际应用中该参数表征偏振振动最强的方向与水平方向的夹角。

$$\mathrm{AoP} = \arctan\frac{S_2}{S_1} \tag{3-41}$$

3.6.2 偏振成像系统

1. 分时偏振成像系统

分时(division of time, DoT)偏振成像通常采用起偏元件在探测器前端结合，通过改变起偏元件对应的角度来调制入射光偏振态，以此采集该场景下多种偏振态数据，再通过得到的不同偏振态信息进行斯托克斯矢量计算，这种获取偏振数据的方式由于具有时序限制，适用于对静止目标进行成像。

2. 分振幅偏振成像

1976 年美国 Garlick 首次提出分振幅(division of amplitude, DoAM)偏振成像。成像系统采用四个独立的探测器，能够同时采集场景不同偏振角度的图像，解决了分时成像系统仅能应用于静态场景偏振探测的限制[49]。当目标辐射入射到物镜，物镜出射的光束经过分光光路与相位延迟器形成各自不同的偏振态，再通过各自通道的探测器输出得到对应角度的偏振图像。

分振幅偏振成像的缺点是能量利用率较低，系统分光元件较多，体积、重量大，且需要进行高精度配准处理，对于系统标定的要求比较高，优点是可以对动态场景进行偏振探测，同时获取多偏振态，且成像分辨率高[50]。

3. 分孔径偏振成像

分孔径(division of aperture, DoAP)偏振成像通过光路设计与装调，将入射光路分成多个子孔径，通常四个偏振通道共用一个前置物镜，可将四个偏振通道的图像成像于探测器焦面的四个象限，使每个子象限获取不同角度的偏振图像。在四路子孔径分光处理设计时可以兼顾圆偏振分量的采集，进而实现全斯托克斯矢量信息的计算，为后续偏振图像处理提供更完整的数据维度。

4. 分焦平面偏振成像

分焦平面(division of focal polarization, DoFP)偏振成像是一种新型偏振成像技术，通常采用像素级微偏振阵列(micro-polarization array，MPA)与 CCD/CMOS 探测器耦合集成[51]，通过对 MPA 进行排列编码实现多偏振态同时成像，一般采用 0°、45°、90°、135°四个方向线偏振的组合，具有同时成像、集成度高、环境可靠性高等特点，而且其谱段覆盖也相对完备，从可见光波段到红外波段都有对应的设计与制备技术可以实现。

3.6.3 偏振去雾原理

在对偏振光进行处理时，常使用斯托克斯向量(I, Q, U, V)来表征光的偏振信息，其中，I、Q、U与V代表的可见光偏振信息和上面阐述的S_0、S_1、S_2与S_3含义相同，仅变量符号形式不同[52]。真实自然环境背景下，偏振光中的圆偏振光分量几乎没有，设定$V=0$，因此在可见光偏振去雾模型中常使用(I, Q, U)表示。此时，以 0°为基准方向，在任意偏振角度a上的光强度$I(a)$为

$$I(a)=\frac{1}{2}(I+Q\cos 2a+U\sin 2a) \tag{3-42}$$

式中，$I(a)$为偏振角度为a时的光强度。

在普通可见光相机前嵌入线偏振片，旋转后可得到不同偏振角度的可见光偏振图像。使用可见光偏振相机可得到偏振角度在 0°、45°、90°和 135°上的线偏振图像$I(0°)$、$I(45°)$、$I(90°)$和$I(135°)$，则可得到斯托克斯参量公式：

$$\begin{aligned} I&=I(0°)+I(90°)\\ Q&=I(0°)-I(90°)\\ U&=I(45°)-I(135°) \end{aligned} \tag{3-43}$$

然后根据这三个斯托克斯参量可以计算出自然环境背景下的偏振度P，即

$$P=\frac{\sqrt{Q^2+U^2}}{I} \tag{3-44}$$

分别对偏振图像$I(0°)$、$I(45°)$、$I(90°)$和$I(135°)$进行中值滤波，得到大气光线偏振图像$A(0°)$、$A(45°)$、$A(90°)$和$A(135°)$，再对四张图像进行斯托克斯矢量变换：

$$\begin{aligned} AI^{\text{total}}&=AI=A(0°)+A(90°)\\ AU&=A(0°)-A(90°)\\ AQ&=A(45°)-A(135°) \end{aligned} \tag{3-45}$$

因此，可得到大气光偏振度：

$$P_A = \frac{\sqrt{AQ^2 + AU^2}}{AI} \tag{3-46}$$

最后，结合大气散射模型可得到可见光偏振图像去雾模型：

$$L^{\text{object}} = \frac{I^{\text{total}}(1 - P / P_A)}{1 - (I^{\text{total}} P) / (A_\infty P_A)} \tag{3-47}$$

式中，L^{object} 为去雾后清晰图像；A_∞ 可通过估计无穷远处大气光强得到。

3.7 “液体介入+红外检测”煤岩识别技术

虽然相较可见光图像识别技术，红外热像识别技术具有夜间可视和穿透烟雾的优势，但由于煤、岩石处于基本相同的地层沉积环境中，两者的温度差异并不显著。而红外热像技术的本质是通过分析不同温度物质向外辐射红外线强度的差异来测量温度，并将其以不同的颜色反映在图像上，因此当两者温度差异比较微小时，采用红外热像技术进行煤岩识别的效率和准确率就会相应降低。因此寻求增大煤、岩石温度差异的方法，从而提高识别效率是红外热像技术在智能放煤中成功应用的关键。

为此，提出了“液体介入+红外检测”的煤岩识别方法[53]，它是利用煤、岩石物理结构特征以及化学成分组成的不同，通过在煤岩混合体表面喷洒特定种类的液体，使煤、岩石与液体产生有差异的物理变化或化学反应，不同的反应热量会造成煤岩表面的温度差，从而通过主动介入的方法增大煤、岩石在红外图像上的差异，达到显著提升煤岩识别效率的目的。

图 3-79 展示了采用液体介入方法后，可有效增大难辨别煤、岩石在红外图像上的差异，从而为提高煤岩的识别准确率奠定基础。

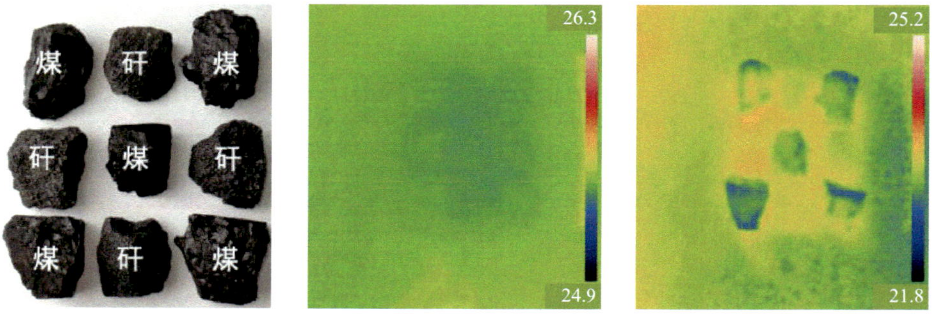

(a) 可见光图像　　(b) 无液体介入红外图像　　(c) 液体介入红外图像

图 3-79 液体介入前后煤岩可见光、红外图像差异

参考文献

[1] 王家臣，李良晖，杨胜利. 不同照度下煤矸图像灰度及纹理特征提取的实验研究[J]. 煤炭学报, 2018, 43 (11): 3051-3061.

[2] 李良晖. 基于差异照度图像的综放开采煤矸混合度识别研究[D]. 北京：中国矿业大学(北京), 2019.

[3] Hartley R, Zisserman A. Multiple view geometry in computer vision[M]. Cambridge: Cambridge University Press, 2003.
[4] Zhang Z Y. A flexible new technique for camera calibration[J]. IEEE Transactions on Pattern Analysis and Machine Intelligence, 2000, 22(11): 1330-1334.
[5] Xia R, Su R, Zhao J, et al. An accurate and robust method for the measurement of circular holes based on binocular vision[J]. Measurement Science and Technology, 2020, 31(2): 1-10.
[6] Bergamasco F, Cosmo L, Albarelli A, et al. A robust multi-camera 3D ellipse fitting for contactless measurements[C]//2012 Second International Conference on 3D Imaging, Modeling, Processing, Visualization & Transmission, 13-15 October 2012, Zurich, Switzerland.
[7] Bagatur T, Baylar A, Sekerdag N. The effect of nozzle type on air entrainment by plunging water jets[J]. Water Quality Research Journal, 2002, 37(3): 599-612.
[8] 胡而已, 李梦雅, 王一然, 等. 煤矿机器人视觉系统除尘方法研究[J]. 煤炭科学技术, 2020, 48(7): 243-248.
[9] 王超. 公路隧道高空摄像头清洗机器人结构设计与轨迹规划研究[D]. 西安: 长安大学, 2023.
[10] 卢长亮. 移动机器人仿生视野清洁装置关键技术研究[D]. 哈尔滨: 哈尔滨工程大学, 2020.
[11] Potter G, Tokranova N, Rastegar A, et al. Design, fabrication, and testing of surface acoustic wave devices for semiconductor cleaning applications[J]. Microelectronic Engineering, 2016, 162: 100-104.
[12] 刘晓力, 叶辉, 胡银青, 等. 一种工业摄像头自清洁装置及其控制方法: ZL202410087028.7[P]. 2024-04-05.
[13] 黄鑫亮. 基于科恩达效应的移动摄像头视野清洁研究[D]. 哈尔滨: 哈尔滨工程大学, 2016.
[14] 刘伟, 薛慧婷. 一种清洗机风刀气压监控系统及方法: ZL202211349926.2[P]. 2023-04-04.
[15] Liu Y H, Hirama D, Matsusaka S. Particle removal process during application of impinging dry ice jet[J]. Powder Technology, 2012, 217: 607-613.
[16] Jai-Ngam N, Pattanapairoj S, Tangchaichit K. Computational fluid dynamics to develop a micro particle cleaning process using turbulent air flows in the hard disk drive industry[C]//2018 15th International Conference on Electrical Engineering/Electronics, Computer, Telecommunications and Information Technology(ECTI-CON), 2018: 588-591.
[17] Jai-Ngam N, Tangchaichit K. Simulation of airflow inside a computer hard disk drive to develop an impinging air jet particle detachment system for cleaning head stack assemblies[J]. IEEE Transactions on Magnetics, 2018, 54(6): 1-8.
[18] Banerjee S, Campbell A. Principles and mechanisms of sub-micrometer particle removal by CO_2 cryogenic technique[J]. Journal of Adhesion Science and Technology, 2005, 19(9): 739-751.
[19] Kim W, Kim T H, Choi J, et al. Mechanism of particle removal by megasonic waves[J]. Applied Physics Letters, 2009, 94(8): 213.
[20] 李明. 固体微颗粒粘附与清除的机理及表面保洁技术的研究[D]. 长沙: 中南大学, 2010.
[21] 王家臣, 潘卫东, 张国英, 等. 图像识别智能放煤技术原理与应用[J]. 煤炭学报, 2022, 47(1): 87-101.
[22] 郭振煜. 一种无人值守监控摄像头的自动清洗设备: ZL202110155196.1[P]. 2021-06-08.
[23] 马立森, 田原, 郝明锐, 等. 一种煤矿井下机器视觉优化方法、系统、设备及采集装置: ZL202311674313.0[P]. 2024-03-08.
[24] Liu X L, Liu H, Tan J D. Towards a generic in vivo in situ camera lens cleaning module for robotic surgery[C]//2019 IEEE/RSJ International Conference on Intelligent Robots and Systems(IROS), 2019 : 6290-6295.
[25] Yazdanpanah A R, Liu X L, Li N, et al. A novel laparoscopic camera robot with in-vivo lens cleaning and debris prevention modules[C]//2017 IEEE/RSJ International Conference on Intelligent Robots and Systems(IROS), 2017: 3669-3674.
[26] Chen E Y-T, Chen Y, Guo B, et al. Effects of surface morphological parameters on cleaning efficiency of PV panels[J]. Solar Energy, 2019, 194: 840-847.
[27] Yan J P, Lin Q, Zhao S H, et al. Effect of seed nuclei combined with acoustic field on fine particles removal[J]. Powder Technology, 2018, 340: 8-16.
[28] Yusof N S M, Babgi B, Alghamdi Y, et al. Physical and chemical effects of acoustic cavitation in selected ultrasonic cleaning applications[J]. Ultrasonics Sonochemistry, 2016, 29: 568-576.
[29] Jin N, Zhang F H, Cui Y, et al. Environment-friendly surface cleaning using micro-nano bubbles[J]. Particuology, 2022, 66: 1-9.

[30] Texas Instruments. What is ultrasonic lens cleaning technology? [EB/OL]. (2022-05) [2024-11-18]. https://www.ti.com.cn/document-viewer/cn/lit/html/sszt077.

[31] Texas Instruments. Ultrasonic lens cleaning: a solid-state technology you didn't know you needed[EB/OL]. (2022-12) [2024-11-18]. https://www.ti.com/lit/ta/sszt049/sszt049.pdf?ts=1731923422175&ref_url=https%253A%252F%252Fwww.bing.com%252F.

[32] Yang D Y, Tao R, Hou X H, et al. Nanoscale "earthquake" effect induced by thin film surface acoustic waves as a new strategy for ice protection[J]. Advanced Materials Interfaces, 2020, 8 (2): 2001776.

[33] Blossey R. Self-cleaning surfaces—virtual realities[J]. Nature Materials, 2003, 2 (5): 301-306.

[34] Sun D, Bohringer K F. An active self-cleaning surface system for photovoltaic modules using anisotropic ratchet conveyors and mechanical vibration[J]. Microsystems & Nanoengineering, 2020, 6 (1): 87.

[35] Kong L B, Cheung C F, To S, et al. Modeling and characterization of generation of 3D micro-structured surfaces with self-cleaning and optical functions[J]. Optik-International Journal for Light and Electron Optics, 2013, 124 (17): 2848-2853.

[36] Wang D H, Sun Q Q, Hokkanen M J, et al. Design of robust superhydrophobic surfaces[J]. Nature, 2020, 582 (7810): 55-59.

[37] Lee K Y, Hong J, Chung S K. Smart self-cleaning lens cover for miniature cameras of automobiles[J]. Sensors and Actuators B: Chemical, 2017, 239: 754-758.

[38] Jo H S, An S, Lee J G, et al. Highly flexible, stretchable, patternable, transparent copper fiber heater on a complex 3D surface[J]. NPG Asia Materials, 2017, 9 (2): e347.

[39] Sas I, Gorga R E, Joines J A, et al. Literature review on superhydrophobic self-cleaning surfaces produced by electrospinning[J]. Journal of Polymer Science Part B: Polymer Physics, 2012, 50 (12): 824-845.

[40] Kim Y, Kim W, Yoon J, et al. Deep learning-based multiple droplet contamination detector for vision systems using a you only look once algorithm[J]. Information, 2024, 15 (3): 134.

[41] Kim Y, Lee J, Chung S K. Heat-driven self-cleaning glass based on fast thermal response for automotive sensors[J]. Physica Scripta, 2023, 98 (8): 1-12.

[42] Zhu G D, Xu Z H, Jin Y, et al. Mechanism and application of laser cleaning: a review[J]. Optics and Lasers in Engineering, 2022, 157: 107130.1-107130.19.

[43] Zhang S W, Yan Q Y, Lin J, et al. Elimination of blind zone in nanoparticle removal on silicon wafers using a double-beam laser shockwave cleaning process[J]. Applied Surface Science, 2021, 539: 148057.1-148057.9.

[44] Schaul L, Fredembach C, Süsstrunk S. Color image dehazing using the near-infrared[C]//2009. 16th IEEE ICIP, 07-10 November 2009, Cairo, Egypt.

[45] Zhuang Y, Gao K, Miu X, et al. Infrared and visual image registration based on mutual information with a combined particle swarm optimization-powell search algorithm[J]. Optik International Journal for Light and Electron Optics, 2016, 127 (1): 188-191.

[46] 廖延彪. 偏振光学[M]. 北京: 科学出版社, 2003.

[47] Goodman J W. Introduction to Fourier optics[M]. 3rd ed. Greenwood Village: Roberts and Company Publishers, 2004.

[48] Goldstein D H. Polarized light[M]. Boca Raton: CRC Press, 2017.

[49] Garlick G, Steigmann G A, Lamb W E. Differential optical polarization detectors[P]. 1976.

[50] 刘敬, 夏润秋, 金伟其 , 等. 基于斯托克斯矢量的偏振成像仪器及其进展[J]. 光学技术, 2013, 39: 56-62.

[51] Kulkarni M, Gruev V. A division-of-focal-plane spectral-polarization imaging sensor[C]//Polarization: Measurement, Analysis, and Remote Sensing X. 2016, 8364: 169-179.

[52] 周玉叶. 基于偏振成像的图像去雾方法研究[D]. 合肥: 安徽建筑大学, 2024.

[53] 张锦旺, 王家臣, 何庚. 煤矸红外图像识别基础研究[M]. 北京: 应急管理出版社, 2024.

第 4 章　煤流含矸率检测

4.1　煤流含矸率检测基本问题

4.1.1　图像分割的定义

图像分割是依据一些特征(如亮度、纹理、频谱等)信息将图像中的像素分成不同的连通区域，分割成的各个邻接区域的特征互不相同。图像分割的结果是区域的集合，这些区域互不相交，并且覆盖了整个图像。从而为后续的工作如计算机视觉、场景分析建模等提供支持。

假设有一图像 G，则图像分割可以看作是把 G 分成 n 个子区域 $R_1, R_2, R_3, \cdots, R_n$ 的过程，且需满足：

(1) $\bigcup_{i=1}^{n} R_i = G$；

(2) R_i 是一个连接区域，$i = 1,2,\cdots,n$；

(3) $R_i \bigcap R_j = \varnothing$，$\forall i, j = 1,2,\cdots,n$；

(4) $P(R_i) = \text{TRUE}$，$\forall i = 1,2,\cdots,n$；

(5) $P(R_i \bigcup R_j) = \text{FALSE}$，任意邻接的区域 R_i 和 R_j。

其中，(1)要求图像中的每个像素都应该被分割至一个具体的区域；(2)要求一个区域的两个像素应该有路径可以连通；(3)表示一个像素只能属于一个区域。此外是定义在区域上的谓词，用于表示该区域是否具有某种性质。比如在以像素亮度为分割标准的算法中，该谓词可以表示区域中的像素是否具有相似的亮度。因此，(4)和(5)就表示在图像分割的结果中，任意区域内的像素应具有相似特征，而任意两个邻接区域的特征不相似。

4.1.2　图像分割算法的评价指标

常用的图像分割的评价指标主要包括像素准确率(pixel accuracy, PA)、交并比(intersection-over-union，IOU)、骰子系数(dice coeffcient)等。

像素准确率是图像中正确分类的像素百分比，即分类正确的像素占总像素的比例。用公式可表示为

$$\mathrm{PA} = \frac{\sum_{i=0}^{n} p_{ii}}{\sum_{i=0}^{n}\sum_{j=0}^{n} p_{ij}} = \frac{\mathrm{TP}+\mathrm{TN}}{\mathrm{TP}+\mathrm{TN}+\mathrm{FP}+\mathrm{FN}} \tag{4-1}$$

式中，n 为类别总数；p_{ii} 为真实像素类别为 i 的像素被预测为类别 i 的总数量，即正确分类的数量；p_{ij} 为真实像素类别为 i 的像素被预测为类别 j 的总数量，即分类错误的数量；TP 为真阳性数，在 label 中为阳性，在预测值中也为阳性的个数；TN 为真阴性数，在 label 中为阴性，在预测值中也为阴性的个数；FP 为假阳性数，在 label 中为阴性，在预测值中为阳性的个数；FN 为假阴性数，在 label 中为阳性，在预测值中为阴性的个数。其中，TP、TN、FP 与 FN 的和为图像总像素数，TP 与 TN 的和为正确分类的像素数。

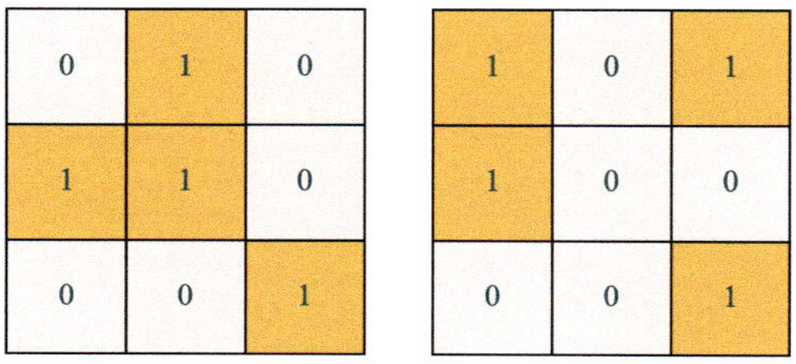

(a) 基准图　(b) 预测图

图 4-1　像素准确率计算示意图

图 4-1 为像素准确率计算示意图，图中 TP=3，TN=4，FN=2，FP=0，PA=77.5%。

交并比 IoU，也称为 Jaccard 指数，用预测分割和标签之间的重叠区域(即交集)除以预测分割和标签之间的联合区域(即并集)，是语义分割中最常用的指标之一。用公式可表示为

$$\mathrm{IoU}=\frac{|\mathrm{GT}\cap\mathrm{PD}|}{|\mathrm{GT}\cup\mathrm{PD}|}=\frac{\mathrm{TP}}{\mathrm{TP}+\mathrm{FP}+\mathrm{FN}} \tag{4-2}$$

式中，GT 为基准图；PD 为预测图。

骰子系数(Dice 系数)，它是预测分割和标签交集的两倍除以两个像素和，即

$$\mathrm{Dice}=\frac{2|\mathrm{GT}\cap\mathrm{PD}|}{|\mathrm{GT}|+|\mathrm{PD}|}=\frac{2\mathrm{TP}}{2\mathrm{TP}+\mathrm{FP}+\mathrm{FN}} \tag{4-3}$$

此外，图像分割算法的评价指标还有豪斯多夫距离(Hausdorff distance，HD95)、体积相关误差(relative volume error, RVE)等，这里不做详细介绍。

4.1.3　不同场景下的煤岩图像

根据采集环境的不同，本节所涉及的煤岩图像可以分为实验室采集煤岩图像以及现场采集煤流图像两大类，其中实验室采集煤岩图像可以细分为实验室采集独立煤岩图像和实验室采集堆叠煤岩图像，如图 4-2 所示。

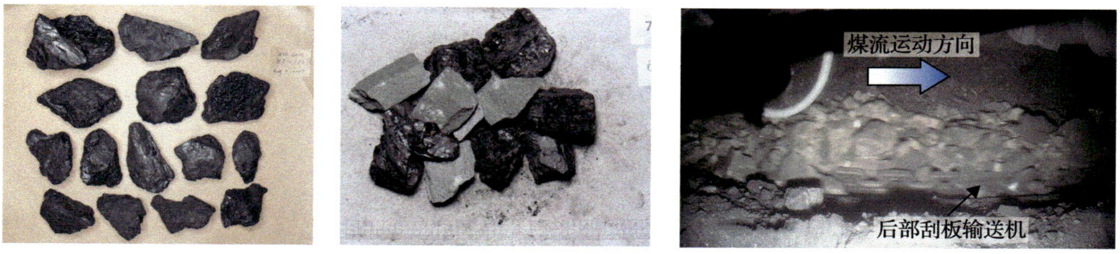

(a) 实验室采集独立煤岩图像　(b) 实验室采集堆叠煤岩图像　(c) 现场采集煤流图像

图 4-2　煤岩图像示意图

4.2　基于经典算法的煤岩图像分割

4.2.1　煤岩图像分割方法选择

经典的图像分割方法主要包括基于阈值、边缘、图论、聚类以及区域的分割方法。本章采用基于阈值的图像分割方法和基于区域的图像分割方法对煤岩图像进行分割尝试。这里不再详细介绍算法原理，仅做简要说明和结果展示。

基于阈值的图像分割方法是最具有代表性的，它原理比较简单，实现起来也比较方便。它是通过设置阈值对图像灰度直方图进行分类，其基本原理是利用同一区域内的灰度一致性和不同区域之间的灰度差异性，来实现类内的距离最小以及类间的距离最大。关于阈值的选择，可以固定阈值，也可以自适应设置阈值。对于物体和背景差异较大的情况，固定阈值才能获得理想的效果。对于煤岩图像，煤岩成分中的镜煤、亮煤容易反光而出现高亮区域，固定阈值难以将这些亮条带、亮斑或者亮点与煤划分到一组，导致分割效果不好，从原理上判断，固定阈值的图像分割方法不适用于煤岩图像分割。

大津法是经典的自适应阈值确定方法，它是 1979 年日本学者大津展之提出来的。它的基本思想是通过确定一个合适的阈值，使得目标(objects)像素值与背景(background)像素值的类间方差最大，对于其原理简述如下。

大津法在进行分割时采用特定的灰度阈值将图像分为背景和目标，分别记为 C_0 和 C_1，其中，$C_0=\{0,1,2,\cdots,T_0\},C_1=\{T_0+1,T_0+2,\cdots,L-1\}$。图像中灰度为 i 的像素点占总像素点的概率 p_i 为

$$p_i=\frac{n_i}{N\times M} \tag{4-4}$$

式中，n_i 为灰度 i 的像素点的个数；N 和 M 为图像尺寸。

通过两种方法可以确定分割图像的最佳灰度阈值，一种方法是通过最大化背景和目标的类间方差 σ_B^2 确定最佳阈值，另一种方法是通过最小化背景和目标的类内方差 σ_w^2 确定最佳阈值。大津法中指出这两种方法是等效的，其中，背景和目标的类间方差 σ_B^2 和类内方差 σ_w^2 分别为

$$\sigma_\mathrm{B}^2=\omega_0(\mu_0-\mu_1)^2+\omega_1(\mu_1-\mu_\mathrm{T})^2 \tag{4-5}$$

$$\sigma_\mathrm{w}^2=\omega_0\sigma_0^2+\omega_1\sigma_1^2 \tag{4-6}$$

式中，ω_0 和 ω_1 分别为背景和目标的分布概率；μ_0 和 μ_1 分别为背景和目标的灰度均值；μ_T 为总体灰度均值；σ_0^2 和 σ_1^2 分别为背景和目标的类内方差。

$$\omega_0=\sum_{i=0}^{T_0}p_i \tag{4-7}$$

$$\omega_1 = \sum_{i=T_0+1}^{L-1} p_i \tag{4-8}$$

$$\mu_0 = \sum_{i=0}^{T_0} i \times \frac{p_i}{\omega_0} \tag{4-9}$$

$$\mu_1 = \sum_{i=T_0+1}^{L-1} i \times \frac{p_i}{\omega_1} \tag{4-10}$$

$$\mu_{\rm T} = \sum_{i=0}^{L-1} i \times p_i \tag{4-11}$$

$$\sigma_0^2 = \frac{1}{\omega_0} \sum_{i=0}^{T_0} p_i \times \left(i - \mu_0\right)^2 \tag{4-12}$$

$$\sigma_1^2 = \frac{1}{\omega_1} \sum_{i=T_0+1}^{L-1} p_i \times \left(i - \mu_1\right)^2 \tag{4-13}$$

大津法在实现过程中需要对所有灰度级进行遍历，再依次进行比较后才可以确定最优的灰度阈值。为了简化计算，此处设定 $\omega(t) = \omega_0$ ，由于 $\omega_0 + \omega_1 = 1$ ，所以 $\omega_1 = 1 - \omega(t)$ ，$\mu(t) = \sum i \times p_i$ 。类间方差和类内方差可以表示为

$$\sigma_{\rm B}^2 = \omega_0(\mu_0 - \mu_{\rm T})^2 + \omega_1(\mu_1 - \mu_{\rm T})^2 = \omega_0\omega_1(\mu_0 - \mu_1)^2 = \frac{[\mu(t) - \omega(t)\mu_{\rm T}]^2}{\omega(t)[1 - \omega(t)]} \tag{4-14}$$

$$\sigma_{\rm w}^2 = \omega_0\sigma_0^2 + \omega_1\sigma_1^2 = \sum_{i=0}^{L-1} p_i \times i^2 - \frac{\mu(t)^2}{\omega(t)} - \frac{[\mu_{\rm T} - \mu(t)]^2}{1 - \omega(t)} \tag{4-15}$$

进而得到最优灰度阈值 T^* ：

$$T^* = \arg\{\max(\sigma_{\rm B}^2)\} = \arg\left\{\max_{0<=t<=L-1}\left(\frac{[\mu(t) - \omega(t)\mu_{\rm T}]^2}{\omega(t)[1 - \omega(t)]}\right)\right\} \tag{4-16}$$

大津法在图像分割领域具有重要作用，对于复杂的图像分割任务可能表现较差，但是它原理简单、容易实现，且基本不受图像亮度和对比度的影响，所以尝试将这种方法用于独立煤岩图像的分割任务。

分水岭算法是一种基于区域的图像分割方法，与大津法相比，分水岭算法分割后的的区域是一系列封闭的轮廓，并且会给每个区域分配一个特定的编号。封闭的轮廓和编号符合人眼对堆叠煤岩图像分割的印象，可以满足堆叠煤岩图像含矸率计算的需求。

针对煤岩图像的特点，提出了一种基于多尺度重建及标记控制的分水岭算法，该方法采用多尺度理论对煤岩图像进行形态学开闭混合重建，通过弱化煤岩表面的高亮区域，

减小种子点生成数量，进而减少分割区域，避免图像过分割。

4.2.2　基于大津法的煤岩图像分割

首先尝试采用大津法对独立煤岩图像进行分割。主要包括煤岩图像灰度化、煤岩图像分割阈值计算、煤岩图像二值化、亮纹亮斑消除和分割结果输出，必要时还需要人工干预，手动添加分割线。

1. 煤岩图像灰度化

对图 4-3 独立煤岩图像进行灰度化处理，提升运算速度。

图 4-3　独立煤岩图像灰度化

2. 煤岩图像分割阈值计算

利用式(4-4)对独立煤岩灰度图像进行分析，确定煤岩图像分割阈值 T^* 。

3. 煤岩图像二值化

根据阈值 T^* ，将独立煤岩灰度图像进行二值化处理，如图 4-4 所示，煤岩块体已经

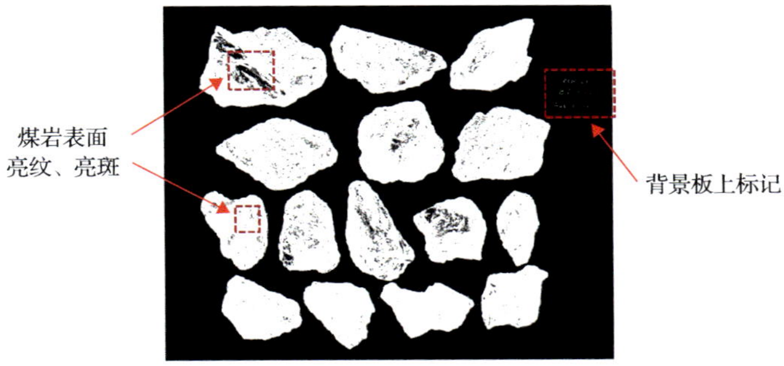

图 4-4　独立煤岩灰度图像二值化

较为准确地从背景中分割出来。然而，煤岩表面的高亮区域(如纹理、斑点等)在阈值分割过程中被误识别为背景，这些区域在二值化图像中表现为聚集或分散的斑点。此外，背景板上的手写标记也被错误地划分为煤岩块体的一部分。

4. 亮纹、亮斑消除和分割结果输出

针对煤岩表面亮纹、亮斑在二值化图中的表现，首先采用形态学开闭运算对亮纹、亮斑进行初步消除，如图 4-5 所示。其中，使用的结构元素为半径为 5 的盘形结构元素。大部分的亮纹、亮斑以及手写标记已经被消除，但仍有一些尺寸较大的亮纹、亮斑残留。

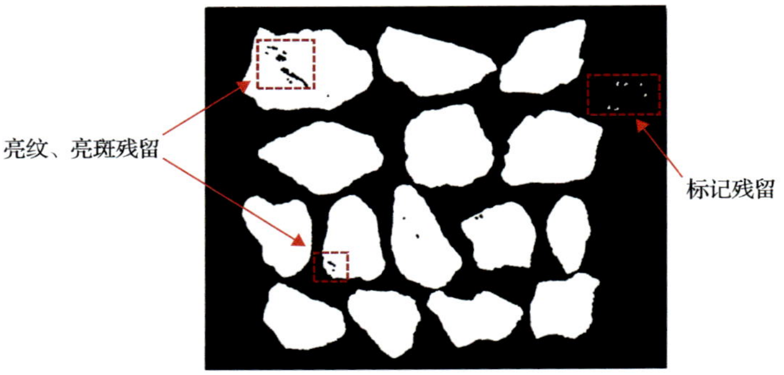

图 4-5　独立煤岩灰度图像亮纹、亮斑初步消除

可以发现，残留的亮纹、亮斑以及手写标记在尺寸上要明显小于煤岩块体，所以，接下来根据面积，将亮纹、亮斑残留和标记残留进行识别并消除，如图 4-6(a)所示。消除后即可以输出结果，每个煤岩块体被赋予唯一编号，如图 4-6(b)所示。

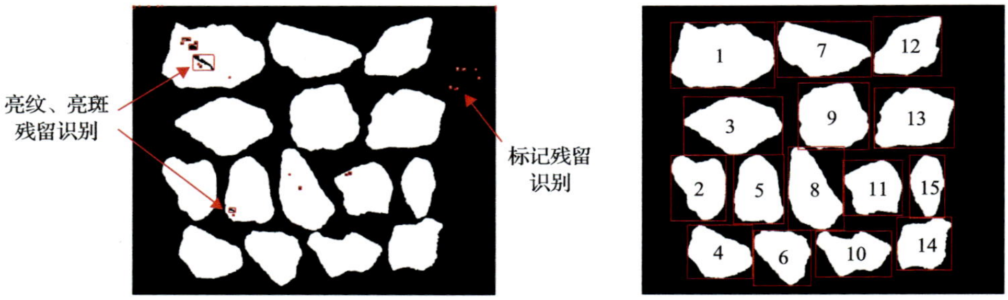

(a) 亮纹、亮斑残留识别　　(b) 分割结果输出

图 4-6　煤岩表面亮纹、亮斑深度消除

可以看出，通过使用大津法阈值分割以及亮纹、亮斑消除，可以较好地从背景中分割煤岩块体，接着可以开展后续研究，比如统计每个煤岩块体区域的图像特征。但是，当煤岩块体紧贴摆放或者距离较近时，利用该方法虽然仍然可以将煤岩从背景中分割，但是煤岩块体之间就很难准确分割，如图 4-7(a)所示。遇到这种情况，需要手动绘制分

割线，将煤岩二值图像中的分割线区域置 0，将粘连的煤岩块体分割开，如图 4-7(b)所示。因此，需要采取其他方法来分割堆叠煤岩块体图像。

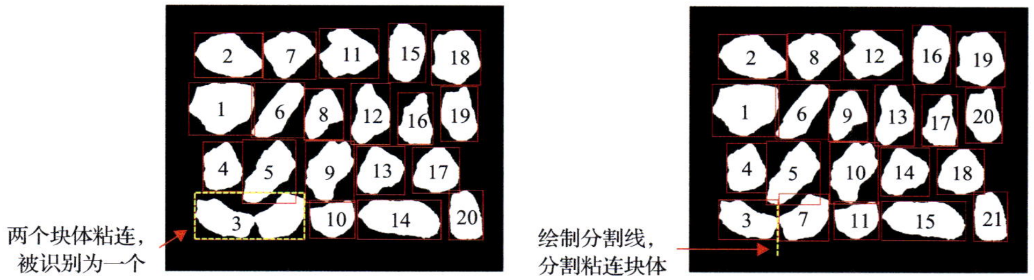

(a) 煤岩块体粘连　　(b) 手动分割粘连块体

图 4-7　粘连煤岩块体的分割处理

4.2.3　基于分水岭算法的煤岩图像分割

尝试采用基于多尺度重建及标记控制的分水岭算法，对堆叠煤岩块体图像进行分割，主要包括煤岩图像灰度化、计算梯度图像、前景标记、背景标记、梯度幅值修正、分水岭变换和结果输出[1]。根据分割结果，进一步计算含矸率。图 4-8 展示了 9 个含矸率分组的煤岩图像，每个分组的含矸率间隔为 10%，即 10%、20%、…、90%。

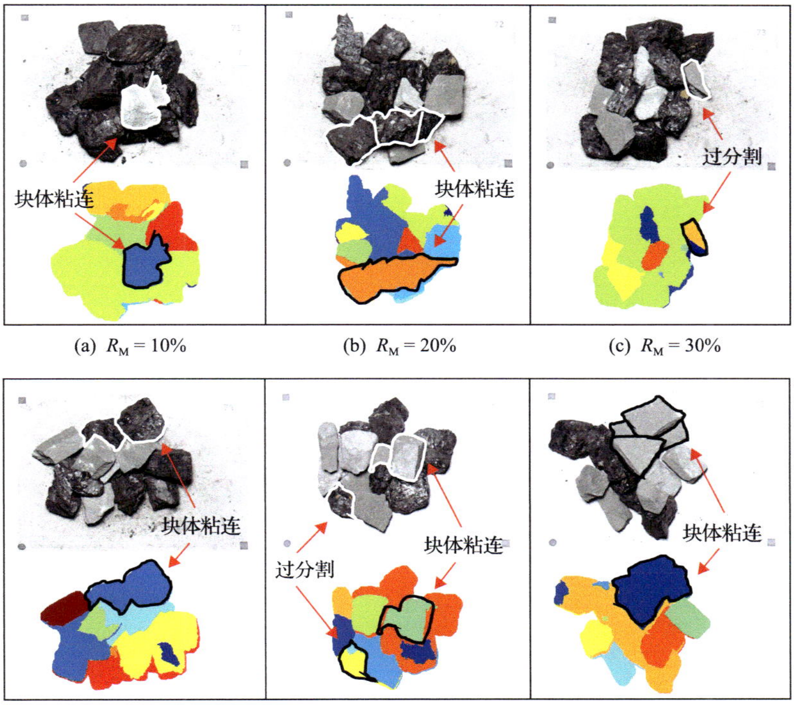

(a) $R_M = 10\%$　　(b) $R_M = 20\%$　　(c) $R_M = 30\%$

(d) $R_M = 40\%$　　(e) $R_M = 50\%$　　(f) $R_M = 60\%$

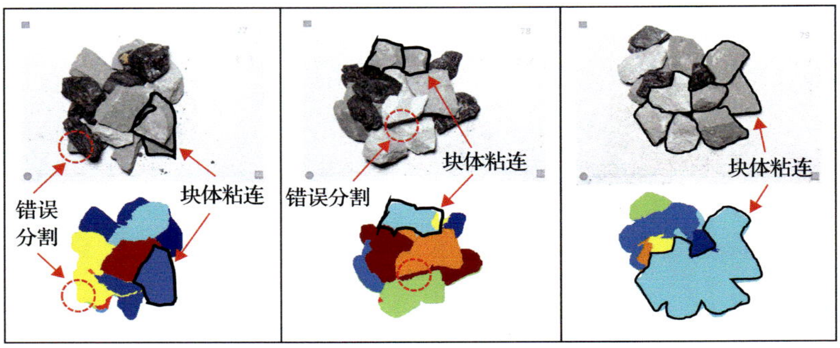

(g) $R_M = 70\%$　(h) $R_M = 80\%$　(i) $R_M = 90\%$

图 4-8　不同含矸率堆叠煤岩图像分割结果

可以看出，利用基于多尺度重建及标记控制的分水岭算法对煤岩图像分割出现了一系列问题，如块体粘连、过分割和错误分割等。考虑到分割任务的目的是计算含矸率，所以块体粘连和过分割都不认为是错误分割，因为即便将多个块体识别成一个（块体粘连），或者将一个块体识别成多个（过分割），都不会影响到含矸率的计算结果。但是，分割结果中也出现了一些错误的分割，如将岩石识别成煤[图 4-8(g)]，将块体的阴影识别成煤[图 4-8(h)]。但是总体上看，占比还是比较小的，基本上可以满足使用需求。

综上所述，基于多尺度重建及标记控制的分水岭算法能够满足堆叠煤岩图像分割的基本需求，尽管存在粘连和过分割等问题，但对含矸率计算影响较小。为提高分割精度，特别是处理粘连和过分割现象，接下来将引入深度学习算法优化煤岩图像分割，提升含矸率检测的准确性。

4.3　基于深度学习的煤岩图像分割

4.3.1　深度学习分割网络模型选取

1. 卷积神经网络基本结构

近年来，随着科技的发展，计算机的处理能力和算力均有很大的提升，深度学习理论已经进入到很多领域，包括计算机视觉中的图像分割技术。

卷积神经网络是一种深度神经网络，在图像处理和计算机视觉任务中，尤其在图像分类、目标检测、语义分割等方面取得了显著成功。卷积神经网络的基础结构主要由卷积层、池化层、全连接层、激活函数等几部分组成。

卷积层是卷积神经网络的核心部分，其主要作用是提取输入数据中的局部特征。在图像处理中，卷积层通过滑动卷积核（滤波器）与输入图像进行卷积运算，产生特征图。卷积运算能够自动识别图像中的边缘、纹理、颜色等基础特征，随着网络层数的增加，能够捕捉到更复杂的特征。卷积运算如图 4-9 所示。

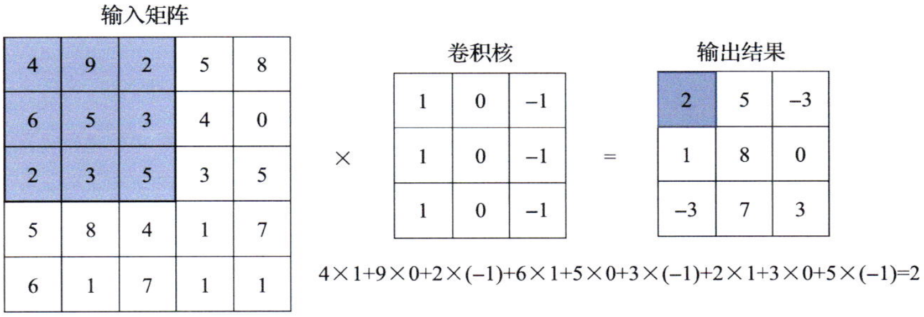

图 4-9　卷积运算示意图

卷积层的输出是一个二维矩阵，包含了特定区域内的特征信息。上述 5×5 的输入矩阵与 3×3 的卷积核进行卷积运算，得到的是 3×3 的目标矩阵。通过训练，网络会自动优化卷积核，使其能够从输入图像中提取最相关的特征。

通过目标矩阵的大小可以看出，卷积操作使得矩阵的特征信息减少。为了维持 5×5 的输出维度，需要在原始图像的周围增加像素点，并进行零扩展，从而将原始图像变为 7×7 的维度，如图 4-10 所示。

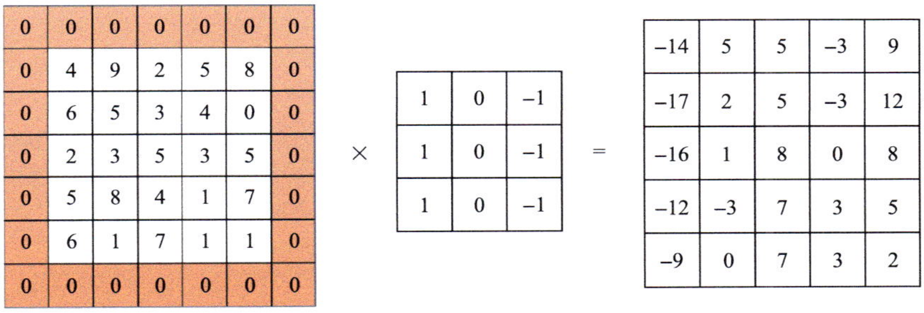

图 4-10　设置填充的卷积运算示意图

需要注意的是，卷积核的个数必须与输入矩阵的通道数相等，即一个输入通道只能与一个卷积核进行运算。上述例子中是单通道卷积，对于多通道卷积，首先对每个通道分别进行卷积，然后将所有通道的卷积结果相加，最终输出结果，如图 4-11 所示。

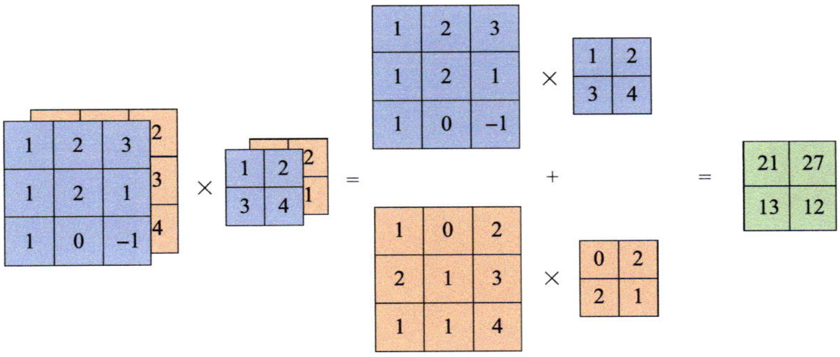

图 4-11　多通道卷积运算示意图

池化层（也称为子采样层）用于对卷积层输出的特征图进行降维处理。常见的池化操作有最大池化和平均池化，池化操作通过对特征图进行局部区域的统计（如取最大值或均值），有效减少特征图的尺寸，从而减小计算量，防止过拟合，并保持特征的主要信息。图 4-12(a) 是 2×2 的最大池化，图 4-12(b) 是 2×2 的平均池化。

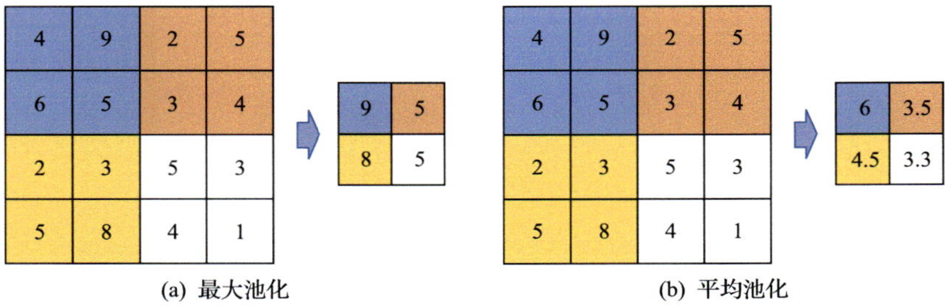

图 4-12 最大池化与平均池化

全连接层通常位于网络的最后部分，负责将通过卷积层和池化层提取的特征进行高层次的抽象与融合。全连接层将所有神经元与上一层的所有神经元连接起来，通过这些连接进行特征的综合处理，最终输出分类结果或回归值。

为了使卷积神经网络具有非线性表达能力，卷积层和全连接层后的输出通常会经过激活函数进行非线性变换。常用的激活函数包括 Sigmoid、Tanh、ReLU 等。ReLU 是目前最常用的激活函数，因为它能有效缓解梯度消失问题，并提高训练效率。

其中 Sigmoid 函数表达式见式(4-17)：

$$f(x)=\frac{1}{1+e^{-x}} \tag{4-17}$$

该函数的特点是能够将输入的值转换到 0～1 的输出，如图 4-13 所示。当输入的是非常大的负数时，输出接近 0；而当输入的是非常大的正数时，输出接近 1。

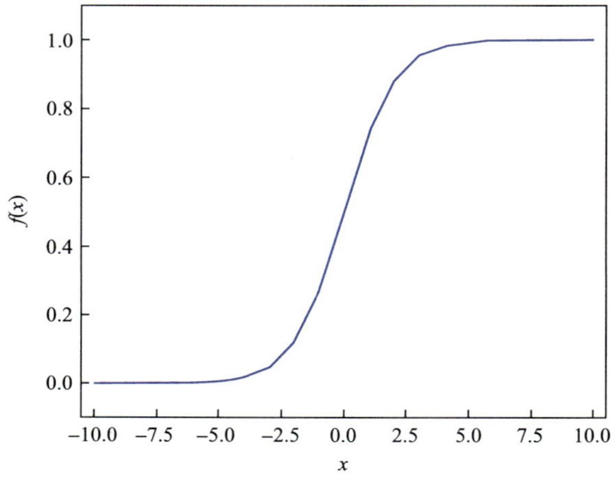

图 4-13 Sigmoid 函数图像

Tanh 函数表达式见式(4-18)：

$$f(x)=\frac{e^{x}-e^{-x}}{e^{x}+e^{-x}} \tag{4-18}$$

如图 4-14 所示，Tanh 函数的特点是解决了 Sigmoid 函数输出值不关于零点对称的问题，其输出范围为[−1,1]。此外，Tanh 函数的导数易于求解，且图像平滑，有助于提高神经网络的训练效率。

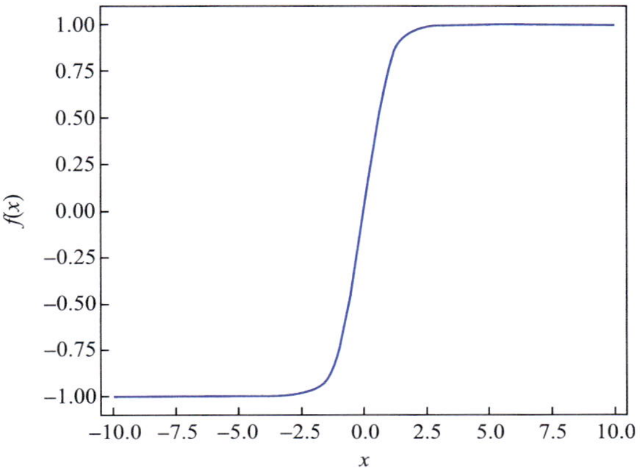

图 4-14　Tanh 函数图像

ReLU 函数是现在神经网络通常使用的一个激活函数，其表达式见式(4-19)：

$$f(x)=\max(0,x) \tag{4-19}$$

如图 4-15 所示，ReLU 函数的特点是计算简单，没有指数运算等，能够有效解决梯度消失问题(在正区间内)，同时使得参数的收敛速度较快。该函数的输出为输入值的正部分，负部分则被截断为 0。

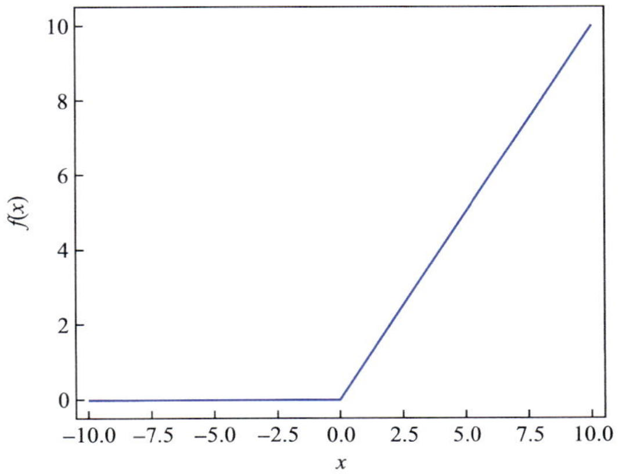

图 4-15　ReLU 函数图像

2. FCN 语义分割网络模型

全卷积网络(fully convolutional networks，FCN)是一种不含全连接层的神经网络，主要用于图像的像素级分类，解决了图像语义分割的问题。由于没有全连接层，FCN 可以接受任意尺寸的输入图像，通过对最后的特征图进行反卷积操作，将其恢复到输入图像的原始尺寸。

FCN 有多个版本，常见的包括 FCN32s、FCN16s 和 FCN8s，这些版本的主要区别在于反卷积的步长。具体来说，FCN32s 进行一次反卷积，FCN16s 进行两次反卷积，FCN8s 进行三次反卷积。通常，反卷积的次数越多，模型能够学习到更多的特征，从而有助于提高图像分割的精度。然而，研究表明，在反卷积次数达到三次后，进一步增加反卷积的次数对识别效果的提升效果不大，甚至可能出现效果下降的情况。

FCN 系列网络中 FCN32s、FCN16s 和 FCN8s 的网络结构图如图 4-16～图 4-18 所示。

除了 FCN32s、FCN16s 和 FCN8s，FCN4s 和 FCN2s 也可以作为 FCN 的变种。FCN4s 和 FCN2s 可以理解为在 FCN8s 基础上进一步进行反卷积操作，将 FCN8s 中最后一步步长为 8 的反卷积分别改为步长为 4 和 2 的反卷积。尽管反卷积的次数有所增加，但已有研究表明，在 FCN8s 之后，模型的识别效果并未进一步提升，且优化空间有限。基于现有的研究，FCN8s 模型在所有 FCN 变种中表现出了最佳的图像分割效果。尽管 FCN8s 作为较早的语义分割模型，但它为后续语义分割技术的发展奠定了重要基础。

3. U-Net 语义分割网络模型

U-Net 网络是对 FCN 的改进，主要通过引入反卷积层来恢复图像的特征分辨率。与 FCN 仅使用一层反卷积进行上采样不同，U-Net 采用多层反卷积层，逐步恢复图像的分辨率，从而获得更精细的图像特征。

此外，U-Net 具有跳跃连接(skip connections)，通过将底层特征与高层特征进行串联操作，使得模型能够同时利用底层和高层的特征信息。这种结构增强了模型的特征表达能力，使其在处理图像分割任务时能够更好地捕捉到细节。

另一个重要的改进是 U-Net 在上采样过程中保留了大量的特征通道，这样可以更好地将图像信息传递到高分辨率层，进一步提高了对图像细节的识别能力。这使得 U-Net 在语义分割任务中表现得尤为出色，尤其是在医学影像和其他需要精确分割的领域中。

如图 4-19 所示，经典 U-Net 网络结构由下采样路径和上采样路径两部分组成。下采样路径是典型的 FCN 结构，输入图像经过两次卷积操作和一次最大池化操作进入下一阶段。每次池化时，图像的尺寸会减少一半，而通道数目则会增加为原来的两倍。经过 4 个下采样阶段后，图像的通道数依次增至 128 个、256 个、512 个、1024 个通道，分别是输入图像的 2 倍、4 倍、8 倍、16 倍。

在上采样路径中，首先通过反卷积操作扩展图像尺寸，每次反卷积操作后，图像的尺寸扩大一倍，同时特征图的数量减半。在每个上采样阶段，除了来自上采样路径的数据，还需要将下采样路径相同阶段的特征信息进行拼接，这样可以补充图像在下采样过程中丢失的细节信息。上采样过程与 FCN 的不同之处在于，U-Net 逐步恢复图像尺寸，这种设计能够有效保留更多的特征信息，从而提高图像分割的准确度。

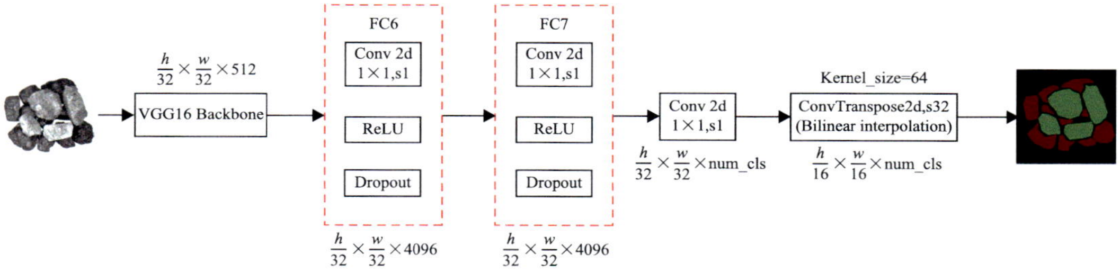

图 4-16　FCN32s 网络结构图

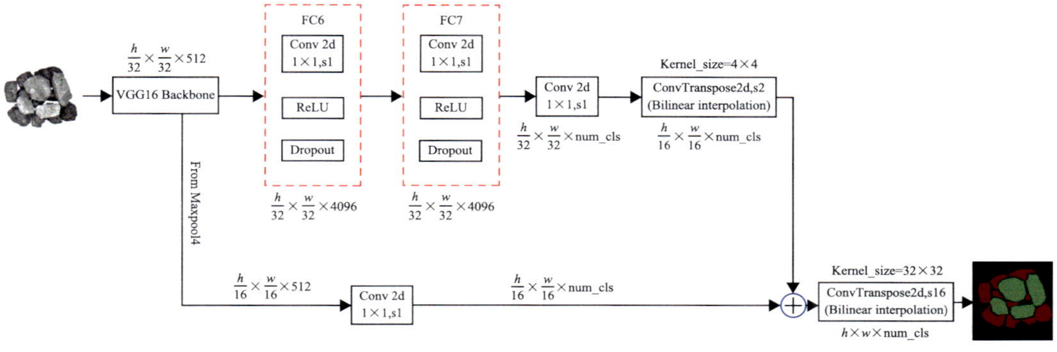

图 4-17　FCN16s 网络结构图

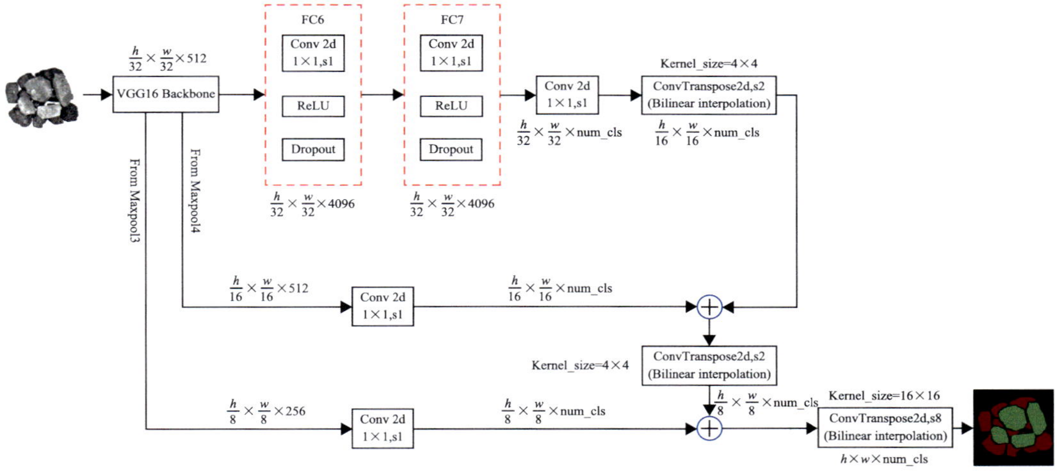

图 4-18　FCN8s 网络结构图

为了提高模型对煤岩边缘信息的识别精度，对经典 U-Net 网络进行改进，结构如图 4-20 所示。改进后的 U-Net 网络结构与经典 U-Net 网络结构保持相似，未进行大幅修改，依然采用对称的端到端结构，输入图像和输出图像尺寸相同，中间不包含全连接层。

网络的左半部分为下采样阶段，目的是通过降低图像的特征空间来学习高维度特征，并将这些特征逐步传递。下采样阶段的卷积块由两次 3×3 的卷积（步长为 1）组成，用于学习图像的空间特征；下采样操作则通过 3×3 的卷积（步长为 2）实现，以降低特征图的尺寸。每次卷积操作后，增加了批归一化（batch normalization, BN）层，避免特征学习过

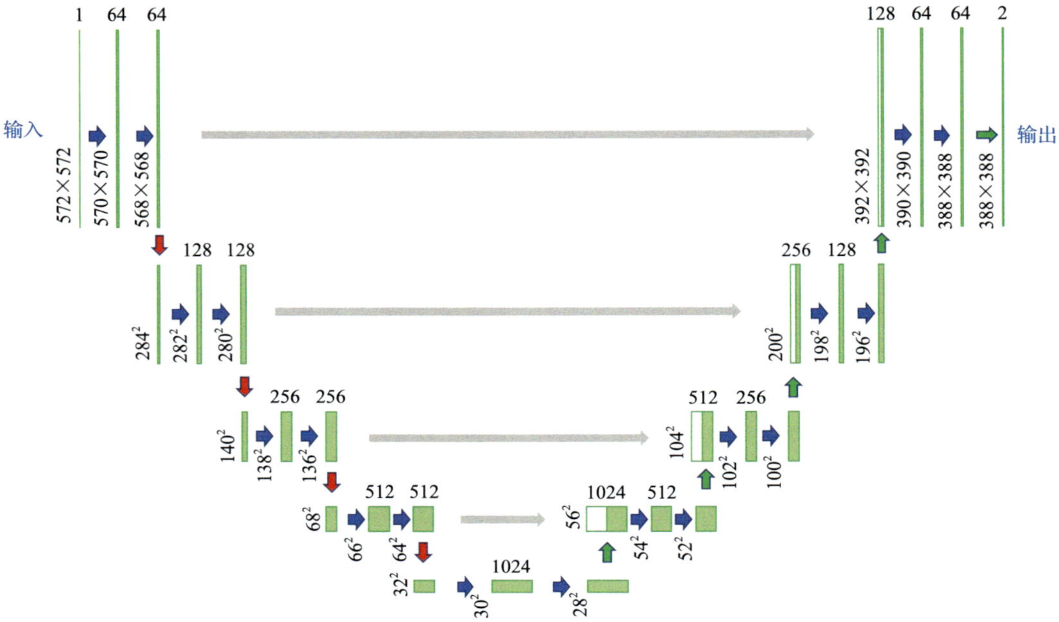

图 4-19　经典 U-Net 网络结构图

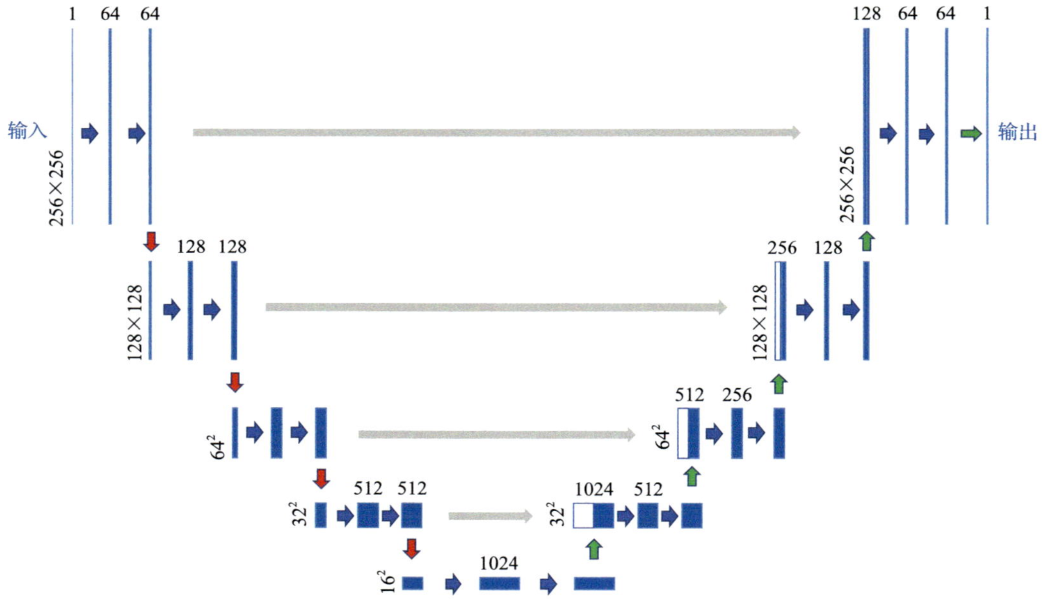

图 4-20　改进后的 U-Net 网络结构图

程中分布过于分散，确保特征值分布更加均匀，有助于加快模型的收敛速度。

在上采样阶段，除了获得上一层反卷积得到的特征，还通过拼接对应下采样阶段相同层次的特征信息，以保证恢复图像细节并保持空间特征信息的维度一致。这种设计能更高效、准确地提取和还原图像特征。

在优化器的选择上，采用了 Adam 优化器。Adam 优化器具有很强的适用性，简单且高效，能自动调整学习率，减少了对手动设置参数的需求，提升了网络运算效率，并保证了网络的稳定性，支持模型的稳定训练和运行。

4. DeepLab 语义分割网络模型

DeepLab 网络是一种专门用于语义分割的模型，现有 DeepLab v1、DeepLab v2 和 DeepLab v3 三个版本，其中 DeepLab v3 系列模型目前使用较为广泛。传统的语义分割网络中，由于池化层的使用，往往会丢失一些信息，并未充分利用标签之间的概率关系。为了解决这一问题，DeepLab 系列通过引入空洞卷积(dilated convolution)来避免池化带来的信息损失，从而提升网络表现。

针对多尺度物体问题，DeepLab v3 提出了四种解决方案(图 4-21)。第一种方案是图像金字塔方法，通过将输入图像缩放成不同的尺寸，经过同一网络处理后，将多个尺度的特征图融合成一个特征图。第二种方案类似于 U-Net 网络的解码过程，在解码阶段将编码器不同阶段的特征图融合，以提高细节和上下文信息的恢复能力。第三种方案是在原有网络的顶层叠加额外的模块，以捕获像素间的长距离依赖信息，从而改善对复杂场景的处理能力。第四种方案是空间金字塔池化(spatial pyramid pooling, SPP)，通过不同尺度的池化操作，从多个尺度提取信息，增强模型对多尺度物体的处理能力。

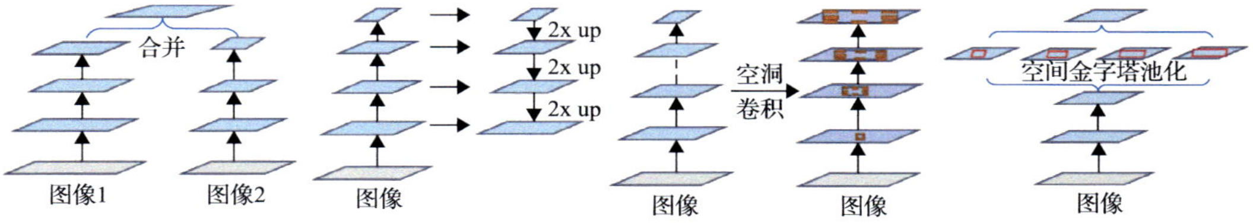

(a) 图像金字塔　(b) 编码器-解码器结构　(c) 顶端叠加模块　(d) 空间金字塔池化

图 4-21　DeepLab v3 的四种解决方案

DeepLab v3+由 DeepLab 前几个版本的改进而来，主要由两个部分组成：编码器部分和解码器部分。DeepLab v3+模型相较于前几个版本能够更好地识别图像中的边缘细节，而这一特性正是煤岩堆积体图像识别所需要的。其网络结构如图 4-22 所示。

5. PSPNet 语义分割网络模型

金字塔场景解析网络(pyramid scene parsing network，PSPNet)是一种基于深度学习的图像分割模型，旨在解决传统卷积神经网络在处理复杂场景时对全局语义信息理解不足的问题。PSPNet 引入了金字塔池化模块(pyramid pooling module, PPM)，通过多尺度上下文信息的集成，提升了网络对场景全局语义理解的能力。这一改进在煤岩图像分割任务中尤为重要，它能够提高分割的准确性，进而提高煤岩图像投影面积含矸率计算的准确度。PSPNet 网络结构如图 4-23 所示。

其金字塔池化模块由 4 个不同尺度的池化层组成，每个池化层的通道尺寸分别为 1×1、2×2、3×3、6×6。输入特征图经过 4 个不同尺度的池化层后再经由 1×1 卷积压缩其通道数为原始通道数的 1/4，并通过双线性插值还原至原始特征图大小，最终按通道

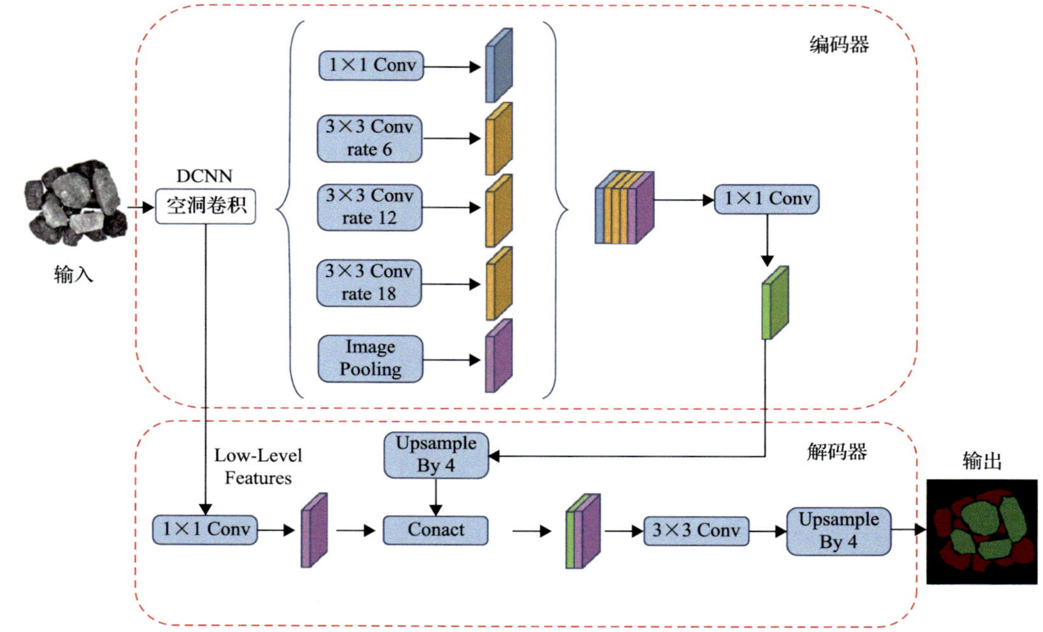

图 4-22 DeepLab v3+网络结构图

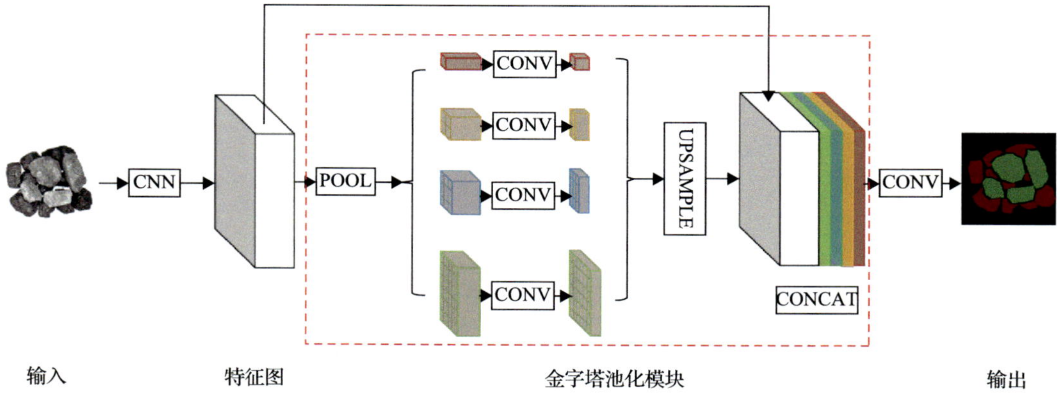

图 4-23 PSPNet 网络结构图

拼接原始特征图和金字塔池化得到的特征。

6. HRNet 语义分割网络模型

高分辨率网络(high-resolution network，HRNet)最初是为了解决二维人体姿态估计任务而提出的，但随着其优异的性能，HRNet 也在图像语义分割等任务中得到了广泛应用。HRNet 的设计理念是通过保持高分辨率的特征图并与低分辨率特征图进行有效融合，从而解决传统方法在上采样和下采样过程中可能造成的信息丢失问题，提升分割精度和细节保留能力。

传统的语义分割方法通常依赖于下采样来提取全局语义信息，并通过上采样恢复目标的高分辨率信息。然而，这一过程容易导致细节丢失，尤其在分割物体的边界和小物体时，精度常常受到影响。HRNet 的创新之处在于，通过并行的多分辨率分支，网络不仅保持高分辨率特征图，同时与低分辨率特征进行有效融合，避免了信息的丢失，能够同时关注图像的细节和全局语义。

HRNet 采用了多个并行的分辨率分支，这些分支负责提取不同尺度的特征。每个分辨率分支提取的特征图将在后续阶段进行融合和交互。这种多分辨率的处理方式使得 HRNet 能够有效结合局部细节与全局上下文，增强对图像的理解。在 HRNet 中，高分辨率特征图和低分辨率特征图的融合不仅发生在网络初期，而且贯穿整个网络结构。通过这种持续融合的策略，HRNet 能够在所有网络层次中保持对细节的敏感性，同时获得来自低分辨率特征的丰富的上下文信息。

HRNet 的优势在于其能够始终保持高分辨率特征，避免了传统方法的多次下采样与上采样过程，能够更好地捕捉图像中的细节。此外，HRNet 通过并行处理不同分辨率的特征，能够综合多尺度的信息，从而既保留细节，又增强对全局语义的理解。这使得 HRNet 在细节与全局语义的平衡上具有明显优势，尤其在复杂场景和小物体分割中表现出色。

7. YOLO 实例分割网络模型

YOLO（you only look once）是一种利用卷积神经网络进行目标检测的方法。该方法的特点在于，它接受整幅图像作为输入，然后直接输出图像中的目标位置及其所属类别信息，实现了高效且准确的目标检测。相比于其他两阶段模型（two-stage），如 R-CNN、SPP-Net、Faster R-CNN 等，作为单阶段模型（one-stage）的 YOLO 容易获得更高的计算效率，因此在需要实时处理的场景中具有显著优势。近年来，YOLO 算法不仅在目标检测方面取得了突破，还在实例分割任务中提供了高效的解决方案。

YOLO 实例分割（instance segmentation）是在目标检测的基础上，进一步细化到像素级别的对象轮廓提取。传统的 YOLO 模型主要侧重于边界框级别的检测，而在最新版本（如 YOLOv5、YOLOv7、YOLOv8 等）中，加入了实例分割功能，实现了对检测目标的精确轮廓分割。YOLO 实例分割通过将目标检测与语义分割相结合，在保持高效推理速度的同时，提供了细粒度的目标区域信息，使其在自动驾驶、医学影像分析、智能放煤等领域具有广泛的应用潜力。

自 2015 年 YOLOv1 发布以来，至 2024 年 YOLOv11 问世，YOLO 算法的快速迭代使其在实例分割方面取得了显著进步。例如，YOLOv7 在发布时，其在 5 帧/s 到 160 帧/s 范围内，无论在速度还是精度方面，均超过了其他主流的目标检测器，如 YOLOR、YOLOX、Scaled-YOLOv4 等，展现了较好的检测和分割性能。

在放顶煤工作面放煤过程中，后部刮板输送机的链速可能会更高，在很短的时间内就会有大量的煤岩被放出并被运走，如果没有高效的算法，是难以通过精准识别快速移动的煤流的含矸率来实现智能放煤的。因此，对于综放工作面含矸率检测任务而言，算法的高效率是前提，而高精度是追求的目标。

4.3.2 网络模型优化

以 U-Net 语义分割网络模型为例，探讨通过优化网络结构，对煤岩图像分割效果的影响。

1. 激活函数优化

在 U-Net 网络结构中，使用 ReLU 激活函数时，当输入数据小于 0 时，会将所有数据归为 0。尽管这种方式可以加快网络的收敛速度，但它容易导致网络中的神经元失活。为了避免这一缺点，可以使用 ReLU 激活函数的变体——Leaky ReLU。Leaky ReLU 在输入数据小于 0 时，允许数据以一个很小的斜率(通常为 0.01)通过，这样既可以避免神经元完全失活，又能保持网络的训练效率。图 4-24 为 Leaky ReLU 激活函数图像。

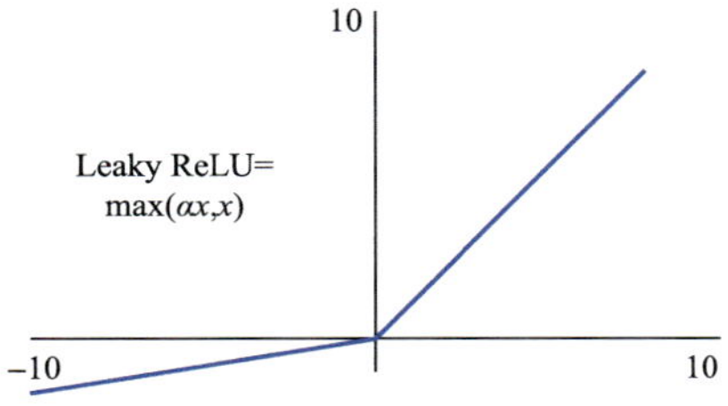

图 4-24 Leaky ReLU 激活函数图像

Leaky ReLU 激活函数的公式如式(4-20)所示：

$$R(x)=\begin{cases}x, & x>0\\ \alpha x, & x\leqslant 0\end{cases} \tag{4-20}$$

式中，α 为一个非常小的数，通常取值为 0.01。

当α 为 0.01 时，Leaky ReLU 可以写为 max(0.01x,x)的表达式。通过这个设置，当输入值 x 大于 0 时，Leaky ReLU 函数保持与输入呈线性关系；当输入值小于或等于 0 时，输出为一个小的负值，而不是 0。

2. 卷积方式优化

在 U-Net 网络中，标准卷积和空洞卷积的主要区别在于感受野的范围。标准卷积通过直接对 3×3 区域的像素进行点乘相加计算，而空洞卷积则在 3×3 卷积核中插入空洞，跳过一些像素，从而扩大感受野，能够采集更广泛的上下文信息(图 4-25)。空洞卷积在保持较低计算成本的同时，能够更好地提取全局特征，适用于需要捕捉更大范围信息的图像分割任务。

图 4-25 空洞卷积示意图

图 4-26 为 U-Net 网络中第一层网络经过一次下采样卷积生成的 64 张特征图的拼接效果图，尺寸降低为原来的 1/2，为 128×128。图 4-26(a)为采用空洞卷积方式生成的特征图，图 4-26(b)为采用标准卷积方式生成的特征图，虽然 U-Net

网络通过一次卷积过程具体学习的特征难以分辨，但明显可以观察到空洞卷积生成的特征图数目更多，感受野更大。

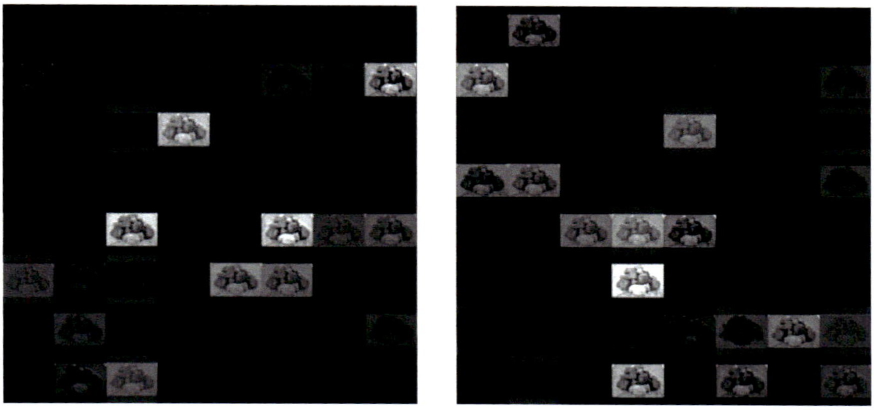

(a) 空洞卷积生成的特征图　　(b) 标准卷积生成的特征图

图 4-26 空洞卷积与标准卷积生成的特征图

3. 网络优化前后实验对比

网络优化后的实验环境与之前相同，使用相同的实验装置、系统和软件环境。每次卷积层后仍进行归一化，初始学习率设定为 0.01，并增加迭代次数，进行 3000 次迭代训练。学习率设置如图 4-27 所示，随着迭代次数的增加逐步调低，增强网络的学习能力。

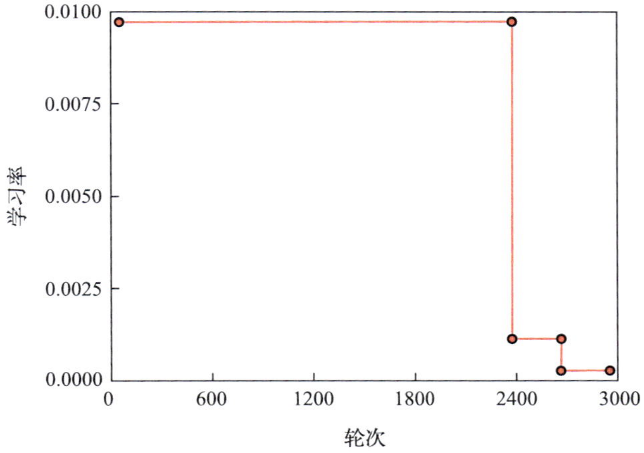

图 4-27 优化实验方案的学习率设置图

优化后的网络在训练初期，损失率曲线迅速下降至 0.1 左右，并在后续迭代中稳步下降至 0.04 左右，明显低于优化前的稳定值，表明优化后的网络具有更强的学习能力和更小的误差。与此同时，准确率曲线的上升速度加快，收敛性更好，波动减小，表明优化后的网络在煤岩图像的识别分割任务中表现出更好的性能(图 4-28)。

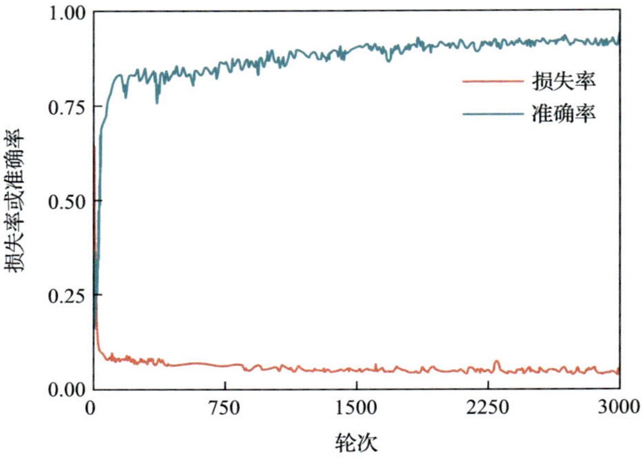

图 4-28 损失率与准确率曲线图

4.3.3 网络模型参数设置

根据不同块度煤岩块体和不同视角条件下采集的煤岩图像，利用上述网络模型进行图像分割。在分割任务中，选择 U-Net 模型进行不同视角下煤岩块体的分割任务。训练时，设置 2000 次迭代，初始学习率为 0.01，随着训练过程的推进，通过逐步降低学习率，使网络模型更加逼近最优特征，从而提升网络的识别性能(图 4-29)。

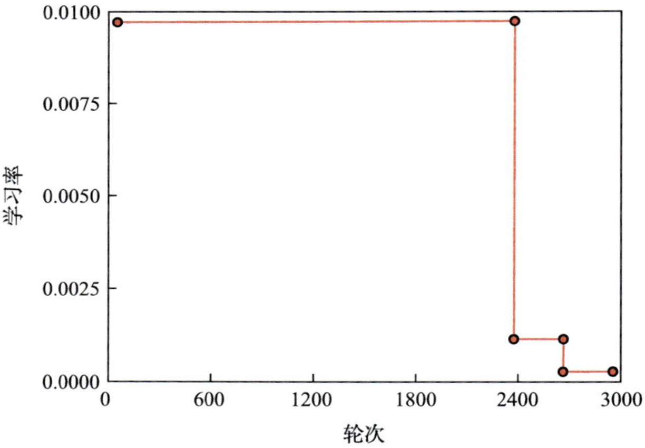

图 4-29 U-Net 模型优化实验方案的学习率设置图

图 4-30 展示了优化后的 U-Net 煤岩识别分割网络在训练过程中的损失率和准确率曲线。损失率曲线在初期迭代时迅速下降至 0.1 左右，随后缓慢下降并稳定在 0.04 左右，表明网络的学习能力较强且误差较小。同时，准确率曲线的上升速度较快，收敛性良好，表明该网络在煤岩图像识别分割任务中具有较好的性能。

FCN8s、DeepLab v3+、PSPNet 与 HRNet 模型用于块状亮煤和砂岩图像的分割，具体参数见表 4-1。

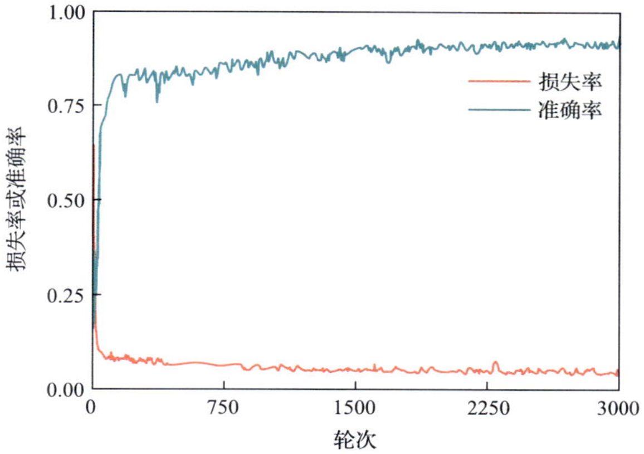

图 4-30　U-Net 模型优化后的损失率与准确率曲线图

表 4-1　模型参数设置

参数名	FCN8s	DeepLab v3+	PSPNet	HRNet
批次大小	4	6	6	4
学习率 α	0.0001	0.0001	0.0001	0.0001
迭代次数	80	80	80	80
学习率下降调整策略	step (gamma=0.5)	cos	cos	cos
骨干网络	VGG16	Xception	mobilenet	hrnetv2_w32
优化方法	随机梯度下降 Adam	随机梯度下降 Adam	随机梯度下降 Adam	随机梯度下降 Adam

4.3.4　识别结果分析

1. U-Net 模型

对不同采集角度(30°、60°、80°)和煤岩堆积体不同堆积层数(1～2 层、2～3 层、3～4 层)的煤岩图像进行分割，以采集角度 30°为例，如图 4-31～图 4-34 所示。

图 4-31～图 4-34 分别为不同煤岩堆积体层数输入到网络中的煤岩实验原图与标签图，以及经过网络训练输出的预测图。通过对比，可以明显看到优化后的网络在煤岩区

(a) 实验原图

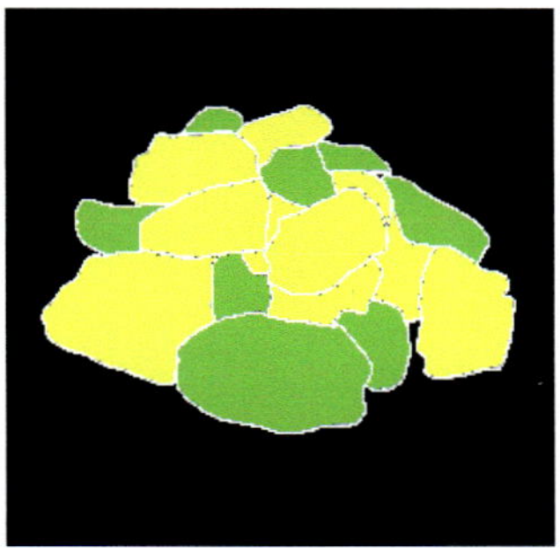

(b) 标签图

图 4-31　采集角度为 30°的实验原图与标签图

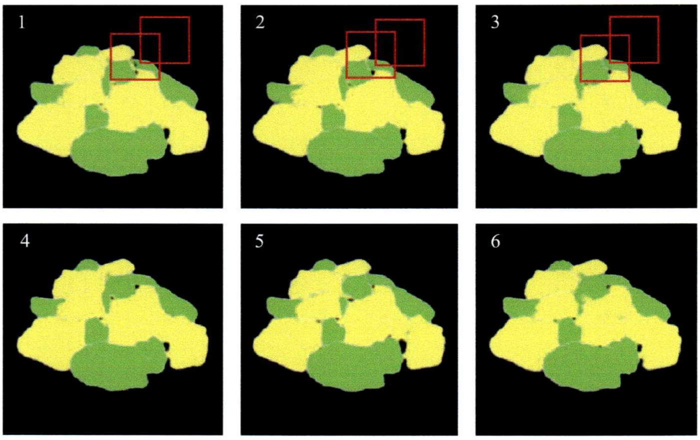

图 4-32 采集角度为 30°的实验预测图

(a) 实验原图 (b) 标签图

图 4-33 煤岩堆积体层数为 1～2 层的实验原图与标签图

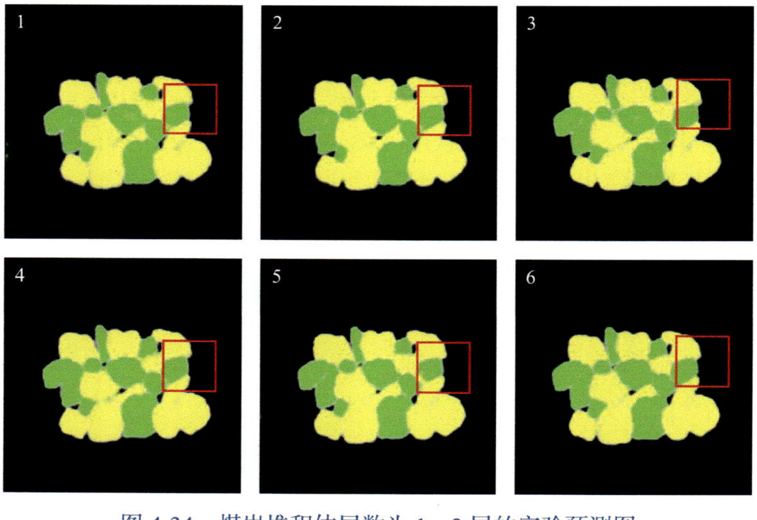

图 4-34 煤岩堆积体层数为 1～2 层的实验预测图

域的识别与分割效果优于未优化前的预测图像。煤岩区域被清晰地识别并准确标记，背景图中几乎没有噪点，煤岩区域的噪点也得到了明显减少，同时块体之间的分界线更加清晰。但是，个别图像仍存在分割不准确和识别错误的情况，这些问题区域已用红色线框标出。总体来看，经过优化后的 U-Net 网络在煤岩图像识别与分割中表现较好，整体预测较为准确。

基于以上标签图与训练实验的预测图，进一步计算了预测图的含矸率，并与标签图进行了对比，以进行定量分析。表 4-2 和表 4-3 展示了与上述实验图对应的标签图与预测图的含矸率统计结果。

表 4-2　不同采集角度的实验结果表

采集角度	实验标号	标签图含矸率/%	预测图含矸率/%	误差值/%	平均误差/%
30°	1	33.75	35.60	1.86	1.97
	2		35.67	1.92	
	3		35.72	1.97	
	4		35.58	1.83	
	5		35.53	1.78	
	6		35.86	2.11	
	7		35.86	2.11	
	8		35.62	1.87	
	9		36.01	2.26	
60°	1	51.66	47.92	−3.74	−3.34
	2		47.16	−4.50	
	3		48.52	−3.14	
	4		45.44	−6.22	
	5		45.99	−5.67	
	6		51.44	−0.22	
	7		50.81	−0.85	
	8		46.21	−5.45	
	9		51.35	−0.31	
80°	1	39.79	39.45	−0.34	−0.56
	2		40.11	0.32	
	3		39.64	−0.15	
	4		39.02	−0.77	
	5		40.02	0.23	
	6		40.44	0.65	
	7		40.46	0.67	
	8		40.68	0.89	
	9		43.28	3.49	

表 4-3 不同堆积层数的实验结果表

堆积层数	实验标号	标签图含矸率/%	预测图含矸率/%	误差值/%	平均误差/%
1～2 层	1	32.07	35.16	3.09	–2.23
	2		32.41	0.34	
	3		34.44	2.37	
	4		36.27	4.20	
	5		32.45	0.38	
	6		35.97	3.90	
	7		36.80	4.73	
	8		31.71	–0.36	
	9		33.48	1.41	
2～3 层	1	26.41	26.25	–0.16	–1.59
	2		27.06	0.65	
	3		28.35	1.94	
	4		26.66	0.25	
	5		28.83	2.42	
	6		30.31	3.90	
	7		27.43	1.02	
	8		29.26	2.85	
	9		27.88	1.47	
3～4 层	1	37.85	38.71	0.86	–0.65
	2		36.64	–1.21	
	3		37.90	0.05	
	4		35.91	–1.94	
	5		35.73	–2.12	
	6		36.66	–1.19	
	7		36.26	–1.59	
	8		38.56	0.71	
	9		38.44	0.59	

根据表 4-2，预测值与标签值之间存在一定误差。采集角度为 30°时，预测值比标签值大 1.97%，误差主要由于煤岩缝隙空洞被误识别为岩石。采集角度为 60°时，误差较大，主要由于煤岩分界线分割不准确。采集角度为 80°时，误差较小，仅有一组预测图误差超过 1%。

从表 4-3 可以看出，堆积层数为 1～2 层时误差较大，平均误差为–2.23%，主要由于煤岩块间空洞、标记线条宽度及网络对较深层煤岩识别困难。当堆积层数为 2～3 层和 3～4 层时，平均误差分别为–1.59%和–0.65%，误差较小，细节处理更好。但在复杂堆积和空洞间隙区域，仍易产生错误分割。因此，将堆积体间隙处的煤岩类别划分为背景区域有助于提高识别准确率。

2. FCN、DeepLab、PSPNet 与 HRNet 模型

利用 FCN、DeepLab、PSPNet、HRNet 模型对块状亮煤和砂岩图像进行分割，并对比不同模型对识别精度的影响。在模型训练阶段，首先通过划分训练集和验证集进行模型的训练和验证。在训练过程中，采用已有的预训练模型权重进行迁移学习，首先进行微调，然后调整整个模型权重。同时，训练过程中会保存最优的模型权重参数。训练完成后，使用模型评价标准参数对模型的识别分割效果进行综合评价。

图 4-35 显示了四种网络模型的损失率曲线，训练 80 个轮次后，各模型损失率均快速下降并趋于平稳，表明未出现过拟合。FCN8s 的损失率最低为 0.02，其他模型为 0.08～0.09，均表现出较强的学习能力。后三个模型在第 40 个轮次后损失率出现波动再下降，表明迁移学习有助于训练。而 FCN8s 未出现波动，可能是模型在训练前期就已经学习到了很好的特征，所以后面对于损失率的影响不是很大。

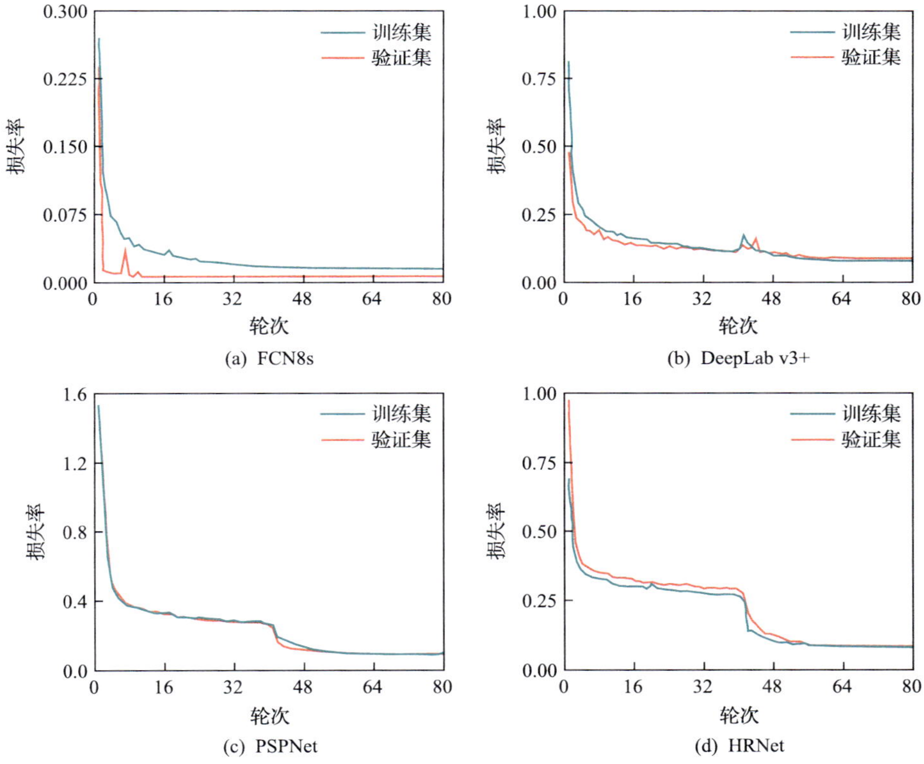

图 4-35　不同网络模型的损失率曲线图

如图 4-36 所示，不同网络模型在验证集上的均交并比(mean intersection over union, MIoU)分别为 92.9%、95.2%、94.9%和 95.5%，表明模型在目标位置识别上表现精准。PSPNet 和 HRNet 的 MIoU 曲线显示，迁移学习有助于提升精度。在训练过程中，各模型在训练集和验证集上的准确率均超过 98%。表 4-4 展示了四个模型在测试集上的评价指

标，虽然 FCN8s 的均值平均精度(mean average precision, mPA)较高，但其预测位置准确性较低。综合对比后，HRNet 在煤岩堆积体图像数据集上的识别精度最高，决定选用该模型进行煤岩图像识别分割。

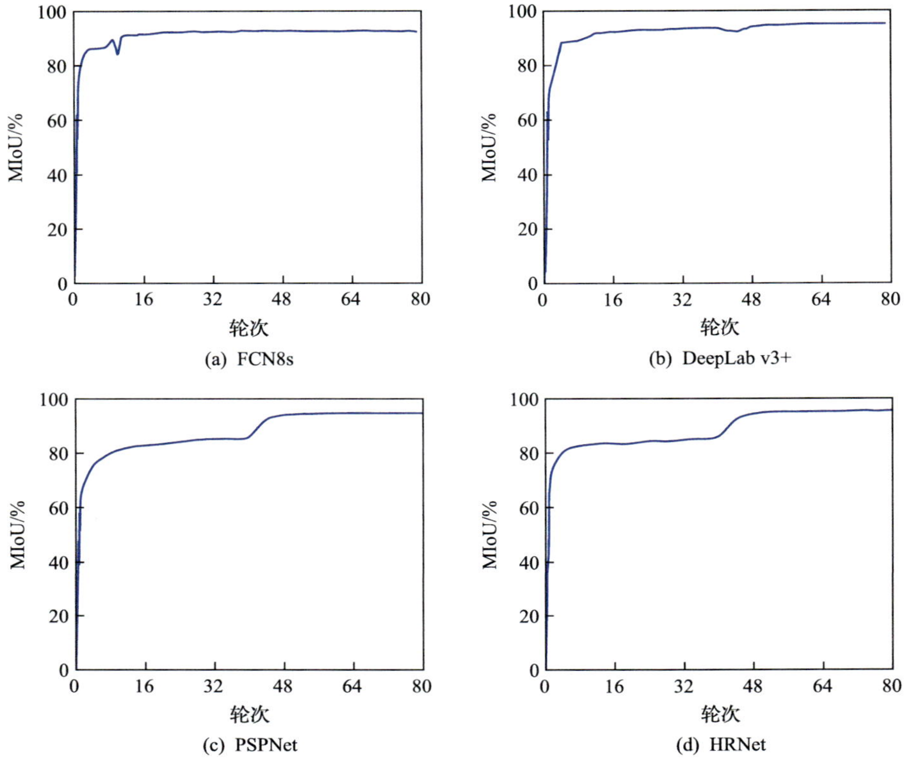

图 4-36 不同网络模型的 MIoU 曲线图

表 4-4 在测试集上不同模型的评价指标参数

模型	准确率/%	MIoU/%	mPA/%
FCN8s	87.84	86.52	98.28
DeepLab v3+	97.68	95.33	97.72
PSPNet	97.46	94.86	97.34
HRNet	97.76	95.5	97.71

结合评价指标对识别结果进行分析。图 4-37 为 FCN8s 模型在测试集上的实验结果。可以看出，当煤和岩石间隔较大时，模型能够准确预测边缘位置，但在煤块的边缘将其误判为岩石，导致预测效果不佳。而在煤与岩石堆积时，模型表现较差，容易将煤和背景错误地预测为岩石。因此，FCN8s 模型不适用于煤岩样本的图像分割任务。

如图 4-38 所示，DeepLab v3+模型在处理煤岩堆积体图像时，相较于 FCN8s 模型有了明显改善，识别效果较好。但在块体与块体的分割上仍存在问题，特别是在测试图像中，模型将背景错误识别为岩石，从而导致分割效果不理想，这会影响后续煤岩图像投

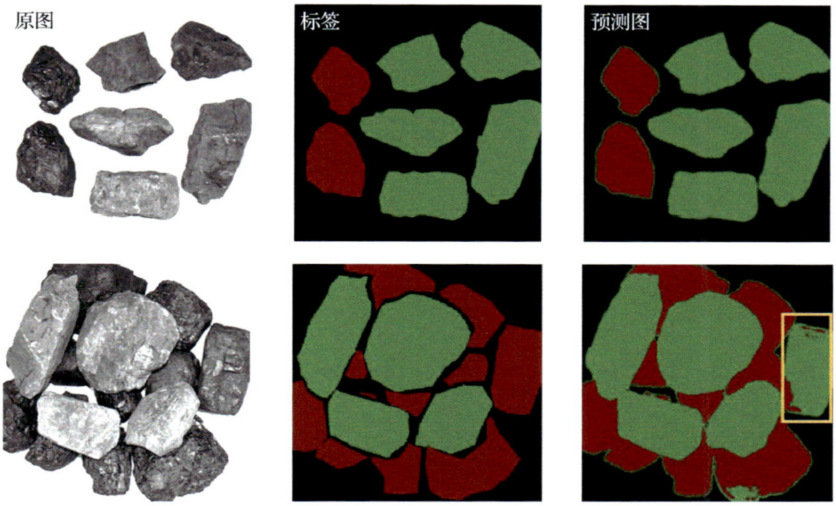

图 4-37　FCN8s 模型预测图

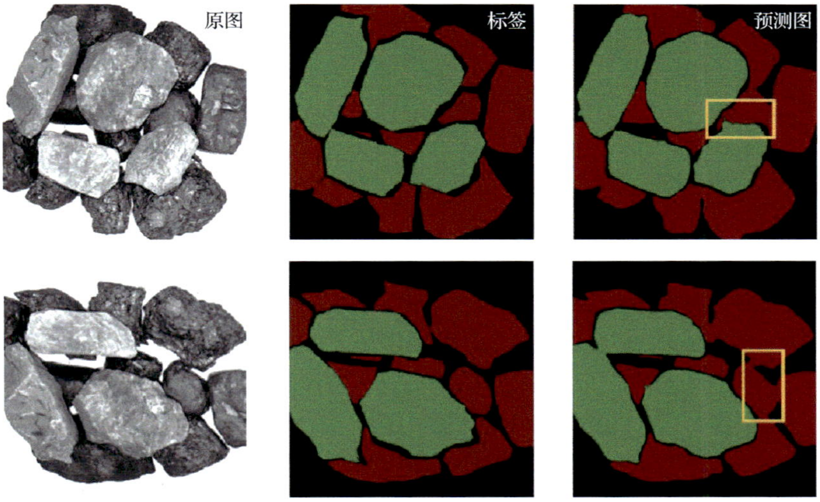

图 4-38　DeepLab v3+模型预测图

影面积的计算。

如图 4-39 所示，PSPNet 模型相比 DeepLab v3+模型在分割效果上有所提升，但在煤岩块体密集摆放处仍存在分割效果差的问题，且对某些块体的识别不全。这些问题可能导致计算投影面积和含矸率时结果不准确，因此该模型不适合用于后续的研究。

如图 4-40 所示，HRNet 模型对煤岩堆积体的识别分割效果较好，能够较为快速地实现分割。尽管存在块体与块体未完全分割的现象，但在原图中这些块体本身堆叠在一起，因此这种分割误差对后续煤岩投影面积的计算影响不大。因此，HRNet 模型在满足煤岩图像识别分割要求方面表现优异，最终选择其作为煤岩图像分割模型。

从图 4-41 可以看出，该模型在合成数据集上的预测效果较好，虽然存在少量预测不全的区域，这些微小区域表明合成图像可有效用于训练，且有助于提升模型的鲁棒性。

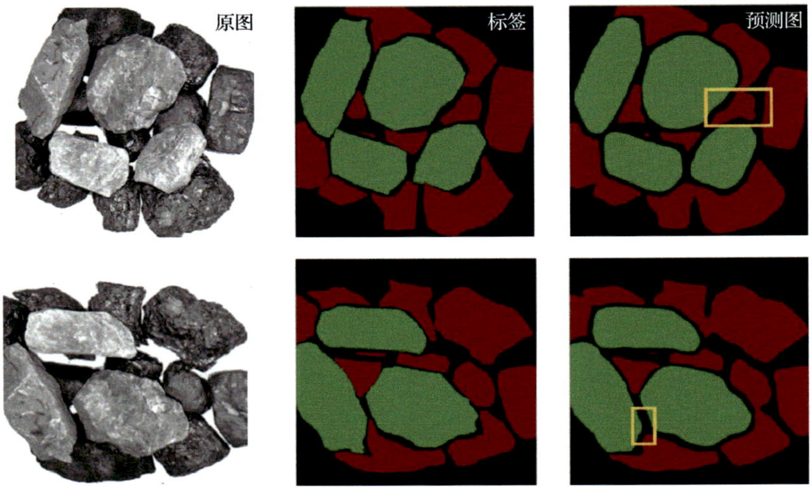

图 4-39　PSPNet 模型预测图

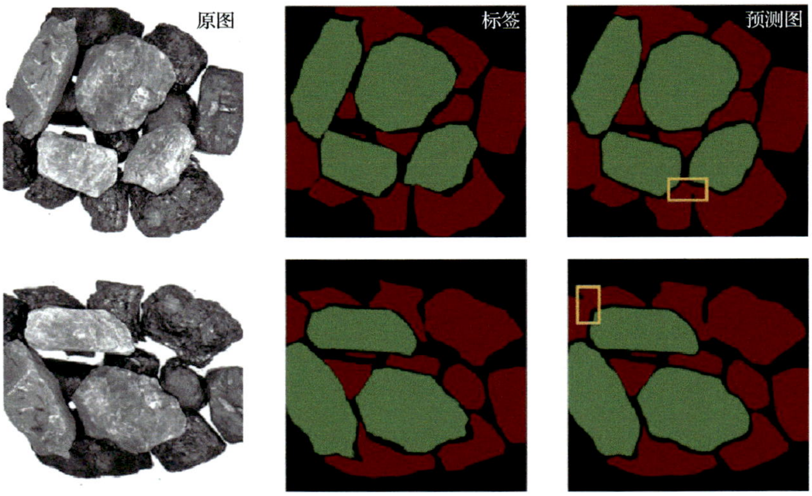

图 4-40　HRNet 模型预测图

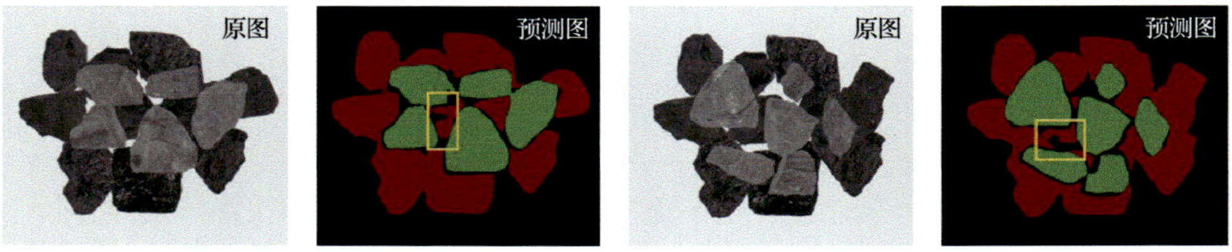

图 4-41　合成煤岩图像的预测结果

3. YOLO 模型

1）不同照度下煤岩图像实例分割

对煤+砂岩以及煤+泥岩两种煤岩组合在 6 种不同照度条件下的图像进行实例分割，

图 4-42～图 4-45 为两种煤岩组合在 3180lx 和 24200lx 照度条件下的图像分割结果。

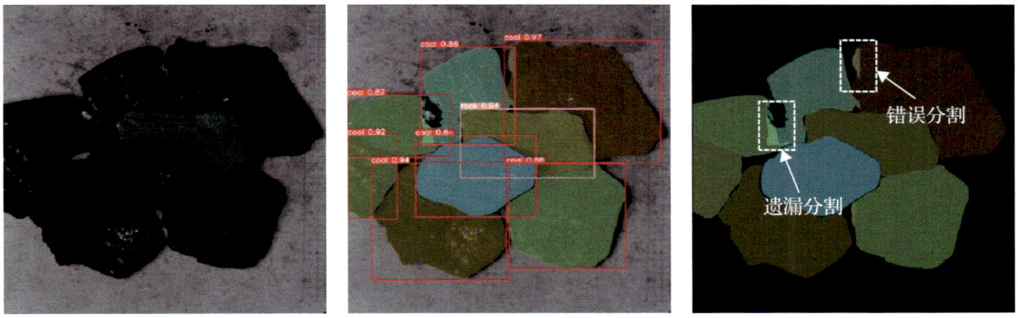

(a) 原图　　(b) 预测结果　　(c) 结果解读

图 4-42　煤+砂岩组合在 3180lx 照度条件下的预测结果

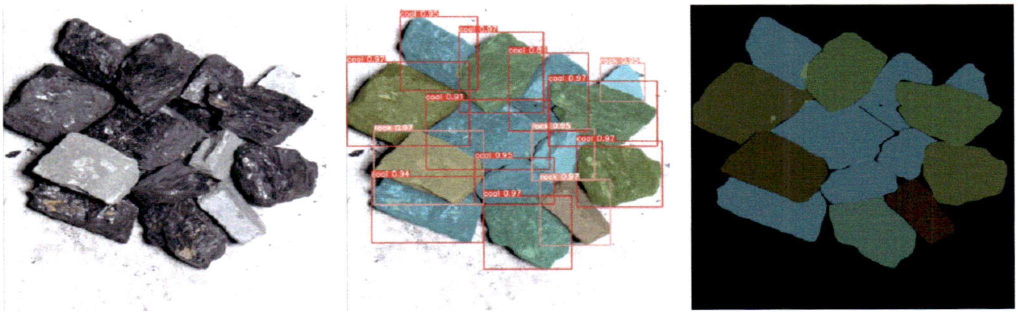

(a) 原图　　(b) 预测结果　　(c) 结果解读

图 4-43　煤+砂岩组合在 24200lx 照度条件下的预测结果

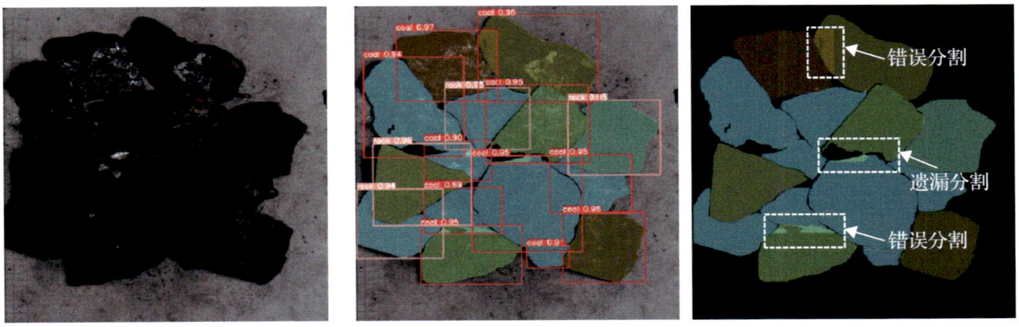

(a) 原图　　(b) 预测结果　　(c) 结果解读

图 4-44　煤+泥岩组合在 3180lx 照度条件下的预测结果

可以看出，使用 YOLOv7 算法分割煤+砂岩和煤+泥岩图像取得了较好的分割效果，大部分煤块与岩块都被正确地识别出来，只是存在一些错误分割以及遗漏分割。这些问题在照度较低时（如 3180lx）比较明显，但是在较高照度（如 24200lx）条件下，这些问题并不严重，基本可以满足含矸率检测的使用需求。

图 4-46 为不同照度条件下煤岩组合图像实例分割的平均精度均值（mAP@0.5）。可以

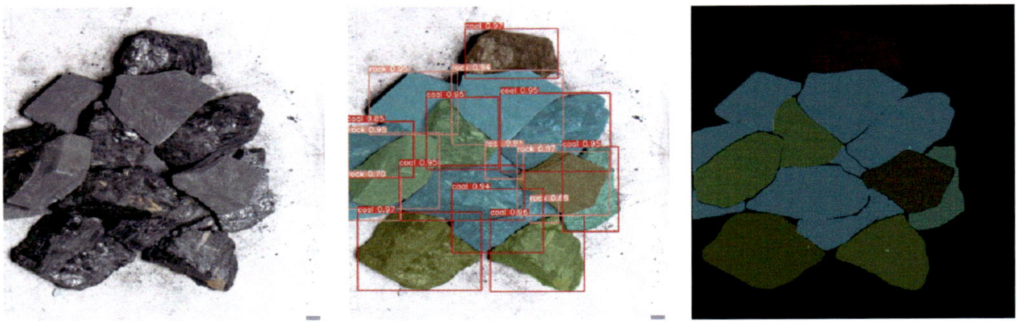

(a) 原图　　(b) 预测结果　　(c) 结果解读

图 4-45　煤+泥岩组合在 24200lx 照度条件下的预测结果

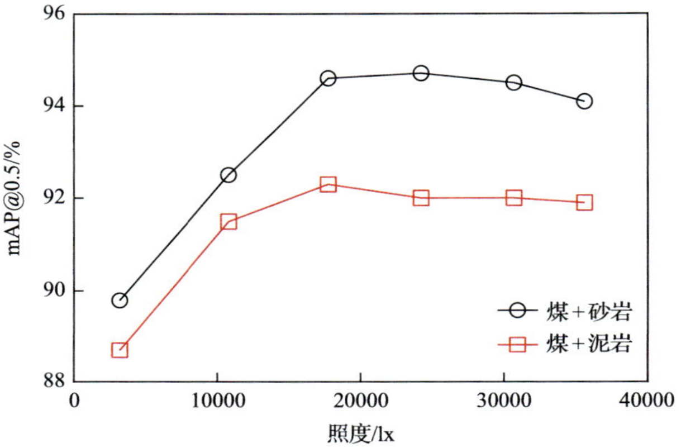

图 4-46　不同照度条件下煤岩组合图像实例分割平均精度均值

看到，在同一煤岩组合下，随着照度增加，mAP@0.5 呈现先增大后趋于稳定的趋势，且略有下降。这表明照度对模型识别精度有影响，合理设置照度或照度区间可以有效提升煤岩图像的实例分割精度。

在相同照度条件下，不同煤岩组合的图像分割 mAP@0.5 不同，具体来说，煤+砂岩组合的识别精度在本实验涉及的 6 种照度条件下均大于煤+泥岩组合。这与人眼视觉感受相同，灰白色的砂岩比深灰—灰黑色的泥岩更容易从煤流中被识别出来。即便是最困难的煤+泥岩复杂组合形式，通过合理设置照度（I = 17730lx），可以让 mAP@0.5 由 88.7%（3180lx）提升至 92.3%。

进一步提取了模型识别具体某种煤岩种类（标签）的精确率、召回率、平均 F 分数（balanced F score, F_1）、mAP@0.5，见表 4-5、表 4-6。可以看出，模型对于煤、砂岩和泥岩的识别精度由高到低依次为砂岩＞煤＞泥岩。

提取了 YOLOv7 模型的每秒 10 亿次的浮点运算数（giga floating-point operations per second, GFLOPs）、每秒传输帧数（frames per second, FPS）等参数，评价模型用于煤岩图像实例分割的实时性，见表 4-7。其中，测试以 24200lx、煤与砂岩数据集的测试集进行。

结果表明，YOLOv7 模型在分割煤岩图像时表现出了较好的识别效率，检测每帧图像耗时 19.4～37.7ms，满足图像识别智能放煤对于图像分割实时性的要求。

表 4-5　煤与砂岩图像数据集的识别结果

照度/lx	煤岩种类	精确率/%	召回率/%	F_1/%	mAP@0.5/%
3180	煤	91.0	79.3	84.7	85.2
	砂岩	94.7	91.8	93.2	94.4
10780	煤	94.0	84.0	88.7	88.6
	砂岩	94.6	93.5	94.0	96.4
17730	煤	93.2	86.4	89.7	91.6
	砂岩	95.9	95.1	95.5	97.6
24200	煤	94.0	86.9	90.3	92.6
	砂岩	95.3	94.3	94.8	96.8
30700	煤	94.3	87.3	90.7	92.3
	砂岩	95.7	94.5	95.1	96.7
35600	煤	93.9	86.9	90.3	91.8
	砂岩	95.1	94.1	94.6	96.5

表 4-6　煤与泥岩图像数据集的识别结果

照度/lx	煤岩种类	精确率/%	召回率/%	F_1/%	mAP@0.5/%
3180	煤	93.7	82.7	87.9	89.2
	泥岩	89.0	84.9	86.9	88.2
10780	煤	94.8	86.7	90.6	92.4
	泥岩	91.2	86.6	88.8	90.7
17730	煤	94.9	88.6	91.6	93.6
	泥岩	89.2	88.4	88.8	91.0
24200	煤	94.7	89.0	91.8	93.4
	泥岩	89.7	88.1	88.9	90.7
30700	煤	94.5	88.6	91.5	93.2
	泥岩	89.2	87.5	88.3	90.7
35600	煤	94.3	88.3	91.2	93.0
	泥岩	89.4	88.1	88.7	90.8

表 4-7　煤岩图像实例分割算法实时性测试结果

输入图像尺寸/px	参数量	GFLOPs	FPS
3×640×640	37.85×10^6	141.9	51.5
3×1280×1280			26.5

2) 多照度融合下的煤岩图像实例分割

在实验室条件下，可以设置较为固定的照度环境，而在现场应用时，由于移架拉后溜、放煤量变化、煤流表面起伏等原因，始终保持煤流表面照度为某一固定数值并不容易，即便在基于立体视觉的智能放煤照度精准调控方法下，做到实时监测与调控照度在技术上是可以实现的，但并不是经济的做法。

通过上述实验发现，照度会影响煤岩识别的精度，随着照度增大，识别精度会提高，但是当照度增大到一定数值后，精度保持相对稳定。因此，设想在现场应用时，将煤流表面照度稳定在峰值精度附近的某个照度区间内，而非固定的照度，一方面确保了图像采集工作在相对合适的照度环境下开展，保证图像识别精度；另一方面，通过适当提高照度监测间隔，让照度在某一时间段内保持在某个区间内，降低模型对照度环境的严苛要求，减少了煤流照度实时监测与调控的工作量，提高算法适应性。

开展了研究多照度融合下的煤岩图像分割实例研究，一方面是为了更好地适应现场实际使用环境，用于模拟现场实际应用过程中在某一照度区间内进行图像分割，而不是在某一固定照度条件下进行图像分割的情况；另一方面是探索在考虑融合多种照度后是否可以提高图像识别精度。

前面研究结果表明，17730lx 和 24200lx 是比较适合本实验煤岩样本图像分割的照度，对 17730lx 和 24200lx 条件下的煤岩图像数据库进行融合重组，按照比例构建一个包含两种照度的图像数据库，称为重组图像数据库，见表 4-8。

表 4-8　实验室重组图像数据库基本信息

组别	煤岩组合	照度/lx	比例	训练集/幅	验证集/幅	测试集/幅	合计/幅
1	煤+砂岩	17730	0.25	880	1000	480	4720
		24200	0.25	880	1000	480	
2		17730	0.5	1760	1000	480	6480
		24200	0.5	1760	1000	480	
3		17730	0.75	2640	1000	480	8240
		24200	0.75	2640	1000	480	
4		17730	1.0	3520	1000	480	10000
		24200	1.0	3520	1000	480	
5	煤+泥岩	17730	0.25	710	800	400	3820
		24200	0.25	710	800	400	
6		17730	0.5	1420	800	400	5240
		24200	0.5	1420	800	400	
7		17730	0.75	2130	800	400	6660
		24200	0.75	2130	800	400	
8		17730	1.0	2840	800	400	8080
		24200	1.0	2840	800	400	

本实验采用与前一节相同的损失函数、实验环境、评价指标等。对 12 个模型进行训练，迭代次数为 200 轮次，初始学习率为 0.001，学习率动量为 0.9，采用余弦退火算法

调整学习率，批量大小设置为 16。

图 4-47 为不同重组图像数据库条件下煤岩图像实例分割的 mAP@0.5。

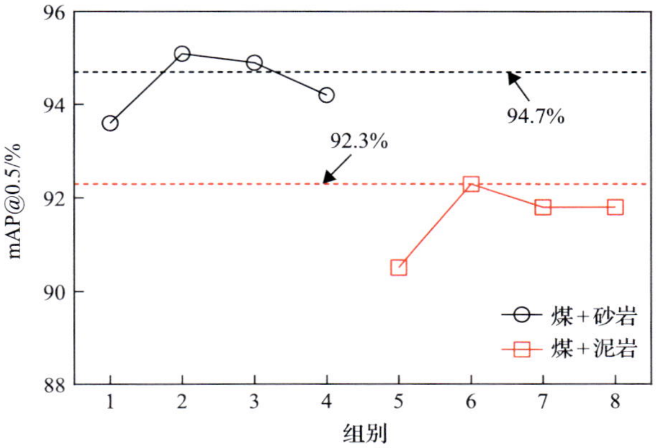

图 4-47　不同重组图像数据库条件下煤岩图像实例分割平均精度均值

可以看出，对于同一种煤岩组合，不同重组图像数据库条件下的 mAP@0.5 不同，随着训练集中图像数量的增多，煤+砂岩和煤+泥岩两种组合的 mAP@0.5 都呈现出先增大后减小的趋势。这说明在训练参数一定的情况下，不能单纯增大图像数量来提高模型识别精度。

另外，对于同一种数据库重组形式，不同煤岩组合的 mAP@0.5 不同，具体来说，煤+砂岩组合的识别精度在本实验涉及的 4 种数据库重组形式条件下均大于煤+泥岩组合。通过多照度融合，让煤+砂岩组合的 mAP@0.5 从 94.7%提升到了 95.1%，而煤+泥岩组合的 mAP@0.5 仍然保持 92.3%。虽然融合多照度没有让煤+泥岩组合的识别精度提升，但是多照度融合提高了模型的适应性，降低了对现场光照环境的要求，可以实现在一个照度区间而不是一个固定照度条件下完成含矸率计算。

模型在不同煤岩种类上的性能表现存在明显差异，如图 4-48 所示。砂岩的识别性能最佳，平均 F_1 和 mAP@0.5 分别达到 94.5%和 96.4%，且在不同照度下表现稳定，说明模型对砂岩的识别具有较高的鲁棒性。煤的识别性能居中，平均 F_1 为 89.1%，mAP@0.5 为 90.7%，但在低照度条件下性能略有下降，反映出模型在煤的识别上存在一定的误检

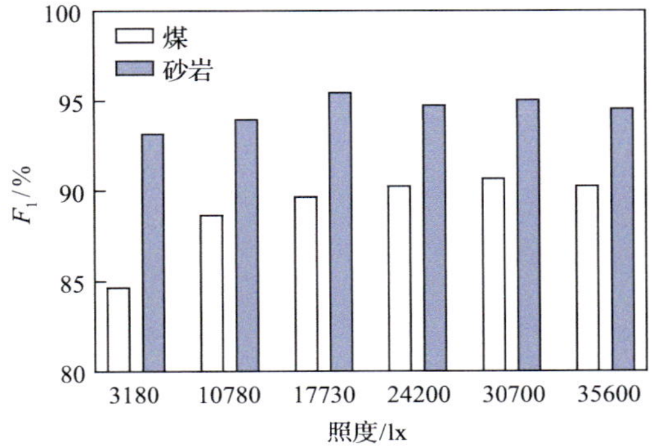

(a) 煤与砂岩 F_1

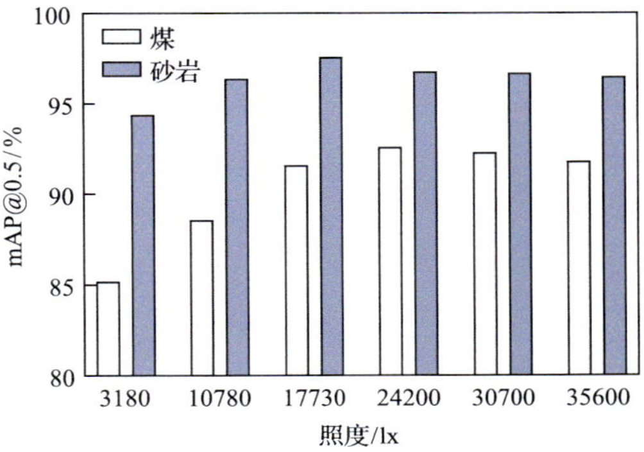

(b) 煤与砂岩mAP@0.5

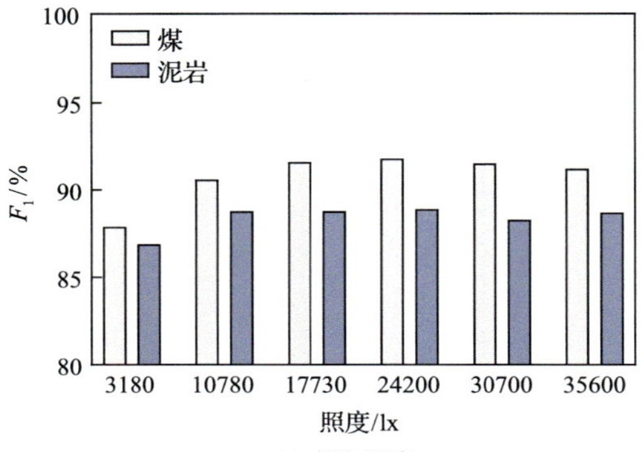

(c) 煤与泥岩 F_1

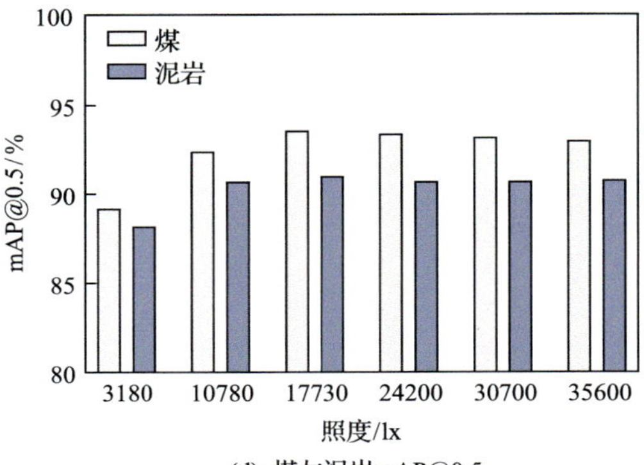

(d) 煤与泥岩mAP@0.5

图 4-48 不同煤岩种类的分割精度

或漏检问题。泥岩的识别性能最差，平均 F_1 为 88.4%，mAP@0.5 为 90.3%，尤其在低照度条件下性能波动较大，表现出对照度变化的敏感性，识别难度较大。整体来看，模型对砂岩的识别效果最好，煤和泥岩次之。

3) 软煤-岩石图像实例分割

基于室内搭建的图像采集系统进行不同含矸率煤岩堆积图像采集，其中体积是堆积体中煤与岩石质量除以对应散体密度所得，共采集 1511 幅图像用于本次实验，图像尺寸为 5568px×3712px，如图 4-49 所示。煤岩物理力学参数见表 4-9，具体方案见表 4-10。

图 4-49 实验室采集的软煤-岩石图像

表 4-9 煤岩物理力学参数

材料	容重/(m^3/t)	厚度/m	普氏系数
煤层	1.44	6.69～10.4	0.5
岩石	2.53	7.4～8.2	2.0～6.0

表 4-10　试验方案

序号	煤样质量/g	岩石质量/g	质量含矸率/%	体积含矸率/%
1	1500	0	0	0
2	1350	150	10	16
3	1200	300	20	31
4	1050	450	30	43
5	900	600	40	54
6	750	750	50	64
7	600	900	60	72
8	450	1050	70	80
9	300	1200	80	88
10	150	1350	90	94
11	0	1500	100	100

经过对模型进行训练，结果如图4-50所示。随着含矸率变化，模型的 mAP@0.5 有所不同。在采集图像含矸率为 10%～40%和 50%～60%时，模型的 mAP@0.5 均大于 90%。随着含矸率增加，模型的 mAP@0.5 稍有下降，但仍大于 80%。这说明软煤综放工作面含矸率的不同对模型的识别精度产生了影响。原因可能是当岩石块体较少时，分割任务相对简单；而随着岩石块体增加，不同岩石的边缘由于灰度和纹理等特征更为接近，导致分割难度增加。

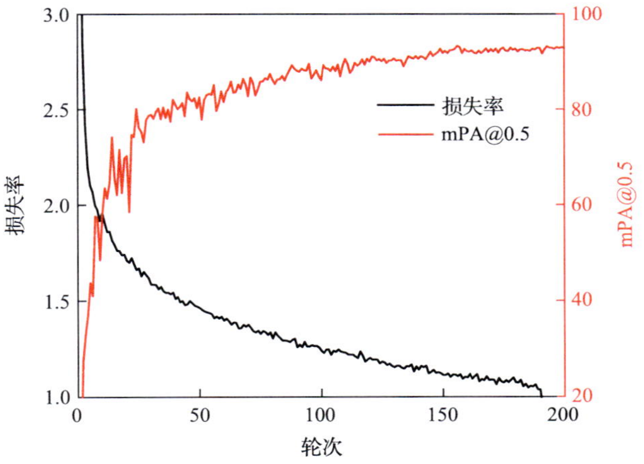

图 4-50　模型损失函数与平均精度均值

图 4-51 为图像数据集预测结果的混淆矩阵，评估了模型在不同类别上的识别性能。从图 4-51 中可以看出，预测结果大部分位于主对角线上，仅少数煤与岩石被错误分类。岩石的预测效果最好，达到 0.93，而煤粉的预测效果较差。这可能是由于煤粉形状轮廓较为随机，且常堆叠在煤与岩石上，导致模型难以准确分割煤粉。由于煤粉与岩石的特征差异较大，因此岩石的预测效果较好。在实际应用中，可以选择仅识别煤岩堆积体中的岩石，通过剔除其他因素的干扰，进一步进行含矸率的计算。

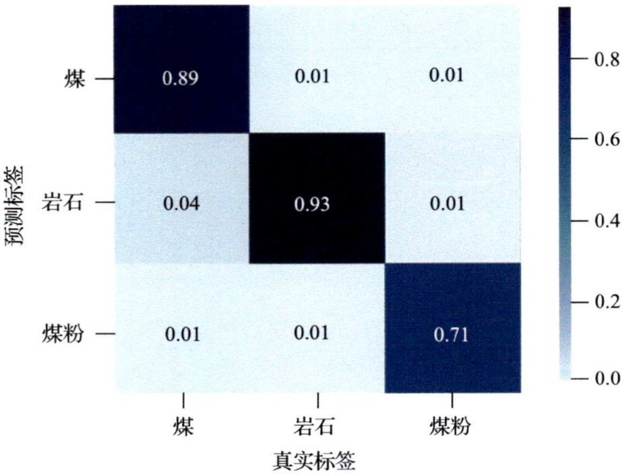

图 4-51 图像数据集预测结果的混淆矩阵

4.3.5 煤流含矸率检测优化方法

1. 煤流光流场提取方法

对于综放工作面放煤过程含矸率的计算，通常计算的是后部刮板输送机上煤流的含矸率，而图像采集区域通常会大于刮板输送机区域[图 4-2(c)]，造成刮板输送机两侧堆积的煤岩有时也会被识别并纳入含矸率计算中。因此，在进行图像分割与含矸率计算前，需要利用运动目标检测对煤流运动区域进行准确圈定。

常用的运动目标检测方法有帧差法、背景差分法和光流法等。其中光流法是通过计算当前帧图像中每个像素点同后一帧图像中同名像素点间的运动矢量，将当前帧图像中所有像素点的运动矢量汇集成图像的光流矢量场，通过阈值化处理标量化的光流矢量场实现运动目标的检测。光流法不需要先验知识，具有精度高、鲁棒性强的特点。

提出一种基于光流场的煤流含矸率优化方法。首先利用深度学习算法 GMFlow[2]，提取综放工作面后部刮板输送机上煤流的光流场，将光流运动速度小于阈值的视为静态物体予以剔除，精准圈定画面中煤流运动区域，进一步采用 YOLOv7-seg 对该区域进行实例分割，计算煤流含矸率。通过引入光流场，可以精准圈定煤流区域，降低数据冗余度，提高煤流含矸率检测精度与效率。

2. 煤流运动区域提取

对放煤过程后部刮板输送机上煤流的光流场进行分析，提取画面中煤流运动区域，并仅对煤流运动区域进行图像分割，分割结果被用于含矸率计算，如图 4-52 所示。其中，图 4-52(a)为某次放煤作业中不同时间的 5 幅煤流图像，后部刮板输送机在图像画面中部水平方向布置(图中蓝色虚线框)，煤流由左向右运动，刮板输送机旁堆积有煤岩块体(图中红色虚线框)。图 4-52(b)为煤流的光流场，颜色的种类表示物体运动的方向，颜色的深浅表示在该方向上的速度大小。可以看出，画面中部颜色分布较为均匀，而画面上部和下部为白色，说明画面中部存在较为匀速且同向的运动，而其他区域的物体速度低于阈值或为零，这与画面中部为煤流的实际情况吻合。另外，在后部刮板输送机和液压支架中间区域堆积的大块煤岩，在光流场图中被准确识别出来，实现了其与运动煤流的有效分离。

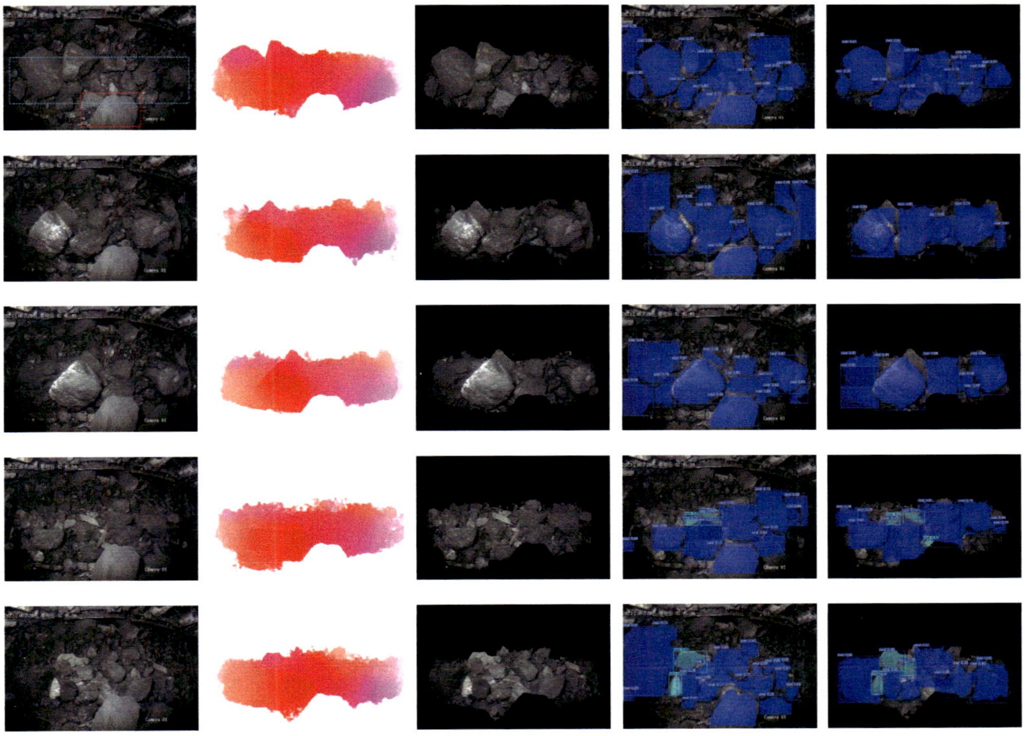

(a) 原始煤流图　(b) 光流场图　(c) 煤流运动区域图　(d) 原始煤流分割图　(e) 煤流运动区域分割图

图 4-52　基于光流法的煤流运动区域提取结果

将煤流光流场图作为掩膜叠加到原始煤流图上得到如图 4-52(c)所示的煤流运动区域图，该图中仅保留了运动煤流所处区域。图 4-52(d)与图 4-52(e)分别为对原始煤流图[图 4-52(a)]、煤流运动区域图[图 4-52(c)]进行图像分割的结果，可以看出，在原始煤流图的分割结果中，不仅煤流上运动的煤岩块体被识别，后部刮板输送机两侧堆积的煤岩也会被识别，而这些堆积的煤岩通常会被长时间纳入含矸率计算中，严重影响含矸率检测结果，进而引起智能放煤系统的错误判断。在煤流运动区域分割图中，由于对煤流运动区域进行了精准圈定，所以识别结果仅限于后部刮板输送机上运动的煤流的含矸率，这更符合智能放煤系统对于含矸率计算的需求，并且由于剔除静止物体冗余信息，也有利于提高复杂场景下的含矸率检测效率。

4.4　煤岩块体重建

4.4.1　煤岩块体重建概述

将图像识别智能放煤技术中所研究的含矸率细化为三种，分别是煤岩图像投影面积含矸率、煤流表面体积含矸率及煤流内部体积含矸率，如图 4-53 所示。

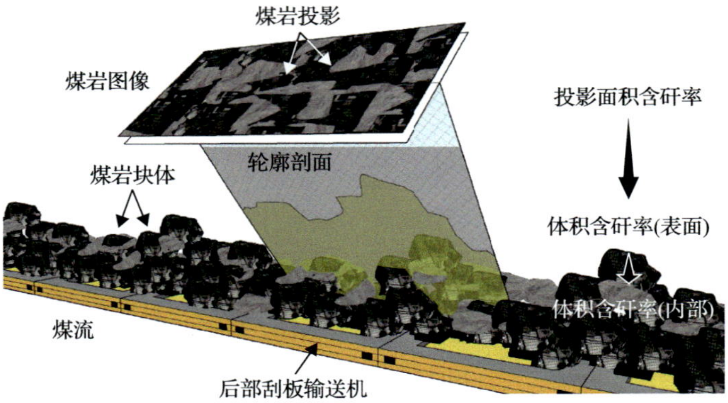

图 4-53　图像识别智能放煤技术涉及的几种含矸率

后部刮板输送机上的煤和岩石，不仅是三维块体，而且它们之间相互叠压。通过二维图像获得的仅仅是煤流表面的投影面积含矸率，而无法得到煤流内部体积含矸率情况。

因此，制定了“由表及里”(surface to inside, S2I)的含矸率高精度预测两步走策略。第一步，通过形态学分析，研究煤岩块体二维和三维形态学特征的关系，实现通过投影面积含矸率预测煤流表面体积含矸率。第二步，通过堆积特征分析，研究刮板扰动下的煤流中煤岩块体的堆积特征，实现通过煤流表面体积含矸率预测煤流内部体积含矸率，如图 4-54 所示。

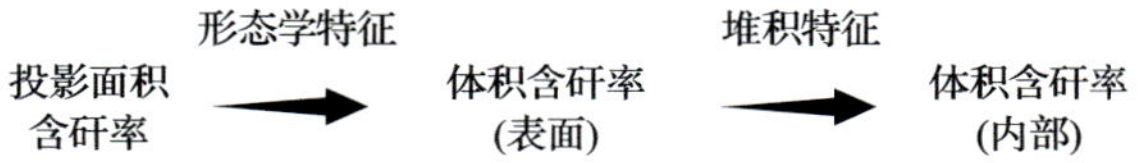

图 4-54　S2I 含矸率高精度预测两步走策略

本节作为 S2I 含矸率高精度预测两步走策略的第一步，主要目的是研究煤岩块体三维形态学特征与二维形态学特征的关系，实现由投影面积含矸率预测体积含矸率。

4.4.2　实验材料与设备

1. 实验材料

煤岩样本采集自大同煤矿集团有限责任公司(现晋能控股煤业集团有限公司)北辛窑矿 8103 工作面。煤岩样本的块度为 10～20cm，样本在采集回实验室后保持它们原有的形状，未进行人工破碎。

2. 实验平台

为采集煤岩块体不同视角的图像，设计了煤岩块体多视图像序列采集平台，如图 4-55 所示。平台包括图像采集装置、旋转载物台和摄影灯箱。图像采集使用 NIKON D7500 相机，固定在可调三脚架上，可通过红外遥控器控制拍摄，避免相机晃动。旋转载物台通过无线控制器旋转煤岩块体，并在预设角度暂停，自动拍摄图像。摄影灯箱配有 LED

灯带，减少外界光干扰。平台上设置三种标定板。

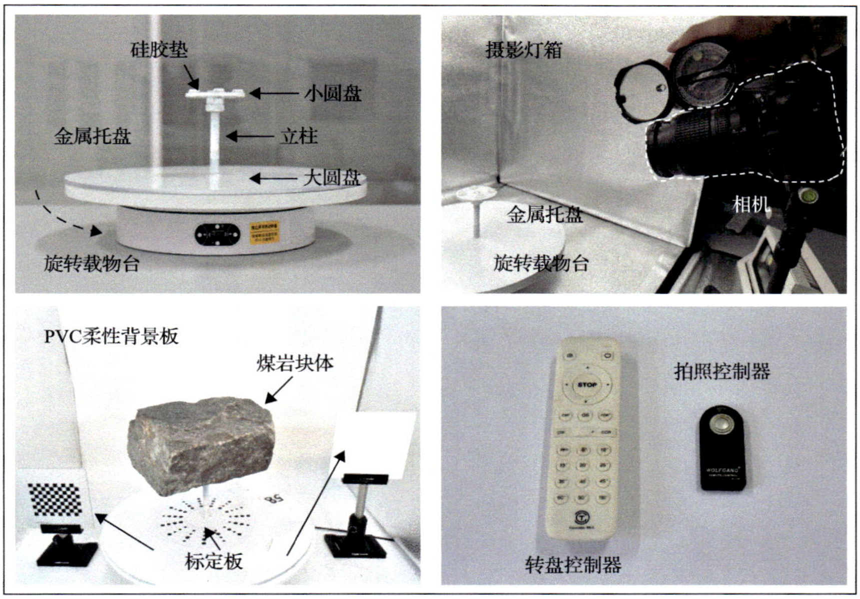

图 4-55　煤岩块体多视图像序列采集平台

为提高煤岩图像分割效率,实验平台使用了白色背景板和金属托盘。白色背景板为 PVC 柔性材质，确保煤岩块体与背景有良好对比度。金属托盘由两块不锈钢金属圆板和金属杆组成，较大的圆板作为底座，较小的圆板用于稳固煤岩块体，硅胶垫进一步提高块体的稳定性，防止晃动或掉落。煤岩块体多视图像序列采集平台设备空间位置关系如图 4-56 所示。

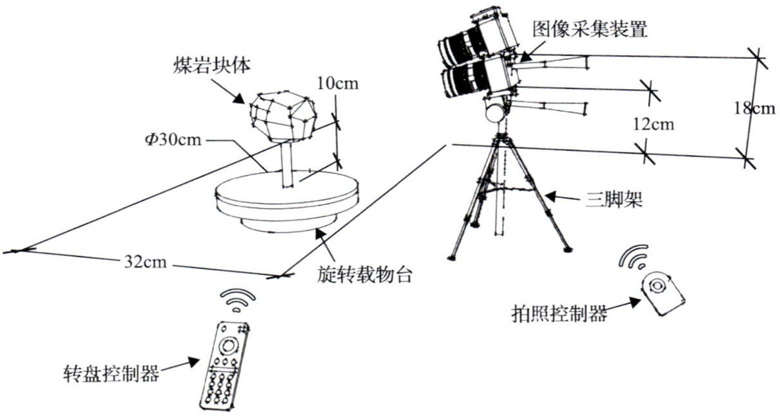

图 4-56　煤岩块体多视图像序列采集平台设备空间位置关系

4.4.3　煤岩块体三角网格模型计算

通过煤岩块体多视图像序列采集平台，可以高效采集高质量的煤岩块体多视图像序列[3]。首先，相机与煤岩块体之间的夹角设置为约 20°，水平距离为 0.32m，垂直高度为

0.12m。煤岩块体放置在旋转载物台的小金属圆板上，确保稳定后，通过无线遥控器控制旋转载物台逆时针旋转，每旋转 10°暂停 1.5s，相机自动采集图像。旋转载物台完成 360°旋转后，共采集 36 张图像。

在完成第一轮图像采集后，通过调整相机高度至 0.6m，并将镜头与煤岩块体连线与水平面夹角设置为约 30°。此时，重复相同的旋转采集步骤，再次采集 36 张图像，最终得到 72 幅煤岩图像，形成一个完整的煤岩块体多视图像序列(图 4-57)。

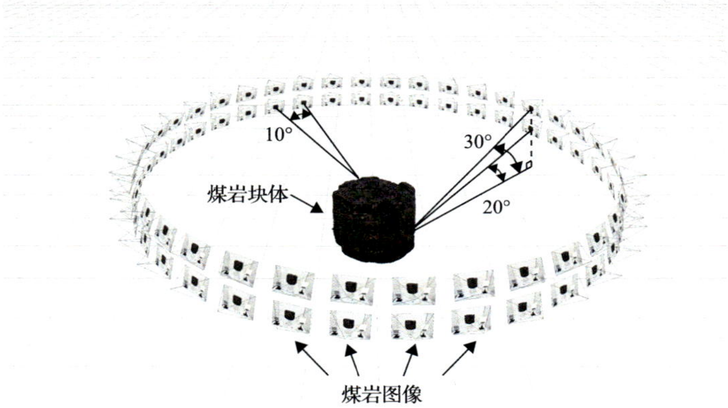

图 4-57　煤岩块体多视图像序列

基于煤岩多视图像序列，采用投影轮廓算法(shape from silhouette algorithm)计算煤岩块体三角网格模型[4,5]。煤岩块体三角网格模型主要包括三个要素，即顶点、边和面，如图 4-58 所示。

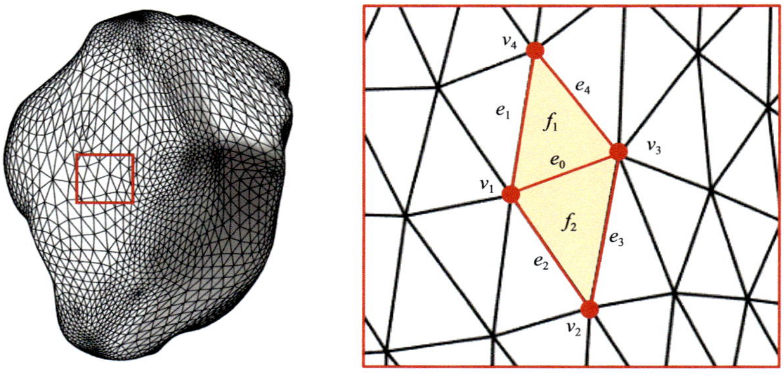

(a) 三角网格模型　　(b) 三角网格细节图

图 4-58　煤岩块体三角网格模型

其中，v_1 和 v_3 是相邻的顶点，它们之间的连线是边 e_0。边 e_0 由两个面共享，即面 f_1 和面 f_2。面 f_1 可以表示为 $f_1=\triangle v_1v_3v_4$，面 f_2 可以表示为 $f_2=\triangle v_1v_2v_3$。上述流程都是通过普通消费级设备和简单代码快速实现的，是一种低成本且有效的煤岩块体三角网格模型获取方法。

通过煤岩块体图像序列获得了煤岩块体三角网格模型，实现了将煤岩块体物理模型向数字模型的转换。由一组基本球体单元(pebble)组成的刚性簇(clump)或柔性簇(cluster)(以下统称离散元模型)是一种目前离散元数值计算商用软件普遍支持的用于表示非球形块体的方法。煤岩块体三角网格模型与离散元模型如图 4-59 所示。

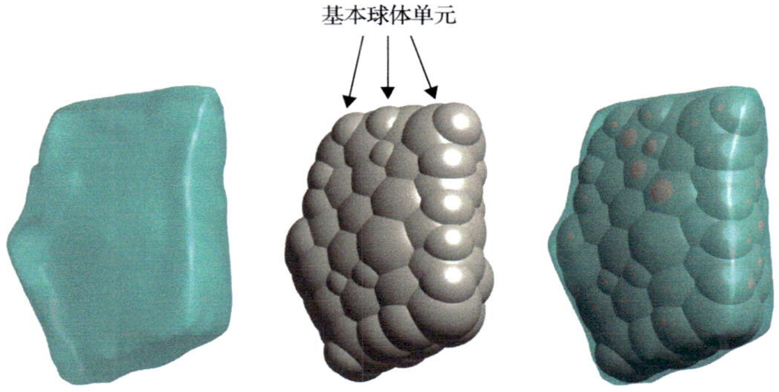

(a) 三角网格模型　(b) 离散元模型　(c) 二者关系

图 4-59　煤岩块体三角网格模型与离散元模型

三角网格模型作为边界，基本球体单元在其内部生成，组成煤岩块体离散元模型。通常，组成煤岩块体离散元模型使用的基本球体单元数量越多，越能更好地还原煤岩块体形状，但是过多的基本球体单元也会影响到数值计算的运算效率。因此，如何平衡基本球体单元数量与运算效率这两个矛盾的因素，是目前学界关注的热点，也是本节的研究重点。

4.4.4　煤岩块体高精度重建算法框架

提出一种新的基于体素化的煤岩块体离散元模型生成方法，命名为 voxel-based clump generation method(简称 V-CLUMP)。与大多数算法的工作流程相似，V-CLUMP 也包括两个步骤：基本球体单元生成和基本球体单元移除。其中，基本球体单元生成由煤岩块体渐进体素化、表面体素单元优化、基本球体单元筛选等步骤组成，如图 4-60 所示，下面针对关键步骤展开介绍。

4.4.5　算法的实现

1. 煤岩块体渐进体素化

本实验的主要目的是使用一簇尽可能少的基本球体单元，以尽可能高的形态学仿真度组成离散元模型来代表煤岩块体，进而用于综放工作面放煤过程的高仿真离散元数值计算。对于球体，球心坐标和半径尺寸是定义球体的两个最重要的指标。因此，构建刚性簇的过程就是确定这些基本球体单元的球心位置和半径尺寸。

为了定位基本球体单元的球心位置，用一组特定形状的体素单元(cells)将煤岩块体三角网格模型离散化(或体素化)。Das[6]和 Li 等[7]分别使用了具有特定尺寸的立方体体素单元或球形体素单元。本节采用点状体素单元，点状体素单元的大小为零。

首先，生成煤岩块体三角网格模型的方向包围盒(oriented bounding box，OBB)，OBB 的尺寸为 $l\times w\times h$。假设长度为 l 的边为 OBB 的最短边，沿该边将 OBB 等距离划分为

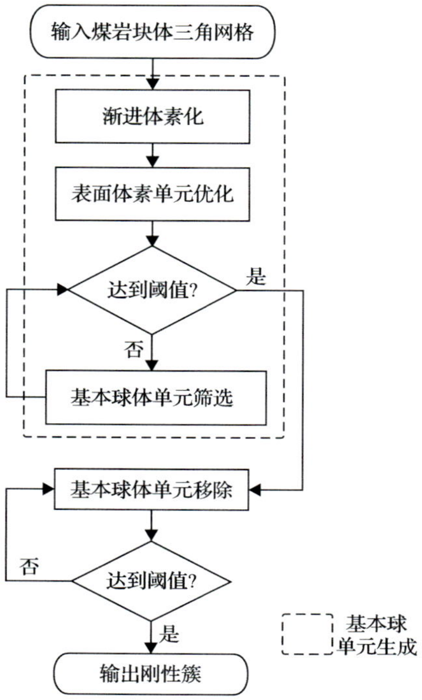

图 4-60　V-CLUMP 算法流程图

N_L 列体素单元。沿另外两边，即长度为 w 和 h 的边，将 OBB 等距离划分为 $\frac{N_L w}{l}$ 和 $\frac{N_L h}{l}$ 列体素单元。

在体素化后，煤岩块体被分为表面和内部体素单元。内部体素单元代表基本球体单元的球心位置，其半径由球心与表面体素单元之间的最小欧几里得距离决定。煤岩块体三角网格模型越密集，分割数 N_L 越大，生成的体素单元越多，从而可使用更多的基本球体单元提升模型分辨率。

靠近表面的内部体素单元更重要，它们的半径较小，能够准确恢复煤岩块体表面细节。相比之下，远离表面的内部体素单元半径较大，主要还原宏观尺寸特征。通过这种方法，可以精准表征煤岩块体的细节和尺寸，用于高仿真离散元数值计算。

提出煤岩块体三角网格模型渐进体素化方法，用于重新布局内部体素单元。核心思想是将更多的内部体素单元分布在更靠近三角网格模型表面的地方。

首先介绍煤岩块体三角网格模型非渐进体素化。从煤岩块体三角网格模型表面逐渐向内，假设将煤岩块体三角网格模型离散化为 I 个体素分层，记作 $L(L_1, L_2, \cdots, L_I)$。每个体素单元分层又细分为若干个体素子分层，如图 4-61 所示。同属于一个体素子分层的所有体素单元，它们到表面体素单元的距离相同，也就是说，球心位于同一体素子分层的所有基本球体单元，具有相同的半径。假设第 i 个体素分层的厚度为 t_i，将每个体素分层厚度与总厚度的比值称为体素分层厚占比，t_i 越大，分配给第 i 个体素分层的体素子分层就越多。体素分层厚占比可以表示为

$$\boldsymbol{R}_{\mathrm{t}}=\left[\begin{array}{llll}\dfrac{t_1}{\sum\limits_{i=1}^{I} t_i} & \dfrac{t_2}{\sum\limits_{i=1}^{I} t_i} & \cdots & \dfrac{t_I}{\sum\limits_{i=1}^{I} t_i}\end{array}\right] \tag{4-21}$$

式中，$\boldsymbol{R}_{\mathrm{t}}$ 为体素分层厚占比；I 为体素分层数；t_i 为第 i 个体素分层的体素子分层数。

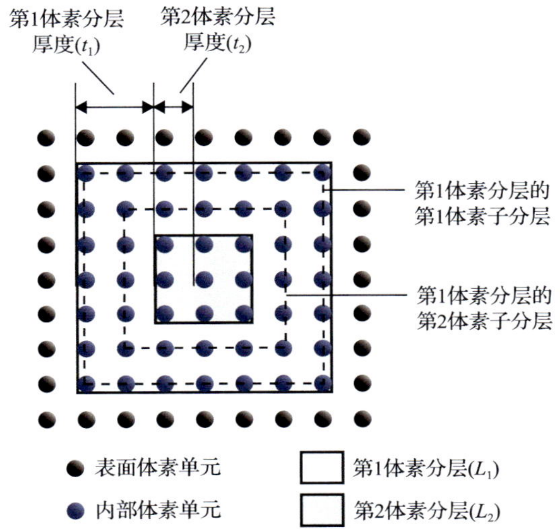

图 4-61　三角网格模型非渐进体素化的体素分层与体素子分层

可以看出，非渐进体素化将体素单元均匀分布在三角网格模型的表面和内部，而渐进体素化则更多地将体素单元分配到靠近表面的位置。图 4-62 (b) 为煤岩块体三角网格模型渐进体素化后的纵向切面。

类似非渐进体素化的体素分层与体素子分层，将非渐进体素化后的体素单元由外至内划分为三层，分别是体素地壳层 (crust)、体素地幔层 (mantle) 和体素地核层 (core)。体素地壳层和体素地幔层各自包含两个亚层。与体素地壳层相比，体素地幔层被离散成较少的体素单元，而体素地核层被离散成最少的体素单元。也就是说，越靠近煤岩块体三角网模型的表面，被分配有更多的体素单元，以还原煤岩块体表面的细观或微观特征。其中，$I=1$ 表示非渐进体素化。

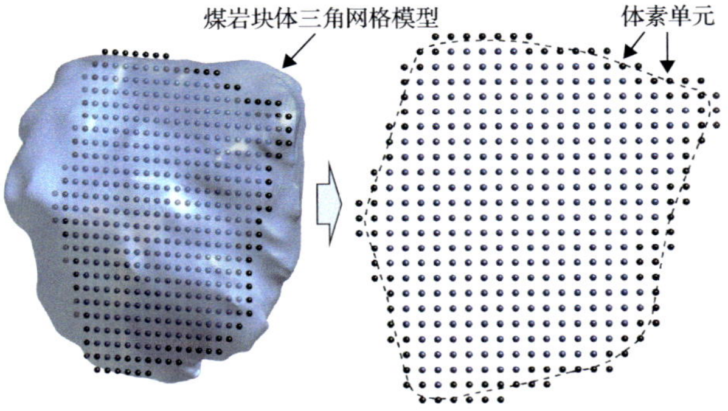

(a) 非渐进体素化

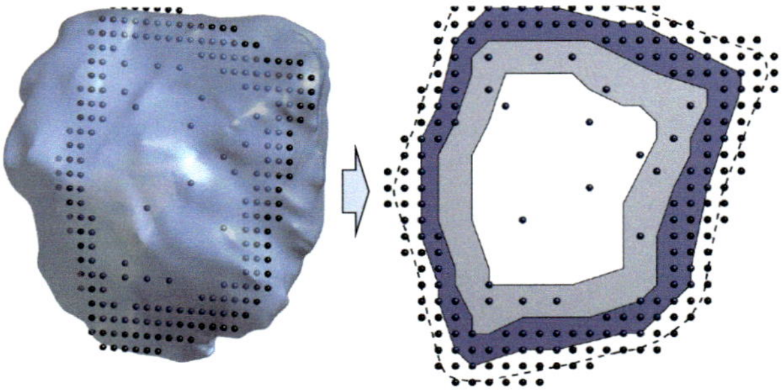

(b) 渐进体素化

图 4-62 煤岩块体三角网格模型非渐进体素化与渐进体素化

对煤岩块体三角形网络模型中体素单元的重新分布可以使用不同的方法来解决。本节采用了距离校核法(distance-check method)。距离阈值定义为

$$D_i = \sqrt{3(i-1)^2}\,\frac{l}{N_{\mathrm{L}}} \tag{4-22}$$

式中，D_i 为第 i 体素层的距离阈值；l 为煤岩块体三角网格模型方向包围盒(OBB)的最短边长度；N_{L} 为 OBB 最短边被划分成的体素单元列数。

图 4-63 展示了煤岩块体三角网格模型一个切面的渐进体素化过程。对该切面第 i 体素层中每个体素单元从上至下、从左至右依次进行校验，计算待校验体素单元与所有已校验体素单元的最小欧几里得距离，所有距离小于 D_i 的体素单元将被移除。经过距离校核，第 i 层中任意两个体素单元之间的距离都将等于或大于距离阈值 D_i。距离阈值与体素层的层数 i 有关，体素层层数 i 越大，说明越靠近模型内部，此时距离阈值也越大，所以更多的体素单元将被移除，体素单元分布越稀疏。对每个体素层重复上述校验过程，煤岩块体三角网格模型中的体素单元将得到重新分配，实现渐进体素化。

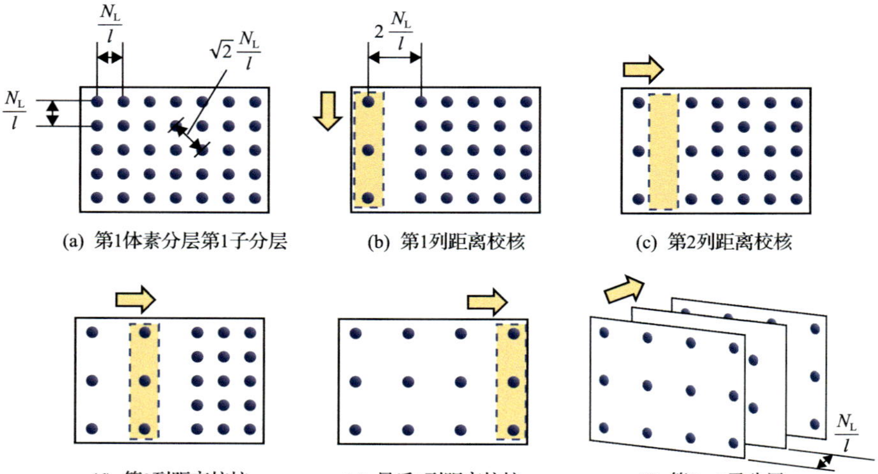

(a) 第1体素分层第1子分层　(b) 第1列距离校核　(c) 第2列距离校核

(d) 第3列距离校核　(e) 最后1列距离校核　(f) 第2、3子分层

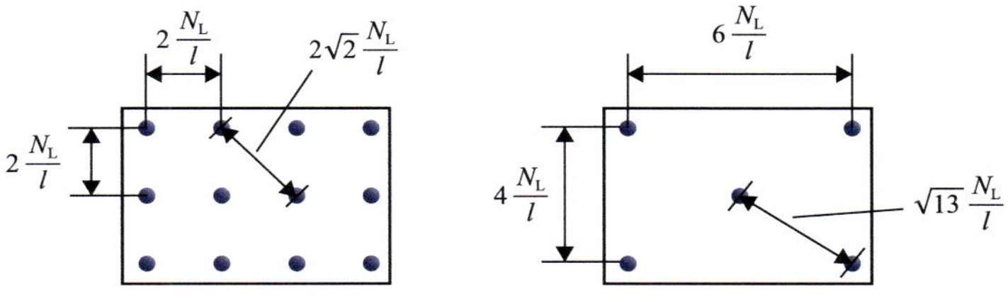

(g) 第2体素分层第1子分层　　(h) 第3体素分层第1子分层

图 4-63　煤岩块体三角网格模型渐进体素化过程

2. 煤岩块体表面体素单元优化

如前所述，基本球体单元的半径由球心和所有表面体素单元之间最小的欧几里得距离决定。然而，体素化过程中，由于煤岩块体表面起伏，表面体素单元不一定精确落在三角网格模型上。部分表面体素单元可能位于三角网格模型外部或内部，导致基本球体单元的半径计算不准确，进而影响煤岩块体离散元模型的效果，可能导致溢出或不完全填充三角网格模型。

为了解决这一问题，提出优化表面体素单元的位置，以提高离散元模型与三角网格模型的拟合效果。具体方法是将所有表面体素单元移至距离其最近的三角网格顶点。通过计算每个表面体素单元与所有顶点的欧几里得距离，并将其移至最近的顶点，完成表面体素单元的优化，如图 4-64 所示。

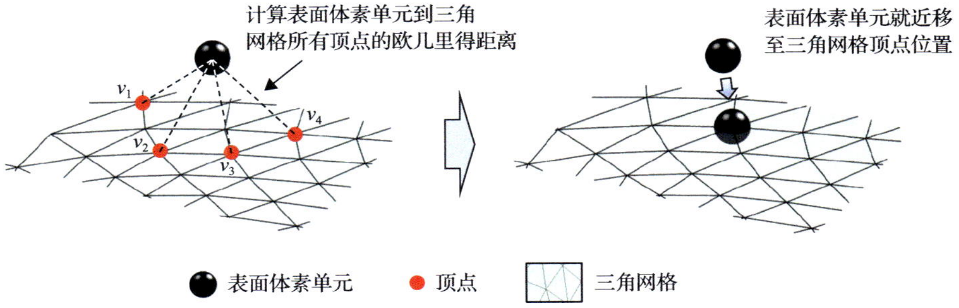

图 4-64　煤岩块体表面体素单元优化

经过优化后，表面体素单元在煤岩块体三角网格上得到了重新分布，基本球体单元的发育得到了更好的控制，能够实现最大限度的填充和最小限度的溢出，确保了煤岩块体离散元模型与三角网格模型的高拟合度，如图 4-65 所示。

3. 基本球体单元筛选

目前已经获得了一个包含基本球体单元的集合，球心位于内部体素单元上，半径为球心与表面体素单元之间最小的欧几里得距离。然而，这个集合中包含大量重叠的基本球体单元，因此需要采取措施筛选出一部分球体单元，作为构成煤岩块体离散元模型的基本元素。为了便于后续可能的深度简化操作，这些筛选出的球体单元被称为“候选基本球体单元”，只有通过简化操作后，才能成为最终用于构建模型的元素。

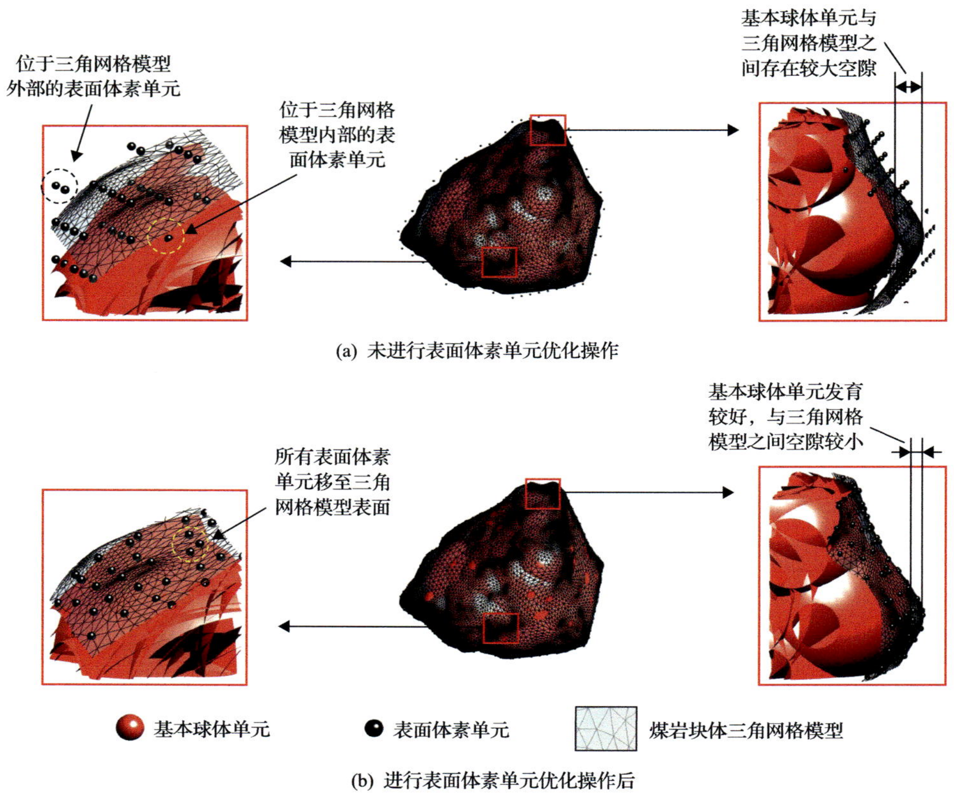

图 4-65　基本球体单元填充效果示意图

基于 Taghavi[8]和 Angelidakis 等[9]提出的筛选方法，提出一种新的筛选方法，包含三个主要步骤。首先，计算煤岩块体三角网格模型的欧几里得距离场，得到每个体素单元上的基本球体单元的半径。这个距离场在整个过程中只需计算一次。然后，根据基本球体单元的半径对其进行排序，选出半径最大的球体单元作为第一个候选基本球体单元，即煤岩块体三角网格模型的最大内切球。最后，根据交角筛选原则，进一步筛选出符合条件的基本球体单元。交角(intersection angle)描述了两个基本球体单元接触处表面的光滑程度。通过计算球与球(三维)或圆与圆(二维)交角 λ，并与预设的交角阈值 λ^* 进行比较，如果交角 λ 小于阈值 λ^*，则认为这两个单元重叠过多，不适合成为候选基本球体单元；反之，则将该球体单元视为候选基本球体单元。

通过这一筛选过程，可以有效剔除不合适的重叠球体单元，确保煤岩块体离散元模型的合理性。

c_m 和 c_s 分别是半径为 R_m 和 R_s 的两个圆的圆心。P_t 是两个圆的交点。因此，交角 λ 由式(4-23)获得

$$\lambda = 180° - \arccos\left(\frac{R_s{}^2 + R_m{}^2 - a^2}{2R_s R_m}\right) \tag{4-23}$$

式中，a 为两个圆心的欧几里得距离。

最后，在每次选出候选基本球体单元后，需对该单元所在区域进行挖空处理。挖空的区域将不再参与后续的筛选操作。随着更多候选基本球体单元的选出，越来越多的区域被挖空，从而减少了后续筛选的计算量。前两个步骤中，通过根据半径排序进行筛选，较大的基本球体单元能够优先占据更多的空间，而这些球体单元内部的区域将不再参与后续计算，这样能够显著提升计算效率。

在挖空操作中，所挖空的空间区域是以候选基本球体单元的球心为中心，半径为 R_h 的球形区域。由于筛选过程是根据基本球体单元的半径从大到小进行的，因此挖空区域的半径 R_h 由交角 λ 决定。如图 4-66 所示，两个圆心之间的欧几里得距离 a 越小，或者较小圆的半径 R_s($R_s \leqslant R_m$)越大，交角 λ 就会增大。因此，在特定的交角阈值 λ^* 条件下，可以通过假设 $R_s=R_m$ 来计算 a 的最小值，并视其为 R_h，如图 4-67 所示。

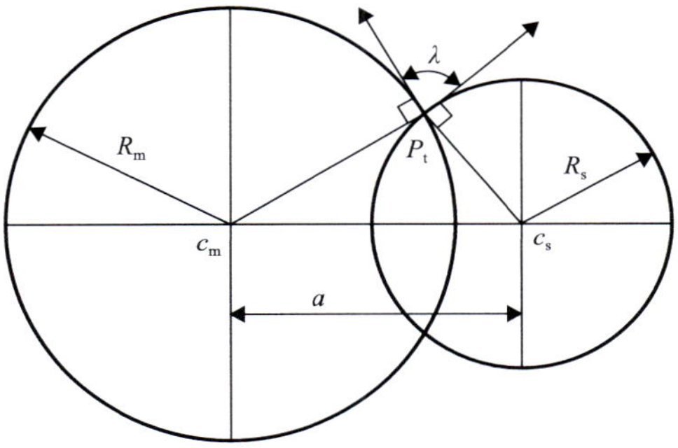

图 4-66　圆-圆交角

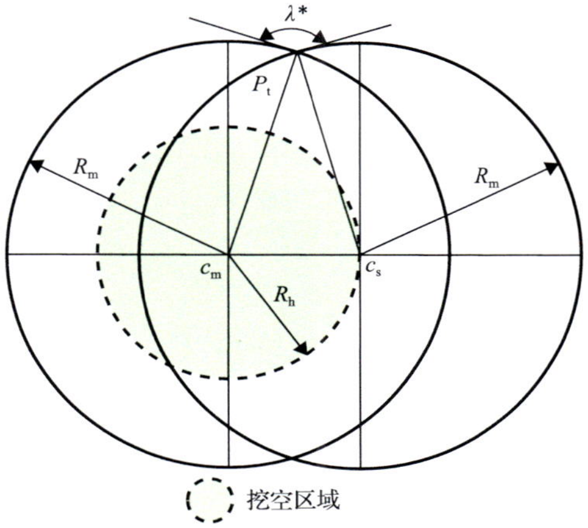

图 4-67　挖空候选基本球体单元区域的 R_h 参数确定

R_h 可通过式(4-24)计算得到：

$$R_h = \sqrt{2R_m{}^2 - 4R_m \cos\left(180° - \lambda^*\right)} \tag{4-24}$$

重复上述过程，直到候选基本球体单元数量(N_P)或(且)最小候选基本球体单元半径与最大候选基本球体单元半径的比值达到用于预设值，则完成候选基本球单元筛选工作。如果不再进行后续深度简化操作，此时则完成了煤岩块体离散元模型生成工作。这种根据用户预设参数决定是否结束候选基本球筛选工作的模式，称为 V-CLUMP 的用户预设工作模式。另外，V-CLUMP 还提供非用户预设工作模式，即将所有满足交角准则的基本球体单元全部筛出作为候选基本球体单元，而不管候选基本球体单元的数量以及最小半径。用户可以根据实际使用需求选择不同的 V-CLUMP 工作模式。

4. 基于角点脊点保留的基本球体单元优化

煤岩块体的角点和脊点在其宏观力学特性中有重要作用，利用角点脊点保留法来提高煤岩块体离散元模型的仿真度已经在文献中得到证实[10-12]。本节提出一种新的基于图像分析的角点脊点保留法。该方法主要包括以下四个步骤。

首先，将三维的煤岩块体三角网格模型展开并投影为二维的煤岩块体表面地形图。以煤岩块体三角网格模型直角坐标系为基础，建立球坐标系。假设 P(Az，El，RD)为球坐标系中一点，方位角 Az 表示有向线段 OP 在 xy 平面投影与 x 轴方向的夹角，仰角 El 表示有向线段 OP 与其在 xy 平面投影所成夹角，径向距离 RD 为 P 点到原点 O 的距离。

对球坐标系下的煤岩块体三角网格模型进行采样。沿方位角正方向、仰角正方向等角度间隔生成一系列以原点 O 为起点的射线。这些射线必然会与煤岩块体三角网格模型的某个面或某些面存在 1 个或若干个交点。假设使用的煤岩样本均为星状块体(star-like shape)，即从质心发出的射线与表面仅存在 1 个交点。这种假设是存在一定局限性的，但是这种局限性在文献中被证实是可以被接受的，因为自然界中大部分块体或颗粒满足这种假设。基于这种假设，在采样过程中，如果从质心发出的射线与表面存在多个交点，则使用原点与距离原点最近的交点的距离，作为该方位角和仰角条件下的径向距离，如图 4-68 所示。至此，煤岩块体三角网格模型被转换为一组交点坐标集合。

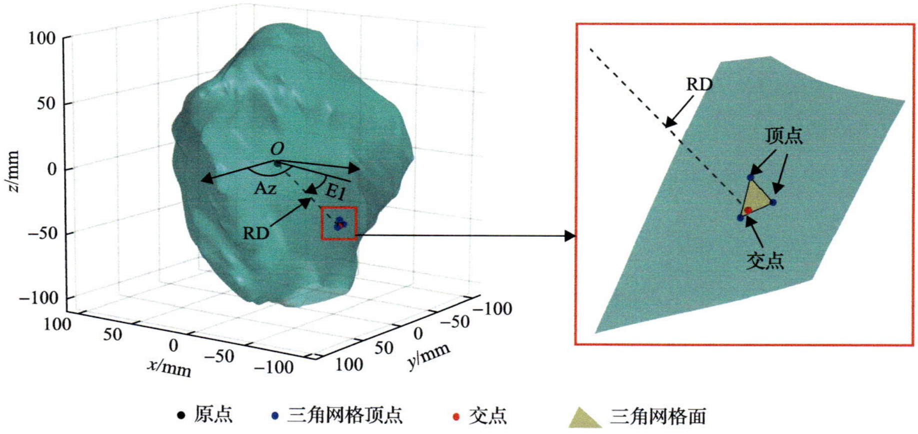

图 4-68　球坐标系下煤岩块体径向距离确定

以方位角为 x 轴，仰角为 y 轴，径向距离为 z 轴，将球坐标系下的交点坐标集合展开至直角坐标系中，获得煤岩块体表面形貌。使用基于加权线性最小二乘法和一次多项式模型的局部回归技术(local regression using weighted linear least squares and a 1st degree polynomial model)对煤岩块体表面形貌进行平滑处理。将煤岩块体表面形貌三维图投影至 xy 平面，并进行灰度化处理，获得煤岩块体表面形貌二维投影图，如图 4-69(a)所示。

其次，识别煤岩块体表面形貌二维投影图中角点和脊点，并将识别到的角点和脊点转移至三维煤岩块体三角网格模型上。受启发于地理学中检测地形图中的山峰和山脊，本节采用类似的方法识别煤岩块体表面形貌二维投影图中的角点和脊点。计算表面形貌二维投影图的局部最大值点，将这些点视作角点，如图 4-69(b)中的红色点。计算表面形貌二维投影图中每个像素的 Hessian 矩阵的特征值来获得脊点[13]。Hessian 矩阵从像素的局部梯度角度来确定脊点，如图 4-69(b)中的黑色点(此处点较为密集，相互重叠)。然后，将表面形貌二维投影图中识别到的角点和顶点移动至三维煤岩块体三角网格模型上，如图 4-69(c)所示。

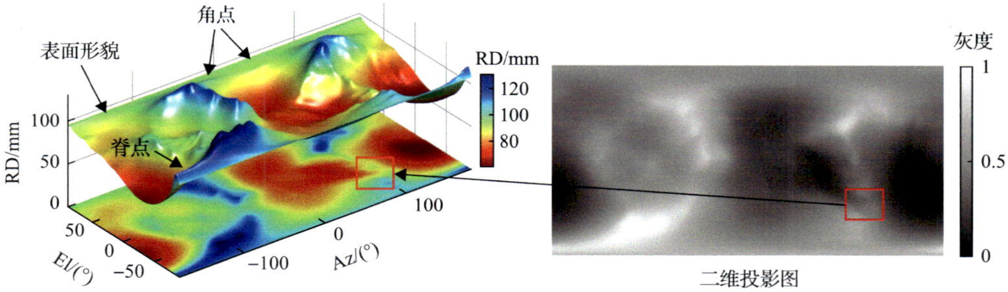

(a) 煤岩块体表面形貌三维图和二维投影图

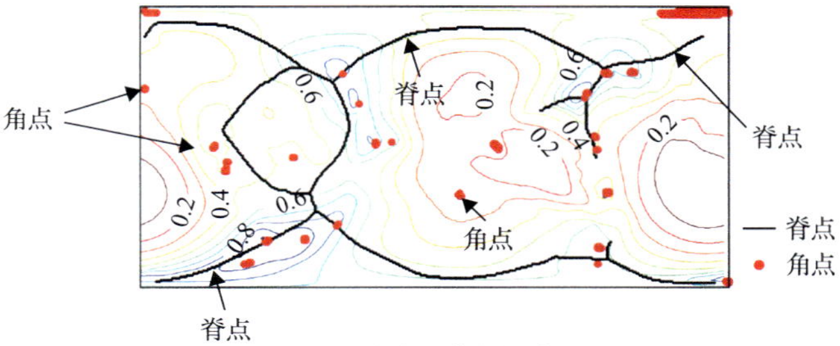

(b) 角点和脊点识别

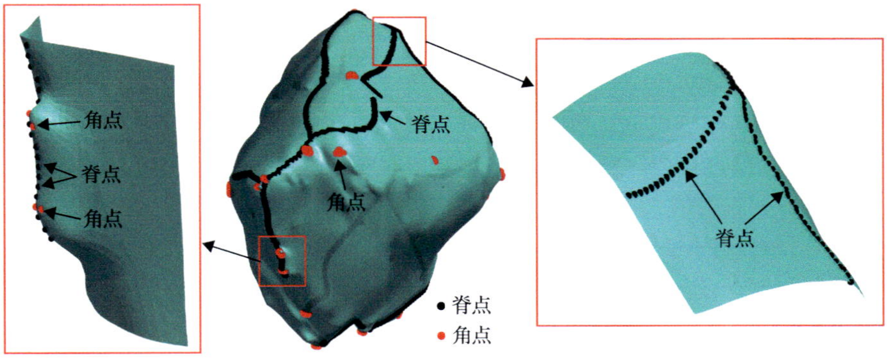

(c) 转移角点和脊点至三维煤岩块体三角网格模型上

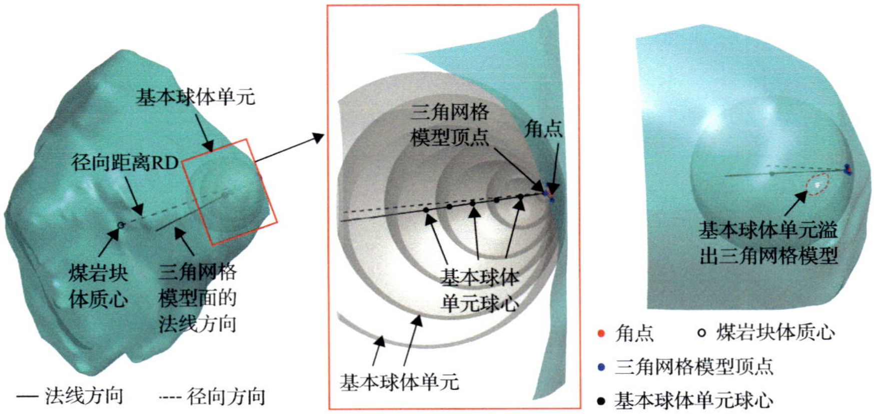

(d) 生成角球和脊球

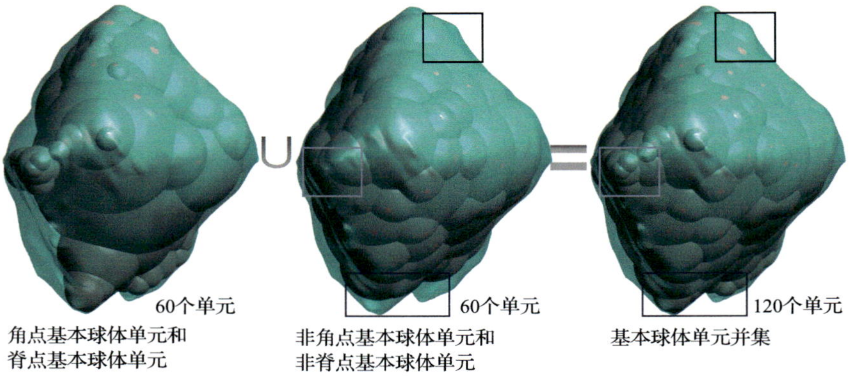

(e) 计算基本球体单元并集

图 4-69 基于脊点角点保留的基本球体单元优化过程

再次，生成角球和脊球。以角球生成过程为例，计算角点所在面(由 3 个顶点组成)的法向量。假设角球的球心在过角点的法线上，角球的球心和角点之间的欧几里得距离是角球的半径。沿法线方向从角点向三角网格模型内部移动球心位置，基本球体单元的半径逐渐增大。重复这一过程，直到找到第一个与煤岩块体三角网格模型相交的角球，该基本球体单元溢出三角网格模型表面。本节使用的溢出判据是根据角球的半径及其球心到三角网格模型所有顶点的最小欧几里得距离制定的，当角球的半径大于角球球心到三角网格模型所有顶点的最小欧几里得距离，则认为该角球溢出了三角网格模型。然后，记录下溢出三角网格模型表面的基本球体单元的前一个基本球体单元，作为该角点的基本球体单元，如图 4-69(d)所示。对所有角点和脊点重复上述操作，就可以得到角球和脊球。

最后，利用交角阈值对角球和脊球进行简化，并与上一节筛选出的非角球和非脊球求并集，即为考虑角点脊点的煤岩块体离散元模型。这里将上一节筛选出的基本球体单元称为非角球和非脊球，是因为在生成和筛选它们的时候没有刻意考虑煤岩块体三角网格模型的角脊特征，为了与本节所得到的角球和脊球有所区分，所以称为非角球和非脊球，但是也不排除它们中存在与角球和脊球重叠的基本球体单元。如果有需要，在求基本球体单元并集之后，还可以使用交角阈值再进行一次基本球体单元的简化。本节所提的角点保持方法仍然很耗时，对于一个煤岩块体离散元模型，生成所有的角球和脊球仍然需要 25s 以上。因此，本节中的所有示例都没有采用角点脊点保留法进行优化。

虽然本节所提的方法目前计算效率比较低，但不能否认 Zheng 和 Hryciw 所提的角点脊点保留法在还原煤岩块体细节特征方面的出色效果。在后续的研究中，更多的注意力将放在开发计算效率更高的角点和脊点保留算法上。

5. 基本球体单元的深度简化

本节研究的目的是用尽可能少的基本球体单元，以尽可能高的形态学仿真度生成煤岩块体离散元模型。在基本球体单元筛选环节，通过预设交角阈值已经对煤岩块体离散元模型进行了初步简化，这种简化快速便捷，但是这种无差别简化仅仅是根据基本球体单元的尺寸和基本球体单体元间的位置关系进行的，并没有考虑它们与煤岩块体三角网格模型在形状方面的关系。

所以，对于煤岩块体离散元模型的简化应当分两步进行。第一步，根据基本球体单元的尺寸和基本球体单体元间的位置关系，对基本球体单元进行无差别的初步简化。如果初步简化后已经满足使用需求，则可以不再进行后续简化。否则，则进行第二步，考虑基本球体单元对于煤岩块体三角网格模型的填充效果进行深度简化。

煤岩块体离散元模型深度简化的思路借鉴了离散元重叠颗粒簇(overlapping discrete element cluster，ODEC)技术，它是一种常用的基本球体单元(三维)或基本圆盘单元(二维)生成方法。ODEC 在生成基本球体单元或基本圆盘单元时，是从半径最大的基本球体单元或基本圆盘单元开始依次生成，直到基本球体单元簇的体积或基本圆盘单元簇的面积达到原始形状的某一百分比。这种方法是有效且便捷的。但是，这种按照半径尺寸降序生成基本球体单元或基本圆盘单元的方法，会丢失掉一些虽然半径较小但对还原形状具有较大贡献率的基本球体单元或基本圆盘单元。

本小节基于 ODEC 技术提出了一种考虑形状贡献率的煤岩块体离散元模型深度简化方法。类似于 ODEC 技术根据半径降序生成基本球体单元，深度简化方法是根据半径升序简化基本球体单元。与 ODEC 不同的是，深度简化中，每次移除一个基本球体单元后，都会计算一次此刻煤岩块体离散元模型的体积，将该值与预设的深度简化阈值进行比较，通过分析移除该基本球体单元是否对煤岩块体离散元模型的体积产生显著影响，来决定是否移除该基本球体单元。

根据移除基本球体单元前后的煤岩块体离散元模型的体积变化设置了深度简化阈值：

$$P_{\mathrm{T}} = \frac{V_{\mathrm{AR}}}{V_{\mathrm{BR}}} \times 100\% \tag{4-25}$$

式中，P_{T} 为深度简化阈值；V_{AR} 为进行深度简化后的煤岩块体离散元模型的体积；V_{BR} 为未进行深度简化时煤岩块体离散元模型的体积。

深度简化阈值 P_{T} 的取值范围为 0～100%。100%表示对煤岩块体离散元模型不做深度简化，0 表示对煤岩块体离散元模型做深度简化，并且在深度简化时，移除所有基本球体单元。P_{T} 是一个对形状依赖性较低的参数。在预设 P_{T} 时，用户不需要过多关注煤岩块体的形状，只需要思考想移除多少基本球体单元，可以承受多少体积的变化。P_{T} 越大，从煤岩块体离散元模型中移除的基本球体单元越多，煤岩块体离散元模型体积变化越大。0～10%是对煤岩块体离散元模型深度简化的常用 P_{T} 取值。

本小节所提的煤岩块体离散元模型深度简化方法的核心思想是用具有高体积贡献率的基本球体单元来组建煤岩块体离散元模型，而将低体积贡献率的基本球体单元移除。基本球体单元的体积贡献率为

$$R_{\mathrm{VC}} = \frac{V_{\mathrm{NTR}} - V_{\mathrm{TR}}}{V_{\mathrm{NTR}}} \times 100\% \tag{4-26}$$

式中，R_{VC} 为某一基本球体单元的体积贡献率；V_{NTR} 和 V_{TR} 分别为移除该基本球体单元前后的煤岩块体离散元模型的体积。

一些低体积贡献率的基本球体单元，即便半径较大，也会被移除。一些高体积贡献率的基本球体单元，即便半径很小，也会被保留。当然，简化顺序会影响到体积贡献率，这是一个更为复杂的问题，不在这里讨论。总之，本小节所提的深度简化方法，可以让对体积有重要贡献的基本球体单元保留下来，参与组建煤岩块体离散元模型，而对体积贡献较小的基本球体单元将被移除，而不单纯根据半径决定每个基本球体单元的去留。

4.4.6 模型生成结果

通过 V-CLUMP 算法生成一簇基本球体单元，作为煤岩块体离散元模型。每个基本球体单元的球心坐标和半径数据可以按多种格式(*.txt, *.mat, *.xlsx)输出，用于后处理，比如用于综放工作面放煤过程高仿真数值模拟或煤岩块体形态学分析等。

V-CLUMP 可用于生成理想几何形状的离散元模型。图 4-70 为不同基本球体单元数量 N_P 和交角 λ 条件下，利用 V-CLUMP 生成的六面体离散元模型，其中，煤岩块体三角网格模型的方向包围盒最短边被划分成的体素单元列数 N_L 均设置为 60。

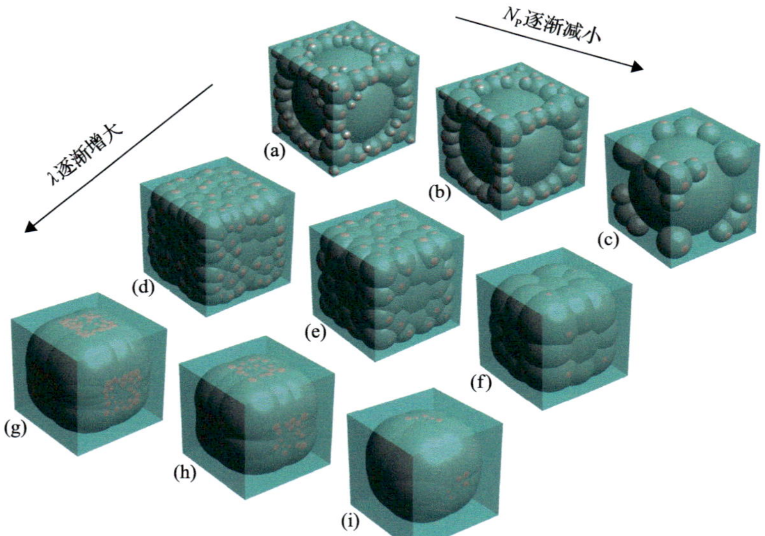

图 4-70 V-CLUMP 算法生成六面体离散元模型

(a) $\lambda = 110°$，$N_P = 100$；(b) $\lambda = 110°$，$N_P = 60$；(c) $\lambda = 110°$，$N_P = 20$；(d) $\lambda = 140°$，$N_P = 100$；(e) $\lambda = 140°$，$N_P = 60$；(f) $\lambda = 140°$，$N_P = 20$；(g) $\lambda = 170°$，$N_P = 100$；(h) $\lambda = 170°$，$N_P = 60$；(i) $\lambda = 170°$，$N_P = 20$

利用 V-CLUMP 生成了不同 N_P 条件下,其他三种类型的理想化几何形状离散元模型，包括八面体、椭球体和圆环体。其中，N_P 的变化范围从 20 到 100，λ 设置为 140°，N_L 设置为 60，如图 4-71 所示。

V-CLUMP 可以进一步用于生成各种煤岩块体的离散元模型。图 4-72 为使用 V-CLUMP 生成的 4 种典型形状的煤岩块体离散元模型，包括立方体状煤岩块体(cubic- like

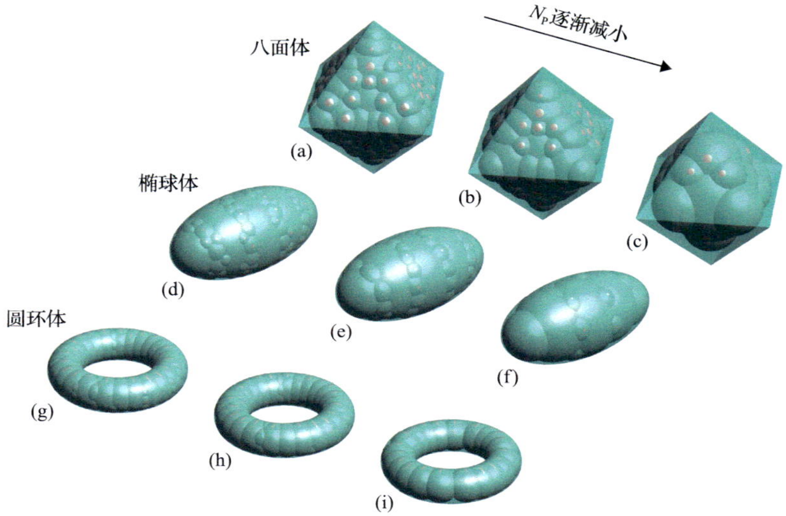

图 4-71　V-CLUMP 算法生成八面体、椭球体与圆环体离散元模型

(a) 八面体，$N_P = 100$；(b) 八面体，$N_P = 60$；(c) 八面体，$N_P = 20$；(d) 椭球体，$N_P = 100$；(e) 椭球体，$N_P = 60$；(f) 椭球体，$N_P = 20$；(g) 圆环体，$N_P = 100$；(h) 圆环体，$N_P = 60$；(i) 圆环体，$N_P = 20$

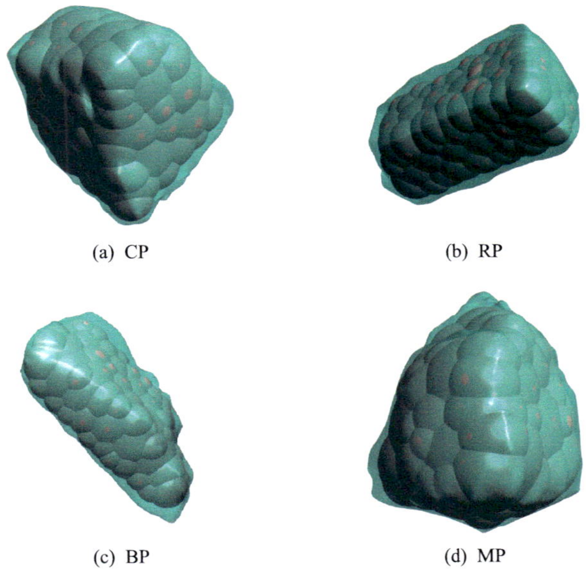

图 4-72　V-CLUMP 算法生成 4 种典型形状煤岩块体离散元模型

particle，CP）、棒状煤岩块体（rod-like particle，RP）、刀片状煤岩块体（blade-like particle，BP）和多角状煤岩块体（multangular particle，MP）。其中 λ、N_P 和 N_L 分别设置为 140°、60 和 60。此外，相同参数条件下生成的盘状煤岩块体（disk-like particle, DP）离散元模型如图 4-59（c）所示。

图 4-73 为不同 λ 条件下，利用 V-CLUMP 生成的立方体状煤岩块体离散元模型。其中，λ 设置为 110°、130°、150°和 170°，N_P 设置为 60，N_L 设置为 60。

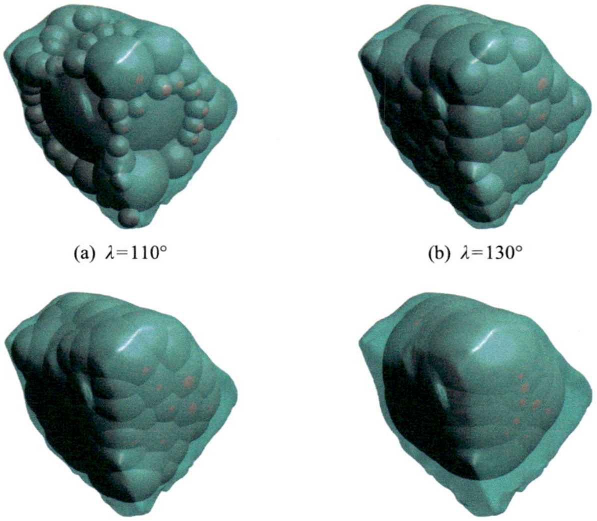

(a) λ=110°　(b) λ=130°

(c) λ=150°　(d) λ=170°

图 4-73　不同 λ 条件下立方体状煤岩块体离散元模型

图 4-74 为不同 N_P 条件下，利用 V-CLUMP 生成的多角状煤岩块体离散元模型。其中，N_P 设置为 100、80、40 和 20，λ 设置为 140°，N_L 设置为 60。另外，其他参数相同，N_P 为 60 的多角状煤岩块体离散元模型如图 4-72(d)所示。

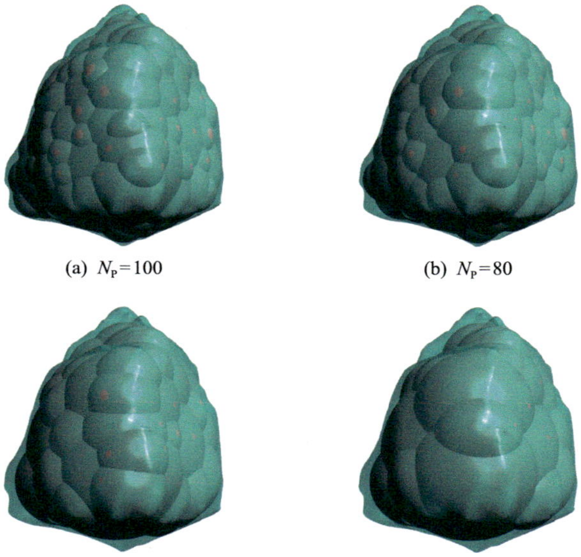

(a) N_P=100　(b) N_P=80

(c) N_P=40　(d) N_P=20

图 4-74　不同 N_P 条件下多角状煤岩块体离散元模型

4.4.7 误差分析

如前所述，本节研究的目的是用尽可能少的基本球体单元，以尽可能高的形态学仿真度生成煤岩块体离散元模型，所以，基本球体单元数 N_P 和形态学特征是评价 V-CLUMP 算法性能的主要指标。由于 V-CLUMP 支持用户预设基本球体单元数，所以这里研究特定基本球体单元数条件下煤岩块体离散元数值模型的形态学特征。目前主流的形态学特征分析代码是针对三角网格模型开发的，所以在分析 V-CLUMP 生成的离散元模型形态学特征之前，利用 Angelidakis 公开的离散元模型表面信息提取方法，将离散元模型转化为适合于形态学特征分析的三角网格模型。

形态学特征包括尺寸特征与形状特征。本节选用的尺寸特征为体积（volume，V）和投影面积（projection area，A_P）；选用的形状特征包括球度（sphericity，S_p）、圆度（Roundness，R_d）和粗糙度（Roughness，R_h）。这三种形状特征分别用于描述煤岩块体的宏观、细观及微观形状特征。

球度是一种三维宏观形状特征，它可以表示为

$$S_p = \frac{\pi d_{eq}^2}{A_S} \tag{4-27}$$

式中，d_{eq} 为等效球直径，在数值上等于 $\sqrt[3]{6V/\pi}$；A_S 为表面积。

二维 Wadell 圆度用于描述煤岩块体投影轮廓的细观特征，它可以表示为

$$R_d = \frac{\sum_{i=1}^{N} r_i}{r_{max} N} \tag{4-28}$$

式中，r_i 为第 i 个角圆（corner circle，投影轮廓角点位置的最大内切圆）的半径；r_{max} 为投影轮廓的最大内切圆的半径；N 为角圆个数。由于这一节只研究了二维 Wadell 圆度，在符号方面不再与三维 Wadell 圆度做区分，故将其记为 R_d。

采用局部加权散点图平滑（locally weighted scatter plot smoothing，LOESS）和 K 倍交叉验证（K-fold Cross Validation）法对三维块体的二维投影轮廓进行平滑处理。原始投影轮廓和平滑处理后的投影轮廓如图 4-75 所示。可以看到，投影轮廓的粗糙程度得到明显降低。

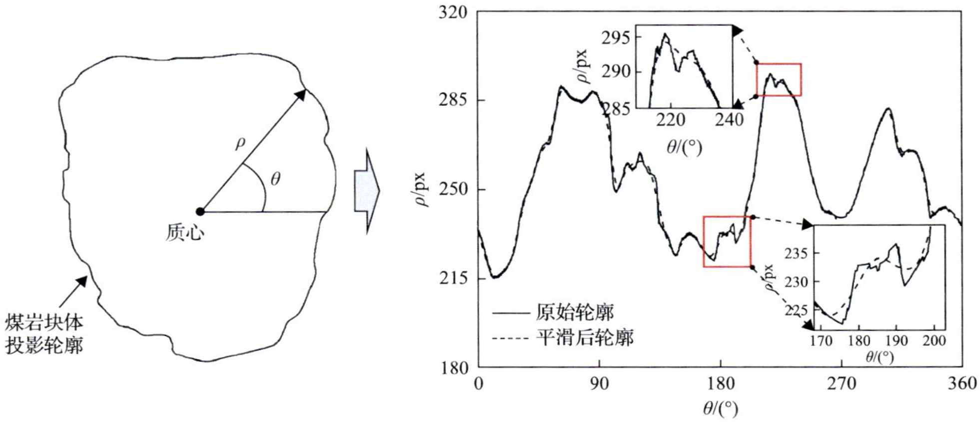

图 4-75　煤岩样本投影轮廓平滑处理

在计算二维 Wadell 圆度前，首先对煤岩块体投影轮廓进行平滑处理，平滑处理后，投影轮廓的粗糙度将被移除，以消除微观特征粗糙度对细观特征圆度提取的干扰。另外，通过分析平滑前后的投影轮廓，可以计算投影轮廓的粗糙度：

$$R_{\mathrm{h}}=\sqrt{\frac{1}{n}\sum_{i=1}^{n}\left(\rho_i-\rho_m\right)} \tag{4-29}$$

式中，ρ_i 为原始表面上第 i 个测量值；ρ_m 为平滑后投影轮廓的第 i 个测量值；n 为测量总数。

生成煤岩块体离散元模型的目标是以尽可能少的基本球体单元实现离散元模型（基本球体单元簇）对煤岩块体三角网格模型的最大限度填充和最小限度溢出。因此，通过分析煤岩块体三角网格模型和离散元模型在上述定量形态学特征方面的差异，来评价 V-CLUMP 生成煤岩块体离散元模型的性能。

对于尺寸特征，即体积和投影面积，Li 等定义了体积交集误差（the intersection error of volume，IVE）、体积差集误差（the difference error of volume，DVE）、投影面积交集误差（the intersection error of projection area，IAE）、投影面积差集误差（the difference error of projection area，DAE）、体积平均误差（The average error of volume，AVE）和投影面积平均误差（the average error of projection area，AAE）。

$$\mathrm{IVE}=\frac{V_{\mathrm{B}}-V_{\mathrm{I}}}{V_{\mathrm{B}}}\times 100\% \tag{4-30}$$

$$\mathrm{DVE}=\frac{V_{\mathrm{D}}}{V_{\mathrm{B}}}\times 100\% \tag{4-31}$$

$$\mathrm{IAE}=\frac{A_{\mathrm{B}}-A_{\mathrm{I}}}{A_{\mathrm{B}}}\times 100\% \tag{4-32}$$

$$\mathrm{DAE}=\frac{A_{\mathrm{D}}}{A_{\mathrm{B}}}\times 100\% \tag{4-33}$$

$$\mathrm{AVE}=\frac{\mathrm{IVE}+\mathrm{DVE}}{2} \tag{4-34}$$

$$\mathrm{AAE}=\frac{\mathrm{IAE}+\mathrm{DAE}}{2} \tag{4-35}$$

式中，V_{B} 为煤岩块体三角网格模型体积；V_{I} 和 V_{D} 分别为煤岩块体三角网格模型与离散元模型交集与差集的体积；A_{B} 为煤岩块体三角网格模型投影面积；A_{I} 和 A_{D} 分别为煤岩块体三角网格模型投影与离散元模型投影交集与差集的面积。

对于形状特征，计算了球度相对误差（the error of S_{p}，$\mathrm{S_pE}$）、圆度相对误差（the error of R_{d}，$\mathrm{R_dE}$）和粗糙度相对误差（the error of R_{h}，$\mathrm{R_hE}$）。

$$\mathrm{S_pE} = \frac{|S_{pC} - S_{pP}|}{S_{pP}} \times 100\% \tag{4-36}$$

$$\mathrm{R_dE} = \frac{|R_{dC} - R_{dP}|}{R_{dP}} \times 100\% \tag{4-37}$$

$$\mathrm{R_hE} = \frac{|R_{hC} - R_{hP}|}{R_{hP}} \times 100\% \tag{4-38}$$

式中，S_{pC}、R_{dC} 和 R_{hC} 分别为煤岩块体离散元模型的球度、圆度及粗糙度；S_{pP}、R_{dP} 和 R_{hP} 分别为煤岩块体三角网格模型的球度、圆度及粗糙度。

图 4-76(a)是以多角状煤岩块体为例，提取了其正交投影，且其中一个投影为最大面积投影。由于圆度和粗糙度是与图像尺度有关的形状特征参数，所以这里将所提取投影图像调整至相同的分辨率，均为 875px×656px，以避免因为图像尺寸不同而引起形态学特征差异。图 4-76(b)为对多角状煤岩块体最大面积投影计算圆度的示意图，共计获得了 11 个角圆和 1 个最大内切圆[14]。

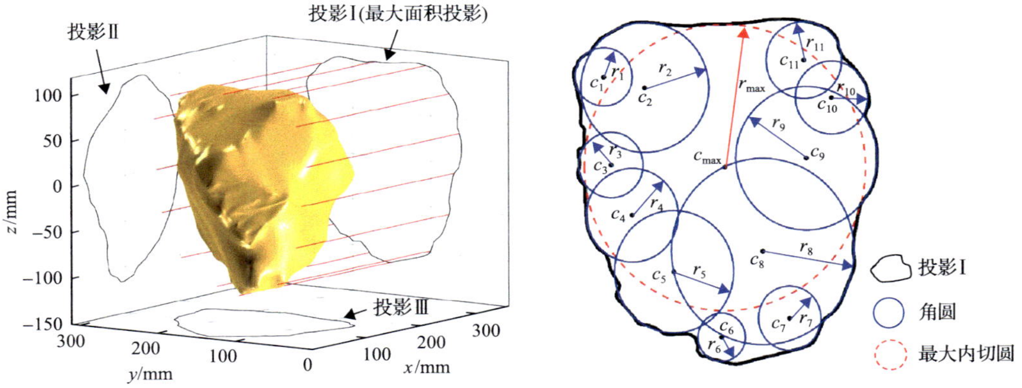

(a) 煤岩块体投影提取　　(b) 投影轮廓的圆度计算

图 4-76　煤岩块体投影提取与圆度计算示意图

利用 V-CLUMP 生成了不同交角 λ 条件下，5 种典型形状的煤岩块体离散元模型，包括立方体状煤岩块体(CP)、盘状煤岩块体(DP)、棒状煤岩块体(RP)、刀片状煤岩块体(BP)、多角状煤岩块体(MP)。其中，交角 λ 的变化范围为 120°～160°，N_P 和 N_L 分别设置为 80 和 60。

图 4-77 为不同参数条件下，这 5 种典型形状的煤岩块体离散元模型的体积平均误差(AVE)、投影面积平均误差(AAE)、球度相对误差($\mathrm{S_pE}$)、圆度相对误差($\mathrm{R_dE}$)和粗糙度相对误差($\mathrm{R_hE}$)。其中，对于二维形态学特征相关的评价指标，包括投影面积平均误差、圆度相对误差和粗糙度相对误差，是在分别针对 3 个垂直投影面计算之后求取的平均值。结果表明，大部分的 AVE 和 AAE 都低于 6%，说明基本球体单元对于煤岩块体三角网格模型的填充较好，且溢出较少，这与图 4-72～图 4-74 煤岩块体离散元模型生成结果的直

观感受吻合。并且可以预期，如果进一步使用基于角点脊点保留法的优化策略，将会获得很好的填充效果。AVE 和 AAE 随着交角 λ 的变化而变化，对于所有块体而言，不存在统一的最优 λ 取值。然而，可以肯定的是，当 λ 设置为 130°～150°时，对于所有的例子都可以获得合适的 AVE 和 AAE。对于 S_pE、R_dE 和 R_hE 而言，它们普遍随着 λ 增大单调增加或减少，且会跨越 x 轴，也就是说，当交角 λ 属于特定区间时，S_pE、R_dE 和 R_hE 可以非常接近 0。对于大多数参数条件下的 SpE，它们的绝对值普遍低于 6%。

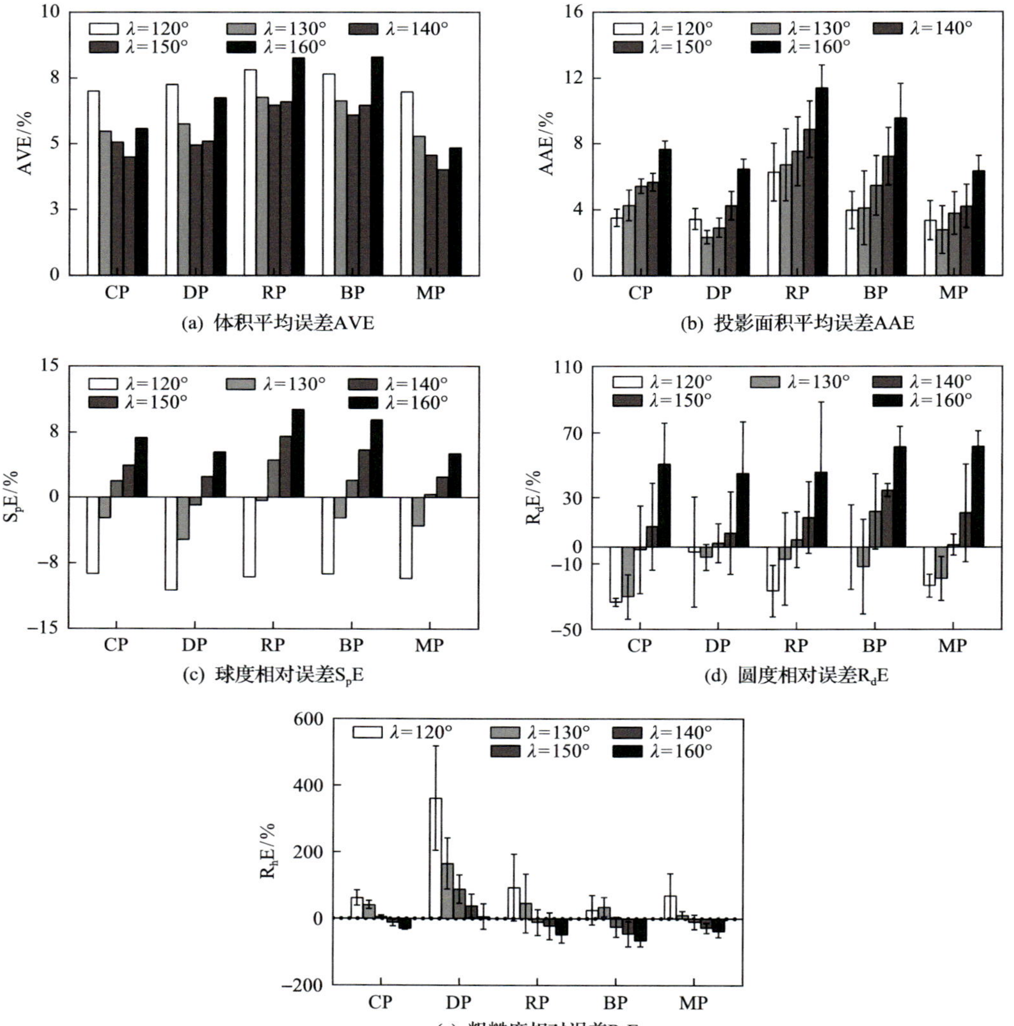

(a) 体积平均误差AVE
(b) 投影面积平均误差AAE
(c) 球度相对误差S_pE
(d) 圆度相对误差R_dE
(e) 粗糙度相对误差R_hE

图 4-77 不同交角 λ 条件下煤岩块体离散元模型形状误差

此外，对于 R_dE 和 R_hE，即细观和微观特征的误差，比其他特征的误差大，这是因为需要更多的基本球体单元来还原细观或微观特征。然而，可以通过增加基本球体单元数 N_P、选择最佳交角 λ 等方法提高圆度与粗糙度还原效果，甚至当参数选择合适时，R_dE 和 R_hE 的取值可以非常接近 0。细观特征圆度和微观特征粗糙度的还原效果对于

V-CLUMP 参数设置的依赖程度稍高，后续研究将投入更多精力在提高细观与微观特征仿真度的操作中降低主观因素。

图 4-78 为不同基本球体单元数 N_P 条件下，立方体状煤岩块体(CP)的体积平均误差(AVE)、投影面积平均误差(AAE)、球度相对误差(S_pE)、圆度相对误差(R_dE)和粗糙度相对误差(R_hE)。

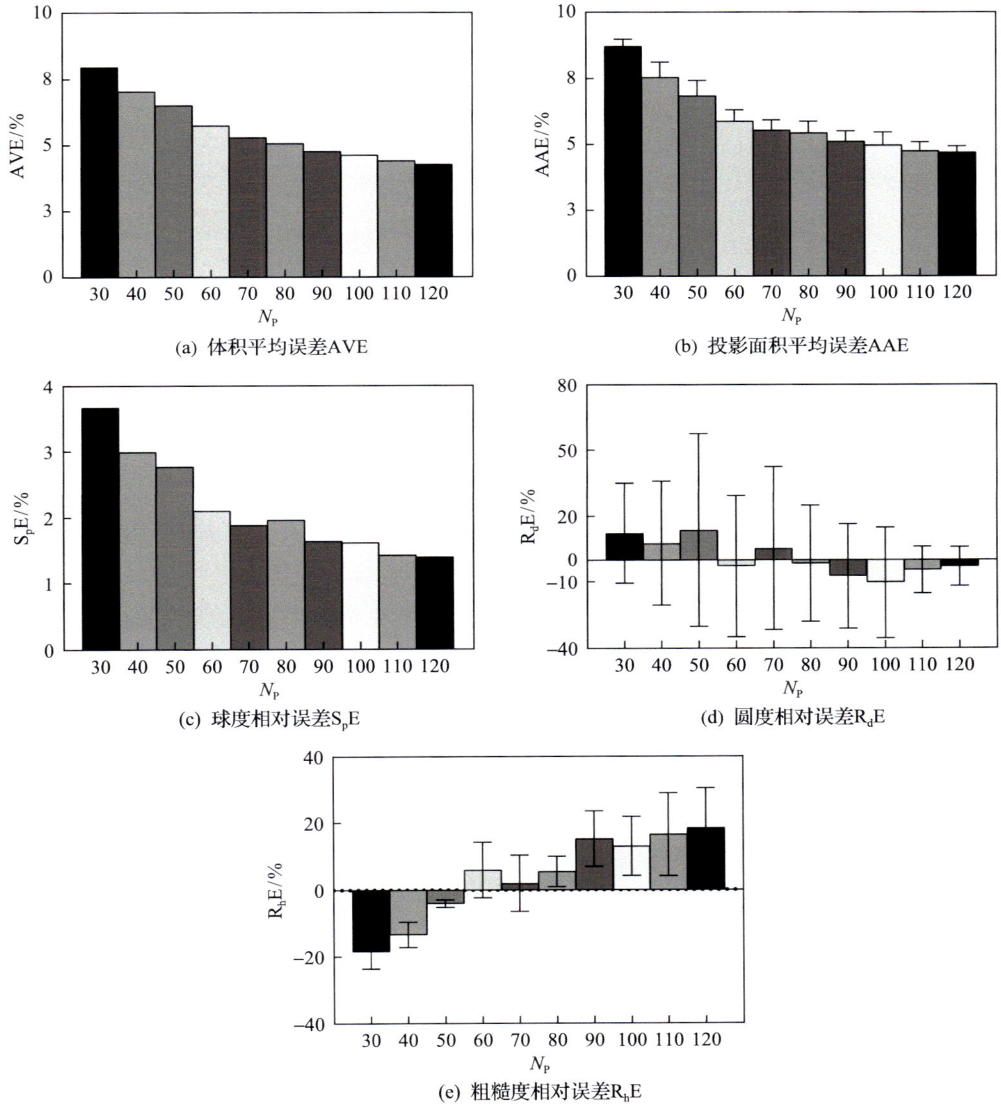

(a) 体积平均误差AVE　(b) 投影面积平均误差AAE
(c) 球度相对误差S_pE　(d) 圆度相对误差R_dE
(e) 粗糙度相对误差R_hE

图 4-78　不同基本球体单元数 N_P 条件下立方体状煤岩块体离散元模型形状误差

其中，基本球体单元数 N_P 的变化范围为 30～120，λ 和 N_L 分别设置为 140°和 60。对于二维形态学特征相关的评价指标，包括投影面积平均误差、圆度相对误差和粗糙度相对误差，是分别针对 3 个垂直投影面计算之后求取的平均值。结果表明，所有形态学特征的误差或误差分布的离散程度随着基本球体单元数 N_P 的增加而减少。说明使用更多基本球体单元，可以更好地充填煤岩块体三角网格模型，也说明利用 V-CLUMP 生成离散元模型的过程是可靠且可控的。

4.4.8 算法运行时间统计

算法运行时间是衡量算法效率和性能的重要参数，也是评估算法是否便于推广应用的重要指标。

煤岩块体三角网格模型的方向包围盒最短边被划分成的体素单元列数 N_L 和基本球体单元数 N_P 对算法运行时间有显著影响。N_L 和 N_P 越大，生成煤岩块体离散元模型所消耗的时间也越多。在不同体素单元列数 N_L 和基本球体单元数 N_P 条件下，对利用 V-CLUMP 生成 5 种典型形状的煤岩块体离散元模型需要的时间进行统计，包括立方体状煤岩块体（CP）、盘状煤岩块体（DP）、棒状煤岩块体（RP）、刀片状煤岩块体（BP）、多角状煤岩块体（MP）。运行代码所用计算机的配置为 i5-8300H CPU 2.30GHz。

图 4-79（a）为不同体素单元列数 N_L 条件下，利用 V-CLUMP 生成 5 种典型形状的煤岩块体离散元模型需要的时间。其中，体素单元列数 N_L 的变化范围为 20～100，λ 和 N_P 分别设置为 140°和 60。图 4-79（b）为不同基本球体单元数 N_P 条件下，利用 V-CLUMP 生成 5 种典型形状的煤岩块体离散元模型需要的时间。其中，基本球体单元数 N_P 的变化范围为 30～120，λ 设置为 140°。因为 N_L 是煤岩块体三角网格模型的方向包围盒最短边被划分成的体素单元列数，所以对于盘状煤岩块体、棒状煤岩块体及刀片状煤岩块体来说，它们至少在一个维度上的尺寸要比在其他维度上的尺寸小得多，所以采用较小的 N_L 参数设置，是可以满足需求的。因此，立方体状煤岩块体和多角状煤岩块体的 N_L 设置为 60，而盘状煤岩块体、棒状煤岩块体和刀片状煤岩块体的 N_L 设置为 40。

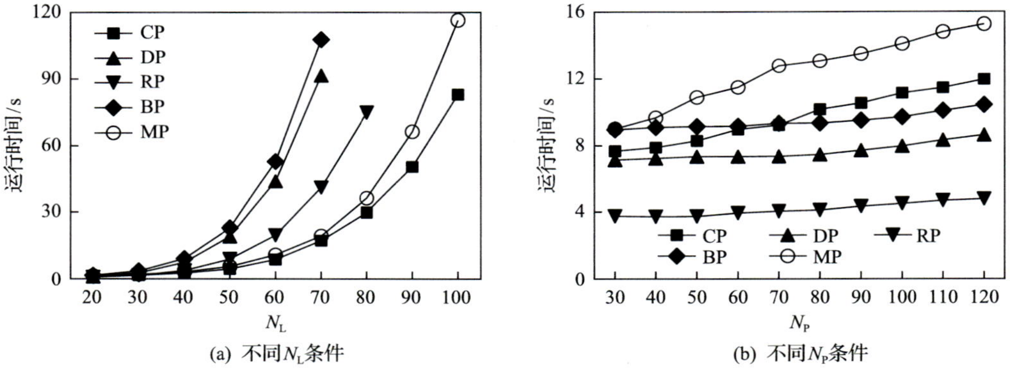

图 4-79 代码运行时间

结果表明，随着 N_L 和 N_P 增大，代码运行时间也增加，对于不同的体素单元列数 N_L 和基本球体单元数 N_P 条件，利用 V-CLUMP 生成 5 种典型形状的煤岩块体离散元模型需要的时间从 0.9s 至 120s 不等，这个时间在现有设备条件下是可以接受的，也是可以满足当前使用需求的。

图 4-80 为立方体状煤岩块体（CP）在基本球体单元筛选环节的耗时。其中，交角 λ 设置为 140°，体素单元列数 N_L 设置为 60，基本球体单元数 N_P 设置为 30。

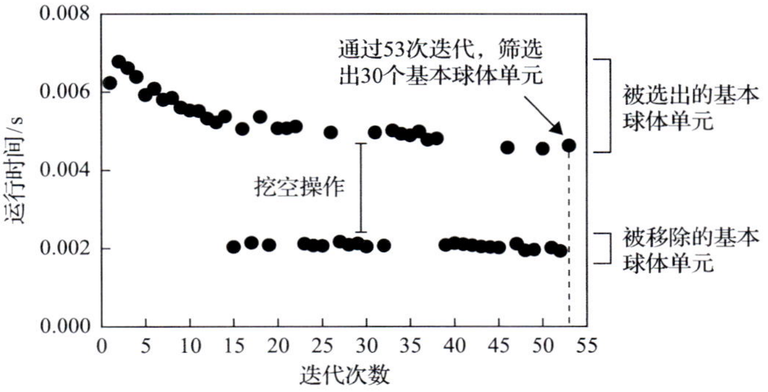

图 4-80　基本球体单元筛选环节耗时

结果表明，随着筛选迭代次数的增加，筛选基本球体单元所用的时间在减少，因为每次筛选基本球体单元，是在挖空操作基础上开展的，所以随着迭代次数增加，被挖空的区域也增多，运算量降低，耗时减少。但是，被选出基本球体单元和被移除基本球体单元之间的时间差距反映的是挖空操作的耗时。因此，虽然挖空操作的初衷是为了提高运算效率，但是从统计结果发现，挖空操作本身又是耗时的。所以在接下来的研究中，有必要探究挖空操作的必要性，如果有必要，则需要提出更高效的挖空操作算法。另外，挖空操作是否会在更大基本球体单元密度条件下有更好的表现，有待进一步研究。

4.5　煤岩块体扩增

4.5.1　煤岩块体扩增概述

S2I 含矸率高精度预测两步走策略的第二步是通过对煤岩块体堆积特征的分析，实现由煤流表面体积含矸率预测煤流内部体积含矸率。对于不规则煤岩块体堆积特征分析，数值计算是一种高效的方法。在 4.4 节，已经实现了煤岩块体离散元模型的高仿真轻量级重建。但是如何快速获得大量的煤岩块体离散元模型用于数值计算仍然是一个难题。一个一个重建煤岩块体离散元模型是不可行的，因为就像世界上没有两片完全相同的树叶，放煤工作面可能也没有两个完全相同的煤岩块体，所以试图穷尽所有形状来完全复刻实际放煤场景中的所有煤岩块体是很难实现的，可能也是没有必要的。所以，如果以分析有限数量的煤岩块体形态学特征为基础，合理、快速生成具有预期形态学特征分布的煤岩块体群也是一种研究思路。

定量描述煤岩块体的形态学特征是散体颗粒研究中的重要课题。煤岩块体的形态包括宏观、细观和微观尺度。宏观形态主要指整体形状，常用的描述符有伸长度、扁平度、球度、截距球度、凸度和长宽比等，这些特征与块体的尺寸、体积和表面积相关，可以通过简单测量(如直尺、排水法)或三维激光扫描、图像分析等快速获得[15-20]。

细观和微观形态学特征包括圆度和粗糙度。圆度有多种计算方法，其中 Wadell 圆度最为常用。粗糙度描述块体表面起伏，常用测量方法包括光学干涉量度、分形分析、小波变换、傅里叶分析和局部加权回归平滑等。

球面谐波(spherical harmonic，SH)，也称球谐函数，简称球谐，是傅里叶级数在三维的扩展，广泛用于不规则物体建模，尤其是块体或颗粒生成。利用球谐系数定义形态学基因(morphological gene)，描述块体形态的遗传特征，并通过诱变增加形态多样性，从而生成具有预期形态学特征分布的煤岩块体群。

本节分析形态学基因长度和形态学基因位点对块体形态的作用，并引入定点诱变(site-directed mutagenesis，SDM)概念，用于描述对特定形态学基因的诱变，通过比较原始煤岩块体与诱变后块体的形态差异，评估诱变效果。

4.5.2 实验材料与设备

实验使用的煤岩样本采集自大同煤矿集团有限责任公司(现晋能控股煤业集团有限公司)北辛窑矿 8103 工作面。使用煤岩块体多视图像序列采集平台获得煤岩块体图像序列。煤岩块体图像序列由 72 幅不同视角下采集的图像组成。采用投影轮廓算法(shape from silhouette algorithm)计算煤岩块体三角网格模型。每个煤岩块体三角网格模型的网格面数为 8000 个面。所有球谐分析和形态学分析相关的工作均由 MATLAB[21]代码自动高效完成。

4.5.3 煤岩块体形态学基因定点诱变技术

1. 技术概述

块体形态学基因定点诱变技术，是一种通过将块体形态学基因进行特异性、靶向性的诱变，进而实现对块体特定尺度形态学特征进行精准修饰的方法。其主要流程包括形态学基因提取、形态学基因定位、形态学引物设计、形态学基因与形态学引物结合、形态学基因表达。

形态学基因是一串存储有块体形态学遗传信息的复数序列，包括一个实数序列和一个虚数序列，构成了形态学基因双链结构。对通过数字图像处理获得的块体三维表面点进行球面谐波分析，可以获得块体的形态学基因。

形态学基因中存储了块体的形态学遗传信息，而不同位置的形态学基因存储了不同的形态学遗传信息。通过形态学基因定位，对特定形态学基因的具体位置进行测定，进而将形态学基因细分为宏观、细观和微观形态学基因。

形态学引物是一个人工设计的、具有特定长度的实数序列。形态学引物与特定位点的形态学基因结合，对形态学基因进行定点诱变，产生一组新的形态学基因，新的形态学基因中携带有新的形态学遗传信息。

形态学基因表达是将形态学基因的复数序列，通过球面谐波分析，转变为三维块体的过程。也就是说，形态学基因表达是形态学基因提取的逆过程。对定点诱变后的形态学基因进行表达，可以得到一个具有新的形状的块体。

通过形态学基因提取、形态学基因定位、形态学引物设计、形态学基因与形态学引物结合以及形态学基因表达等操作，完成对块体特定尺度形状特征的精准修饰。

2. 形态学基因提取

在以往的研究中，将块体的球谐系数称为块体的“形态学基因”，形态学遗传信息储存在形态学基因中，本节也将延续这一概念。块体的形态学基因可以通过球谐分析(spherical harmonic analysis，SHA)获得。

球谐是一组正交的球函数，可以表示封闭的煤岩块体的三维表面。经典的球谐分析包括两个步骤，即表面参数化(surface parameterization)和球谐展开(spherical harmonic expansion)。表面参数化将煤岩块体三角网格模型沿着三个正交方向分解，并在三角网格模型上的每个顶点 v 和一个单位球面网格模型之间创建双射映射。因此，煤岩块体三角网格模型的顶点 v 可以由一对球面坐标 θ 和 φ 来表示：

$$\boldsymbol{v}(\theta,\varphi)=(x(\theta,\varphi),y(\theta,\varphi),z(\theta,\varphi))^{\mathrm{T}} \tag{4-39}$$

式中，$\boldsymbol{v}$ 为笛卡儿坐标系下煤岩块体三角网格模型的顶点；θ 和 φ 分别为球坐标系下煤岩块体三角网格模型的点的极角(polar angle)和方位角(azimuthal angle)，θ 取值范围是[0, π]，φ 的取值范围是[0, 2π]。

球谐展开是将煤岩块体表面展开为一组球谐基函数(harmonic basis functions)，其顶点可以表示为球谐级数的展开：

$$\boldsymbol{v}(\theta,\varphi)=\sum_{l=0}^{\infty}\sum_{m=-l}^{m=l}\boldsymbol{c}_l^m Y_l^m(\theta,\varphi) \tag{4-40}$$

式中，Y_l^m 和 $\boldsymbol{c}_l^m=\left(c_{lx}^m,c_{ly}^m,c_{lz}^m\right)^{\mathrm{T}}$ 分别是 l 次和 m 阶的球谐基函数和球谐系数(spherical harmonic coefficients)。球谐基函数可以表示为[22]

$$Y_l^m(\theta,\varphi)=\sqrt{\frac{2l+1}{4\pi}\frac{(l-m)!}{(l+m)!}}P_l^m(\cos\theta)\mathrm{e}^{im\varphi} \tag{4-41}$$

式中，P_l^m 为伴随勒让德多项式，表示为

$$P_l^m(x)=(-1)^m\left(1-x^2\right)^{\frac{m}{2}}\frac{\mathrm{d}^m}{\mathrm{d}x^m}P_l(x) \tag{4-42}$$

式中，$P_l(x)$ 为 l 次勒让德多项式，可以用罗德里格斯公式(Rodrigues's formula)展开：

$$P_l(x)=\frac{1}{2^l l!}\frac{\mathrm{d}^l}{\mathrm{d}x^l}\left(x^2-1\right)^l \tag{4-43}$$

包含所有次项的球谱系数可以表示为

$$\boldsymbol{c}=\left[\boldsymbol{c}_0 \quad \boldsymbol{c}_1 \quad \cdots \quad \boldsymbol{c}_l \quad \cdots \quad \boldsymbol{c}_\infty\right] \tag{4-44}$$

对于 l 次，其球谱系数是一个复数：

$$\boldsymbol{c}_l=\boldsymbol{a}_l+\boldsymbol{b}_l\mathrm{i} \tag{4-45}$$

式中，$\boldsymbol{c}_l$ 为 l 次球谱系数；$\boldsymbol{a}_l$ 和 $\boldsymbol{b}_l$ 分别为球谱系数的实部和虚部。

$\boldsymbol{c}_l$ 是一个尺寸为 3×(2l+1) 的矩阵：

$$\boldsymbol{c}_l=\begin{bmatrix} c_{x,l}^{-l} & c_{x,l}^{-l+1} & \cdots & c_{x,l}^{m} & \cdots & c_{x,l}^{l} \\ c_{y,l}^{-l} & c_{y,l}^{-l+1} & \cdots & c_{y,l}^{m} & \cdots & c_{y,l}^{l} \\ c_{z,l}^{-l} & c_{z,l}^{-l+1} & \cdots & c_{z,l}^{m} & \cdots & c_{z,l}^{l} \end{bmatrix} \tag{4-46}$$

式中，m 为球谱阶数。

可以得到

$$\boldsymbol{a}_l+\boldsymbol{b}_l\mathrm{i}=\begin{bmatrix} a_{x,l}^{-l}+b_{x,l}^{-l}\mathrm{i} & a_{x,l}^{-l+1}+b_{x,l}^{-l+1}\mathrm{i} & \cdots & a_{x,l}^{m}+b_{x,l}^{m}\mathrm{i} & \cdots & a_{x,l}^{l}+b_{x,l}^{l}\mathrm{i} \\ a_{y,l}^{-l}+b_{y,l}^{-l}\mathrm{i} & a_{y,l}^{-l+1}+b_{y,l}^{-l+1}\mathrm{i} & \cdots & a_{y,l}^{m}+b_{y,l}^{m}\mathrm{i} & \cdots & a_{y,l}^{l}+b_{y,l}^{l}\mathrm{i} \\ a_{z,l}^{-l}+b_{z,l}^{-l}\mathrm{i} & a_{z,l}^{-l+1}+b_{z,l}^{-l+1}\mathrm{i} & \cdots & a_{z,l}^{m}+b_{z,l}^{m}\mathrm{i} & \cdots & a_{z,l}^{l}+b_{z,l}^{l}\mathrm{i} \end{bmatrix} \tag{4-47}$$

特定球谱次数的球谱系数的实部和虚部代表特定位置的形态学基因值，因此，在本实验中，将球谱系数 $\boldsymbol{c}$ 称为形态学基因，将球谱次数 l 称为形态学基因位点，如图 4-81 所示。

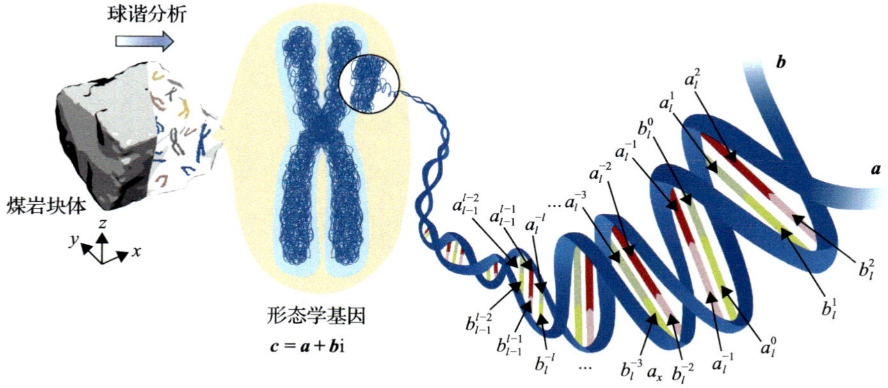

图 4-81　煤岩块体的形态学基因

形态学基因储存了煤岩块体的形态学遗传信息，形态学基因位点和长度是描述形态学遗传信息的两个重要参数，前者是反映携带形态学遗传学信息的细微程度，后者则是携带形态学遗传信息的量的多少。形态学基因长度 δ_g 由最大形态学基因位点(l_{max})和最小形态学基因位点(l_{min})决定。

$$\delta_g = (l_{max} + 1)^2 - l_{min}^2 \tag{4-48}$$

形态学基因长度决定了它携带形态学遗传信息的多少，形态学基因越长，携带的形态学遗传信息越多，在形态学基因表达后，SDM 煤岩块体还原其原始块体形态学特征的能力越强。

然而，过长的形态学基因增加了形态学基因诱变及其表达的复杂性。因此，平衡形态学基因长度和形态学基因携带的遗传信息数据量是诱变形态学基因首先要完成的工作。

提取煤岩块体的三条形态学基因，即 $\boldsymbol{c}_x(\boldsymbol{a}_x,\boldsymbol{b}_x)$、$\boldsymbol{c}_y(\boldsymbol{a}_y,\boldsymbol{b}_y)$ 和 $\boldsymbol{c}_z(\boldsymbol{a}_z,\boldsymbol{b}_z)$。图 4-82 为形态学基因位点 0～20 的形态学基因片段。

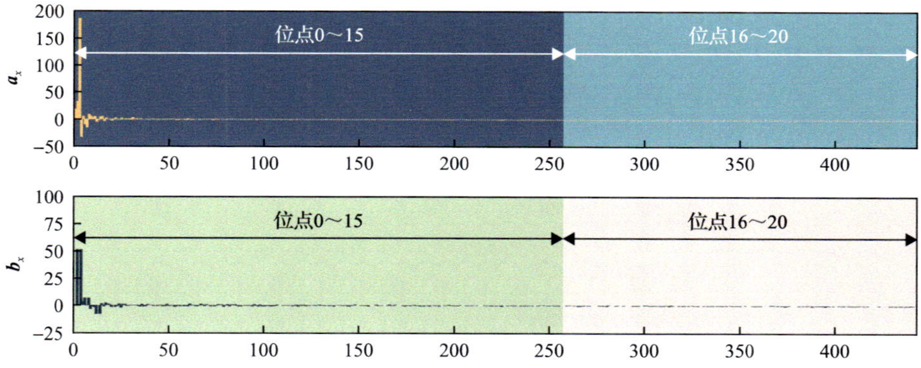

(a) x-形态学基因$\boldsymbol{c}_x$

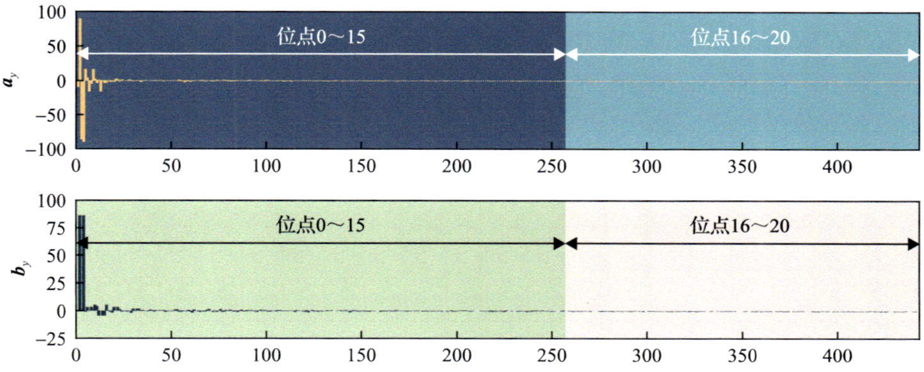

(b) y-形态学基因$\boldsymbol{c}_y$

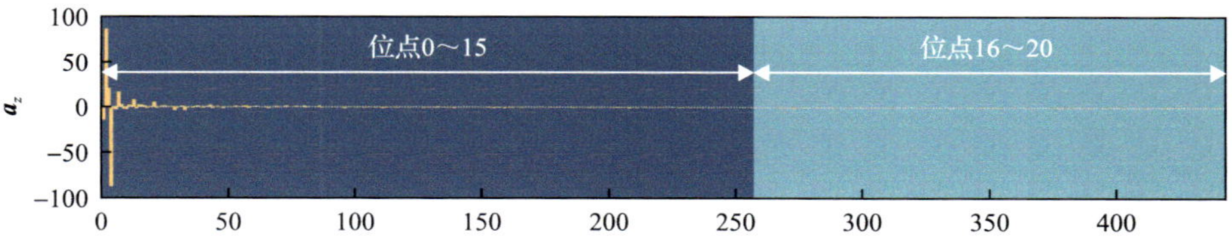

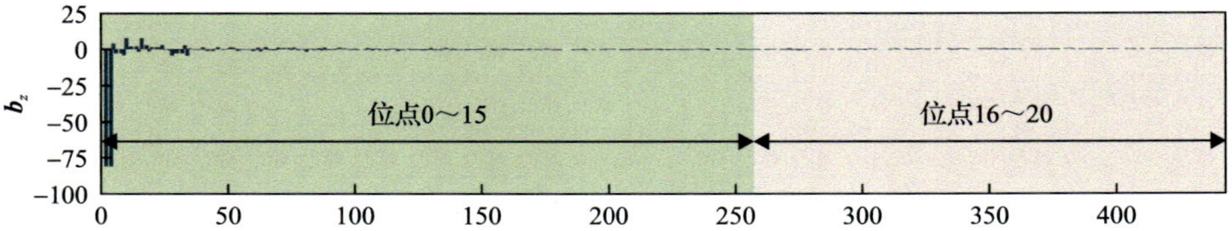

(c) z-形态学基因$\boldsymbol{c}_z$

图 4-82　块体#3 的形态学基因片段

形态学基因位点越大，形态学基因数值越小，即携带的形态学遗传信息越细微。图 4-83 为使用具有不同形态学基因长度（即最大球谐度 $l_{\max}$）的球谐分析生成的两个理想几何形状（四面体和十二面体）和三个煤岩块体（块体#1、#2 和#3）。

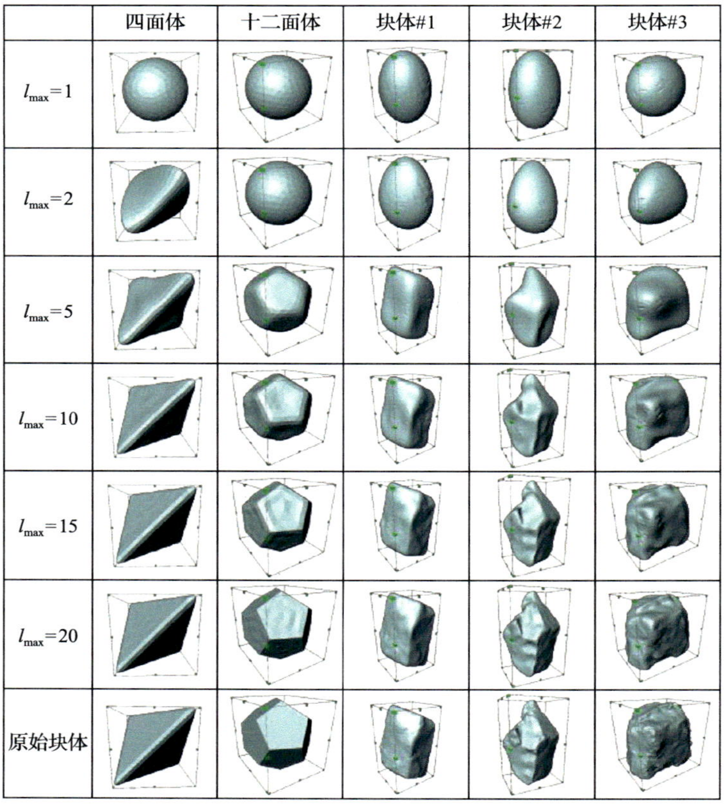

图 4-83　不同形态学基因长度条件下重建的理想几何形状和煤岩块体

更多的形态学遗传信息被传递给了使用更长形态学基因重建的煤岩块体。当 $l_{\max}$ 达到 15 时，重建的理想几何形状和煤岩块体可以比较忠实地还原原始的理想几何形状和煤岩块体，这也与之前对天然砂粒和粒状土壤的研究结论基本一致。因此，本实验将采用长度为 15 的形态学基因用于煤岩块体的重建和后续的诱变，形态学基因可以被表示为

$$
\boldsymbol{c}=\left[\boldsymbol{c}_0 \quad \boldsymbol{c}_1 \quad \cdots \quad \boldsymbol{c}_l \quad \cdots \quad \boldsymbol{c}_{15}\right] \tag{4-49}
$$

3. 形态学基因定位

在确定了形态学基因长度的基础上，进一步研究形态学基因在该长度条件下，不同位点对煤岩块体形态学特征的影响。现有研究表明，位点 0 和位点 1 的形态学基因是非形状相关位点[23]。因此，在研究形态学基因位点对煤岩块体形态学特征影响时不对这两个位点进行分析。图 4-84 为不同形态学基因位点（位点 2～15）对重建后的煤岩块体形态学特征的影响。

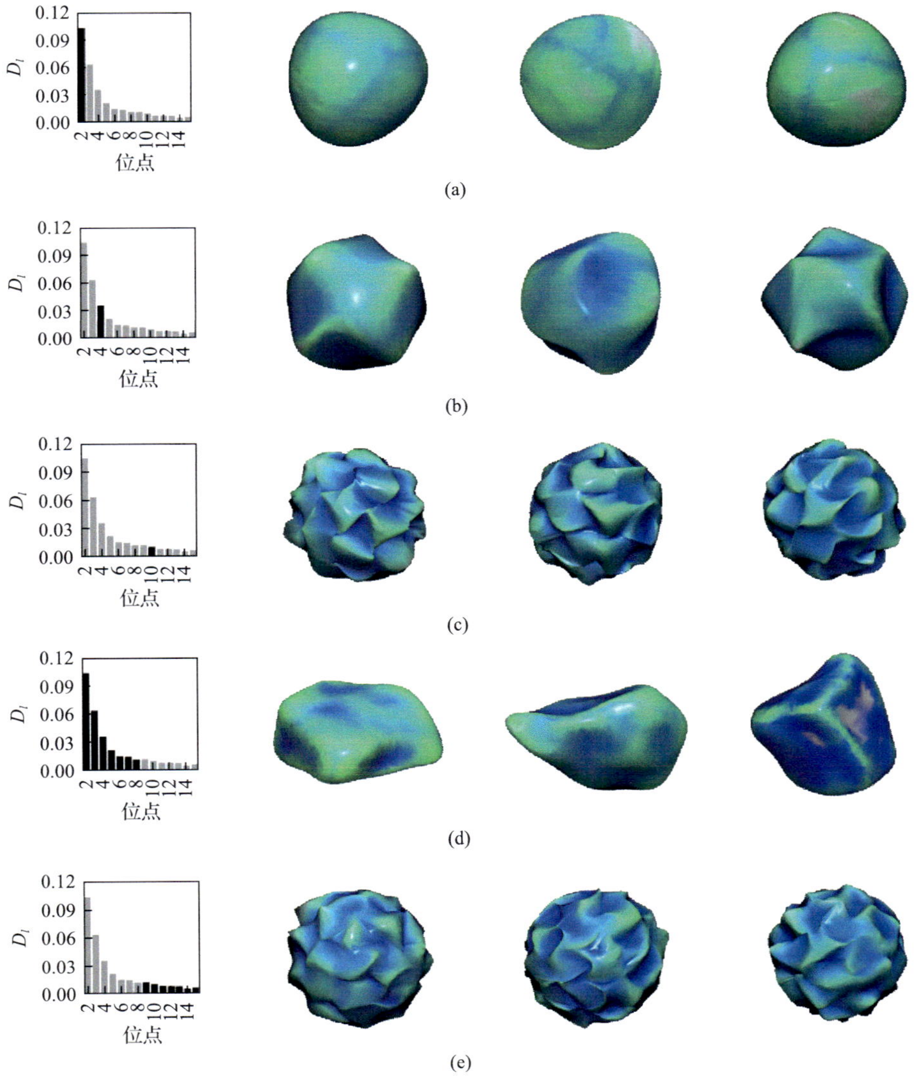

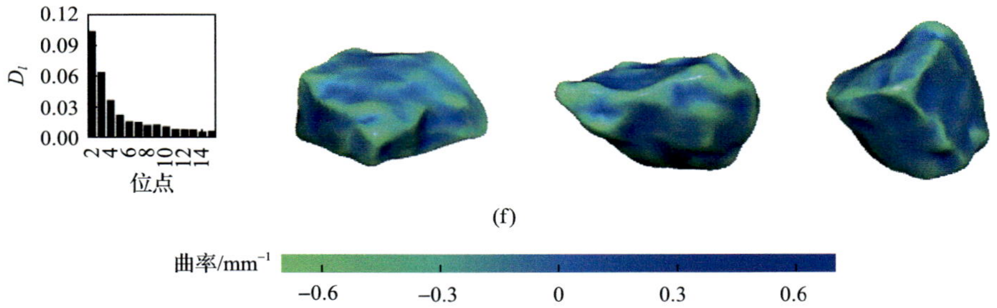

图 4-84 利用形态学基因不同位点重建的煤岩块体

(a)～(f) 为位点 2、位点 4、位点 10、位点 2～8、位点 9～15、位点 2～15

球谐系数的弗罗贝尼乌斯范数(Frobenius norm)被称为球谐描述符(spherical descriptors) d_l，其描述了在形态学基因位点中携带的形态学遗传信息的细微程度，球谐描述符越大，说明携带的形态学遗传信息越细微：

$$d_l = \|\boldsymbol{c}_l\|_F = \sqrt{\sum_{i\in(x,y,z)} \sum_{m=-l}^{l} \left\|c_{i,l}^m\right\|^2} = \sqrt{\sum_{i\in(x,y,z)} \sum_{m=-l}^{l} c_{i,l}^m c_{i,l}^{m^*}} \tag{4-50}$$

式中，$\|\cdot\|_F$ 表示弗罗贝尼乌斯范数；*表示共轭转置。

采用归一化球谐描述符 D_l 来消除球谐描述符 d_l 的尺度效应，归一化球谐描述符 D_l 越大，说明携带的形态学遗传信息越细微：

$$D_l = \frac{d_l}{\sum_{i=1}^{l_{\max}} d_i} \tag{4-51}$$

式中，$l_{\max}$ 为最大球谐次数。

在图 4-84 的最左列为煤岩块体不同形态学基因位点的归一化球谐描述符 D_l，其中，用于煤岩块体重建的形态学基因位点用黑色柱表示，未用于重建的位点用灰色柱表示。右边三列是使用这些黑色柱位点的形态学基因重建得到的煤岩块体。最下面一行使用 2～15 所有位点进行重建，使用基因长度为 15 的形态学基因进行重建和诱变，该行煤岩块体可以被视为原始煤岩块体。其中，对于图 4-84(c)和(e)，是将重建的煤岩块体叠加在单位圆上进行展示的，因为这两组是仅用高位点的形态学基因进行重建，说明重建后的煤岩块体只继承了原始煤岩块体的微观特征，在没有宏观形状的支撑情况下，重建后的煤岩块体无法舒展，煤岩块体表面会相互交错而不便于观察，所以将这两组重建的煤岩块体叠加在单位圆上进行展示。

结果表明，更高位点的形态学基因记录了煤岩块体更细微的形态学特征，而更低位点的形态学基因记录了煤岩块体更宏观的形态学特征[24-26]，如图 4-84(a)～(e)所示。使用更多位点的形态学基因通过基因表达重建煤岩块体，可以让重建后的煤岩块体继承更多的原始煤岩块体的形态学特征，如图 4-84(a)、(d)和(f)所示。

图 4-85 为煤岩块体不同位点处的形态学基因归一化球谐描述符 D_l。共计分析了 35 个煤岩块体，均为 4.4 节中重建得到的煤岩块体。

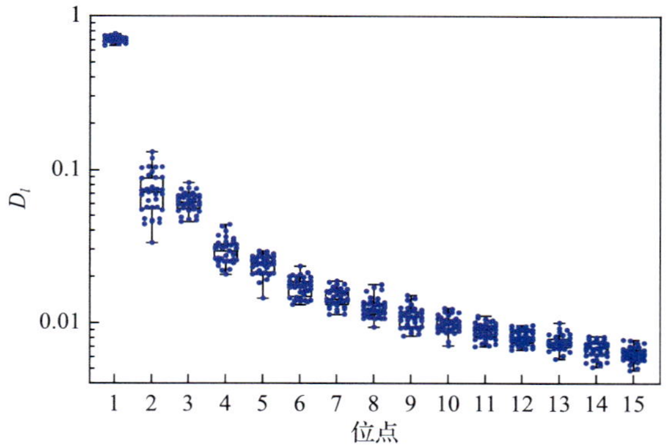

图 4-85　不同位点下的形态学基因归一化球谐描述符

可以看出，随着形态学基因位点的增大，归一化球谐描述符呈对数下降，说明形态学基因位点越大，其携带的形态学遗传信息越细微。因此，接下来使用形态学特征描述符定量研究形态学基因位点对煤岩块体形态学特征的影响。

其中，均方根粗糙度(root-mean-squared roughness，RH)用于描述最小尺度下煤岩块体的形态。通过分析原始煤岩块体三角网格模型和平滑后的煤岩块体三角网格模型来计算 RH。RH 的数值是和煤岩块体三角网格模型的尺寸有关的，即便是相同形状的煤岩块体三角网格模型，如果尺寸不同，它们的 RH 也不同。因此，对三角网格进行归一化处理，使得不同煤岩块体三角网格模型的粗糙度之间具有可比性。

$$\widehat{\boldsymbol{c}_l^m} = \widehat{\boldsymbol{a}_l^m} + \widehat{\boldsymbol{b}_l^m}\mathrm{i} \tag{4-52}$$

式中，$\widehat{\boldsymbol{a}_l^m} = \left(\widehat{\boldsymbol{a}_{x,l}^m}, \widehat{\boldsymbol{a}_{y,l}^m}, \widehat{\boldsymbol{a}_{z,l}^m}\right)^{\mathrm{T}}$ 和 $\widehat{\boldsymbol{b}_l^m} = \left(\widehat{\boldsymbol{b}_{x,l}^m}, \widehat{\boldsymbol{b}_{y,l}^m}, \widehat{\boldsymbol{b}_{z,l}^m}\right)^{\mathrm{T}}$ 为归一化球谐系数 $\widehat{\boldsymbol{c}_l^m}$ 的实部与虚部。

$$\widehat{\boldsymbol{a}_l^m} = \frac{\boldsymbol{a}_l^m}{\sum_{i=1}^{l_{\max}} d_i} \tag{4-53}$$

$$\widehat{\boldsymbol{b}_l^m} = \frac{\boldsymbol{b}_l^m}{\sum_{i=1}^{l_{\max}} d_i} \tag{4-54}$$

使用位点 1 到不同最大位点的原始煤岩块体形态学基因来重建煤岩块体，提取重建后的煤岩块体与原始煤岩块体的宏观、细观和微观形态学特征，计算两者相对误差。这里将 5%作为相对误差的阈值，如果相对误差小于 5%，认为重建后的煤岩块体基本准确还原了原始煤岩块体的形状。

图 4-86 为使用不同最大位点重建的煤岩块体与原始块体形态学特征的相对误差。形态学特征包括宏观形态学特征球度(SP)、凸度(CX)、三种长宽比(AR、AR_2、AR_3)，细观形态学特征圆度(RD)，以及微观形态学特征均方根粗糙度(RH)。共分析了 35 个煤岩

块体，计算了它们的平均值。

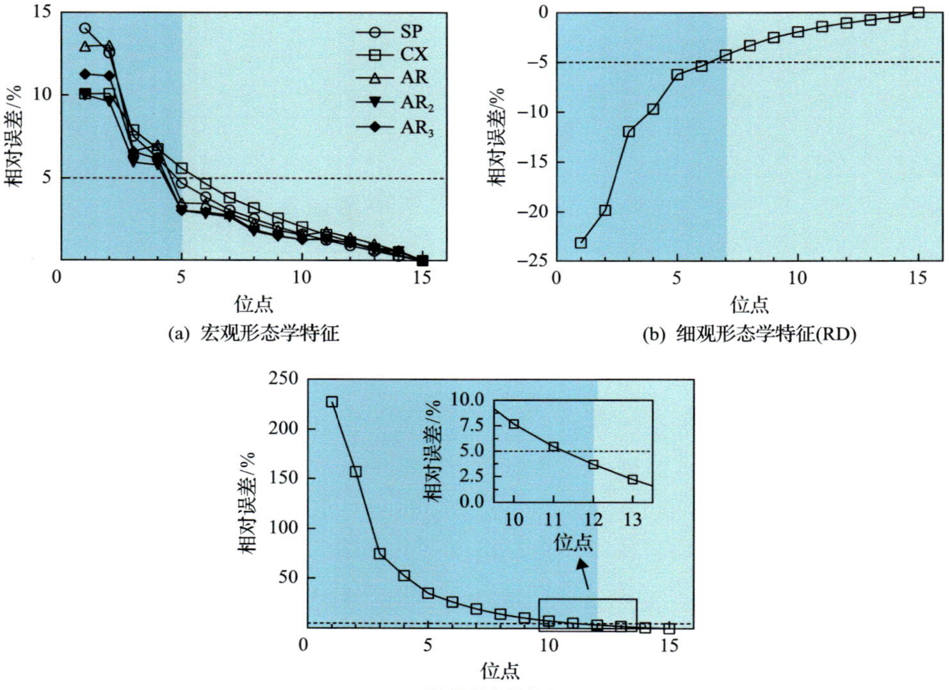

(a) 宏观形态学特征
(b) 细观形态学特征(RD)
(c) 微观形态学特征(RH)

图 4-86 不同最大位点重建煤岩块体与原始块体形态学特征的相对误差

可以看出，使用更多形态学基因位点重建的煤岩块体与原始煤岩块体的相对误差更低，表明更多的形态学基因位点能够更好地遗传原始煤岩块体的形状。煤岩块体的形态学特性与其形态学基因位点的数量高度相关。具体而言，当重建煤岩块体使用的形态学基因位点达到 5 时，宏观形态学特征(包括 SP、CX、AR、AR_2 和 AR_3)的相对误差低于 5%，表明形态学基因 1～5 能够较好地还原煤岩块体的宏观形态。当重建煤岩块体使用的形态学基因位点达到 7 时，细观形态学特征 RD 的相对误差低于 5%，说明形态学基因 1～7 能够较好地还原煤岩块体的细观形态。若使用 12 个位点(形态学基因 1～12)，微观形态学特征 RH 的相对误差低于 5%，即能够较好地还原煤岩块体的微观形态。这表明，更多形态学基因位点包含了更精细的形态学遗传信息，这与先前的定性结论以及归一化球谐描述符的定量分析一致。

因此，煤岩块体的形态学基因可细分为宏观形态学基因(2～4)、细观形态学基因(5～8)和微观形态学基因(9～15)，这一过程称为形态学基因定位，与其他颗粒材料的研究结论一致。

4. 形态学引物设计

形态学引物是具有特定长度的实数对角矩阵，可用于改变形态学基因值。设计形态学引物的两项主要工作是确定特定形态学引物的诱变位点(mutation site)和诱变强度(mutation intensity, ε)。形态学引物的位点反映了诱变形态学基因的位置，在本实验中是指形态学引物将诱变的是宏观形态学基因、细观形态学基因，还是微观形态学基因。形态引物强度的数值表示的是诱变后的形态学基因与原始的形态学基因的比值。当形态学基因与强度为 1 的形态学引物结合时，形态学基因不会被改变。

不同位点的形态学基因有不同的长度，因此，有必要设计合适长度的形态学引物来匹配形态学基因，然后使用该形态学引物改变形态学基因的数值。根据式(4-48)，令 $l_{\max}=l_{\min}=l_{\mathrm{m}}$，形态学引物长度可计算为

$$\delta_{\mathrm{p}}=2l_{\mathrm{m}}+1 \tag{4-55}$$

式中，δ_{p} 为形态学引物长度；l_{m} 为形态学基因的诱变位点。

诱变位点为 l_{m} 的形态学引物可描述为

$$\boldsymbol{P}_{l_{\mathrm{m}}}=\operatorname{diag}\left(\varepsilon_{-l_{\mathrm{m}}} \quad \varepsilon_{-l_{\mathrm{m}}+1} \quad -\varepsilon_{m} \quad -\varepsilon_{l_{\mathrm{m}}}\right) \tag{4-56}$$

式中，$\boldsymbol{P}_{l_{\mathrm{m}}}$ 为诱变位点为 l_{m} 的形态学引物；diag(·) 为对角矩阵；$\varepsilon_{-l_{\mathrm{m}}}$、$\varepsilon_{-l_{\mathrm{m}}+1}$、$\varepsilon_{m}$、$\varepsilon_{l_{\mathrm{m}}}$ 分别为顺序 $-l_{\mathrm{m}}$、$-l_{\mathrm{m}}+1$、m 和 l_{m} 的形态学引物的诱变强度。

5. 形态学基因与形态学引物的结合

将诱变位点的形态学基因与形态学引物结合，实现形态学基因的诱变。具体而言，是将形态学引物与指定位点的形态学基因在数值上相乘，以改变形态学基因，而其他位点的形态学基因不与形态学引物发生作用。所以，在定点诱变后，除了指定位点的形态学基因改变，其他位点的形态学基因不发生改变。

假设 l_{m} 是待诱变位点，则形态学基因与形态学引物的结合可以表示为

$$\begin{aligned}
\boldsymbol{c}_{l_{\mathrm{m}},P}&=\boldsymbol{c}_{l_{\mathrm{m}}}\times\boldsymbol{P}_{l_{\mathrm{m}}}\\
&=\begin{bmatrix}
c_{x,l_{\mathrm{m}}}^{-l_{\mathrm{m}}} & c_{x,l_{\mathrm{m}}}^{-l_{\mathrm{m}}+1} & \cdots & c_{x,l_{\mathrm{m}}}^{m} & \cdots & c_{x,l_{\mathrm{m}}}^{l_{\mathrm{m}}}\\
c_{y,l_{\mathrm{m}}}^{-l_{\mathrm{m}}} & c_{y,l_{\mathrm{m}}}^{-l_{\mathrm{m}}+1} & \cdots & c_{y,l_{\mathrm{m}}}^{m} & \cdots & c_{y,l_{\mathrm{m}}}^{l_{\mathrm{m}}}\\
c_{z,l_{\mathrm{m}}}^{-l_{\mathrm{m}}} & c_{z,l_{\mathrm{m}}}^{-l_{\mathrm{m}}+1} & \cdots & c_{z,l_{\mathrm{m}}}^{m} & \cdots & c_{z,l_{\mathrm{m}}}^{l_{\mathrm{m}}}
\end{bmatrix}\times\begin{bmatrix}
\varepsilon_{-l_{\mathrm{m}}} & 0 & 0 & 0\\
0 & \varepsilon_{-l_{\mathrm{m}}+1} & 0 & 0\\
\vdots & \vdots & \vdots & \vdots\\
0 & 0 & 0 & \varepsilon_{l_{\mathrm{m}}}
\end{bmatrix}\\
&=\begin{bmatrix}
\varepsilon_{-l_{\mathrm{m}}}c_{x,l_{\mathrm{m}}}^{-l_{\mathrm{m}}} & \varepsilon_{-l_{\mathrm{m}}+1}c_{x,l_{\mathrm{m}}}^{-l_{\mathrm{m}}+1} & \cdots & \varepsilon_{m}c_{x,l_{\mathrm{m}}}^{m} & \cdots & \varepsilon_{l_{\mathrm{m}}}c_{x,l_{\mathrm{m}}}^{l_{\mathrm{m}}}\\
\varepsilon_{-l_{\mathrm{m}}}c_{y,l_{\mathrm{m}}}^{-l_{\mathrm{m}}} & \varepsilon_{-l_{\mathrm{m}}+1}c_{y,l_{\mathrm{m}}}^{-l_{\mathrm{m}}+1} & \cdots & \varepsilon_{m}c_{y,l_{\mathrm{m}}}^{m} & \cdots & \varepsilon_{l_{\mathrm{m}}}c_{y,l_{\mathrm{m}}}^{l_{\mathrm{m}}}\\
\varepsilon_{-l_{\mathrm{m}}}c_{z,l_{\mathrm{m}}}^{-l_{\mathrm{m}}} & \varepsilon_{-l_{\mathrm{m}}+1}c_{z,l_{\mathrm{m}}}^{-l_{\mathrm{m}}+1} & \cdots & \varepsilon_{m}c_{z,l_{\mathrm{m}}}^{m} & \cdots & \varepsilon_{l_{\mathrm{m}}}c_{z,l_{\mathrm{m}}}^{l_{\mathrm{m}}}
\end{bmatrix}
\end{aligned} \tag{4-57}$$

式中，$\boldsymbol{c}_{l_m,P}$为诱变后的 l_m 位点形态学基因；$\boldsymbol{c}_{l_m}$ 为诱变前的 l_m 位点形态学基因；$\boldsymbol{P}_{l_m}$ 为诱变位点 l_m 的形态学引物。

在形态学基因定点诱变中，通常令形态学引物所有阶数的诱变强度相等，即

$$\varepsilon_{-l_m}=\varepsilon_{-l_m+1}=\cdots=\varepsilon_m=\cdots=\varepsilon_{l_m}=\varepsilon \tag{4-58}$$

式中，ε 为形态学引物的诱变强度。

诱变后的 l_m 位点形态学基因可以被表示为

$$\boldsymbol{c}_{l_m,P}=\varepsilon\begin{bmatrix} c_{x,l_m}^{-l_m} & c_{x,l_m}^{-l_m+1} & \cdots & c_{x,l_m}^{m} & \cdots & c_{x,l_m}^{l_m} \\ c_{y,l_m}^{-l_m} & c_{y,l_m}^{-l_m+1} & \cdots & c_{y,l_m}^{m} & \cdots & c_{y,l_m}^{l_m} \\ c_{z,l_m}^{-l_m} & c_{z,l_m}^{-l_m+1} & \cdots & c_{z,l_m}^{m} & \cdots & c_{z,l_m}^{l_m} \end{bmatrix} \tag{4-59}$$

因此，利用定点诱变技术对 l_m 位点进行诱变，诱变后的形态基因为

$$\boldsymbol{c}_{\mathrm{SDM}}=\begin{bmatrix}\boldsymbol{c}_0 & \boldsymbol{c}_1 & \cdots & \boldsymbol{c}_{l_m,p} & \cdots & \boldsymbol{c}_{15}\end{bmatrix} \tag{4-60}$$

式中，$\boldsymbol{c}_{\mathrm{SDM}}$ 为定点诱变后的形态基因。

6. 形态学基因表达

使用球谐分析来表达定点诱变后的形态学基因，获得定点诱变后的煤岩块体，称为 SDM 煤岩块体。通过定点诱变技术，对原始煤岩块体的宏观、细观和微观形态学基因做有针对性的修饰，并将其传递给诱变后的煤岩块体。形态学基因的定点诱变技术的工作流程如图 4-87 所示。

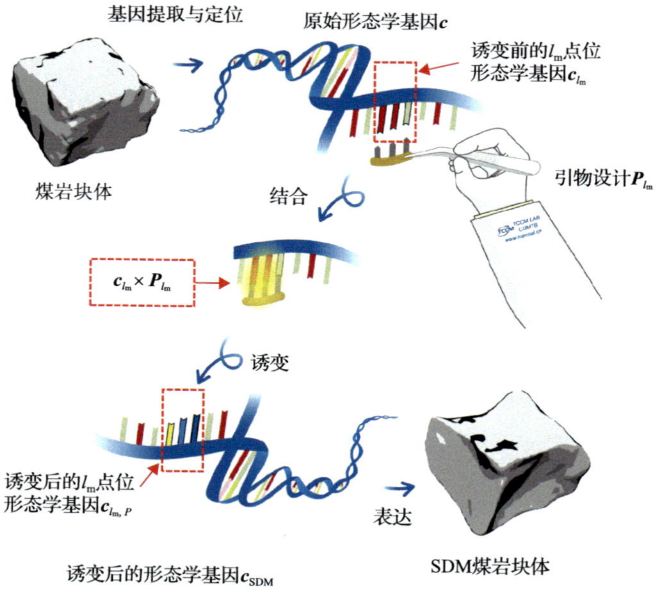

图 4-87 煤岩块体形态学基因的定点诱变技术的工作流程

4.5.4　结果与分析

1. 不同诱变位点下的形态学特征变化

煤岩块体形态学基因的定点诱变是使用形态学引物实现的，对于形态学引物的设计需要考虑两个重要参数，即诱变位点和诱变强度。诱变位点决定了诱变何种尺度的形态学基因，诱变强度则决定了对形态学基因做多大程度的改变。

前面的研究虽然已经证明，不同位点的形态学基因与形态学特征存在关系。为了量化诱变位点和诱变强度对形态学特征的影响，首先研究了在不同诱变位点下，诱变前后煤岩块体形态学特征的变化。

采用具有不同诱变位点的形态学引物对 35 个煤岩块体进行定点诱变，图 4-88 为诱变前后的煤岩块体形态学特征。形态学引物的诱变位点变化范围是 2～15，诱变强度 ε 均

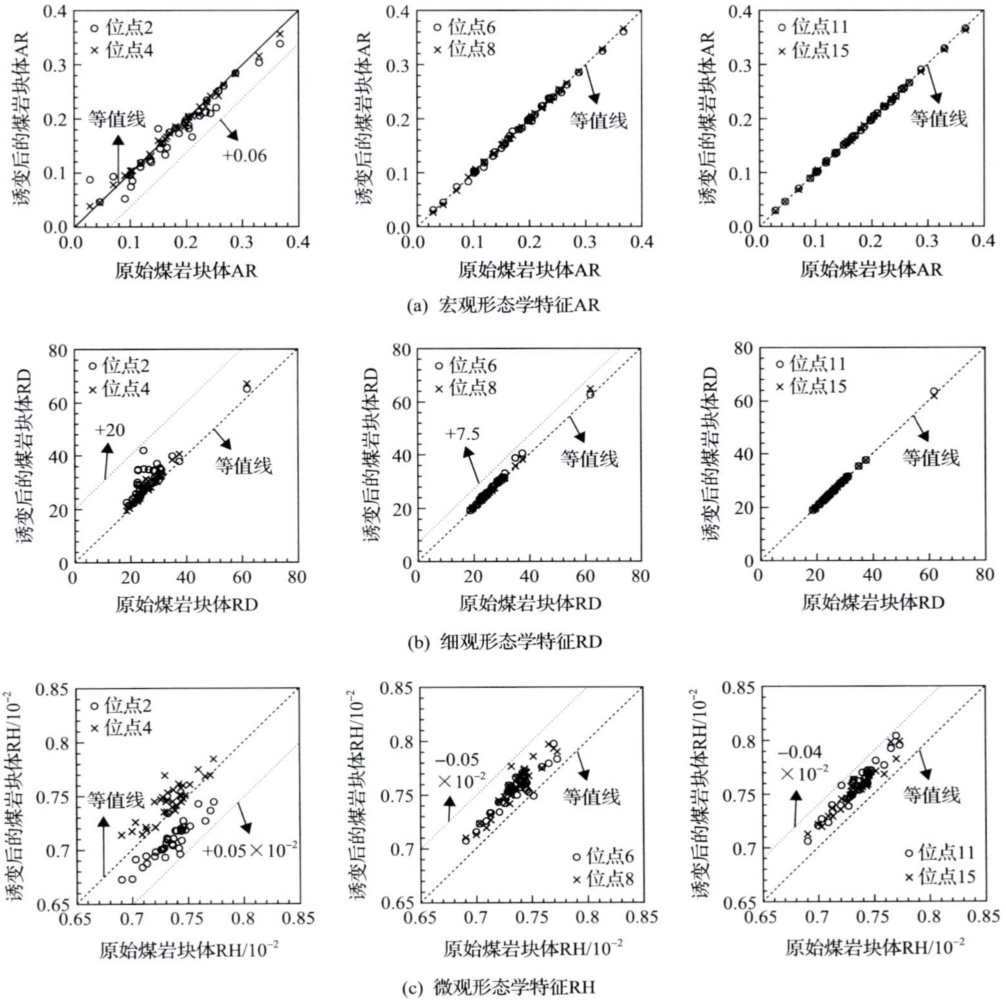

图 4-88　不同诱变位点下的原始煤岩块体和诱变后的煤岩块体形态学特征

为 2。考虑了 3 种形态学描述符，用于定量记录煤岩块体形态学特征变化，包括宏观形态学特征长宽比(AR)、细观形态学特征圆度(RD)和微观形态学特征粗糙度(RH)。图 4-88 中的对角线为等值线，该线上的点表示原始煤岩块体和诱变后的煤岩块体形态学特征相同，如果数据点越偏离等值线，说明诱变前后的煤岩块体形态学特征差异越大。

从图 4-88(a)可以看出，当形态学引物的诱变位点为 2 和 4 时，煤岩块体的形态学基因相应位点被诱变后，宏观形态学特征 AR 发生了明显变化，表现为数据点偏离等值线。相比之下，当诱变位点大于或等于 6 时，宏观形态学特征 AR 几乎不发生变化，数据点集中在等值线附近。这表明，煤岩块体的宏观形态学特征对低位点的形态学基因诱变敏感，而对高位点的诱变不敏感。此外，诱变后的煤岩块体的 AR 主要集中在等值线右下方，说明诱变后的 AR 小于原始煤岩块体的 AR。因此，诱变位点 2 和 4 及诱变强度 $\varepsilon=2$ 的条件下，定点诱变显著改变了煤岩块体的宏观形态学特征，而高位点诱变对宏观形态的影响较小或几乎没有影响。

从图 4-88(b)可以看出，当诱变位点为 2 和 4 时，煤岩块体的形态学基因相应位点被诱变后，细观形态学特征 RD 明显变化，表现为数据点偏离等值线。当诱变位点为 6 和 8 时，虽然细观形态学特征 RD 也发生变化，但偏离程度较小。当诱变位点大于或等于 11 时，细观形态学特征 RD 几乎不发生变化，数据点集中在等值线附近。这表明，定点诱变宏观形态学基因对细观形态学特征的影响大于细观形态学基因的诱变。此外，诱变后的煤岩块体的 RD 主要分布在等值线左上方，表明诱变后的煤岩块体 RD 大于原始煤岩块体的 RD。因此，在诱变位点小于或等于 8 以及诱变强度 $\varepsilon=2$ 的条件下，定点诱变改变了煤岩块体的细观形态学特征，而高位点诱变对细观形态的影响较小或几乎没有影响。

定点诱变宏观形态学基因也会引起细观形态学特征的改变，是因为宏观形态学特征的改变会伴随煤岩块体的角脊发生形变，如拉伸、压缩或扭曲。角脊的分布和形态变化，进一步导致了煤岩块体细观形态学特征的变化。因此，宏观形态学基因的定点诱变不仅改变了宏观形态，还引发了细观形态学特征的改变。

另外，相比于诱变细观形态学基因，诱变宏观形态学基因引起的煤岩块体形状变化更为明显，因为宏观形态学基因的诱变作用是针对整体形状的改变，而细观形态学基因诱变时，主要影响的是细微的角脊部分，造成的形态改变受到限制。这就导致了定点诱变宏观形态学基因对细观形态学特征的影响通常大于定点诱变细观形态学基因。

从理论上讲，定点诱变宏观(细观)形态学基因引起煤岩块体细观(微观)形态学特征的改变，是由于宏观(细观)形态学特征的变化同时带来了细观(微观)形态学特征的变化。而定点诱变细观(微观)形态学基因引起的变化，则是精准的诱变结果，专门作用于细节部分。

从图 4-88(c)可以看出，在所有诱变位点和诱变强度条件下，煤岩块体的微观形态学特征 RH 均发生了较为明显的变化，数据点偏离等值线，且不同组的偏离程度差异不大。这说明，宏观、细观和微观形态学基因的定点诱变都会引起微观形态学特征的变化，且影响差异较小。然而，诱变方式不同所导致的微观形态学特征变化原因不同。宏观和细观形态学基因的诱变引起微观形态学特征的变化，是由于整体形态变化带来的连锁反应，而微观形态学基因的诱变则是直接作用于微观特征的精准诱变。

图 4-88 中数据点偏离等值线的程度反映诱变前后的煤岩块体形态学特征差异大小，

但这只是定性的描述。因此，进一步计算了诱变前后的煤岩块体形态学特征的相对误差(relative error，RE)和均数标准误差(standard error of mean，SEM)，用于定量描述定点诱变操作对煤岩块体形态学特征的作用效果，如图 4-89 所示。

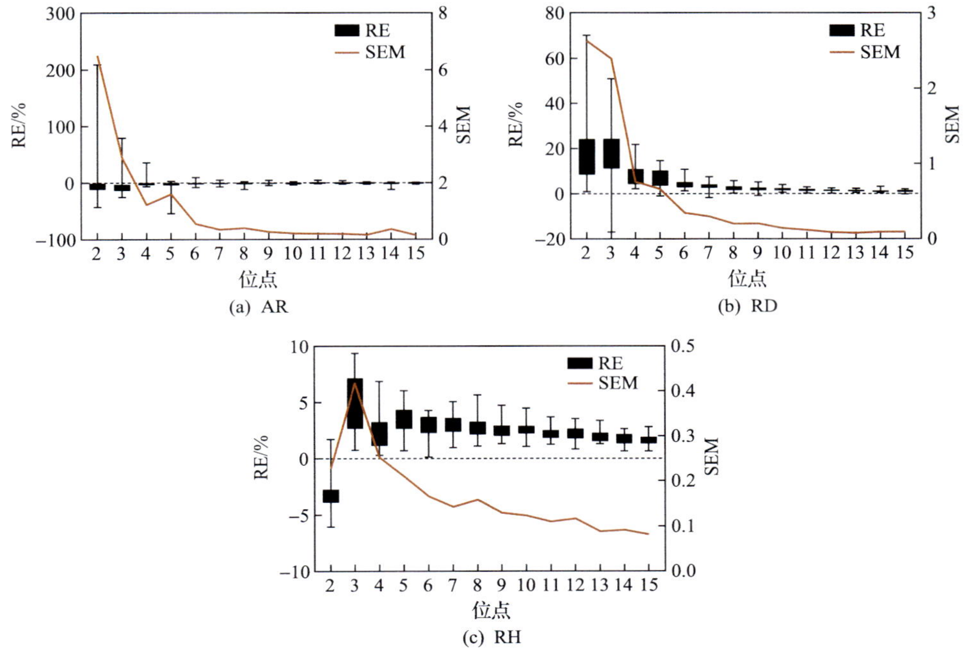

图 4-89 宏观、细观和微观形态学特征相对误差和均数标准误差

相对误差反映了诱变后煤岩块体形态学特征与原始特征的相对差异，该值越大，表明定点诱变效果越明显。均数标准误差则表示不同煤岩块体之间相对误差的变异性，该值越小，说明诱变作用一致性越强。

对于宏观形态学特征 AR 和细观形态学特征 RD，随着诱变位点增大，相对误差的极差和均数标准误差逐渐减小，表明诱变效果减弱，且不同煤岩块体之间差异减小。而对于微观形态学特征 RH，诱变位点增大时，尽管相对误差趋于稳定，均数标准误差也减小，但诱变作用始终存在，且差异不显著。因此，诱变宏观形态学基因会引起宏观、细观和微观形态学特征变化；诱变细观形态学基因则仅影响细观和微观特征，宏观特征不受显著影响。

综上所述，利用定点诱变技术诱变煤岩块体某位点的形态学基因，其相应尺度的形态学特征会发生变化，且比该尺度的形态学特征更细微尺度的形态学特征也会发生变化，但是比该尺度的形态学特征更宏观尺度的形态学特征不会发生变化。

2. 不同诱变强度下的形态学特征变化

诱变煤岩块体不同位点的形态学基因可以影响不同尺度的形态学特征，进一步研究了在不同诱变强度下诱变前后煤岩块体形态学特征的变化。

采用具有不同诱变强度的形态学引物对 6 种具有典型形状的煤岩块体进行定点诱变，包括立方体状煤岩块体(CP)、棒状煤岩块体(RP)、盘状煤岩块体(DP)、刀片状煤岩块体(BP)、多角状煤岩块体(MP)和复杂形状煤岩块体(CMP)。形态学引物的诱变位点是 1～15，诱变强度 ε 是 0.5～4.0。考虑了 3 种形态学描述符，用于定量记录煤岩块体形态学特征变化，包括宏观形态学特征长宽比(AR)、细观形态学特征圆度(RD)和微观形态学特征粗糙度(RH)。

图 4-90～图 4-92 为诱变前后的煤岩块体形态学特征相对误差。相对误差越大，说明定点诱变对煤岩块体形态学特征的作用越明显。

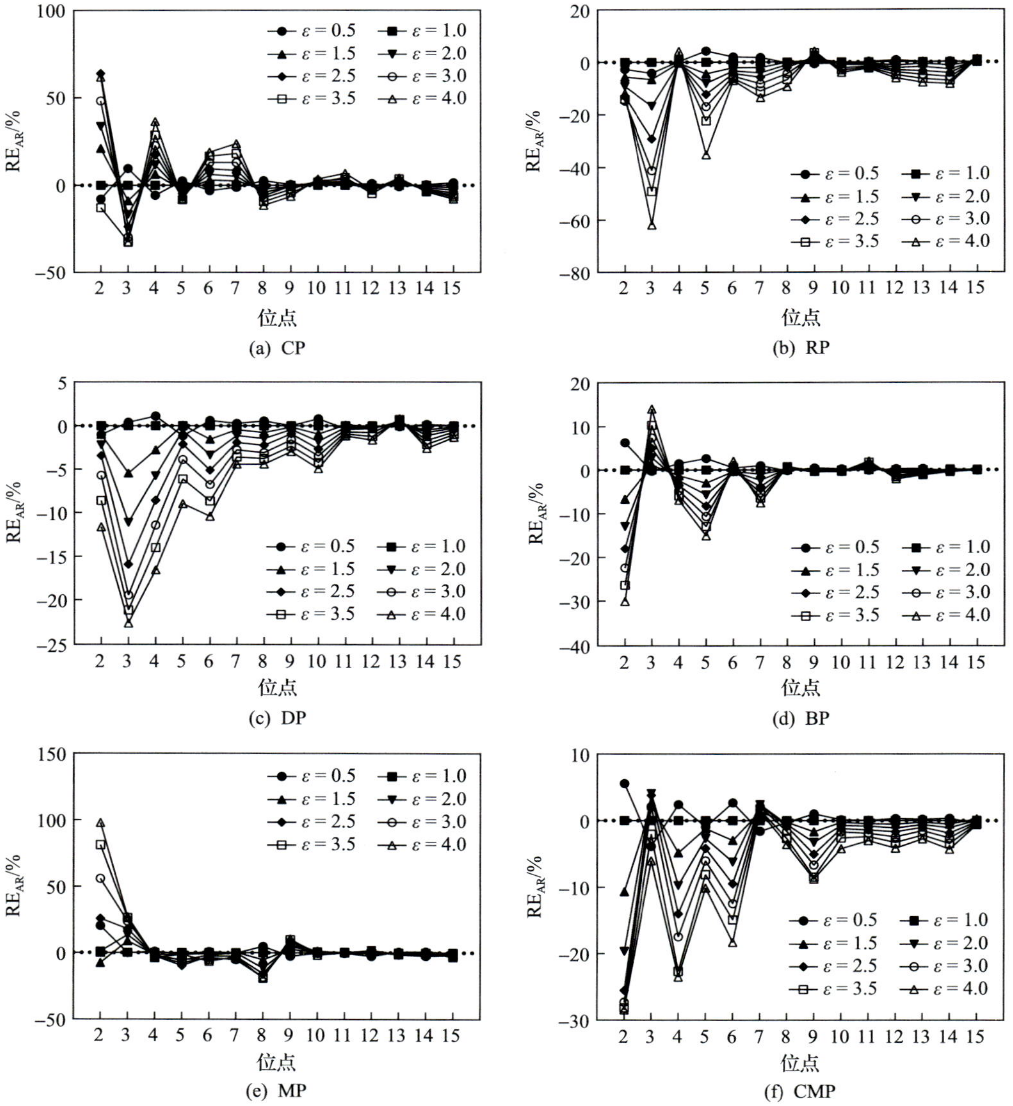

图 4-90　不同诱变强度下典型煤岩块诱变前后宏观形态学特征相对误差

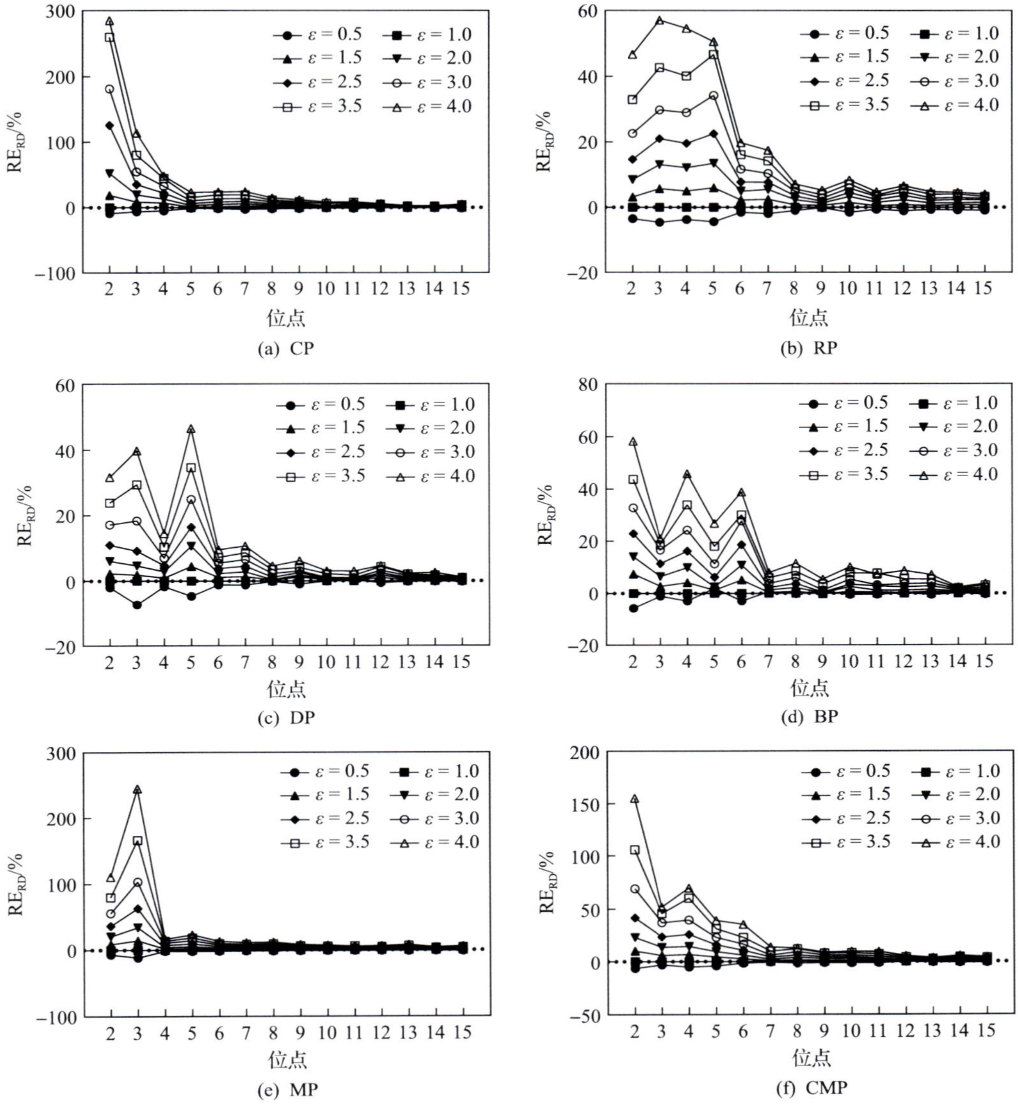

(a) CP (b) RP

(c) DP (d) BP

(e) MP (f) CMP

图 4-91 不同诱变强度下典型煤岩块诱变前后细观形态学特征相对误差

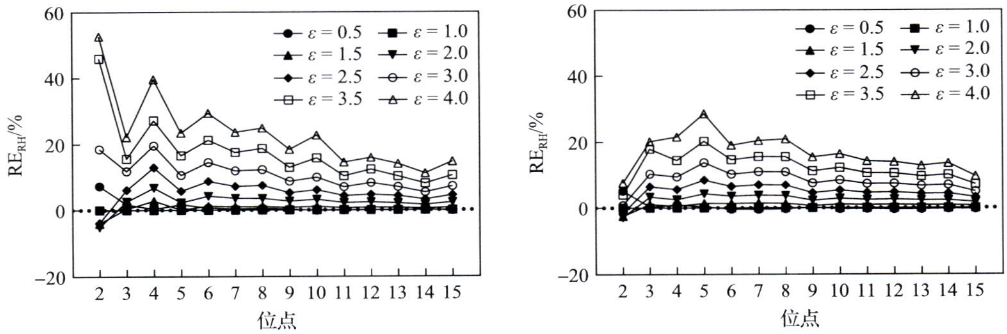

(a) CP (b) RP

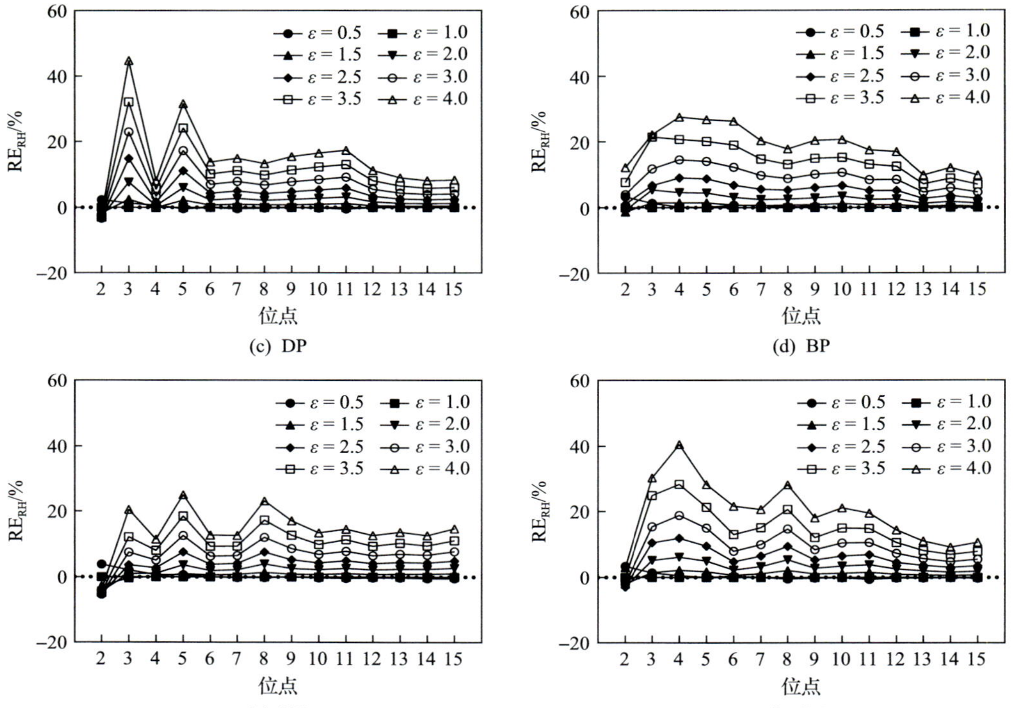

图 4-92 不同诱变强度下典型煤岩块诱变前后微观形态学特征相对误差

可以看出，诱变强度 ε 对形态学特征的影响效果较为清晰，随着诱变强度逐渐增大，6 种典型煤岩块体诱变前后的宏观形态学特征 AR、细观形态学特征 RD 和微观形态学特征 RH 的相对误差也逐渐增大，且对任何位点的诱变均表现出了该特点。

相比于微观形态学特征，宏观形态学特征、细观形态学特征对于诱变位点更为敏感。宏观形态学特征、细观形态学特征相对误差在达到一定诱变位点后迅速降低，而微观形态学特征的相对误差随着诱变位点的增大缓慢下降。说明形态学引物的诱变强度 ε 对煤岩块体形态学特征的影响也是可控的。

3. 煤岩块体形态学基因定点诱变效果定性分析

前面的研究已经表明，不同诱变位点和不同诱变强度下的定点诱变，均可以让煤岩块体形态学特征发生稳定可控的变化。而不同位点的形态学基因又被划分到了不同尺度的形态学特征中，包括宏观形态学基因(形态学基因位点为 2～4)、细观形态学基因(形态基因位点为 5～8)和微观形态学基因(形态基因位点为 9～15)。在实际应用中，相比于诱变不同位点的形态学基因，诱变三种不同尺度的形态学基因更为便捷和直观。虽然诱变形态学基因单个位点可以获得稳定可控的形态学特征变化，那诱变三种不同尺度的形态学基因，也就是一次性诱变多个位点的形态学基因，是否也能够获得稳定可控的形态学特征变化呢？接下来从定性和定量两个方面探究煤岩块体宏观、细观和微观形态学基因定点诱变的效果，首先是定性分析。图 4-93 使用具有不同诱变位点和诱变强度的形态学引物定点诱变 3

种具有典型形状的煤岩块体相应尺度的形态学基因的结果，包括棒状煤岩块体(RP)、盘状煤岩块体(DP)和复杂形状煤岩块体(CMP)。形态学引物的诱变位点是 2～15，诱变强度 ε 是 0.5～2.5。诱变强度 ε 为 1.0 表示不改变煤岩块体的形态学基因，即为原始煤岩块体。

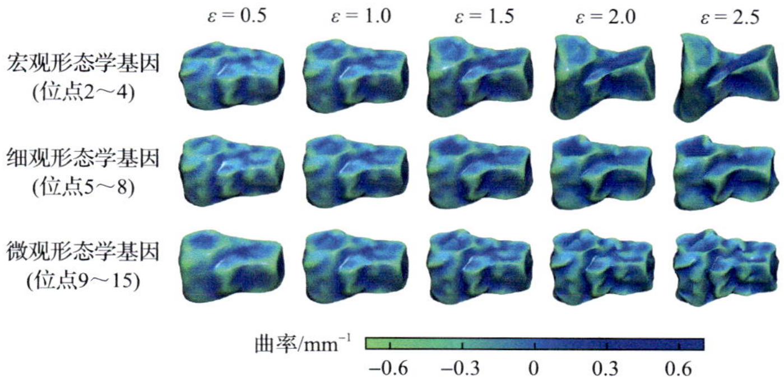

(a) RP

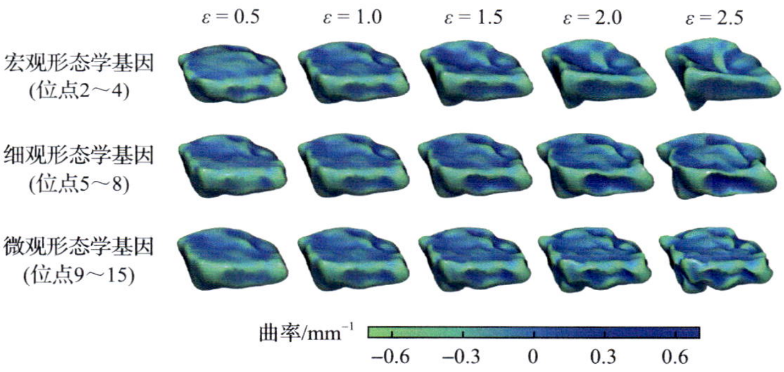

(b) DP

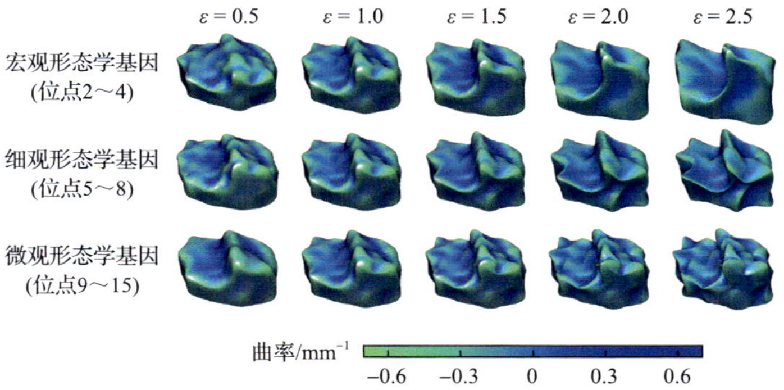

(c) CMP

图 4-93 不同诱变位点和强度下典型煤岩块体定点诱变结果

可以看出，随着形态学引物诱变强度从 1.0 增加至 2.5，煤岩块体形态发生逐渐增大的变化。具体而言，诱变位点 2～4、诱变强度为 2.5 时，宏观形状明显拉伸、扭曲；诱变位点 5～8、诱变强度为 2.5 时，角脊特征更加明显，但宏观形状无显著变化；诱变位点 9～15、诱变强度为 2.5 时，块体表面变粗糙，出现小褶皱。

当诱变强度降至 0.5 时，煤岩块体的形态变化方向相反。诱变位点 2～4、诱变强度为 0.5 时，宏观形状收缩并变紧致；诱变位点 5～8、诱变强度为 0.5 时，角脊特征变弱，棱角不如原始块体明显；诱变位点 9～15 使表面更加光滑，小坑谷被填平。

综上，定点诱变煤岩块体的宏观、细观和微观形态学基因后，形态特征发生了可控变化，且变化程度可通过诱变强度调节。因此，定点诱变方法能有效控制煤岩块体形状的改变。

4. 煤岩块体形态学基因定点诱变效果定量评价

在煤岩块体宏观、细观和微观形态学基因定点诱变的定性分析基础上，进一步提取诱变前后煤岩块体的形态学特征，对诱变效果进行定量评价。

图 4-94～图 4-96 展示了不同诱变位点和诱变强度下的形态学引物对三种典型形状煤

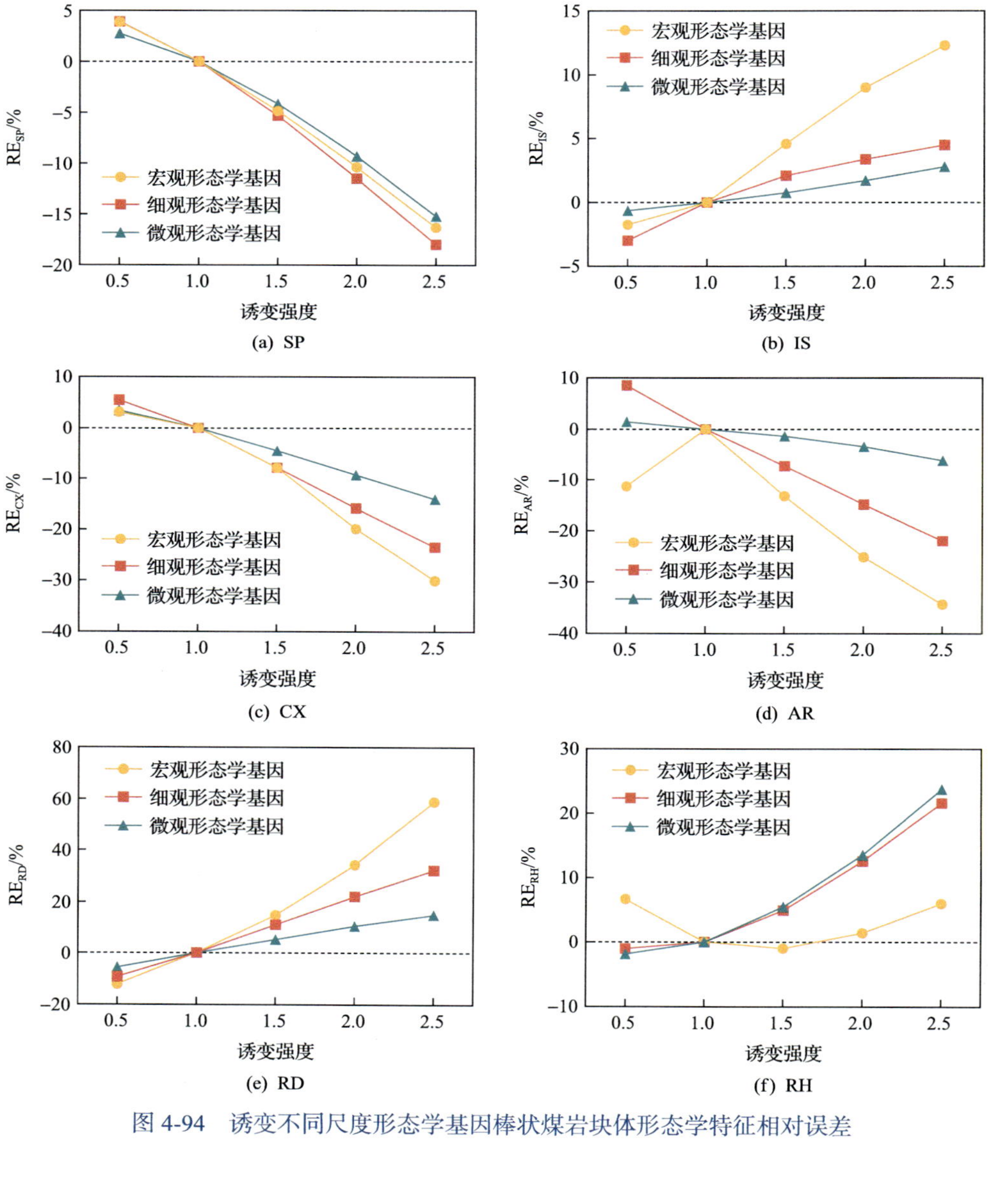

图 4-94　诱变不同尺度形态学基因棒状煤岩块体形态学特征相对误差

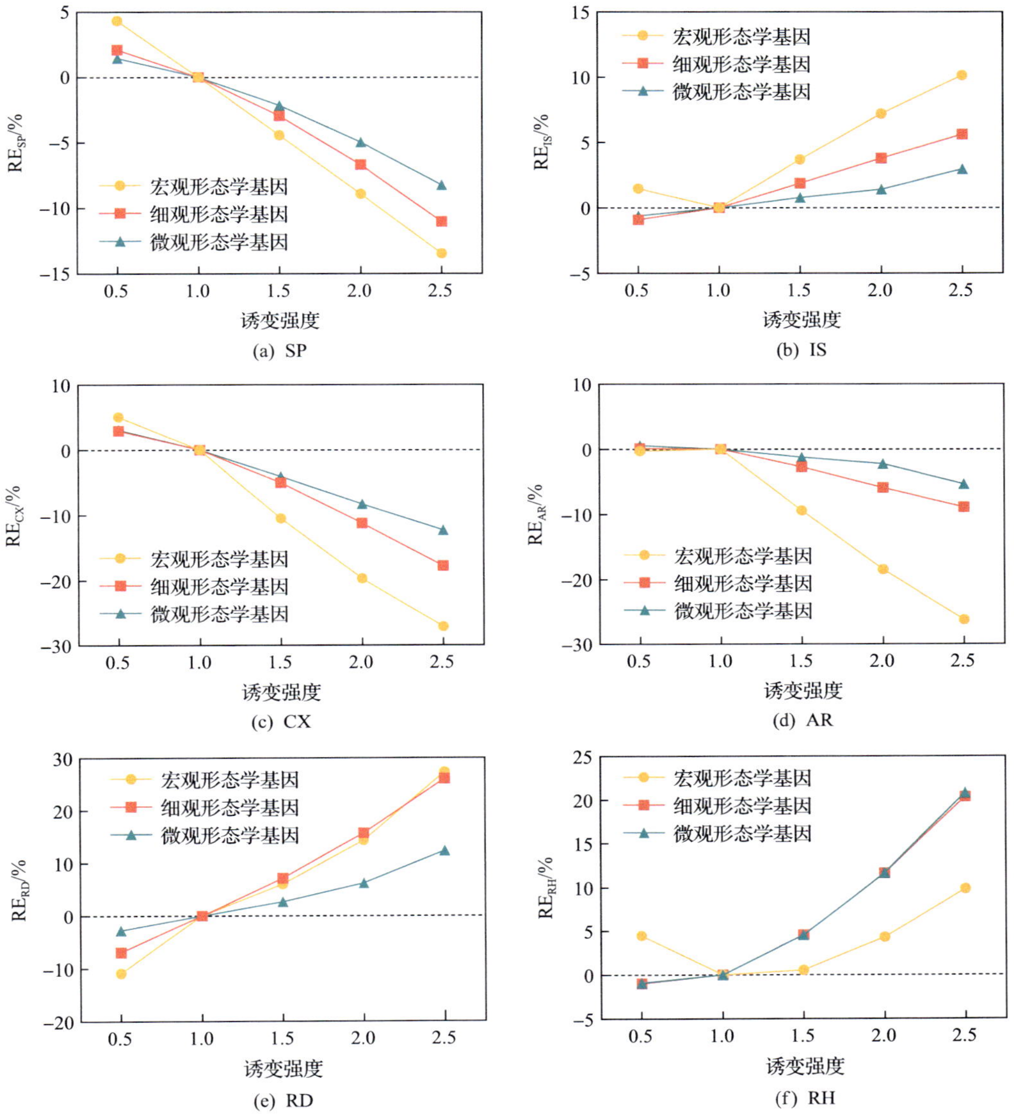

图 4-95　诱变不同尺度形态学基因盘状煤岩块体形态学特征相对误差

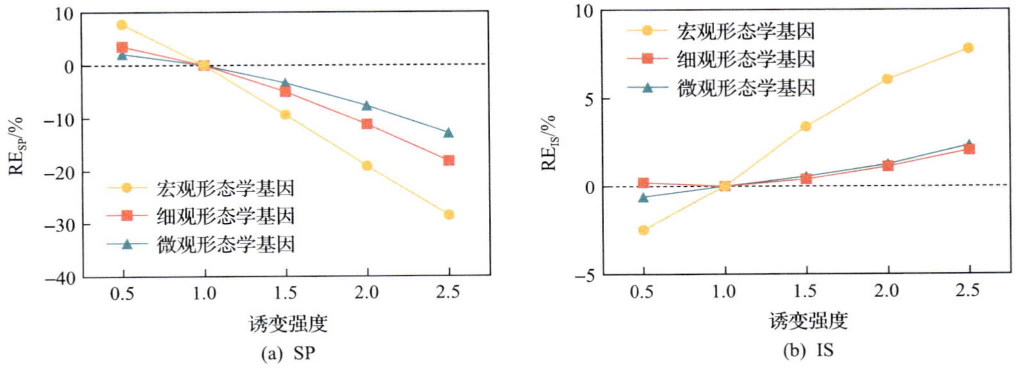

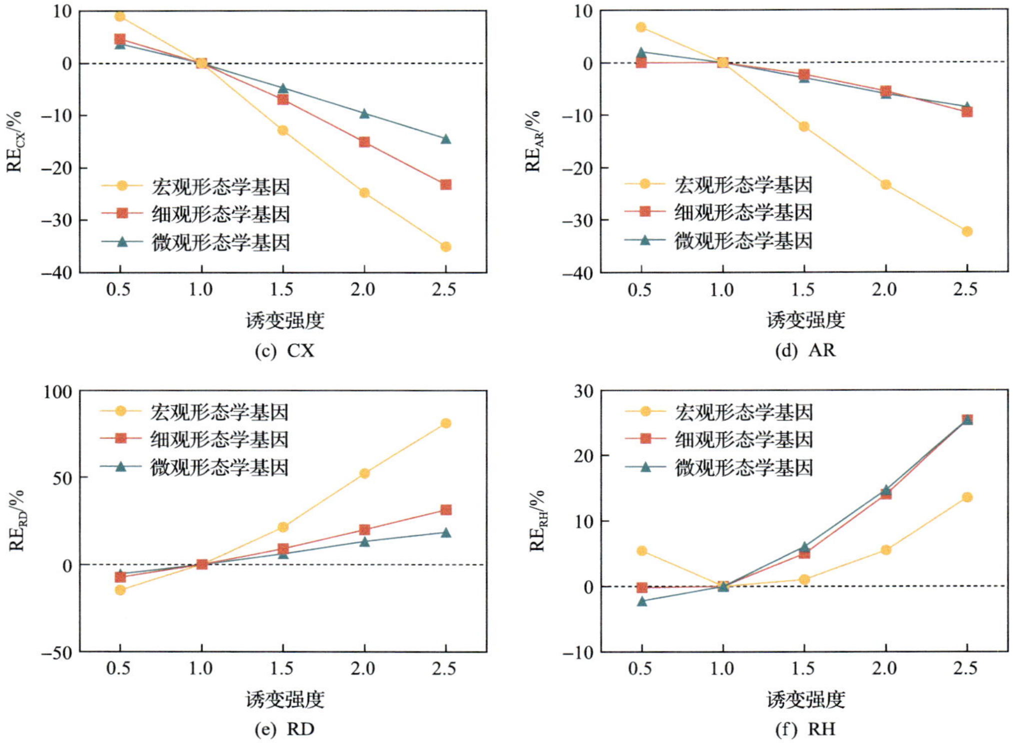

图 4-96 诱变不同尺度形态学基因复杂形状煤岩块体形态学特征相对误差

岩块体(RP、DP 和 CMP)形态学基因的定点诱变效果，并给出了诱变前后煤岩块体形态学特征的相对误差。考虑的形态学描述符包括宏观形态学特征(SP、IS、CX、AR)、细观形态学特征(RD)和微观形态学特征(RH)。诱变强度为 0.5～2.5，诱变位点为 2～15。

结果表明，随着诱变强度增大，煤岩块体的宏观、细观和微观尺度的形态学特征相对误差的绝对值也增大，表明更大的诱变强度会更显著地改变煤岩块体的形状。当诱变强度为 1.0～2.5 时，一些形态学特征(如 IS、RD 和 RH)的相对误差大于 0，而其他特征(如 SP、CX 和 AR)的相对误差小于 0。

具体来说，图 4-94(a)、图 4-95(a)和图 4-96(a)中，当诱变强度为 1.0～2.5 时，SP 相对误差小于 0，表明诱变后的煤岩块体的体积与表面积之比变小，形状不再接近原始煤岩块体或球体形状。与此同时，图 4-94(f)、图 4-95(f)和图 4-96(f)中的 RH 相对误差大于 0，说明诱变后的煤岩块体表面变得更加粗糙，与定性分析的结果一致。

如前所述，使用诱变位点 9～15 的形态学引物对煤岩块体微观形态学基因进行诱变，诱变前后煤岩块体微观形态学特征的相对误差随着诱变强度的增大而增大。而使用诱变位点 5～8 的形态学引物对煤岩块体细观形态学基因进行诱变，诱变前后煤岩块体微观形态学特征的相对误差也随着诱变强度的增大而增大，且与诱变微观形态学基因的结果类似，如图 4-94(f)、图 4-95(f)和图 4-96(f)所示。但从图 4-93 中可以看出，诱变微观形态学基因得到的煤岩块体表面要比诱变细观形态学基因得到的煤岩块体表面更粗糙。

这与微观形态学特征粗糙度 RH 的计算方法有关。RH 描述的是诱变后的煤岩块体表面及其平滑后的块体表面之间的差异，且它是与尺度有关的一个特征。当微观形态学基因被诱变后，煤岩块体表面出现了小的褶皱或者坑谷，粗糙度就是描述这些小的褶皱或者坑谷的平均水平。当细观形态学基因被诱变后，煤岩块体表面的角、脊和谷被加强，类似于形成了诱变微观形态学基因形成的褶皱或者坑谷，只是它的尺度更大。而计算粗糙度的公式无法甄别褶皱或者坑谷的尺度，仅仅是描述这些褶皱或者坑谷的平均水平。由于诱变细观形态学基因形成的褶皱或者坑谷虽然尺度大，但是数量少，而诱变微观形态学基因形成的褶皱或者坑谷虽然尺度小，但是数量多。所以，利用粗糙度公式计算时，获得比较相近的结果。虽然它们的微观形态学特征粗糙度在数值上相同，但是，使它们获得该粗糙度的原因不同。定点诱变细观形态学基因引起煤岩块体微观形态学特征的改变是因为细观形态学特征的改变伴随引起微观形态学特征改变，而定点诱变微观形态学基因引起微观形态学特征的改变是精准诱变的结果。

4.5.5　形态学基因定点诱变的应用

以上研究表明，诱变不同位点的形态学基因可以改变煤岩块体不同尺度的形态学特征，那么就可以使用定点诱变技术，以分析有限数量的煤岩块体形态学特征为基础，合理、快速生成具有预期形态学特征分布的煤岩块体群，进而为综放工作面放煤过程高仿真轻量级数值计算的煤岩块体快速重建提供便利。接下来，具体展示从 1 个煤岩块体到 N 个煤岩块体(即煤岩块体群)的实现过程以及效果。

1. 引物设计方案

首先，设计了三批形态学引物，诱变位点分别是宏观形态学基因(形态学基因位点为 2～4)、细观形态学基因(形态基因位点为 5～8)和微观形态学基因(形态基因位点为 9～15)。每批形态学引物各有 500 个，它们的诱变强度服从平均值为 1，标准差为 0.5 的正态分布，如图 4-97 所示。

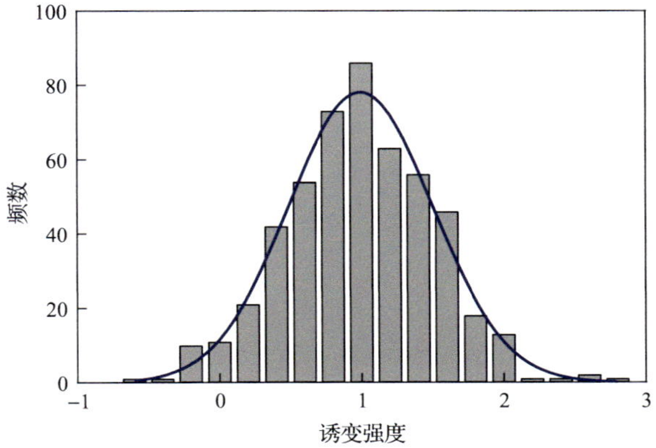

图 4-97　形态学引物设计

使用形态学引物对煤岩块体宏观形态学基因、细观形态学基因和微观形态学基因进行定点诱变，即可以生成形态学基因诱变后的煤岩块体。

2. 不同诱变位点下的煤岩块体群

使用定点诱变技术产生的 6 种具有典型形状的煤岩块体群，包括立方体状煤岩块体(CP)、棒状煤岩块体(RP)、盘状煤岩块体(DP)、刀片状煤岩块体(BP)、多角状煤岩块体(MP)和复杂形状煤岩块体(CMP)。注意，这里使用了 4.4 节所提的煤岩块体离散元模型高精度重建算法 V-CLUMP，根据煤岩块体三角网格模型生成了离散元模型，限于篇幅，选取其中 3 种块体进行展示，如图 4-98 所示。每个数值模型包含 30 个基本球体单元，交角 λ 为 120°，煤岩块体三角网格模型的方向包围盒最短边被划分成的体素单元列数 N_L 为 60。可以看出，在较少基本球体单元情况下，不同形状的煤岩块体三角网格模型都获得了较好的充填效果，特别是煤岩块体的角脊处——影响煤岩块体力学性质的关键位置。

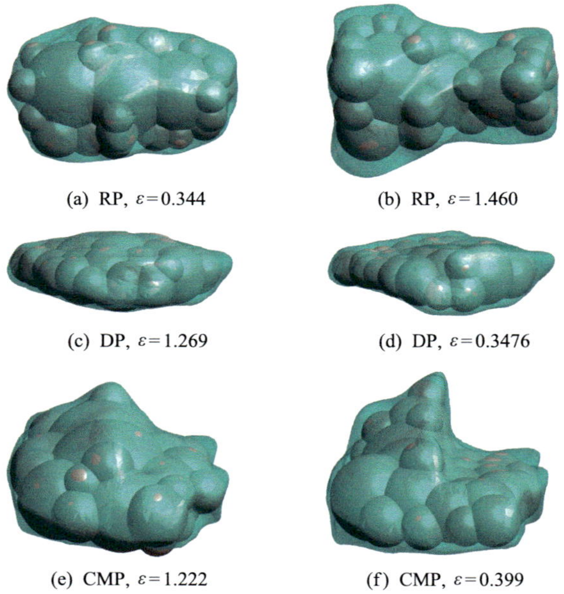

图 4-98 诱变后的煤岩块体离散元模型

在圆柱体容器中生成煤岩块体群的离散元模型，在重力作用下自然堆积，运算结束后，使用煤岩块体三角网格模型替换煤岩块体离散元模型进行展示，限于篇幅，选取其中 3 种块体进行展示，如图 4-99～图 4-101 所示。

图 4-99(a)为棒状煤岩块体群，其中的 6 个煤岩块体显示在图 4-99(b)～(g)，形态学引物的诱变强度 ε 标注在每个煤岩块体的右上角，宏观形态学特征、细观形态学特征和微观形态学特征标注在每个煤岩块体的下方。其中，图 4-99(b)是原始煤岩块体，其诱变强度 ε 等于 1。宏观形态学特征包括球度(SP)、截距球度(IS)、凸度(CX)和长宽比(AR)，细观形态学特征和微观形态学特征分别是圆度(RD)和粗糙度(RH)。计算了诱变后的煤岩块体和原始煤岩块体形态学特征之间的相对误差，其累计分布如图 4-99(h)～(m)所示。诱变前后煤岩块体形态学特征相对误差的分布也可以反映诱变后煤岩块体形态学特

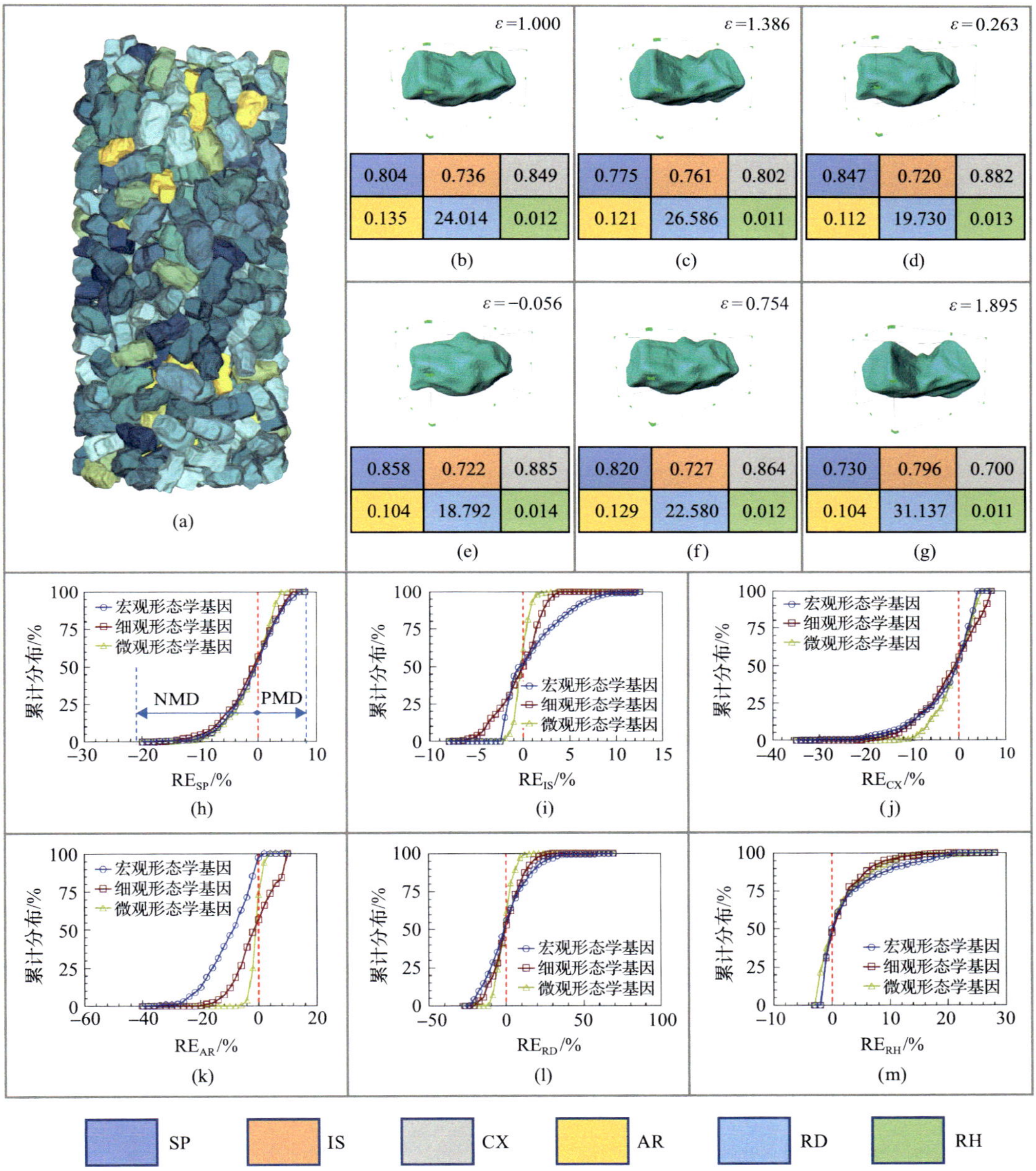

图 4-99　棒状煤岩块体群及其与原始煤岩块体形态学特征分布

征的分布。

为了更好地分析实验结果，定义了两个概念，分别是诱变方向(mutation direction，MD)和诱变幅值(mutation amplitude，MA)来描述煤岩块体群形态学特征分布特点。

其中，诱变方向描述的是诱变前后煤岩块体形态学特征的差异。如果诱变后煤岩块体形态学特征大于原始煤岩块体形态学特征，则认为定点诱变对煤岩块体进行了正向诱变(positive mutation direction，PMD)，反之则称为反向诱变(negative mutation direction，NMD)。被正向诱变的煤岩块体的形态学特征与原始煤岩块体的形态学特征的相对误差

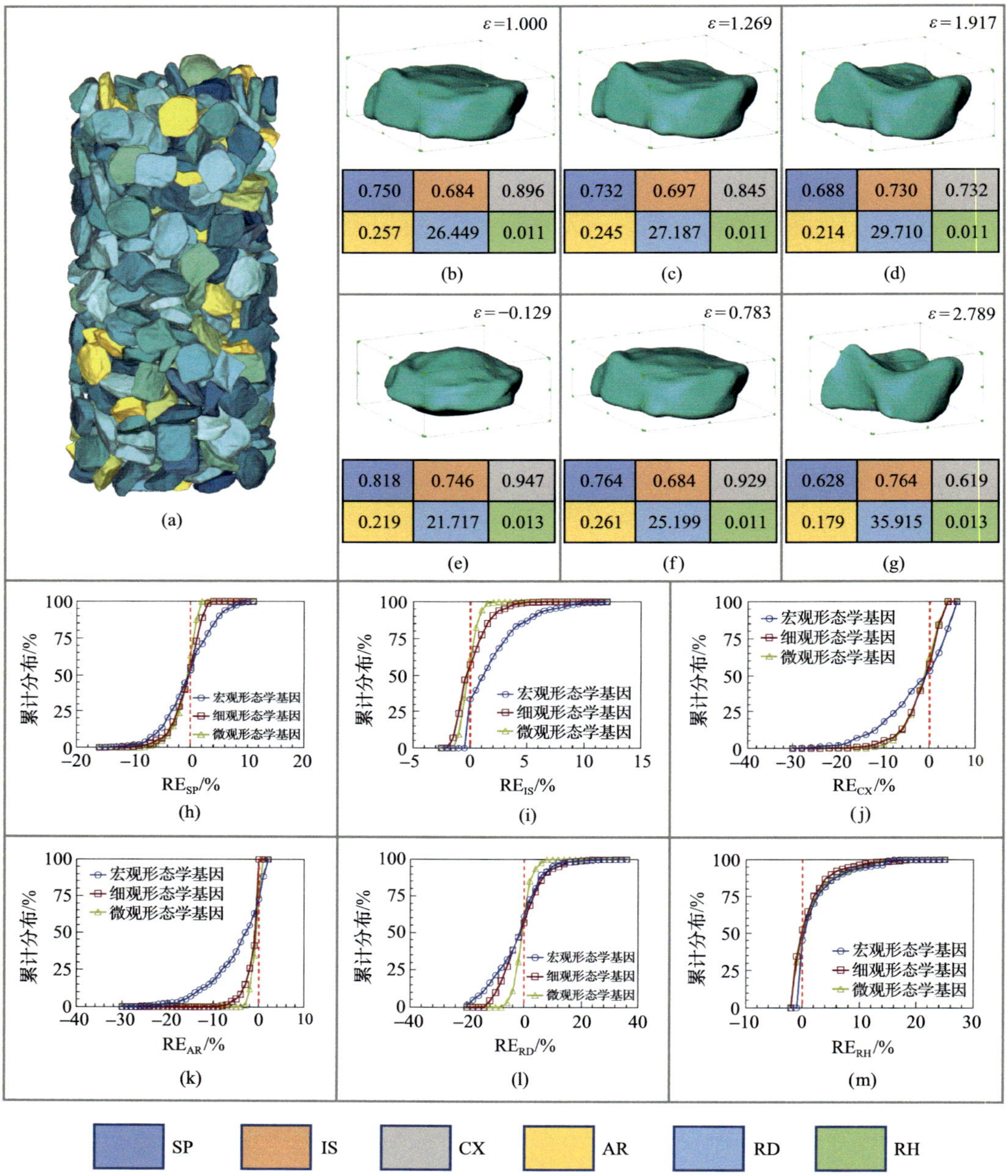

图 4-100　盘状煤岩块体群及其与原始煤岩块体形态学特征分布

分布在 x 轴正方向，而被反向诱变的分布在 x 轴负方向。

另外，诱变幅度是沿着某一诱变方向，最大形态学特征相对误差的绝对值，描述的是定点诱变在某诱变方向下对煤岩块体的诱变程度。如图 4-99(a)所示，使用诱变位点 2～4 的形态学引物对棒状煤岩块体的宏观形态学特征 SP 进行定点诱变，既有正向诱变，也有负向诱变，其正向诱变下的诱变幅值为 8，反向诱变的诱变幅值为 20。

从图 4-99(h)～(m)可以看出，一方面，使用具有正态分布的一批形态学引物对棒状

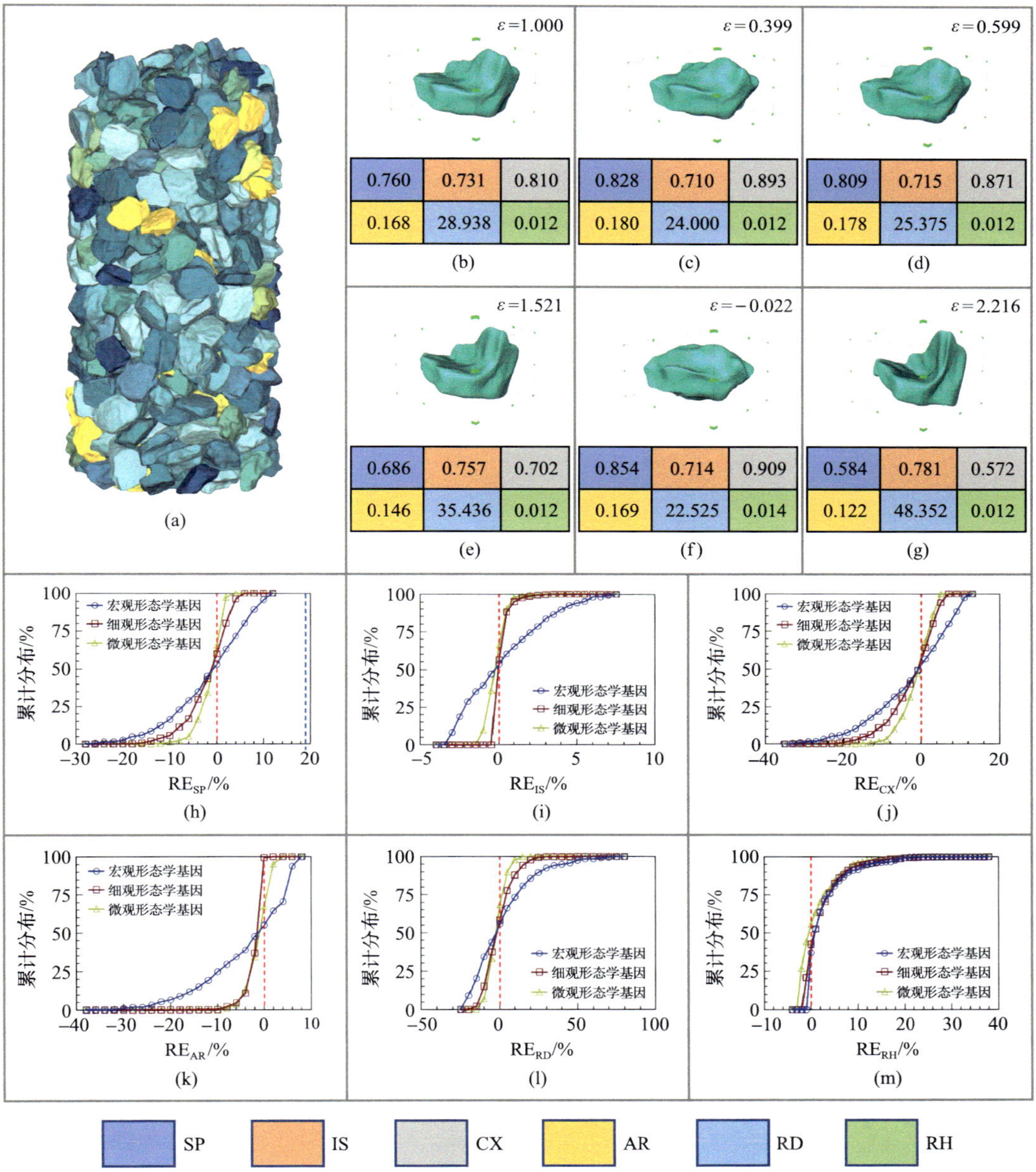

图 4-101　复杂形状煤岩块体群及其与原始煤岩块体形态学特征分布

煤岩块体进行诱变，在获得的棒状煤岩块体群中发生正向诱变和反向诱变的煤岩块体在数量上是基本相同的，这说明定点诱变在诱变方向上是可控的。另一方面，发生正向诱变和反向诱变的煤岩块体形态学特征分布存在差异，通常一个诱变方向下的诱变幅值明显大于另一个诱变方向，这种不对称分布可能与形态学引物诱变强度的分布有关，本节使用的正态分布的一批形态学引物，其诱变强度平均值是 1，标准差是 0.5。诱变强度等于 1 是不对煤岩块体进行诱变，[1, +∞) 和 [0, 1] 这两个区间表示沿着不同方向进行诱变，从图 4-97 可以看出，本节使用的正态分布形态学引物，涵盖了 [0, 1] 的全部以及 [1, +∞)

小部分。

总体而言，对于棒状煤岩块体群的一些形态学特征，如 SP、IS 和 RD，遵循正态分布，这与对它们进行定点诱变的形态学引物的诱变幅值分布是类似的，说明定点诱变对这些形态学特征实现了精准诱变。另外，棒状煤岩块体群的一些形态学特征，如 CX、AR 和 RH，遵循指数分布，虽然它们与形态学引物诱变幅值的分布不同，但是它们沿不同诱变方向的块体数量相近，说明对于这些形态学特征，定点诱变的效果也是可控的。

特别指出的是，如图 4-100(h)所示，诱变宏观形态学基因、细观形态学基因和微观形态学基因引起了相似的宏观形态学特征 SP 变化，这与图 4-96(a)结论一致。但是，为什么诱变细微尺度的形态学基因，也会改变煤岩块体宏观形态学特征呢？并且还具有和诱变宏观形态学特征相同的效果。从图 4-93 定性可以看出，它们的宏观特征形态学特征确实存在明显不同，但是它们又确实有相近的 SP，考虑可能是与 SP 的定义有关，导致它们有相似的结果。这个问题在接下来的两种典型煤岩块体中没有出现，可见对 SP 的诱变效果与煤岩块体的形状也有关系。

图 4-100(a)为盘状煤岩块体群，其中的 6 个煤岩块体显示在图 4-100(b)～(g)，形态学引物的诱变强度 ε 标注在每个煤岩块体的右上角，宏观形态学特征、细观形态学特征和微观形态学特征标注在每个煤岩块体的下方。其中，图 4-100(b)是原始煤岩块体，其诱变强度 ε 等于 1。宏观形态学特征包括 SP、IS、CX 和 AR，细观形态学特征和微观形态学特征分别是 RD 和 RH。计算了诱变后的煤岩块体和原始煤岩块体形态学特征之间的相对误差，其累计分布如图 4-100(h)～(m)所示。

与棒状煤岩块体群类似，盘状煤岩块体群发生正向诱变和反向诱变的煤岩块体在数量上是基本相同的，这说明定点诱变在诱变方向上是可控的。与棒状煤岩块体群不同的是，诱变盘状煤岩块体宏观形态学基因、细观形态学基因和微观形态学基因引起的宏观形态学特征 SP 变化也不同。这说明对于 SP 的诱变，受到很多因素影响，比如煤岩块体的形状、形态学引物的诱变位点和诱变强度。因此，不建议将 SP 作为定点诱变研究的形态学特征评价指标。

图 4-101(a)为复杂形状煤岩块体群，其中的 6 个煤岩块体显示在图 4-101(b)～(g)，形态学引物的诱变强度 ε 标注在每个煤岩块体的右上角，宏观形态学特征、细观形态学特征和微观形态学特征标注在每个煤岩块体的下方。其中，图 4-101(b)是原始煤岩块体，其诱变强度 ε 等于 1。宏观形态学特征包括 SP、IS、CX 和 AR，细观形态学特征和微观形态学特征分别是 RD 和 RH。

计算了诱变后的煤岩块体和原始煤岩块体形态学特征之间的相对误差，其累计分布如图 4-101(h)～(m)所示。

与棒状煤岩块体群和盘状煤岩块体群类似，复杂形状煤岩块体群发生正向诱变和反向诱变的煤岩块体数量基本相同，这进一步印证了定点诱变在诱变方向上是可控的。与棒状煤岩块体群和盘状煤岩块体群不同的是，复杂形状煤岩块体群的一些形态学特征，如 SP、IS 和 AR 的分布更为分散，这是因为复杂形状煤岩块体的复杂外观使它在诱变过程中更容易朝不同方向延伸、扩展、扭曲或收缩，进而相对容易获得更为丰富的形态学特征诱变效果。

3. 不同诱变强度标准差下的煤岩块体群

为进一步验证形态学引物在煤岩块体群生成过程中对形态学特征分布的可控性，将以形态学引物诱变强度分布的标准差为变量，研究在形态学引物不同诱变强度标准差下的煤岩块体群形态学特征分布。

设计了 4 批具有不同诱变强度标准差的呈正态分布的形态学引物，诱变强度的标准差分别是 0.3、0.5、0.7 和 1.0，每批形态学引物各有 500 个，诱变强度的平均值为 1.0。

图 4-102～图 4-104 为在形态学引物不同诱变强度标准差下的 3 种典型形状的煤岩块体在诱变后与原始煤岩块体形态学特征的相对误差。

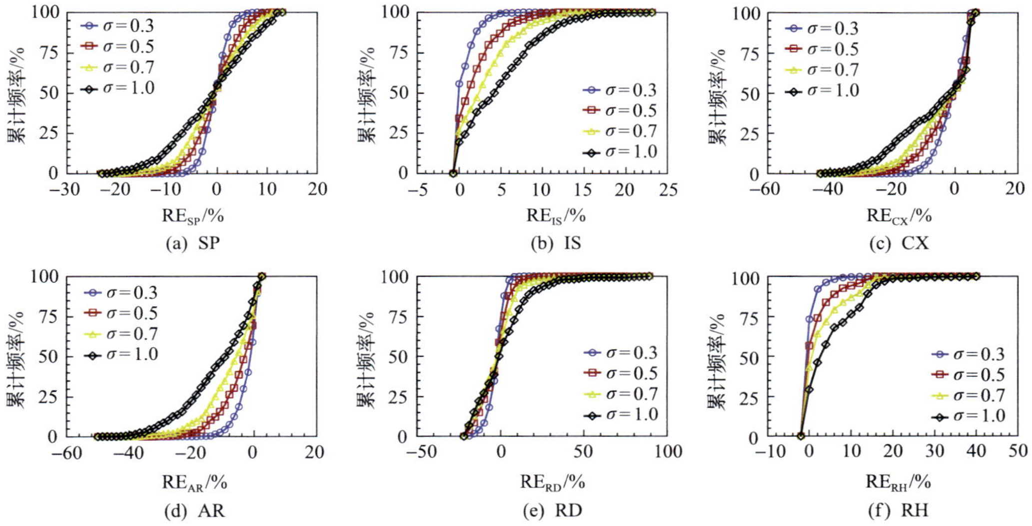

图 4-102　棒状煤岩块体群诱变前后形态学特征相对误差

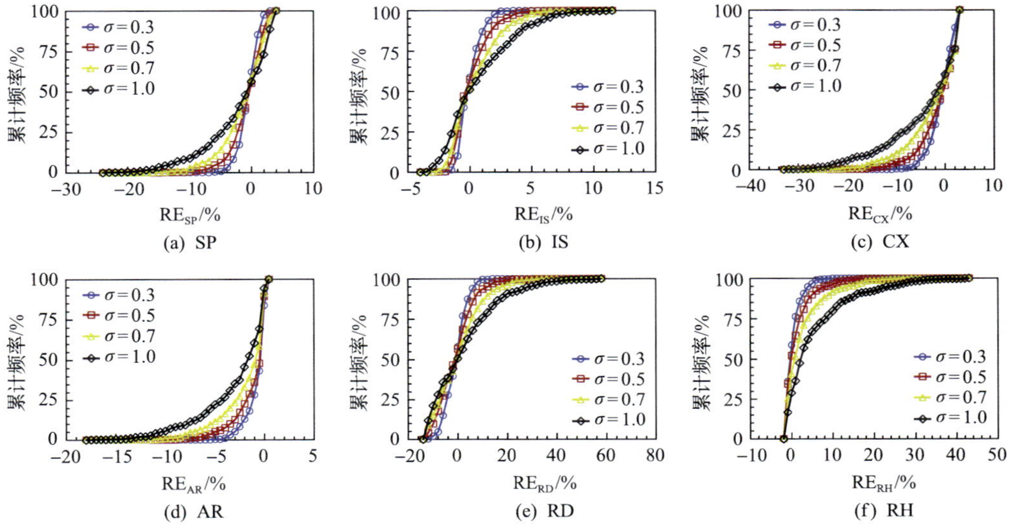

图 4-103　盘状煤岩块体群诱变前后形态学特征相对误差

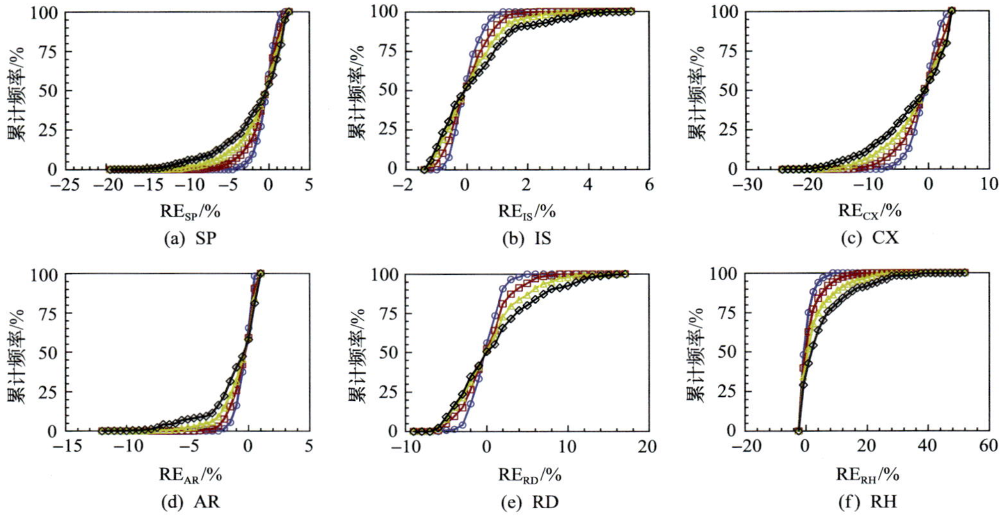

图 4-104　复杂形状煤岩块体群诱变前后形态学特征相对误差

可以看出，对于这几种煤岩块体群，随着形态学引物诱变强度标准差增大，也就是形态学引物的诱变强度分布更加均匀，煤岩块体群中煤岩块体的形态学特征分布更加均匀，说明形态学引物的诱变强度对改变煤岩块体形状的影响是可控的。

接下来将深入研究诱变煤岩块体宏观形态学基因对细微观形态学特征的影响机制，以及是否可以降低这种不同尺度间的交互。其次，进一步研究煤岩块体多形态学基因的定向诱变，即同时诱变两个或多个尺度的形态学基因，比如，同时诱变宏观和微观形态学基因，同时诱变细观和微观形态学基因，或者同时诱变宏观、细观和微观形态学基因。此外，煤岩块体形态学基因杂交(morphological gene hybridization)也是一个非常有趣的研究课题，即从两个或多个煤岩块体形态学基因进行结合，生成一种新的杂交煤岩块体。杂交煤岩块体携带了多种煤岩块体的遗传信息，通过控制杂交过程，可以得到丰富的煤岩块体形态。融合深度学习算法，在未来可能衍生出很多有趣的研究。

4.6　煤岩块体形态学研究

4.6.1　煤岩块体形态学研究概述

Wadell 圆度是一种具有悠久历史、目前仍然被广泛用于表征细观形态学特征的重要描述符。但是，它的计算中涉及对二维轮廓中的角或者三维形貌中的角和脊的识别，这个识别过程工作烦琐，且会有主观因素的介入。目前，关于 Wadell 圆度测量的开源算法不多，其中三维 Wadell 圆度测量开源算法更少。受启发于关于使用角点脊点保留法提高对煤岩块体细观形态学特征仿真度研究中提到的角点脊点提取方法，提出了一种基于图像分析的煤岩块体三维 Wadell 圆度测量算法。

在介绍 Wadell 圆度之前，引入煤岩块体形态学特征的尺度概念。通常，可以使用三类不同尺度的形态学特征描述符包括煤岩块体在内的颗粒材料的形状，即形状轮廓(form)特征、局部圆度(local roundness)特征和表面纹理(surface texture)特征，分别对应于宏观(macro-scale)、细观(meso-scale)及微观(micro-scale)形态学特征，如图 4-105 所示。

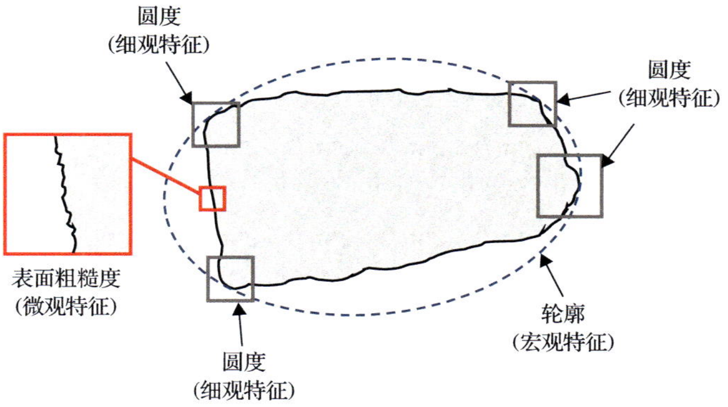

图 4-105　二维投影的三种不同尺度的形态学特征

圆度(roundness)是表征颗粒或块体的棱角和尖锐程度的细观形态学描述符，它是美国著名地质学家 Chester Keeler Wentworth(1891—1969 年)在 1919 年首次提出的，一个世纪以来，学者针对不同尺寸和形状的不规则块体，提出了很多种圆度测量或估算方法。其中，被广泛应用的 Wadell 圆度是瑞典裔美国著名地质学家 Hakon Wadell(1895—1962 年)在 1932 年提出的，同年，他在芝加哥大学获得了地质学博士学位。二维 Wadell 圆度 R_2 描述的是块体的角(corner)的平均曲率半径与最大内切圆半径的比值。

$$R_2 = \frac{\sum_{i=1}^{N_2} r_{2,i}}{N_2 r_{\mathrm{mic}}} \tag{4-61}$$

式中，$r_{2,i}$ 为第 i 个角圆的半径；N_2 为角圆的个数；r_{mic} 为最大内切圆的半径。

二维 Wadell 圆度广泛应用于许多场景，如砂子分类，堆积密度计算，孔隙度计算，骨料磨损，力学性质，天然颗粒或块体形态学特征再现，新型岩土材料，再生医学等。对颗粒或块体轮廓角点的识别是二维 Wadell 圆度中最基本也是最复杂的步骤之一。

二维 Wadell 圆度的定义可以推广至三维空间，三维 Wadell 圆度可以表示为

$$R_3 = \frac{\sum_{i=1}^{N_3} r_{3,i}}{N_3 r_{\mathrm{mis}}} \tag{4-62}$$

式中，$r_{3,i}$ 为第 i 个角点基本球体单元(以下简称角球)或脊点基本球体单元(以下简称脊球)的半径；N_3 为角球或脊球的个数；r_{mis} 为最大内切球的半径。

类似于二维投影轮廓的角点识别，对于三维煤岩块体表面形貌而言，需要识别它们的角点(corner)和脊点(ridge)，如图 4-106 所示。

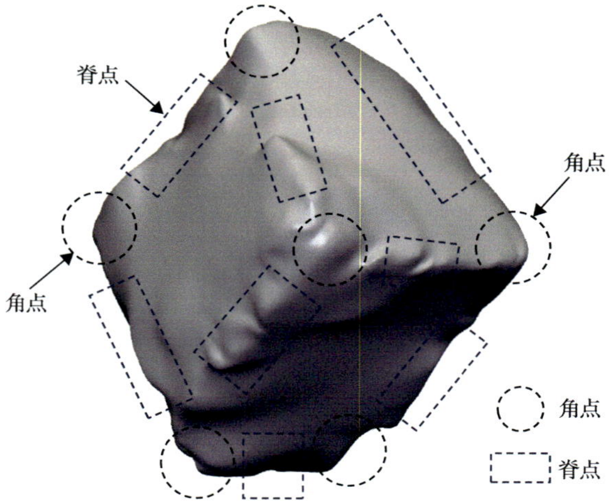

图 4-106 煤岩块体的角点和脊点

受启发于地理学中从地形图或高程图中检测山峰和山脊，提出了一种基于图像分析煤岩块体的三维 Wadell 圆度测量方法，主要包括 5 步。首先，对煤岩块体的表面形貌进行提取、展开与平滑。其次，使用图像分析来识别煤岩块体的角点和脊点。再次，计算煤岩块体的最大内切球。然后，在识别到的角点和脊点处填充球体。最后，利用三维 Wadell 圆度计算公式，通过最大内切球、角球和脊球的半径计算三维 Wadell 圆度。通过记录计算时间对本节所提三维 Wadell 圆度测量算法的性能进行评估。

4.6.2 实验材料与设备

1. 实验材料

煤岩样本采集自大同煤矿集团有限责任公司（现晋能控股煤业集团有限公司）北辛窑矿 8103 工作面。煤岩样本的块度为 5～30cm，样本在采集回实验室后保持它们原有的形状，未进行人工破碎。

2. 实验平台

本实验采用煤岩块体多视图像序列采集平台。该平台主要包括普通消费级 CMOS 相机（NIKON D7500）、旋转载物台、摄影灯箱等。旋转载物台通过预先设定的参数，以指定的方向、速度和间隔角度精确旋转。在旋转载物台暂停期间，相机自动采集图像。本研究基于 MATLAB 开发了一个高度自动化的三维 Wadell 圆度测量算法。

4.6.3 煤岩块体三角网格模型构建

煤岩块体三角网格模型的构建主要包括两步，采集图像序列与计算三角网格模型。首先，使用旋转载物台采集煤岩块体的图像序列。在10°旋转载物台旋转角度间隔下获得 36 幅具有 20°俯角的图像。接下来，抬高相机，同样在10°旋转载物台旋转角度间隔下获得 36 幅具有 30°俯角的图像。采用投影轮廓算法(shape from silhouette algorithm)计算煤岩块体三角网格模型，如图 4-107(b)所示。

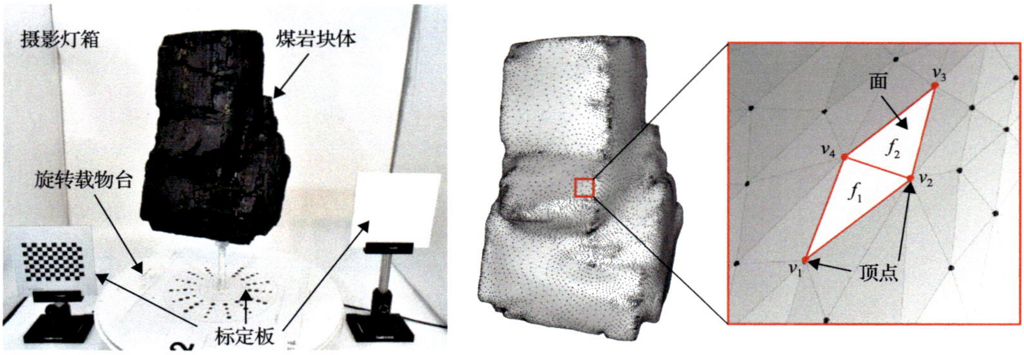

(a) 实验平台　　(b) 三角网格模型

图 4-107　实验平台与煤岩块体三角网格模型

值得注意的是，与真实的煤岩块体相比，网格面数会影响煤岩块体三角网格模型的仿真度。图 4-108 为具有不同网格面数的煤岩块体三角网格模型，网格面数从 500 个到 50000 个不等。计算煤岩块体三角网格模型的曲率来定性描述其表面特征。

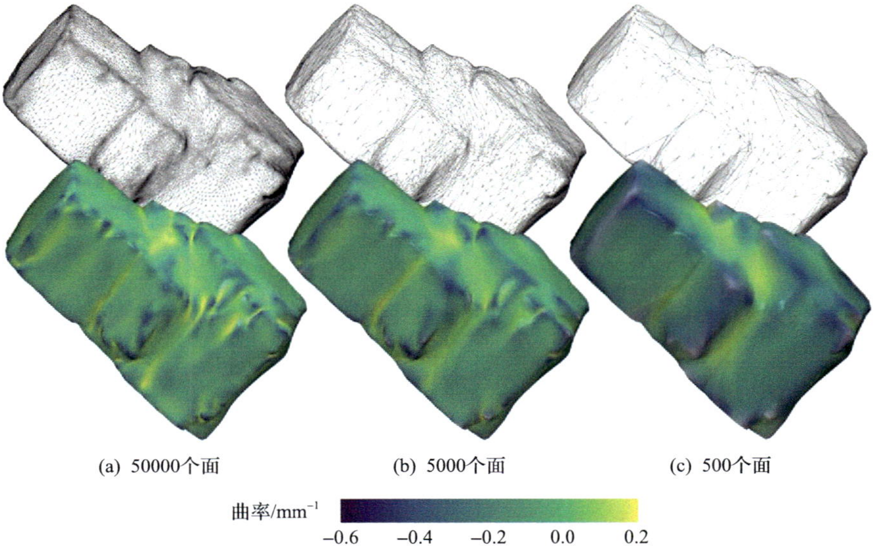

图 4-108　不同网格面数的煤岩块体三角网格模型及其曲率

4.6.4　算法的实现

1. 煤岩块体表面形貌图计算

使用球坐标系下煤岩块体三角网格模型的顶点坐标定量描述其表面形貌，煤岩块体三角网格模型顶点在球坐标系下的坐标与直角坐标系下的坐标关系如图 4-109 所示。

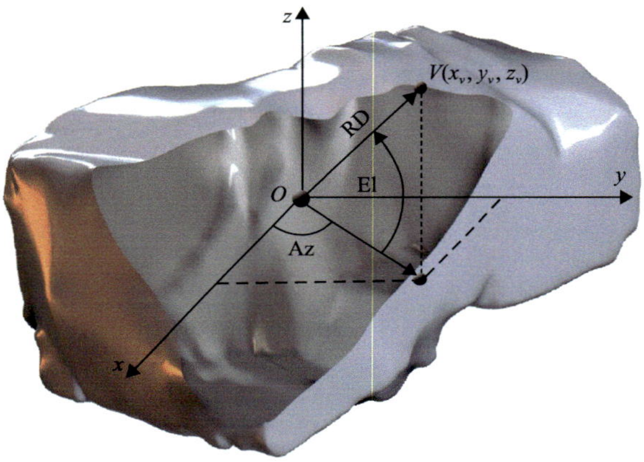

图 4-109 球坐标系和直角坐标系下的三角网格模型顶点坐标

煤岩块体三角网格模型的质心作为两个坐标系的原点。将直角坐标系下的三角网格模型顶点坐标 $V(x_v, y_v, z_v)$ 转换为由方位角(Az)、仰角(El)和径向距离(RD)构成的球坐标系下的顶点坐标。假设本实验所使用的煤岩样本均为星状块体，即从质心发出的射线与表面仅存在 1 个交点。

将径向距离 RD 的分布认为是煤岩块体的表面形貌。在计算煤岩块体表面形态的过程中，对煤岩块体表面进行拓展。方位角 Az 的取值范围从[–180°, 180°]拓展到[–240°, 240°]，仰角 El 的取值范围从[–90°, 90°]拓展到[–150°, 150°]，采样间隔为 1°。其中，将拓展前的表面称为原始表面，将拓展后的表面称为拓展表面。对煤岩块体表面进行拓展的原因是减小角点脊点识别过程中的边界效应。

使用双调和样条插值法(biharmonic spline interpolation method)对拓展表面进行插值，采用局部加权散点图平滑法(locally weighted scatterplot smoothing，LOWESS)去除表面形貌噪声。图 4-110(a)为具有 10000 个面的棒状煤岩块体的表面形貌三维图。表面形貌二维灰度投影图是利用 MATLAB 的图像处理工具箱(image processing toolbox)得到的，如图 4-110(b)所示。径向距离 RD 越大，二维投影中的像素越白。煤岩块体表面形

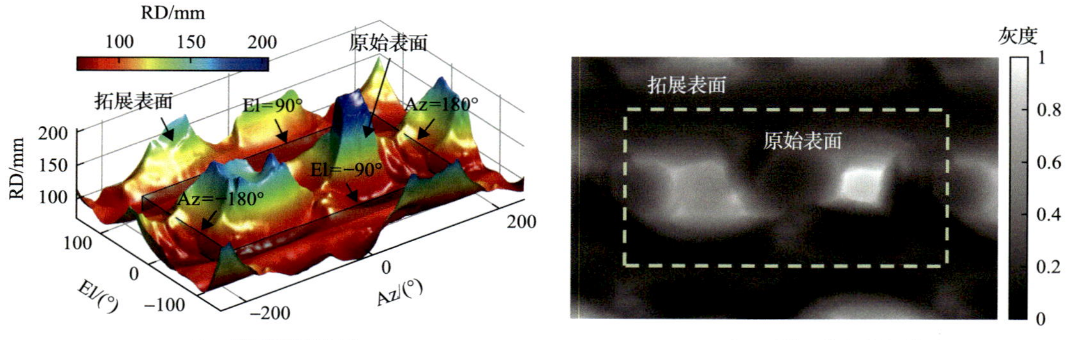

(a) 三维表面形貌图 (b) 表面形貌二维灰度投影图

图 4-110 煤岩块体表面形貌

貌二维灰度投影图是角点脊点识别的基础。

本节提出的表面形貌提取方法可应用于理想几何形状。图 4-111 为 6 种理想几何形状三角网格模型的最小包围盒(minimum bounding box，MBB)和表面形貌图，包括四面体、六面体、八面体、十二面体、二十面体和椭球体。

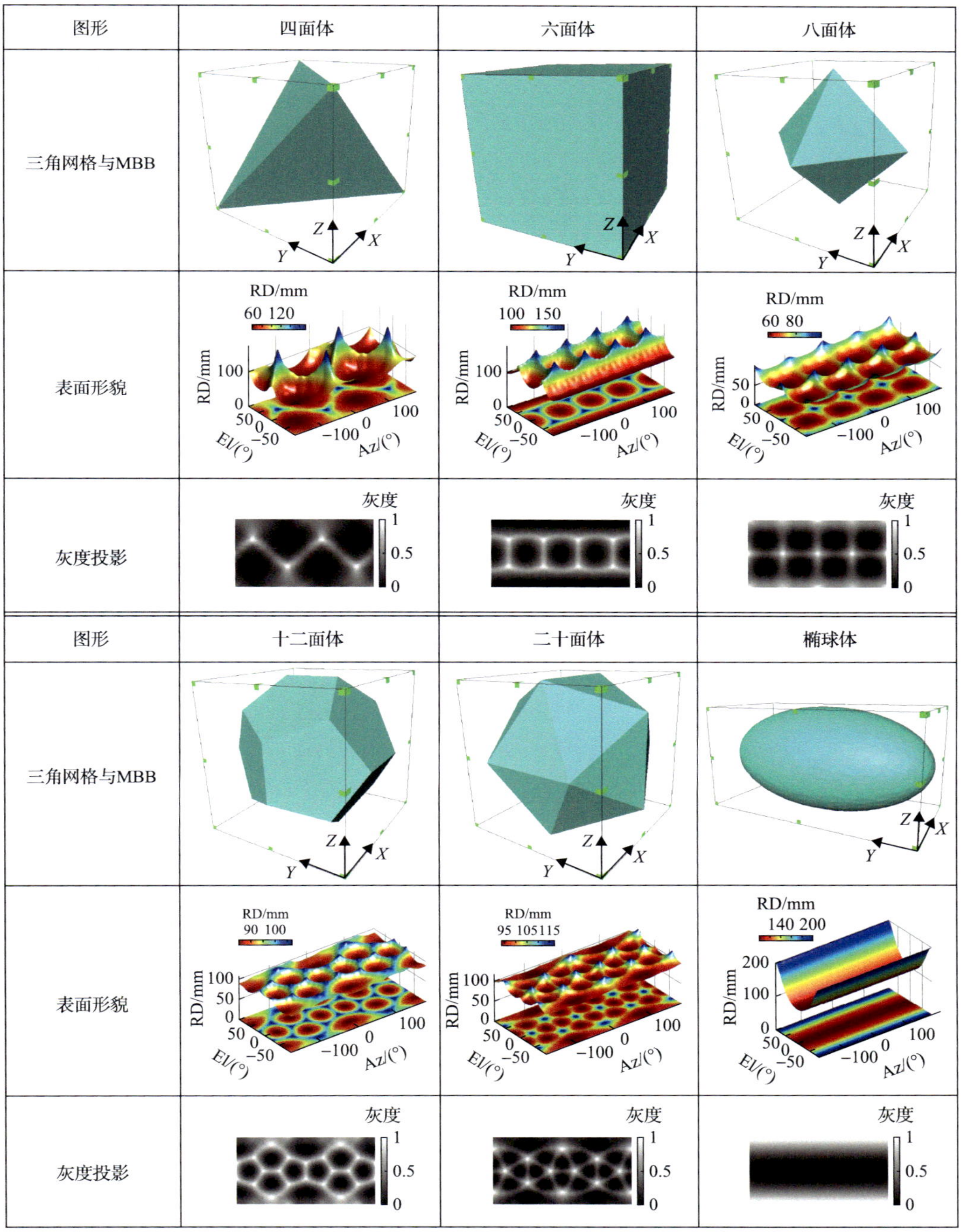

图 4-111　理想几何形状三角网格模型的最小包围盒和表面形貌图

表面形貌提取方法也可以用于分析煤岩块体的表面形貌。图 4-112 为 6 种典型形状的煤岩块体三角网格模型的最小包围盒(MBB)和表面形貌图。

在综放工作面，顶煤在运移和放出过程中会发生多次破碎，可能会产生比立方体状、

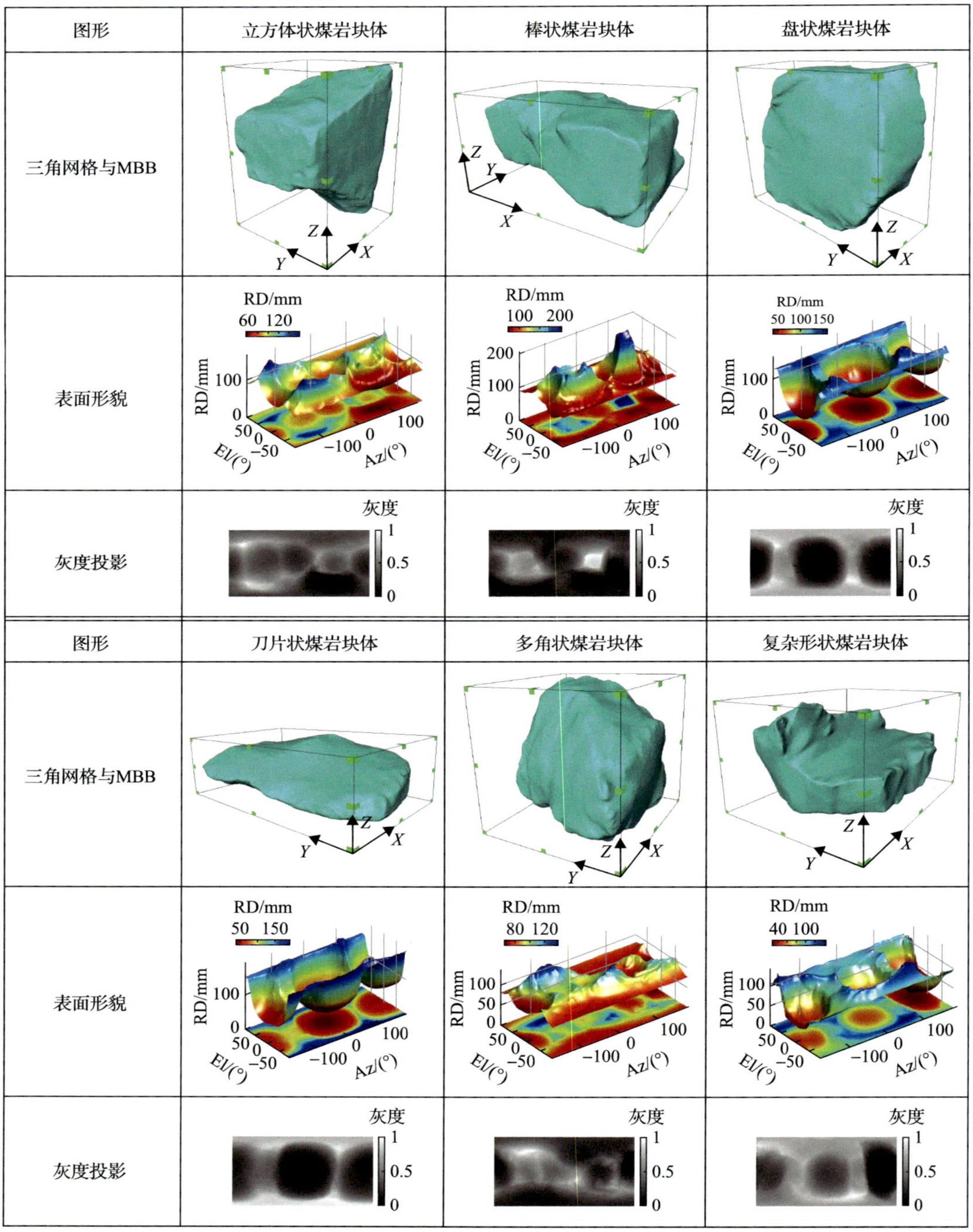

图 4-112　典型形状煤岩块体三角网格模型的最小包围盒和表面形貌图

棒状等更为复杂的形状，因此本节也增加了对这类复杂形状煤岩块体的研究。从图 4-111、图 4-112 可以定性地看出，表面形貌图较好地还原了理想几何形状和煤岩块体的角脊特征。

2. 煤岩块体表面形貌二维灰度投影图角点和脊点提取

1) 角点提取

首先对煤岩块体表面形貌二维灰度投影图中的角点进行识别，这里将区域最大像素点(regional maximum pixel)作为表面形貌二维灰度投影图的角点。以具有 10000 个面的棒状煤岩块体为例，使用 MATLAB 的图像处理工具箱得到煤岩块体表面形貌二维灰度投影图的区域最大像素，如图 4-113(a)所示。原始表面和拓展表面一起进行分析，以降低边界效应。随后，从识别结果中截取出原始表面范围，即完成角点提取操作，如图 4-113(b)所示。

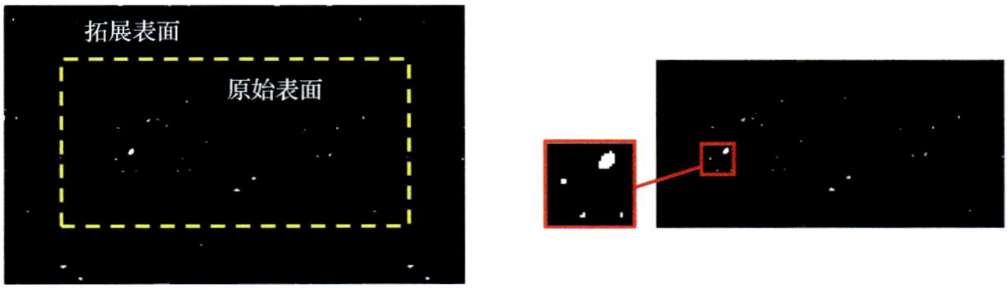

(a) 角点提取　　(b) 截取原始表面范围

图 4-113　煤岩块体表面形貌二维灰度投影图角点提取

2) 脊点提取

针对煤岩块体表面形貌二维灰度投影图中的脊点进行识别，主要包括两步：脊点的识别与离散脊点移除。以具有 10000 个面的棒状煤岩块体为例，首先，使用基于对称分子的特征检测器(symmetric molecule-based feature detector，SymFD)来识别表面形貌图中脊点，如图 4-114(a)所示。

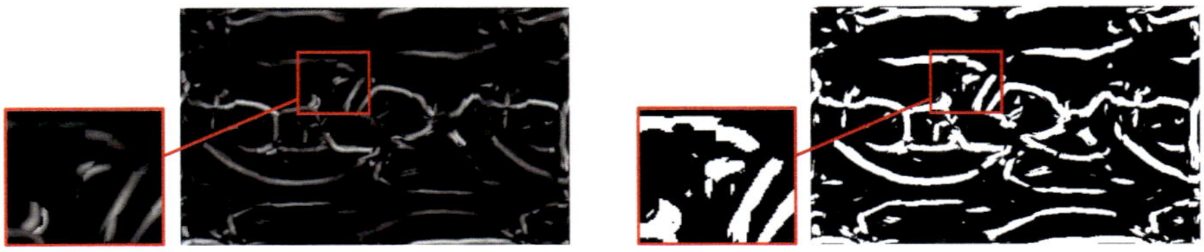

(a) 利用SymFD提取脊点　　(b) 脊点二值图

(c) 移除离散脊点　　(d) 截取原始表面范围

图 4-114　煤岩块体表面形貌投影图脊点提取

采用大津法(最大类间方差法)将识别结果进行二值化处理。在输出的二值化图像中，脊点由白色像素表示，非脊点由黑色像素表示，如图 4-114(b)所示。通常，脊点或脊线是一系列点组成的有序序列，具有一定的长度。因此，对于脊点识别的第二步是移除离散的脊点。采用形态学开运算(morphological opening operation)去除脊点图像中的一些离散点，如图 4-114(c)所示。结构元素的尺寸为 3×3。最后，从识别结果中截取出原始表面范围，即完成脊点提取操作，如图 4-114(d)所示。

3. 角点和脊点的转移

目前，已经从煤岩块体表面形貌二维投影图中识别出角点和脊点。现在则需要将二维投影图中的角点和脊点转移至煤岩块体三角网格模型上，主要包括两步：角点脊点转移，以及角点脊点简化。以具有 10000 个面的棒状煤岩块体为例，首先，获得每个脊点和角点的方位角 Az、仰角 El 以及径向距离 RD，将角点脊点转移至三维表面形貌图，如图 4-115 所示。红色点为识别出的角点，黑色点为识别出的脊点。从图 4-115 中可以定性看出，三维表面形貌图中脊和角被识别出的角点和脊点很好地覆盖。然后将角点脊点转移至煤岩块体三角网格模型上，如图 4-116(a)所示。

可以看出，在煤岩块体三角形网格的一个面中可能存在不止一个角点和脊点。因此，在三角网格模型上进一步对提取的角点和脊点进行简化，以移除冗余点。简化的原则是，用三角网格模型面的质心代替该面上所有的角点和脊点，即在三角网格模型的面上最多只保留一个角点和脊点，如图 4-116(b)所示。注意，简化前角点和脊点的密度与采样时的角度间隔有关，实验使用的是 1°采样角度间隔，已经可以满足实验使用需求，因为从

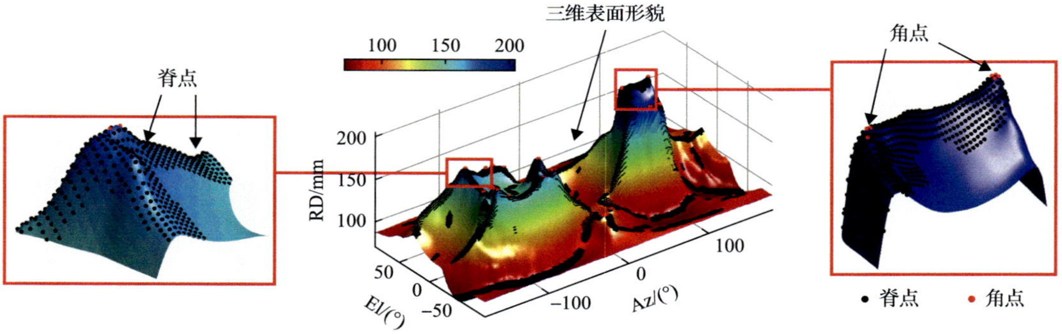

图 4-115　转移角点脊点至三维表面形貌图

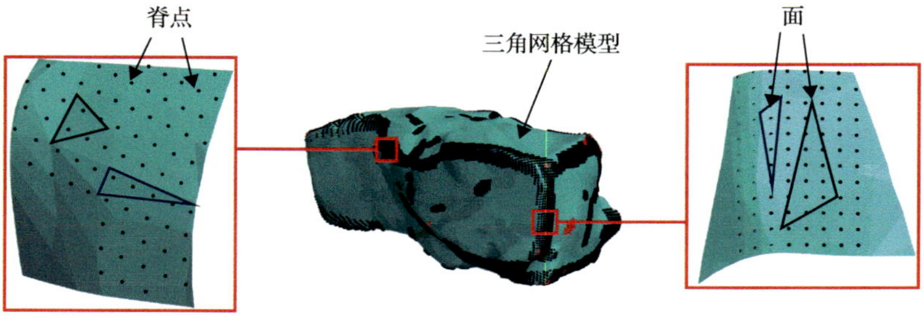

(a) 简化前

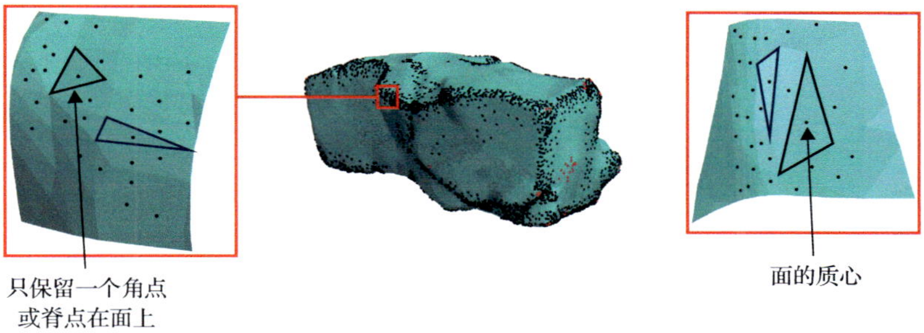

(b) 简化后

图 4-116　煤岩块体三角网格模型角点脊点

图 4-116 中可以看出，三角网格模型的一个面上存在多个角点和脊点，说明采样的密度已经远大于三角网格的密度，可以避免因为采样稀疏而引起的角点脊点漏检。

4. 三角网格模型最大内切球

根据三维 Wadell 圆度计算公式，将计算三角网格模型的三维 Wadell 圆度的问题转换成确定三角网格模型最大内切球、角球和脊球的半径的问题。

以具有 10000 个面的棒状煤岩块体为例，使用欧几里得距离映射法（euclidean distance map，EDM）获得最大内切球，如图 4-117 所示。进而得到最大内切球的半径，用于计算三维 Wadell 圆度。

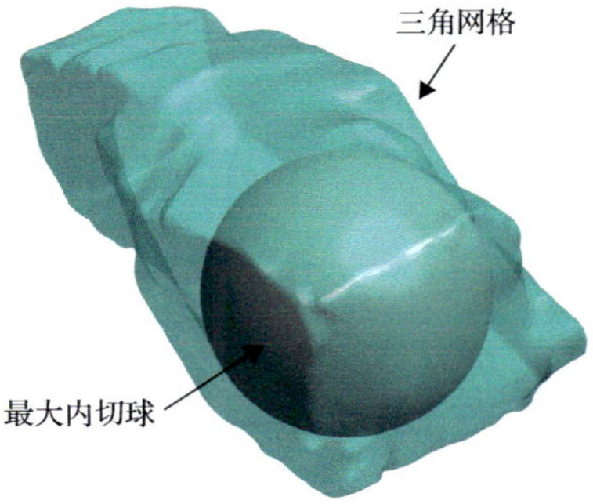

图 4-117　煤岩块体三角网格模型最大内切球

5. 三角网格模型角球与脊球

计算了煤岩块体三角网格模型的角球和脊球。球心坐标和半径是角球和脊球两个主要参数。按照角球和脊球计算方法，以具有 10000 个面的棒状煤岩块体为例，首先计算角点和脊点所在面的法向量，如图 4-118 所示。

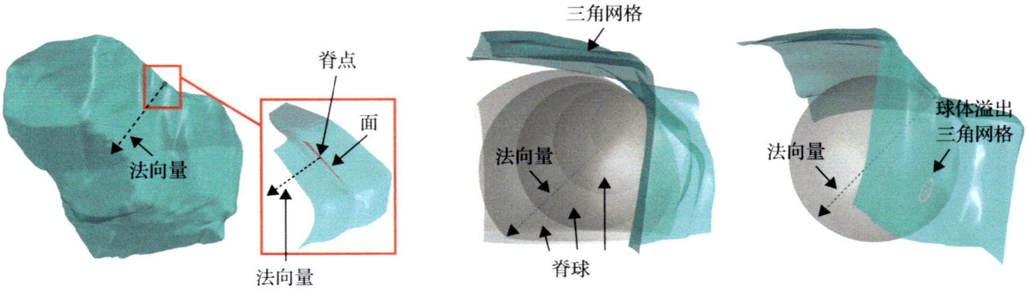

图 4-118　煤岩块体三角网格模型角球和脊球

通过对比角球和脊球的半径与角球和脊球的球心到三角网格模型所有面的最小欧几

里得距离，来判断角球和脊球是否溢出三角网格模型，当角球的半径大于角球单元球心到三角网格模型所有面的最小欧几里得距离，则认为该角球溢出了三角网格模型。具体来说，角球和脊球的发育过程可以分为三个阶段，如图 4-119 所示。

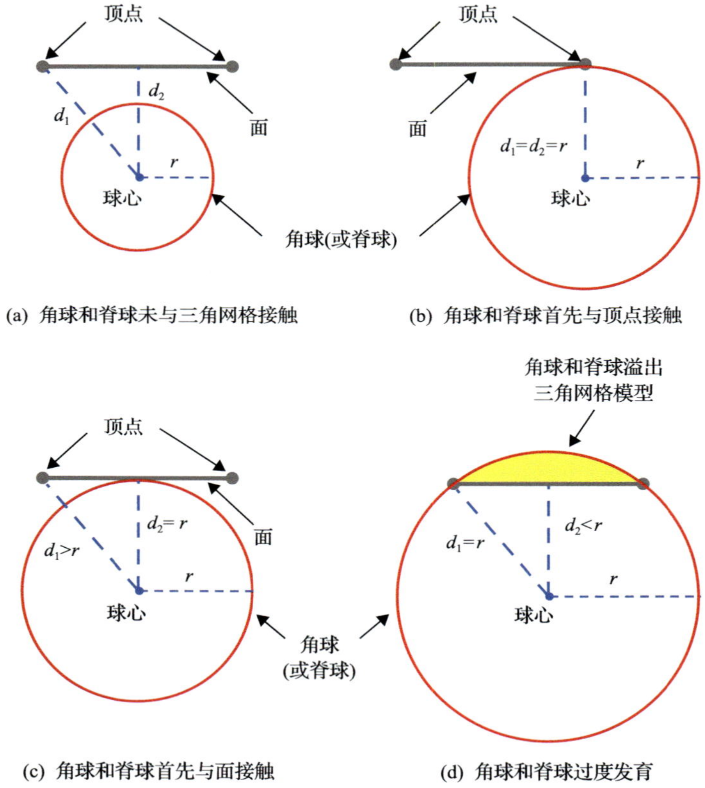

图 4-119 角球和脊球发育过程

在发育初期，角球和脊球不与三角网格模型除角点、脊点外的其他位置发生接触，如图 4-119(a)所示。随着角球和脊球尺寸不断增大，角球和脊球可能首先与三角网格模型顶点发生接触，如图 4-119(b)所示，也可能首先与三角网格模型的面发生接触，如图 4-119(c)所示。当角球和脊球与三角网格模型顶点发生接触时，可以认为角球和脊球的计算已经完成，这是比较理想的情况，角球和脊球完全不溢出三角网格模型。

实际上，当研究对象是星状块体时，这种先于顶点接触的情况比较少出现。更常见的是第二种接触情况，即角球和脊球先与三角网格模型的面发生接触。如果按照与顶点接触才停止发育的判据，角球和脊球会过度发育，将导致其与三角网格模型出现相交而溢出，如图 4-119(d)所示。因此通过计算角球和脊球的半径与角球和脊球的球心到三角网格模型所有面的最小欧几里得距离的差值，作为角球和脊球是否溢出三角网格模型的判据。

图 4-120 为 6 种理想几何形状三角网格模型的角球和脊球，这些球体很好地填充了理想几何形状三角网格模型的脊和角。

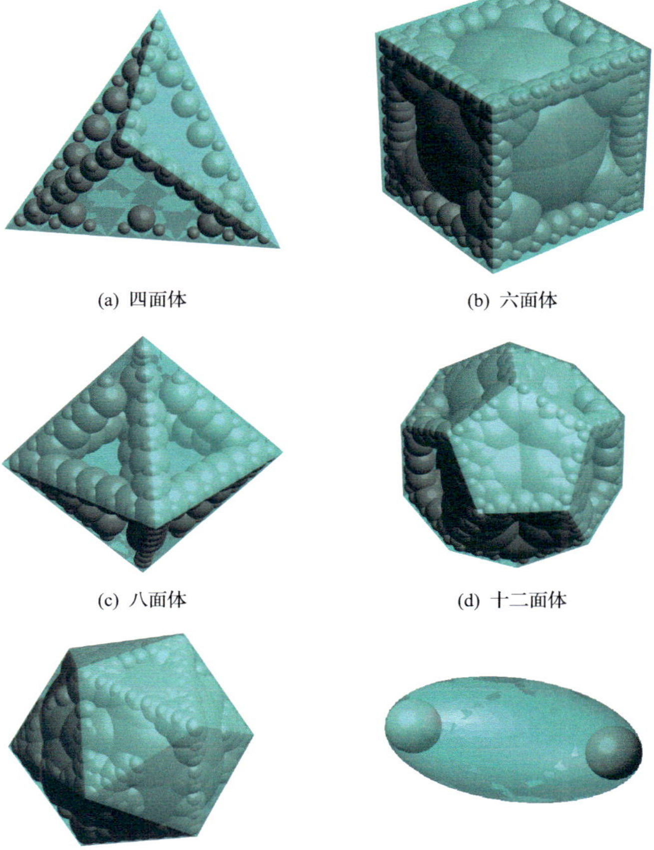

(a) 四面体　(b) 六面体

(c) 八面体　(d) 十二面体

(e) 二十面体　(f) 椭球体

图 4-120　理想几何形状三角网格模型的角球和脊球

图 4-121 为 6 种典型形状的煤岩块体三角网格模型的角球和脊球，包括立方体状煤岩块体(CP)、棒状煤岩块体(RP)、盘状煤岩块体(DP)、刀片状煤岩块体(BP)、多角状煤岩块体(MP)和复杂形状煤岩块体(CMP)。这些球体很好地填充了这六种典型形状的煤岩块体三角网格模型的脊和角。

图 4-122 为具有不同网格面数的立方体状煤岩块体(CP)三角网格模型的角球和脊球，

(a) CP　(b) RP

(c) DP

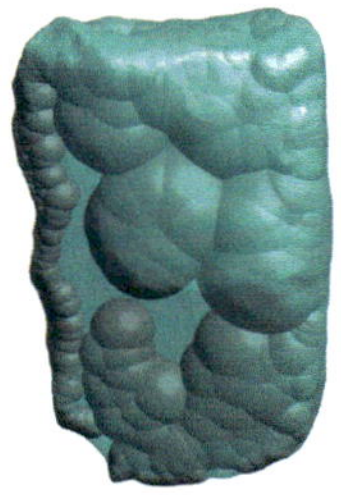

(d) BP

(e) MP

(f) CMP

图 4-121 典型形状煤岩块体三角网格模型的角球和脊球

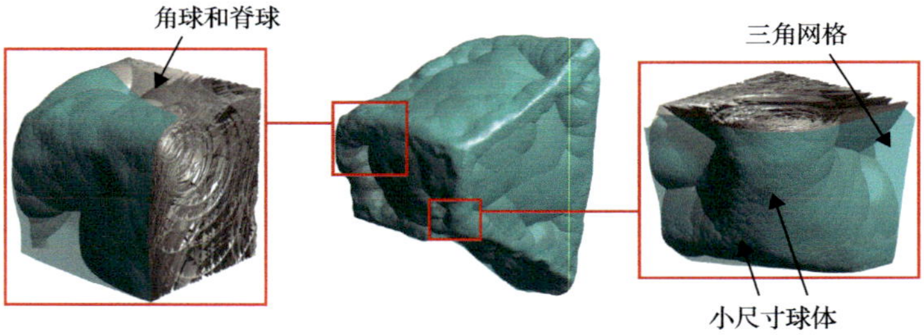

(a) 50000个面，74个角球，7802个脊球

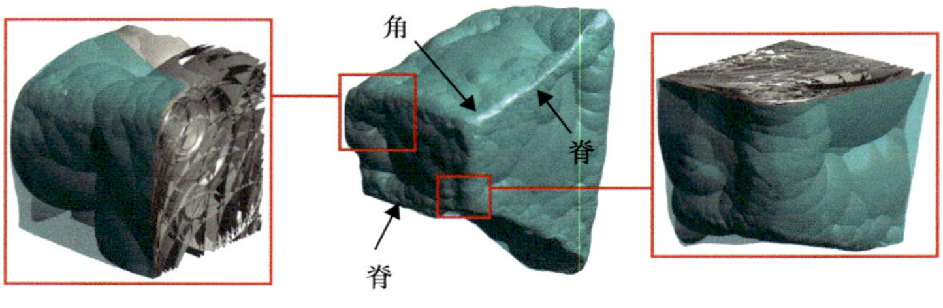

(b) 6000个面，49个角球，2988个脊球

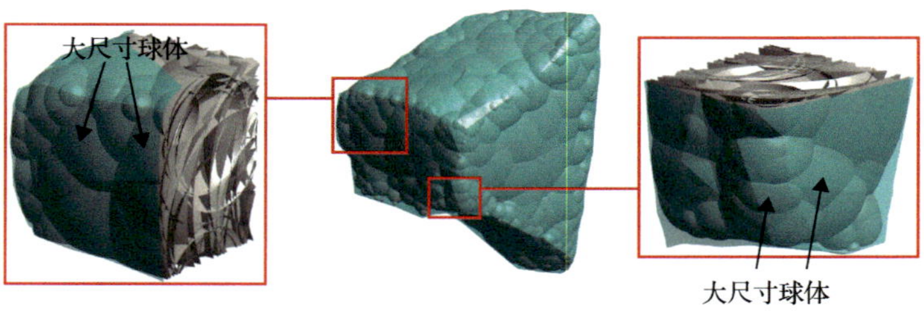

(c) 500个面，33个角球，407个脊球

图 4-122 不同网格面数条件下煤岩块体三角网格模型的角球和脊球

网格面数从 500 个到 50000 个不等。三角网格模型的网格面数越高，其角球和脊球越多。定性地，与具有较小网格面数的煤岩块体三角网格模型［图 4-122(c)］相比，具有较高网格面数的煤岩块体［图 4-122(a)］中填充了更多具有较小半径的角球和脊球。

6. 三维 Wadell 圆度计算

在获得煤岩块体三角网格模型最大内切球、角球和脊球的半径基础上，根据式(4-62)，即可以得到该煤岩块体三角网格模型的三维 Wadell 圆度。下一节将使用该方法计算煤岩块体三角网格模型的 Wadell 圆度，这里不再赘述。

4.6.5　算法运行时间统计

为了评价本节所提到的三维 Wadell 圆度测量算法的效率，记录了不同网格面数条件下煤岩块体三角网格模型三维 Wadell 圆度计算过程中的算法运行时间以及角球和脊球数 N_3，如图 4-123 所示。对于算法运行时间的测量，每组重复 3 次，以减少误差。网格面数从 500 个到 10000 个不等。研究的煤岩块体包括立方体状煤岩块体(CP)、棒状煤岩块体(RP)、盘状煤岩块体(DP)、刀片状煤岩块体(BP)、多角状煤岩块体(MP)和复杂形状煤岩块体(CMP)。运行代码所用计算机的配置为 i5-8300H CPU 2.30GHz。

随着煤岩块体三角形网格的网格面数增加，识别出了更多的角球和脊球，这与图 4-122 的结论一致。算法运行时间也随着三角形网格的网格面数增多而增加。在 4.7 节中，认为对于煤岩块体而言，具有 8000 个面的三角网格可以满足三维 Wadell 圆度测量，因此本节所提算法可以在几分钟内完成，这个时间在现有设备条件和使用需求下是可以接受的。

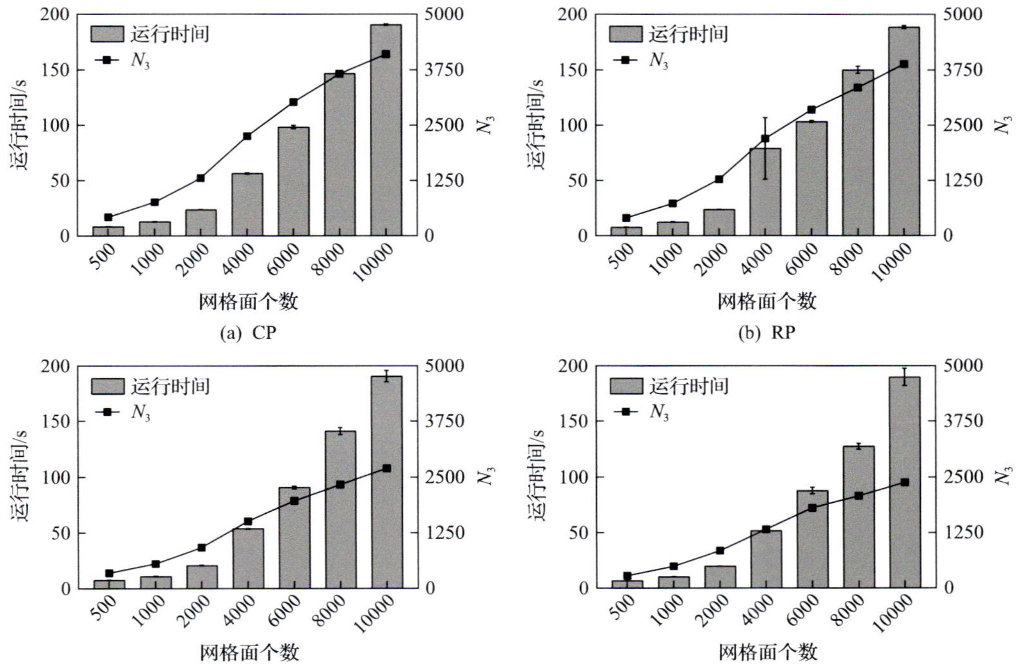

(a) CP　(b) RP
(c) DP　(d) BP

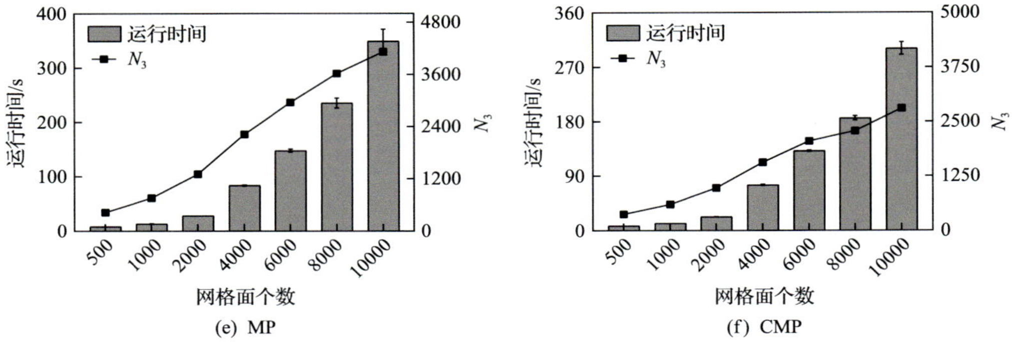

图 4-123 代码运行时间与角球和脊球数

4.7 煤岩块体体积预测

4.7.1 煤岩块体二维投影图像获取方法

从不同角度观察煤岩块体，会看到不同的形状，图像中的煤岩块体仅仅是三维煤岩块体在某一角度下的投影。所以在研究煤岩块体二维形态学特征时，也需要充分考虑由于投影角度随机性带来的投影图像的差异，进而引起二维形态学特征的差异，如图 4-124 所示。

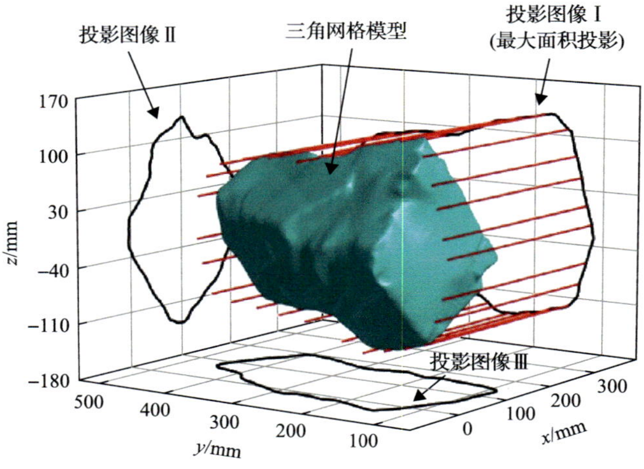

图 4-124 煤岩块体三角网格模型正交投影示意图

因此，在提取煤岩块体三角网格模型二维投影图像时，考虑多种投影方式，包括随机投影、最大面积投影、最小面积投影、正交投影等。其中，随机投影方式是随机设置投影角度获取的投影图像，也是最符合放煤过程中煤岩块体随机放落、碰撞、翻滚以及堆积情况的投影方式。最大面积投影方式是指遍历所有投影角度后，选出投影面积最大的投影图像，由于投影面积最大，所以在一次图像采集中，采集到这个投影面的可能性也比较大。最小面积投影方式是指遍历所有投影角度后，选出投影面积最小的投影图像。正交投影方式是将块体投影到三个相互垂直的平面上，特别地，图 4-124 是有一个投影图像为最大面积投影图像的正交投影。

4.7.2　网格面数选择

三角网格面数会影响煤岩块体三角网格模型的表面形貌，进而影响角点和脊点识别以及三维 Wadell 圆度的计算。煤岩块体三角网格模型的网格面数越高，准确还原煤岩块体形状的可能性就越大。但是在进行离散元模型重建或者形态学研究时，较多的网格面数会影响计算效率，增大代码运行时间。所以，本节首先研究了不同网格面数对角点脊点识别以及三维 Wadell 圆度测量的影响，在保证形态仿真度并兼顾计算效率的前提下，确定合适的三角网格模型网格面数。

图 4-125 为不同网格面数条件下 6 种典型形状的煤岩块体三角网格模型的三维 Wadell 圆度，包括立方体状煤岩块体(CP)、棒状煤岩块体(RP)、盘状煤岩块体(DP)、刀片状煤岩块体(BP)、多角状煤岩块体(MP)和复杂形状煤岩块体(CMP)。网格面数从 500 个到 50000 个不等。

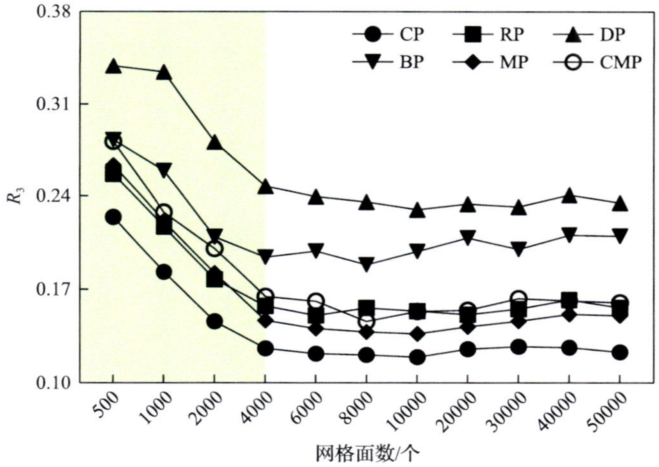

图 4-125　典型形状煤岩块体三角网格模型的三维 Wadell 圆度

随着网格面数增大，所有典型形状煤岩块体三角网格模型的三维 Wadell 圆度均先降低后趋于平稳。网格面数从 500 个增加到 4000 个时，6 种典型形状煤岩块体三角网格模型的三维 Wadell 圆度逐渐降低，与图 4-125 中得到的定性结论一致。在网格面数较高的三角网格模型中，可以填充更多半径较小的基本球体单元(即角球和脊球)。因此，根据三维 Wadell 圆度计算公式，此时三维 Wadell 圆度将更小。随着三角网格模型网格面数从 4000 个增大到 50000 个，所有典型形状煤岩块体三角网格模型的三维 Wadell 圆度都保持相对稳定，不再随着网格面数的增大发生显著变化。因此，在以下实验中，均采用网格面数为 8000 个的煤岩块体三角网格模型，因为当网格面数约为 8000 个时，三维 Wadell

圆度趋于稳定，表明网格面数对形态学特征的影响不再显著，且 8000 个网格面也能够适应目前的算法效率与实验条件，不会因为网格面数过多而导致计算时间过长。

4.7.3 投影方式确定

拍摄角度会显著影响物体在图像中的呈现，特别是煤岩块体在综放工作面放煤过程中发生碰撞堆叠，导致图像中的形态具有一定的随机性。因此，关键问题是煤岩块体的二维投影图像形态学特征是否可以预测，或通过何种投影方式能使这些特征得以近似预测。如果二维特征具有较大随机性，利用其预测三维形态学特征的合理性将受到质疑。

为此，从两个方面入手：一是提取随机投影角度下煤岩块体三角网格模型的二维形态学特征，分析不同投影角度下的分布规律；二是探讨是否存在某种投影方式能使三维形态学特征易于被预测。本节采用随机投影、最大面积投影、最小面积投影和正交投影等方式，分析不同投影数量下的分布规律。最终确定煤岩块体二维形态学特征分布是否有规律，或通过某种特定投影方式是否能近似反映三维块体的平均水平。如果能建立二维形态学特征与三维块体之间的映射关系，就可以可靠地预测煤岩块体的三维形态学特征，否则需要尝试其他方法。

1. 不同投影角度下的二维形体学特征分布

在不同视角下，会观察到物体不同的样貌。首先提取 6 种典型形状的煤岩块体三角网格模型在不同投影角度下的二维形态学特征。选用的尺寸特征是煤岩块体在投影图像中的投影面积，形状特征是煤岩块体在投影图像中的投影轮廓的二维 Wadell 圆度。对每一个煤岩块体三角网格模型，在随机投影方式下采集 1000 个投影图像。6 种典型形状的煤岩块体三角网格模型在 1000 个随机投影图像的投影面积和二维 Wadell 圆度提取结果如图 4-126 所示。

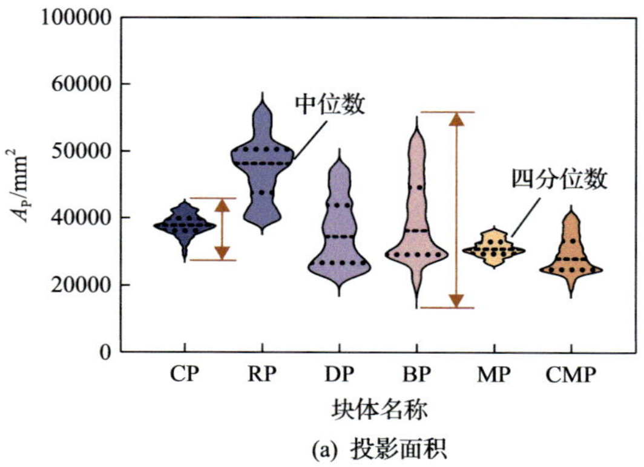

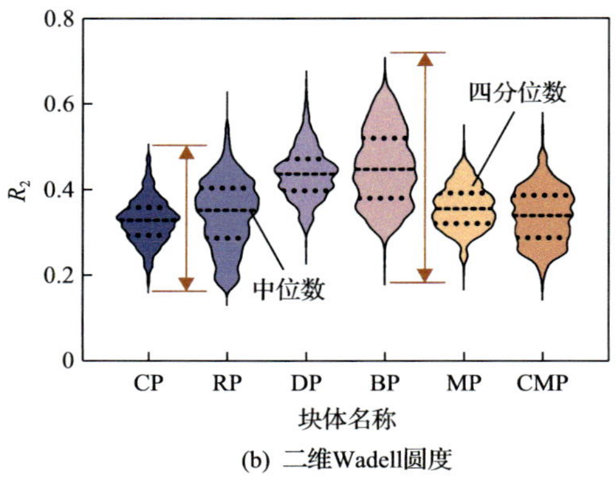

图 4-126 典型煤岩块体三角网格模型二维形态学特征分布

可以看出，6 种典型形状的煤岩块体在不同投影角度下具有不同的投影面积 A_P。本节选用的 CP 与 MP 在不同维度下尺寸接近，所以表现为 A_P 分布较为集中。而对于 RP、DP 及 BP 而言，它们至少在一个维度上的尺寸要显著区别于其他维度上的尺寸，另外，

CMP 断面的特殊性，导致它们在不同投影角度下 A_P 差异也较大。因此，对于 CP 和 MP，通过一次随机角度投影，图像中的 A_P 可以较为准确地反映煤岩块体的平均水平，而对于 RP、DP、BP 和 CMP，则很难准确地反映煤岩块体的平均水平。在综放工作面，各种形状的煤岩块体都有可能出现，仅仅通过采集一张图像获得 A_P 数据不足以用于表征煤岩块体的平均水平，更不能进一步用于预测三维形态学特征。

与 A_P 分布不同的是，CP 与 MP 在不同投影角度下 R_2 差异性较大，说明即便在不同投影角度下具有相近的尺寸，但是它们的形状可能会存在较大差异。对于 RP、DP、BP 和 CMP，它们的 R_2 分布更为离散。所以一张图像获得的 R_2 数据既不能用于表征煤岩块体的平均水平，也不能用于预测三维形态学特征。

2. 合理投影方式

由于随机采集的图像很难准确表征煤岩块体二维形态学特征的平均水平，因此，接下来的研究将通过指定投影角度并增加投影数量，探讨哪些投影方式下获得的二维形态学特征更适合用于预测煤岩块体的三维形态学特征。

首先提取了 6 种典型形状的煤岩块体三角网格模型在不同投影数量 N_p 下的二维形态学特征。其中，投影数量 N_p 分别为 1、2、3、5、10、20、50、100 和 1000。二维形态学特征包括尺寸特征面积 A_P 与形状特征二维 Wadell 圆度 R_2。这里的投影数量 $N_p = 1$，是采用最大面积投影方式获得的具有最大面积的投影图像。$N_p = 2$ 表示最大面积投影和最小面积投影。$N_p = 3$ 表示有一个投影图像为最大面积投影图像的正交投影。$N_p > 3$ 表示相应投影数量的随机投影。

由于研究的目的是探究何种投影方式下获得的二维形态学特征可以反映三维块体的平均水平，因此，以 1000 为投影数量的随机投影获得提取的二维形态学特征的平均值作为煤岩块体的平均水平，计算二维形态学特征 x_2 的偏差 x_2^*：

$$x_2^* = \frac{\sum_{i=1}^{N_p} x_{2,i}}{N_p \overline{x_2}} - 1 \tag{4-63}$$

式中，x_2^* 为二维形态学特征偏差；$x_{2,i}$ 为第 i 个投影图像的二维形态学特征；N_p 为投影数量；$\overline{x_2}$ 为 1000 个随机投影二维形态学特征的算数平均值。

图 4-127 为 6 种典型形状的煤岩块体三角网格模型在不同投影数量 N_p 下的二维形态学特征偏差。

可以看出，煤岩块体投影图像的面积偏差 A_P^* 随着投影数量的增加而减小。对于 $N_p = 1$，即最大面积投影，BP 的 A_P^* 为 64%，DP 的 A_P^* 为–58%，CMP 的 A_P^* 为 41%，RP 的 A_P^* 为 33%，CP 的 A_P^* 为 17%，MP 的 A_P^* 为 17%。对于 $N_p = 2$，所有样本的 A_P^* 均显著降低，比如 BP 6%、DP 8%、CMP 3%、RP 3%、CP –4%和 MP 0.4%。对于 $N_p = 3$，所有样本进一步减小，普通降至±10%以下，特别是 DP 0.4%和 CMP 0.1%。随着 N_p 继续增大，A_P^*

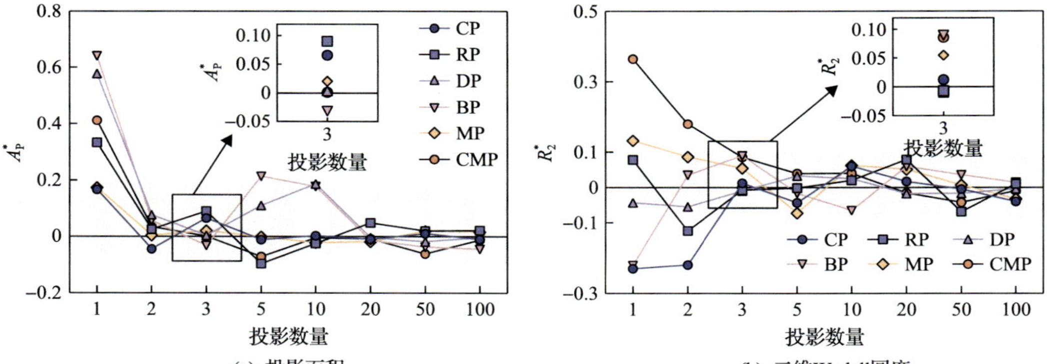

(a) 投影面积 (b) 二维Wadell圆度

图 4-127 不同投影数量下二维形态学特征偏差

进一步降低。R_2^* 也表现出类似的特点，随着投影数量 N_p 增大，R_2^* 逐渐降低。

因此，采用一个投影不足以表征煤岩块体的二维形态学特征的平均水平，但投影数目太多会增加计算量。综合考虑精度和效率，确定一个投影图像为最大面积投影图像的正交投影为当前预测体积含矸率的合理投影方式，可以在较少投影数量的前提下，获得可以准确表征平均水平的形态学特征指标，进而用于三维形态学特征预测。

实际上，在现场直接获得精确的一个投影图像为最大面积投影图像的正交投影并不容易，需要块体重构等后处理才能获得。与正交投影相比，通过随机投影获得 3 个投影图像的方式更容易在实验室以及现场实现。因此，进一步考虑通过随机投影获得 3 个投影图像的方案。图 4-128 为通过 3 个随机投影图像计算的 6 种典型形状的煤岩块体三角网格模型的面积偏差和二维 Wadell 圆度偏差。每个煤岩样本计算了 20 次，以避免随机误差。

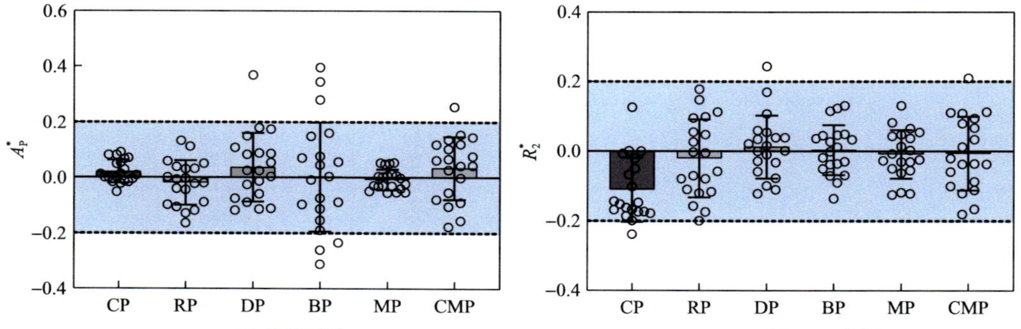

(a) 投影面积 (b) 二维Wadell圆度

图 4-128 随机投影图像的二维形态学特征偏差

结果表明，相比于正交投影，3 个随机投影图像方案的分布区间稍大，大致在−20%～20%。对于刀片状煤岩块体(BP)，它在 3 个随机投影图像方案下的面积偏差较大，是因为 BP 在一个维度上的尺寸要明显小于其他两个维度上的尺寸，所以面积对于投影视角因素非常敏感，不同视角下面积差异可能会很大，所以仅仅 3 个随机投影不足以表征该类块体的平均水平，表现为面积误差较大。因此，在实验室条件下，优先考虑使用正交投影方式计算二维形态学特征。现场应用中，在具备重构算法与硬件设备满足条件时，推荐使用正交投影方式，而 3 个随机投影图像方案仍然可以作为备选方案用于粗略预测。

4.7.4　煤岩块体二维、三维 Wadell 圆度关系

在获得了较为可靠的二维形态学特征基础上，接下来将研究煤岩块体三维网格模型二维形态学特征与三维形态学特征的关系。

基于煤岩多视图像序列，采用投影轮廓算法计算 36 个煤岩块体的三角网格模型，其中 30 个如图 4-129 所示，其他 6 种典型形状的煤岩块体三角网格模型如图 4-121 所示。

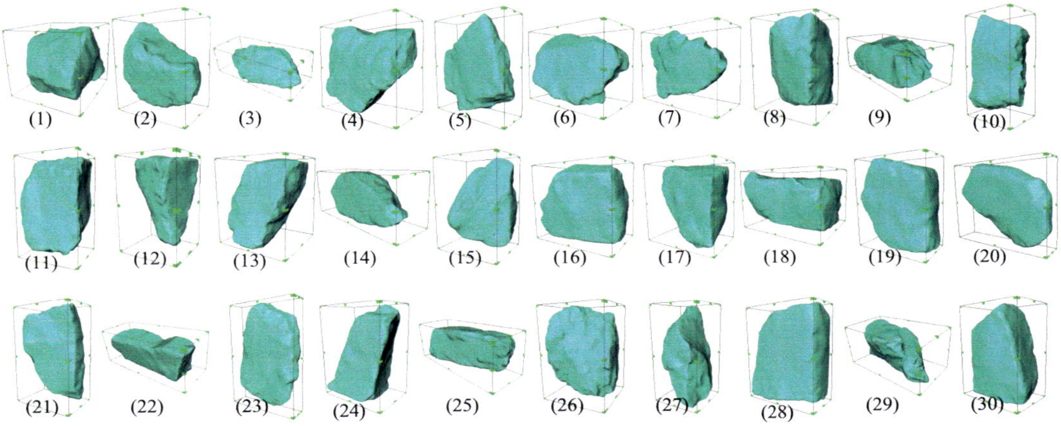

图 4-129　煤岩块体三角网格模型

图 4-130(a) 为 36 个煤岩块体三角网格模型的二维 Wadell 圆度 R_2 和三维 Wadell 圆度 R_3 分布。其中，二维 Wadell 圆度 R_2 是在 $N_p = 3$ 条件下获得的，即 3 个正交投影图像的二维 Wadell 圆度 $R_{2,1}$、$R_{2,2}$ 和 $R_{2,3}$ 的算术平均值。所有煤岩块体三角网格模型的网格面数均为 8000 个。可以看出，二维 Wadell 圆度 R_2 和三维 Wadell 圆度 R_3 具有

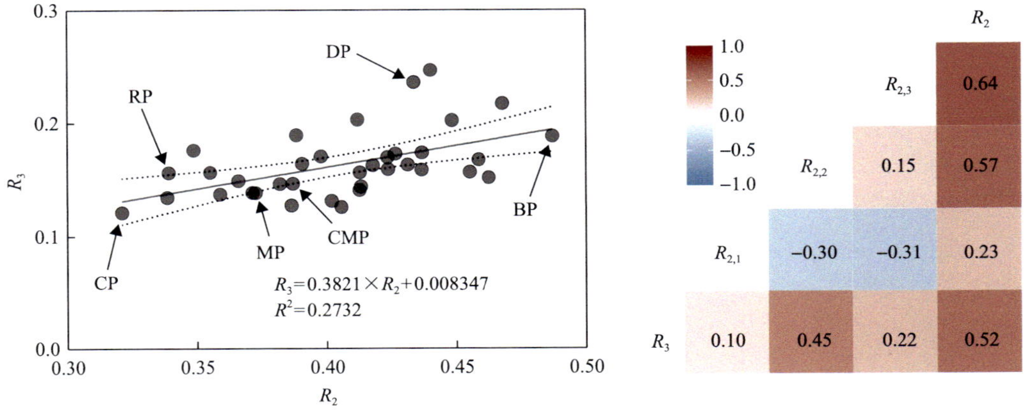

(a) R_2和R_3分布　　(b) 皮尔逊相关系数

图 4-130　煤岩块体三角网格模型二维 Wadell 圆度和三维 Wadell 圆度

弱线性相关性或几乎不存在线性相关性，因为决定系数 R^2 低于±0.3，仅为 0.2732。另外，6 个典型形状的煤岩块体三角网格模型的二维 Wadell 圆度 R_2 和三维 Wadell 圆度 R_3 在图 4-130(a) 中的分布较为分散，具有一定代表性，因此将它们视为典型块体是合理的。

进一步计算了煤岩块体三角网格模型三维 Wadell 圆度 R_3 和 4 种二维 Wadell 圆度的皮尔逊相关系数，4 种二维 Wadell 圆度包括 3 个正交投影图像的二维 Wadell 圆度 $R_{2,1}$、$R_{2,2}$ 和 $R_{2,3}$，以及其算术平均值 R_2，如图 4-130(b) 所示。

结果表明，相比于单个投影图像的二维 Wadell 圆度($R_{2,1}$、$R_{2,2}$ 和 $R_{2,3}$)，它们的算术平均值，也就是本节使用的煤岩块体三角网格模型的二维 Wadell 圆度 R_2，表现出与三维 Wadell 圆度 R_3 相对更好的线性相关性，为中等程度线性相关(皮尔逊相关系数为 0.52)。可以看出，相比通过单个投影获得的二维 Wadell 圆度，综合考虑通过正交投影获得的 3 个二维 Wadell 圆度，在预测三维 Wadell 圆度方面可以获得相对较好的效果。

4.7.5 煤岩块体二维投影面积与三维体积关系

图 4-131 为 36 个煤岩块体三角网格模型的投影面积和体积分布。

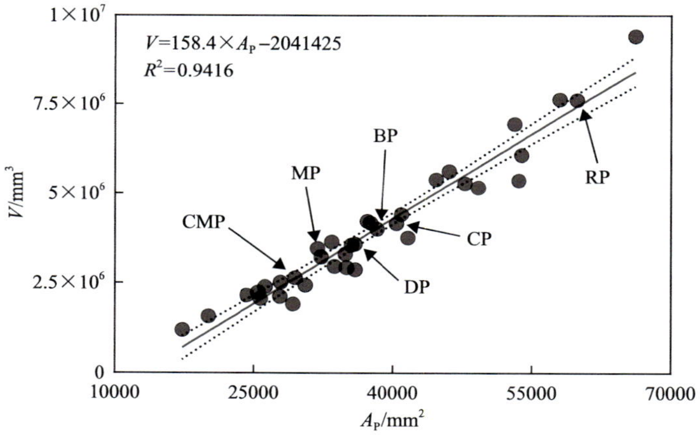

图 4-131 煤岩块体三角网格模型的投影面积和体积分布

其中，二维投影面积 A_P 是在 $N_p = 3$ 条件下获得的，即 3 个正交投影图像面积的算术平均值。所有煤岩块体三角网格模型的网格面数均为 8000 个。

可以看出，不同于二维 Wadell 圆度与三维 Wadell 圆度之间的关系，二维投影面积和体积表现出了较好的线性相关性，其决定系数 R_2 为 0.9416。表明在正交投影下获得的煤岩块体投影面积可以用于预测其体积，并且可以获得较好的预测精度。该拟合结果在后面章节被称为基于尺寸特征的煤岩块体体积预测模型。

4.7.6 煤岩块体不同维度形态学特征分布

通过研究煤岩块体单个二维形态学特征与单个三维形态学特征的关系，明确了对于煤岩块体而言，其二维形态学特征与单个三维形态学特征之间存在或强或弱的线性关系。在此基础上，进一步研究更多的形态学特征，包括一维、二维及三维形态学特征，用于探索基于尺寸与形状特征融合的三维体积预测方法。

图 4-132 为 6 种典型形状的煤岩块体三角网格模型的一维、二维及三维形态学特征分布。

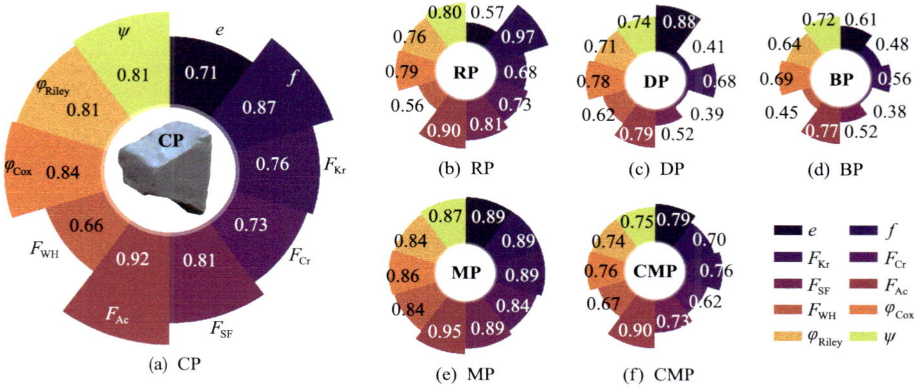

图 4-132　典型煤岩块体三角网格模型一维、二维以及三维形态学特征分布

图中物理符号含义见表 2-3

可以看出，不同类型的煤岩块体三角网格模型具有不同的形态学特征分布。相比于 CP、MP 和 CMP，RP、DP 和 BP 的一维形态学特征的分布均匀性更差。比如，RP 的伸长度(e)和扁平度(f)分别是 0.57 和 0.97，而 CP 是 0.71 和 0.87。RP 的 e 和 f 之间的显著差异表明 RP 的最小包围盒的最长边、中间边和最短边尺寸是存在较大差距的。这也符合对 RP 块体形状的直观感受，也就是说，RP 在一个维度上的尺寸明显大于其他两个维度。e 和 f 的差异在 DP 中表现得更明显，分别为 0.88 和 0.41。这是因为 DP 在一个维度上的尺寸明显小于其他两个维度。本节选用 CP、MP 和 CMP 的尺寸显示出比 RP、DP 和 BP 更低的各向异性。因此，这些块体的一维形态学特征之间的差异较小，特别是 MP，它的一维形态学特征都比较接近。对于二维形态学特征，即 Cox 圆度(φ_{Cox})和 Riley 圆度(φ_{Riley})，CP 和 MP 二维形态学特征大于 RP、DP 和 BP 的二维形态学特征。这是因为 RP、DP 和 BP 的 3 个正交投影中至少有一个投影与圆差距非常大，进而导致它们的 φ_{Cox} 和 φ_{Riley} 比较小。

另外，对于本节所选用的 6 种典型形状的煤岩块体三角网格模型，它们各自的 φ_{Cox} 和 φ_{Riley} 都比较接近，表明这两种形态学特征在表征煤岩块体形状方面是可靠的，并且一定程度上可以相互代替。此外，CMP 的 φ_{Cox} 和 φ_{Riley} 小于 CP 和 MP。这是因为 CMP 的一些投影由于不规则破裂而使形状偏离了圆形，因此获得了较低的 φ_{Cox} 和 φ_{Riley}。MP 的球度 ψ(0.87)比 BP 的 ψ(0.72)大，表明 MP 的形状比 BP 更接近球形。通过分析 6 种典型形状的煤岩块体的形态学特征分布，直观地解释了形态学特征参数与块体形状的关系。

图 4-133(a)为针对 6 种典型形状的煤岩块体三角网格模型，采用基于图像分析的煤岩块体三维 Wadell 圆度测量算法计算得到三维 Wadell 圆度 R_3。

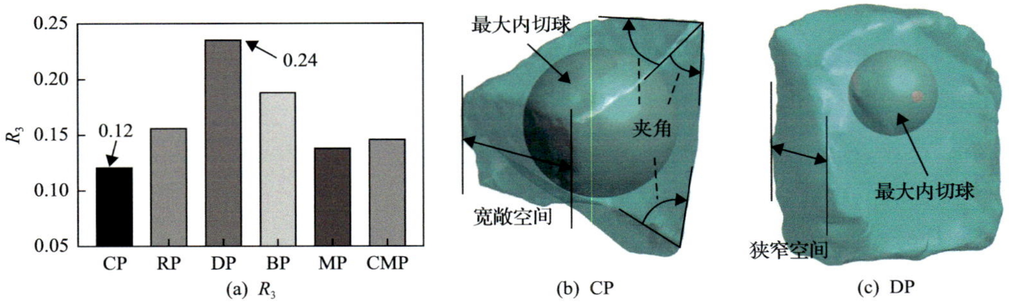

(a) R_3 (b) CP (c) DP

图 4-133 典型煤岩块体三角网格模型的三维 Wadell 圆度

立方状煤岩块体(CP)的 R_3 是这些块体中最小的，为 0.12。根据三维 Wadell 圆度的定义，三维 Wadell 圆度 R_3 与角球和脊球的半径呈正相关，与块体最大内切球半径呈负相关。一方面，CP 有明显的角和脊，且它们大多是直角或锐角。角和脊的小张开度导致它们的角球和脊球半径也较小，也就是 R_3 计算公式的分子较小。另一方面，CP 的内部是宽敞的，所以它的最大内切球半径是比较大的，也就是 R_3 计算公式的分母较大，如图 4-133(b)所示。因此，CP 的 R_3 较小主要归因于两个方面，即 CP 的角球和脊球的半径较小，以及最大内切球的半径较大。而盘状煤岩块体(DP)在一个维度上的尺寸明显小于其他两个维度。DP 内部较窄，其最大内切球的半径较小，如图 4-133(c)所示。因此，DP 的 R_3 大主要是由于块体的最大内切球半径小。其他 4 种典型煤岩块体的 R_3 基本在 1.5 左右。总体而言，R_3 表征了块体棱角的尖锐程度。

图 4-134 为 36 个煤岩块体三角网格模型的一维、二维及三维形态学特征的提取结果。其中，二维 Wadell 圆度 R_2 和三维 Wadell 圆度 R_3 提取结果如图 4-130 所示。对于二维形态学特征，即 Cox 圆度(φ_{Cox})和 Riley 圆度(φ_{Riley})，是在 $N_p = 1000$ 投影方式下获得的平均值 $\bar{\varphi}_{Cox}$ 和 $\bar{\varphi}_{Riley}$。36 个煤岩块体三角网格模型形态学特征的平均值在每个箱形图的下方。

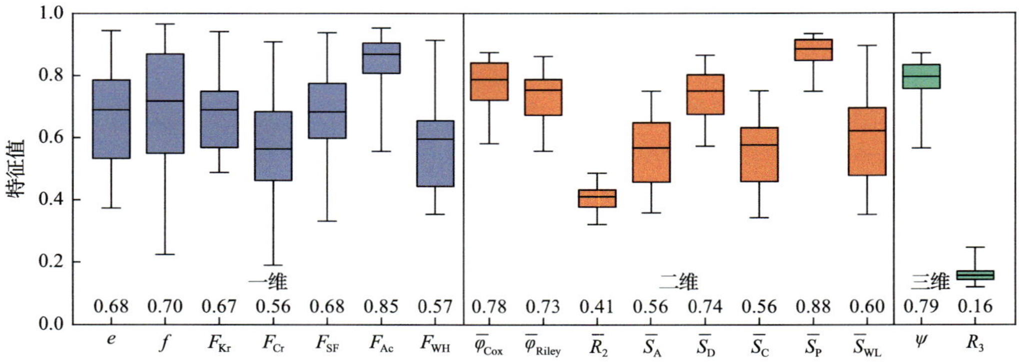

图 4-134 煤岩块体三角网格模型一维、二维及三维形态学特征值

煤岩块体的伸长度(e)和扁平度(f)分布表现出较大的变异度，其中，e 的变化范围在 0.37～0.95，f 的变化范围在 0.22～0.97，均具有较大的极差。利用由 Blott 和 Pye[27]提出的块体形状分类方案，根据 e 可以将本节使用的煤岩块体划分为“非常细长”(very elongate)至“不细长”(not elongate)组别。根据 f 可以划分为“非常平整”(very flat)至

“不平整”（not flat）组别。

R_2 和 R_3 表现出较小的平均值和较低的极差，其他形态学特征表现出较大的变异度。说明本节涉及的煤岩块体具有丰富的形状，一方面反映了样本采集的合理性，另一方面也说明了研究煤岩块体形态学特征的必要性。

4.7.7　煤岩块体体积预测模型

在图 4-130 基础上，进一步研究了形态学特征之间的相关性，建立了煤岩块体三维体积预测方法。

1. 基于尺寸特征的煤岩块体体积预测模型

在前面分析煤岩块体二维投影面积与三维体积关系时，已经利用简单线性回归（即一元线性回归）建立了基于尺寸特征的煤岩块体体积预测模型：

$$V = 158.4A_{\mathrm{P}} - 2041425 \tag{4-64}$$

式中，V 为体积；A_{P} 为投影面积。

本文通过两方面来描述该模型的效果。一方面，该模型的决定系数 R^2 为 0.9416，说明该模型具有较好的预测效果，但仍然有提升空间。另一方面，煤岩块体三角网格模型的实际体积与利用该模型预测得到的体积具有较好的线性关系，可以定性直观地说明该模型具有较好的体积预测能力，如图 4-135 所示。

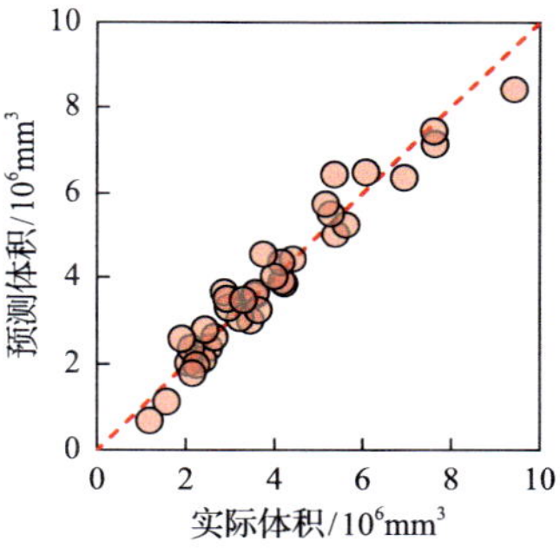

图 4-135　煤岩块体三角网格模型实际体积与模型预测体积

本节所提的基于尺寸特征的煤岩块体体积预测模型形式简单，包含的变量只有投影面积，而投影面积是在图像分析中非常容易获得的基础参数。虽然形式简单，但是仍然具备一定预测能力，因此可以将模型应用于需要快速识别但是对精度要求不高的场景，实现基于二维图像分析的煤岩块体体积快速识别。

2. “尺寸+形状”特征融合的煤岩块体体积预测模型

考虑到形状特征对尺寸特征可能的影响，进一步利用多元线性回归方程，提出了以投影面积为主，形状特征为辅的“尺寸+形状”特征融合的煤岩块体体积预测方法。以二元线性回归为例，有交互项的多元线性回归方程为

$$y = \beta_0 + \beta_1 x_1 + \beta_2 x_2 + \beta_3 x_1 x_2 + \varepsilon \tag{4-65}$$

式中，y 为因变量；x_1 和 x_2 是自变量 1 和自变量 2；β_0 为截距；x_1x_2 是自变量 1 和自变量 2 的交互作用；ε 为残差；β_1、β_2、β_3 为回归系数。

本节使用的二维尺寸特征是煤岩块体投影图像的面积，采用的形状特征包括一维和二维形状特征。利用形状特征辅助二维尺寸特征（即投影面积）进行体积预测的思路，将

面积分别与这 16 个形状特征进行交互，通过方差膨胀因子（variance inflat-ion factor, VIF）进行多重共线性评价，依次移除 VIF＞10 的自变量，并将显著性概率 $P>0.05$ 的自变量移除，在每移除一个自变量后均进行一次回归分析。对回归方程残差的方差齐性进行检验，如图 4-136 所示，预测残差和实际残差近似为直线，说明残差符合正态或近似正态分布，满足回归分析条件。

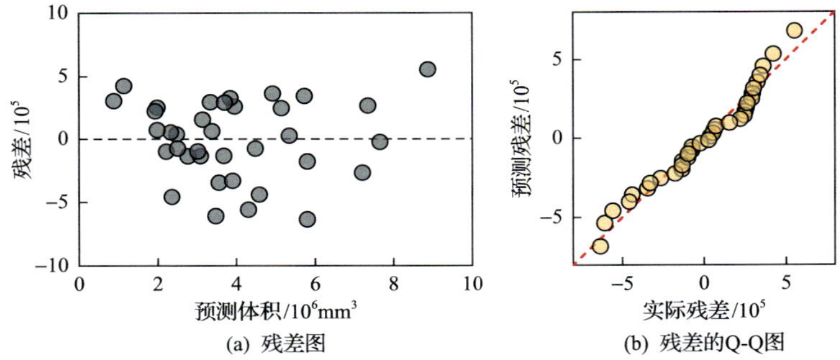

图 4-136 回归方程残差分析

Q-Q 图为样本分位数-总体分位数图

在回归方程残差分析的基础上，建立该实验样本的“尺寸+形状”特征融合的煤岩块体体积预测模型：

$$V = 1855043 + e\left(155.8A_{\mathrm{P}} - 3521370\right) + f\left(70.92A_{\mathrm{P}} - 1973866\right) \tag{4-66}$$

式中，V 为体积；A_{P} 为投影面积；e 为伸长度；f 为扁平度。

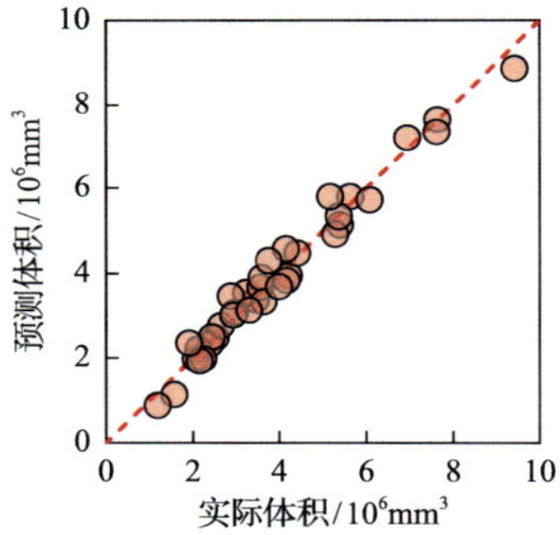

图 4-137 煤岩块体三角网格模型实际体积与预测体积

该模型的决定系数 R^2 为 0.9732，比基于尺寸特征的煤岩块体体积预测模型（图4-131）提升了 3.6%，实际体积与预测体积具有较好的线性关系（图4-137），说明投影面积和形状特征的交互作用提升了块体体积的预测精度。

模型预测能力的提升，说明形状特征的加入影响了投影面积对块体体积的预测。形状特征与投影面积交互显著，投影面积与块体体积之间的关系依赖于形状特征，换句话说，块体体积的确定依赖于投影面积和形状特征的交互作用，这也印证了之前的设想。

4.8 智能放煤煤流内部体积含矸率预测研究

4.8.1 综放工作面数值计算模型的建立

目前已经完成了 S2I 含矸率高精度预测两步走策略的第一步，以及第二步的前期基础性研究工作，实现了利用投影面积含矸率预测表面体积含矸率，也完成了煤岩块体的高精度轻量级重建及其形态学基因定点诱变。基于此，本节将实现 S2I 策略第二步，即煤流内部体积含矸率的预测。建立综放工作面放煤过程高仿真轻量级数值计算模型，研究不同煤岩块度级配、刮板链速及尾梁摆动角度条件下的煤流中煤岩块体的堆积特征，揭示煤流表面内外含矸率的映射关系，探索利用投影面积含矸率或表面体积含矸率预测内部体积含矸率的可行性。

1. 综放工作面回采设备高仿真模型建立

本研究是以数值计算为基础，所以需要建立综放工作面放煤过程高仿真轻量级数值计算模型。该模型主要包括两部分，综放工作面回采设备高仿真模型和煤岩块体高仿真轻量级离散元模型。

综放工作面回采设备高仿真模型主要包括综放液压支架模型、后部刮板输送机模型、前部刮板输送机模型及采煤机模型，其中前部刮板输送机模型和采煤机模型仅用于展示，不参与数值计算。选用的设备均为综放工作面常见型号，综放液压支架、后部刮板输送机的主要参数见表 4-11。其中，综放液压支架为工作面中部液压支架。

表 4-11　设备参数

序号	设备名称	设备型号	生产厂家
1	综放液压支架	ZF13000/25/38	郑州煤矿机械集团股份有限公司
2	后部刮板输送机	PF6/1342	卡特彼勒(廊坊)采矿设备有限公司

对综放液压支架和后部刮板输送机按照 1∶1 进行精准重建，如图 4-138 所示。

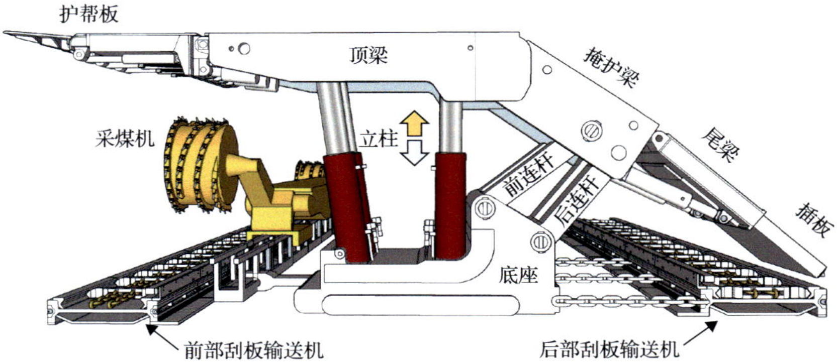

图 4-138　综放工作面回采设备高仿真模型

综放液压支架模型主要包括顶梁、掩护梁、尾梁、插板、护帮板、前(后)立柱、前(后)连杆和底座等部分，如图 4-139 所示。后部刮板输送机模型主要包括刮板、刮板链、溜槽等，如图 4-140 所示。

2. 煤岩块体高仿真轻量级离散元模型建立

使用诱变位点是宏观形态学基因(形态学基因位点为 2～4)的一组形态学引物，对 6

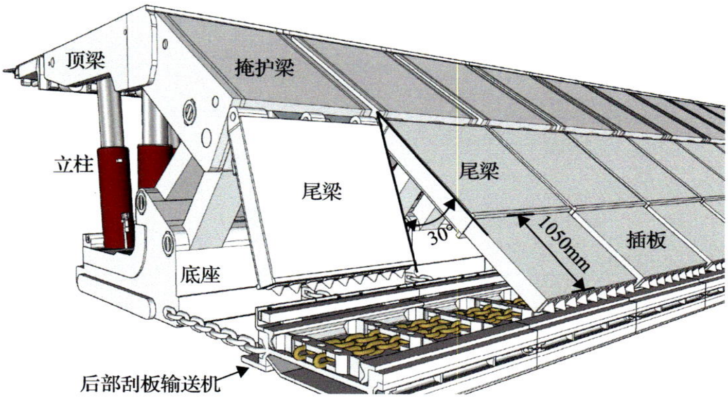

图 4-139　综放液压支架模型打开放煤口示意图

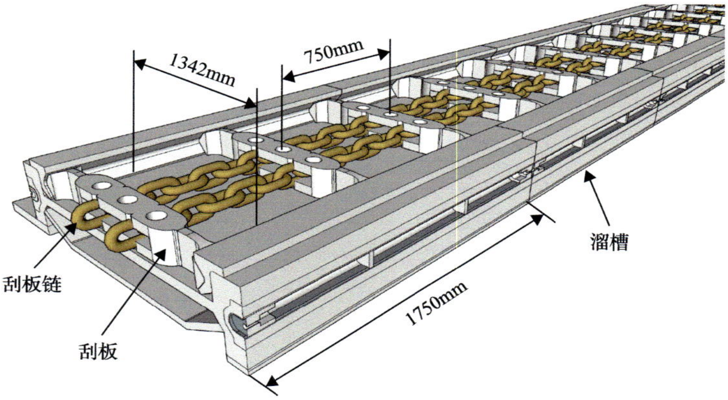

图 4-140　后部刮板输送机模型示意图

种典型形状的煤岩块体的形态学基因进行定点诱变，进而获得煤岩块体群，包括立方体状煤岩块体(CP)群、棒状煤岩块体(RP)群、盘状煤岩块体(DP)群、刀片状煤岩块体(BP)群、多角状煤岩块体(MP)群和复杂形状煤岩块体(CMP)群。该组形态学引物有 500 个，它们的诱变强度满足平均值为 1，标准差为 0.5 的正态分布。

选取若干定点诱变(SDM)典型煤岩块体及其诱变强度 ε 进行展示，如图 4-141 所示。

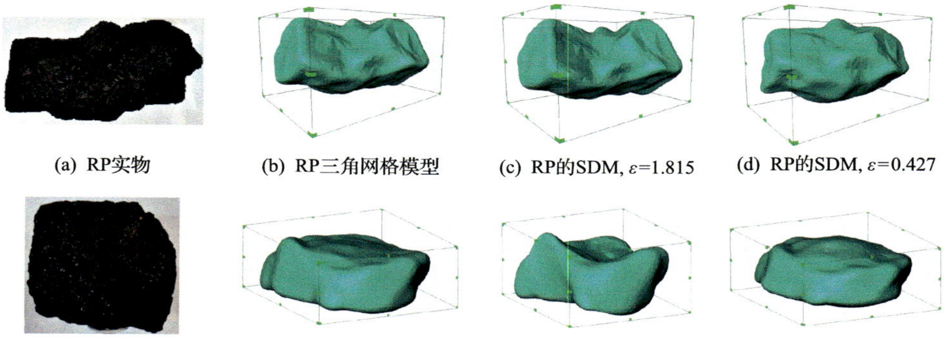

(a) RP实物　(b) RP三角网格模型　(c) RP的SDM, ε=1.815　(d) RP的SDM, ε=0.427

(e) DP实物　(f) DP三角网格模型　(g) DP的SDM, ε=2.175　(h) DP的SDM, ε=0.692

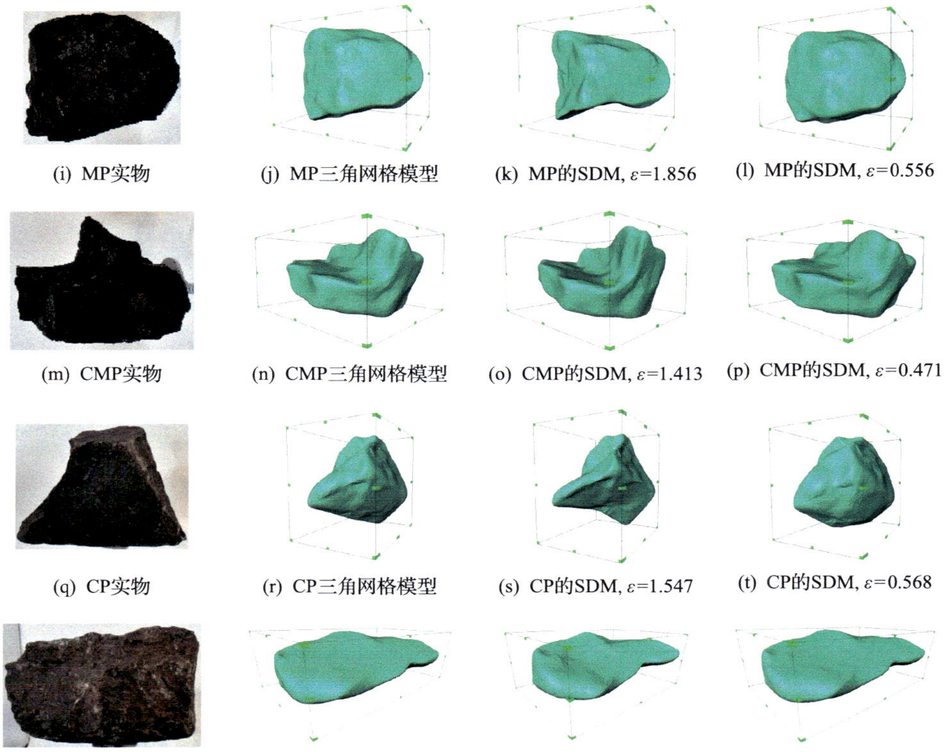

(i) MP实物　(j) MP三角网格模型　(k) MP的SDM, ε=1.856　(l) MP的SDM, ε=0.556

(m) CMP实物　(n) CMP三角网格模型　(o) CMP的SDM, ε=1.413　(p) CMP的SDM, ε=0.471

(q) CP实物　(r) CP三角网格模型　(s) CP的SDM, ε=1.547　(t) CP的SDM, ε=0.568

(u) BP实物　(v) BP三角网格模型　(w) BP的SDM, ε=1.146　(x) BP的SDM, ε=0.598

图 4-141　煤岩块体三角网格模型及其 SDM 模型

可以看出，通过定点诱变技术重建煤岩块体，既保留了原始煤岩块体的一部分形态学特征，又不完全相同，通过定量控制诱变强度 ε 的分布，获得具有预期形态学特征分布的煤岩块体群。

针对煤岩块体群，使用煤岩块体离散元模型高精度重建算法 V-CLUMP，根据煤岩块体三角网格模型生成离散元模型，完成了煤岩块体高仿真轻量级离散元模型建立，如图 4-142 所示。

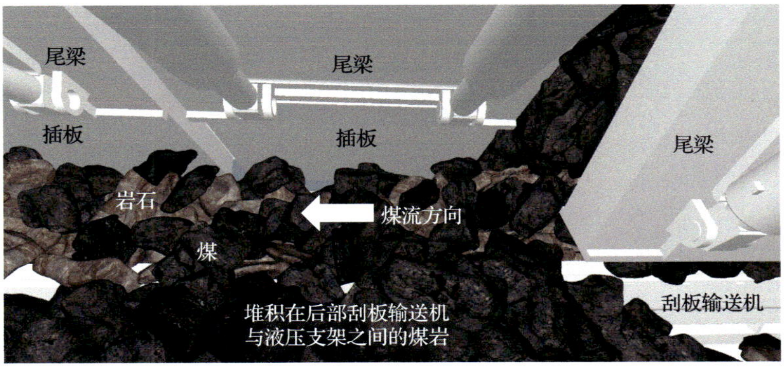

图 4-142　煤岩块体高仿真轻量级离散元模型

3. 数值计算模型的结构与尺寸

建立了综放工作面放煤过程高仿真轻量级数值计算模型，如图 4-143 所示。该模型包括液压支架、后部刮板输送机、煤层、岩层等。

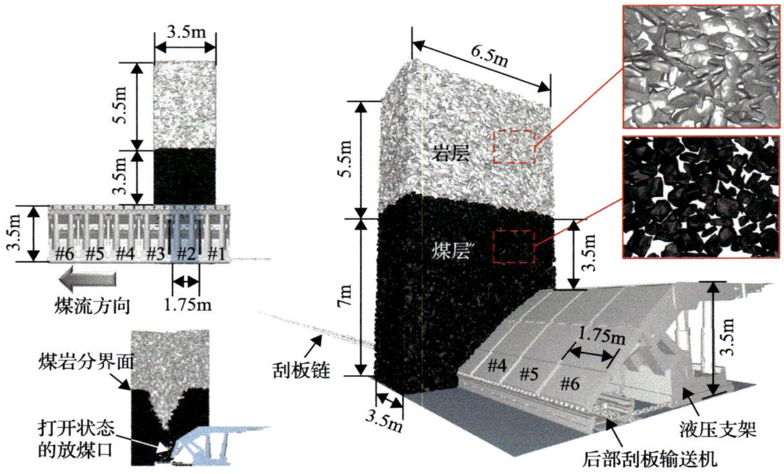

图 4-143 综放工作面放煤过程高仿真轻量级数值计算模型

液压支架的高度为 3.5m，宽度为 1.75m，煤层厚度为 7.0m，顶煤厚度为 3.5m，采放比为 1∶1，岩层厚度为 5.5m。设置了 6 个综放液压支架，分别记为#1～#6，其中#2 支架在本实验中进行放煤工作。

4.8.2 研究思路

利用综放工作面放煤过程高仿真轻量级数值计算模型，开展不同刮板链速、尾梁摆动角度以及煤岩块体块度分布条件下的放煤实验。通过对煤流状态观察，认为影响煤流投影面积含矸率与体积含矸率关系的有两个因素，即块体叠压因素与块体形状因素。

由于块体之间相互堆积、叠压与遮挡，通过图像只能获取具有一定随机性的煤流部分信息，即便是同样的一组煤岩块体，如果它们的堆积形式不同，在图像中呈现的状态也不同，进而计算出的投影面积含矸率也不同。煤岩块体的不规则块体形状，如果观察视角不同，在图像中呈现的状态也不同，进而计算出的投影面积含矸率也不同。因此，“叠压+形状”的双重影响，使得投影面积含矸率与体积含矸率之间是一种多对一的映射关系。

为了探究“叠压”与“形状”两种因素对于体积含矸率预测的影响，该实验分两部分进行。首先，利用所建立的高仿真轻量级数值计算模型，使用球体单元开展放煤过程离散元数值模拟，在规则形状，即投影面积与体积的关系较为明确的条件下，研究“叠压”因素对于体积含矸率预测的影响。接着，在“叠压”因素研究基础上，使用煤岩块体高仿真轻量级离散元数值模型对放煤过程进行模拟，在不规则形状条件下，研究“形状+叠压”因素对于体积含矸率预测的影响。

4.8.3　“叠压”因素影响下的体积含矸率预测

1. 实验方案

“叠压”因素对于体积含矸率预测的影响实验方案见表 4-12～表 4-14。

表 4-12　不同刮板链速实验分组（“叠压”因素）

组别	块度标准差	尾梁摆动角/(°)	刮板链速/(m/s)
1	0.3	20	1.4
2	0.3	20	2.0
3	0.3	20	2.6

表 4-13　不同尾梁摆动角度实验分组（“叠压”因素）

组别	块度标准差	尾梁摆动角/(°)	刮板链速/(m/s)
1	0.3	10	2
2	0.3	20	2
3	0.3	30	2

表 4-14　不同煤岩块度标准差实验分组（“叠压”因素）

组别	块度标准差	尾梁摆动角/(°)	刮板链速/(m/s)
1	0.05	20	2
2	0.175	20	2
3	0.3	20	2

2. 实验参数设置

本实验涉及三种材料，分别是煤、岩和钢(液压支架与刮板输送机的材质)，它们的参数见表 4-15、表 4-16。

表 4-15　材料参数（“叠压”因素）

材料参数	泊松比	密度/(kg/m^3)	剪切模量/Pa
煤	0.5	1400	10^8
岩	0.2	2600	5×10^7
钢	0.3	7800	7×10^{10}

表 4-16　接触参数（“叠压”因素）

接触参数	恢复系数	静摩擦系数	动摩擦系数
煤-煤	0.5	0.6	0.05
煤-岩	0.5	0.7	0.08
岩-岩	0.6	0.8	0.10
煤-钢	0.5	0.4	0.05
岩-钢	0.6	0.5	0.07

3. 含矸率检测方法

从空间维度上看，对于堆积状的煤流，某一角度的不规则表面轮廓以投影形式呈现在图像中，通过图像识别技术确定煤岩比例，即煤流表面投影面积含矸率。通过块体形态特征分析，计算图像中煤流表面煤岩块体的体积比，即煤流表面体积含矸率。进一步通过块体堆积特征分析，预测得到煤流内部煤岩块体的体积比，即煤流内部体积含矸率，如图 4-144(a)所示。为简化分析，本节所提煤流内部体积含矸率均指包含煤流内、外的煤流体积含矸率。从时间维度上看，某一时刻的含矸率是瞬时含矸率，通过图像识别直接获得的是瞬时投影面积含矸率，进一步预测获得瞬时体积含矸率。如果持续监测一段时间，计算该时间段内的含矸率平均值，可以获得区间投影面积(体积)含矸率。如果从开始放煤就进行持续监测，则可以获得累积投影面积(体积)含矸率，如图 4-144(b)所示。BBR 理论中关于顶煤放出率和含矸率关系的论述，指的是累积体积含矸率。

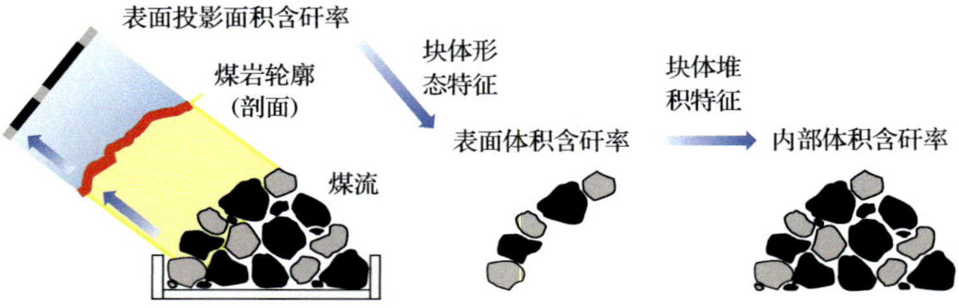

(a) 煤流表面与内部体积含矸率

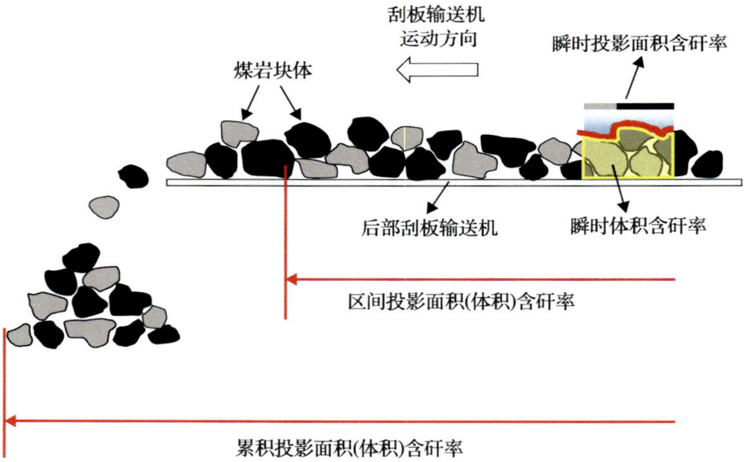

(b) 瞬时、区间与累积含矸率

图 4-144 含矸率示意图

对煤流瞬时体积含矸率的计算主要包括三个步骤：数据监测箱布设、数据采集、含矸率计算。首先，在刮板输送机煤流经过的位置布设若干数据监测箱，从放煤口开始，沿着煤流方向，在 3 个支架(#3～#5 支架)位置的刮板输送机上布设 3 个数据监测箱，每个箱体的尺寸为 1500mm×1200mm×500mm(长×宽×高)，如图 4-145 所示。这些箱体的尺寸和位置是模拟现场相机安装位置，根据图像采集区域布设的。在放煤过程中，每间隔 0.5s，使用数据监测箱记录一次进入监测箱区域的煤岩块体体积。最后，根据监测结果计算当前时刻的瞬时体积含矸率。

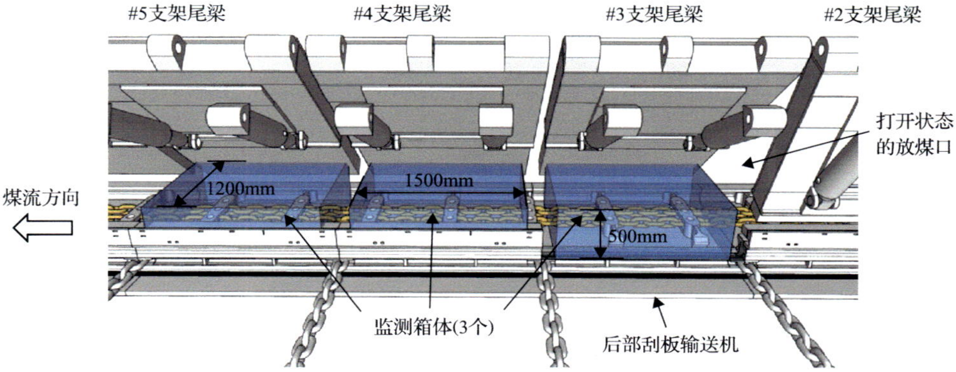

图 4-145　煤流体积含矸率数据监测箱尺寸与位置

对煤岩图像瞬时投影面积含矸率的计算主要包括三个步骤：图像采集、图像分析、含矸率计算。首先，模仿现场相机安设位置，每间隔 0.5s 采集一次后部刮板输送机上数据监测箱位置的煤流图像，做到投影面积含矸率和体积含矸率在时间和空间上的一致。在数值模拟中，将煤岩块体设置为色差较大的两种颜色，使用阈值分割方法对图像进行快速分割，如图 4-146 所示。最后，根据分割结果计算当前时刻下的瞬时投影面积含矸率。

(a) 图像分割前

(b) 图像分割后

图 4-146　煤岩图像投影面积含矸率计算的阈值分割

4. 实验结果

1) 合理图像采集位置的确定

相机位置的确定是图像识别智能放煤技术中一个重要的研究内容。所谓相机位置，是相对于待监测放煤口的位置而言的，也就是使用距离放煤口多远的液压支架进行图像采集与识别，它对于平衡数据监测实时性、相机清洁以及识别精度具有重要意义。首先，使用距离放煤口越近的相机进行图像采集与识别，监测结果的实时性越好，但是放煤口附近粉尘极大，不利于图像识别以及相机清洁。另外，煤流在刮板的牵引、振动或扰动下，煤流中煤岩块体的堆积形态可能发生变化。那么，这种扰动作用对含矸率检测会产生什么影响呢？是否存在一个合适的相机位置，既兼顾监测实时性和相机清洁，又可以利用刮板扰动作用，让体积含矸率预测工作更精准？也就是让投影面积含矸率和体积含矸率有更好的映射关系，是接下来的研究内容。

以不同尾梁摆动角度实验方案的第 3 组为例，研究不同相机位置下，煤岩图像投影面积含矸率及其相同位置煤流体积含矸率的变化。在#2 支架放煤的前提下，对#3～#5 支架下方煤流的瞬时投影面积含矸率、瞬时体积含矸率和瞬时放煤量进行监测，如图 4-147 所示。

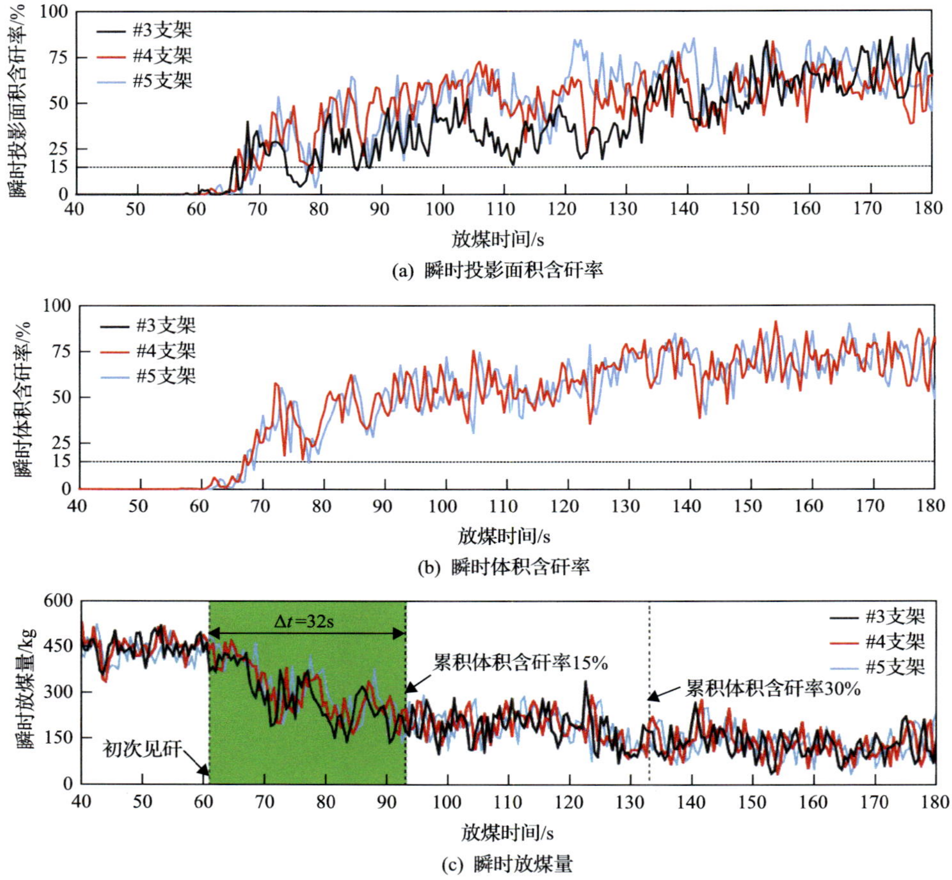

图 4-147 瞬时含矸率与放煤量监测结果

煤岩块体从#2 支架放煤口被放出后，在刮板牵引下，先后经过#3、#4 和#5 支架。可以看出，在运输过程中，大部分的煤岩块体会在刮板输送机上被运送，少量煤岩块体会涌出刮板输送机，堆积在刮板输送机和液压支架之间的空间，这可以从瞬时体积含矸率[图 4-147(b)]和瞬时放煤量[图 4-147(c)]的监测结果得到印证。瞬时体积含矸率和瞬时放煤量在距离放煤口不同位置的监测结果的变化规律较为相似，说明煤流在经过 3 个支架时，煤流中的煤岩块体的体积和质量没有发生明显变化，大部分的煤岩块体在刮板输送机上被运输。

但是，煤岩块体在刮板输送机上并不是被稳定地运输，在刮板快速牵引扰动作用下，煤流中煤岩块体的堆积形态发生了变化。这可以从瞬时投影面积含矸率[图 4-147(a)]的监测结果得到印证，相比于瞬时体积含矸率和瞬时放煤量，瞬时投影面积含矸率在距离放煤口不同位置的监测结果的变化规律差异较大，说明煤流在经过 3 个支架时，虽然体积和质量没有发生明显变化，但是呈现在图像中的状态发生了改变，煤岩块体在被运输过程中，刮板对煤岩块体的堆积形态造成了扰动。这种扰动是否存在什么规律可循？以及这种扰动可以给智能放煤带来些什么呢？

对不同相机位置下的瞬时投影面积含矸率和瞬时体积含矸率进行统计，如图 4-148 所示。可以看出，不同相机位置下监测的瞬时投影面积含矸率和瞬时体积含矸率的分布特点不同。在距离放煤口最近的#3 支架，瞬时投影面积含矸率和瞬时体积含矸率的相关性较弱，分布较为离散，且瞬时投影面积含矸率普遍小于瞬时体积含矸率[图 4-148(a)]，说明有较多的岩石块体被掩埋在煤流中。在距离放煤口稍远的#4 和#5 支架，瞬时投影面积含矸率和瞬时体积含矸率表现出较强的线性相关性，较为集中地分布在等值线附近[图 4-148(b)、(c)]。说明刮板的扰动不仅改变了煤岩块体的堆积特征，而且这种扰动看起来对瞬时体积含矸率预测工作是有利的，因为它提高了瞬时投影面积含矸率和瞬时体积含矸率的相关性，在利用瞬时投影面积含矸率预测瞬时体积含矸率时，可以获得更准确的结果。那为什么会出现这种现象呢？或者说，在刮板扰动煤流时，煤流中煤岩块体的堆积形态发生了哪些变化呢？

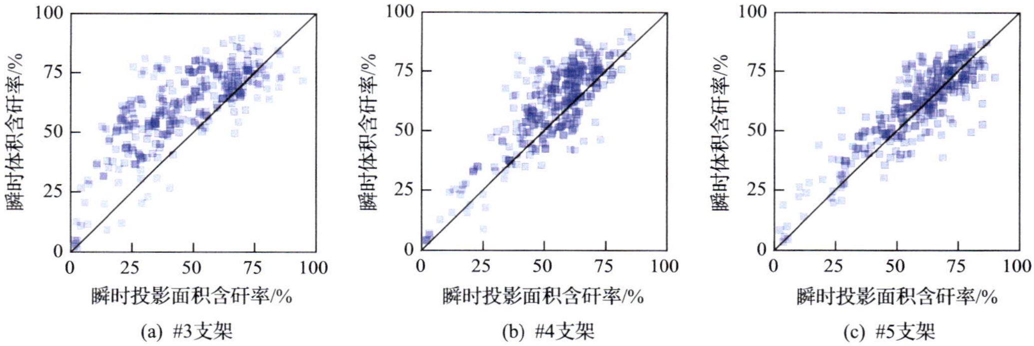

图 4-148　不同相机位置下的瞬时含矸率

进一步研究了煤流不同层位煤岩块体的尺寸。将在 3 个支架(#3～#5 支架)位置的刮板输送机上布设 3 个数据监测箱，进一步细分成上下两层，共计 6 个箱体，每个箱体的尺寸为 1500mm×1200mm×250mm(长×宽×高)，如图4-149所示。液压支架宽度为 1750mm，所以将 3 组数据监测箱(每组含上层和下层)距放煤口的距离记作 0、1.75m 和 3.0m。在放煤过程中，每间隔 0.5s 使用数据监测箱记录一次进入监测箱区域的煤岩块体的直径。

图 4-150 为放煤全过程，距放煤口不同距离和不同煤流层位的煤岩块度。可以看到，随着距离放煤口越远，煤流上层的煤岩块体的块度逐渐变大，说明煤流在刮板牵引、扰动下，煤流中煤岩块体的堆积状态发生了改变，小块度的煤岩块体逐渐沉降或涌出刮板，导致煤流上层位的煤岩块体的块度增大。另外，相比于煤，岩石块体的块度增大的幅度更大，这与岩石具有更高的密度有关，更高密度的小块度岩石块体在扰动下更容易发生沉降。

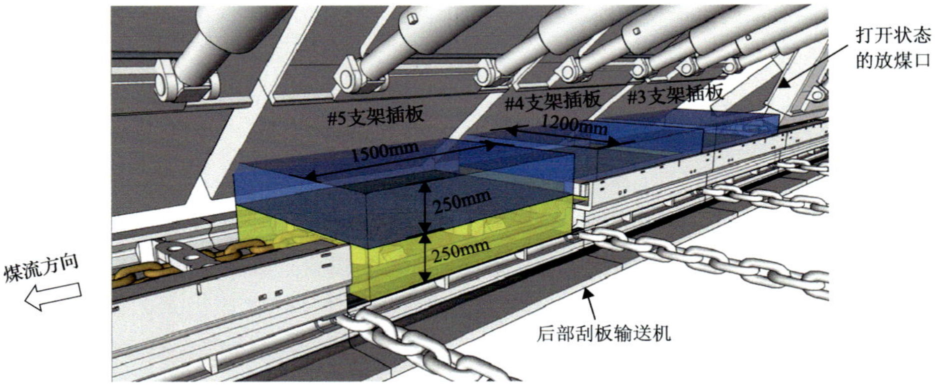

图 4-149 数据监测箱尺寸与位置

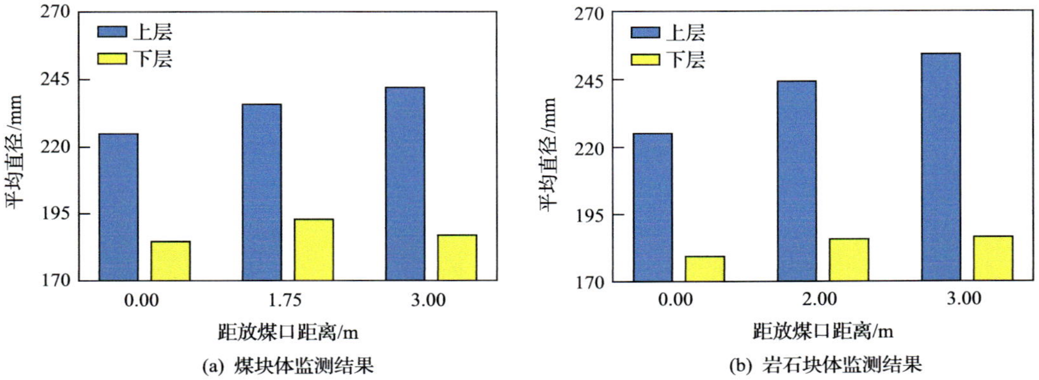

图 4-150 不同煤流层位的煤岩块度

对于块度的监测结果进一步表明，刮板扰动下引起的煤岩块体堆积状态的改变，对于瞬时体积含矸率预测是非常有利的。一方面，它提高了瞬时投影面积含矸率和瞬时体积含矸率的相关性，在使用瞬时投影面积含矸率预测瞬时体积含矸率时，容易获得更高精度的结果，如图 4-148 所示。另一方面，它提升了煤流表层煤岩块体的块度，当煤流表层煤岩块体的块度较大时，图像分割的难度和工作量就会降低，降低了图像分割引起的误差。

因此，综合考虑数据监测实时性、相机清洁、体积含矸率预测精度等因素，沿着煤流方向，放煤口的次邻架(距离放煤口的第二个支架)是图像识别智能放煤技术合适的图像采集位置。具体来说，首先，次邻架距离放煤口 1.75m 左右的距离，在 1～2m/s 的刮板链速条件下，不会造成数据监测的明显滞后，可以满足放煤的使用需求。其次，放煤口附近粉尘极大，次邻架距离放煤口 1.75m 左右的距离，恰好可以在放煤口邻架位置形成一个缓冲空间，为后续除尘措施预留了空间，比如通过增大支架后部风速或者在放煤口邻架布设局部压风抽风或其他除尘装置等，有效降低次邻架位置空气中的粉尘浓度，既可以提高图像采集清晰度，也可以保证相机清洁。最后，煤流从放煤口被运送至次邻架位置时，充分利用刮板的牵引、扰动，让煤流中的煤岩块体重新堆积，让小块度煤岩块体沉降，使大块度的煤岩块体呈现在煤流表层，通过降低图像分割难度，以及提高瞬时投影面积含矸率与瞬时体积含矸率的相关性，进而提升体积含矸率预测精度。

2)不同刮板链速条件下煤流含矸率

刮板链速会影响煤流中煤岩块体的堆积形态，影响瞬时投影面积含矸率的结果，进而对瞬时体积含矸率的预测产生影响。图 4-151 为不同刮板链速条件下瞬时放煤量监测结果。前面的研究表明，在#2 支架放煤的前提下，从实时性、相机清洁以及瞬时体积含矸率预测精度等方面考虑，在#4 支架进行含矸率检测是比较合适的，所以，接下来的研究中，相机位置设置在#4 支架。

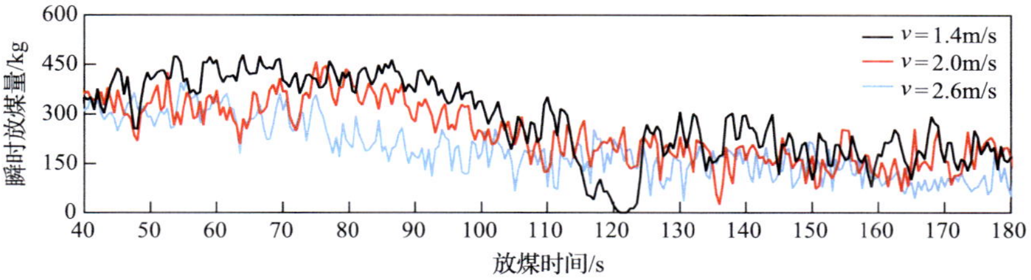

图 4-151　不同刮板链速条件下瞬时放煤量监测结果

需要指出的是，瞬时放煤量是一个与刮板链速有关的、描述某一时刻刮板上煤炭质量的参数，它不能反映煤炭采出效率。刮板链速越快，放出的煤会被更快地运出工作面，瞬时放煤量反而越低。可以使用瞬时放煤量定性描述刮板输送机上煤流堆积情况，瞬时放煤量越大，煤流堆积越厚；反之煤流堆积越薄。

总体上看，同一刮板链速条件下，瞬时放煤量呈震荡态势，且随着放煤时间增大，瞬时放煤量有减小趋势。不同刮板链速条件下的瞬时放煤量不同，刮板链速越大，瞬时放煤量越小，煤流堆积越薄。

对不同刮板链速条件下的瞬时投影面积含矸率和瞬时体积含矸率进行统计，如图 4-152 所示。

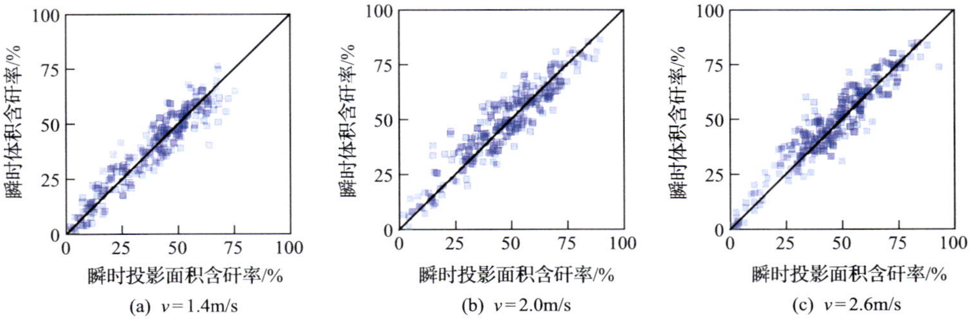

图 4-152　不同刮板链速条件下瞬时含矸率监测结果

可以看出，不同刮板链速条件下监测的瞬时投影面积含矸率和瞬时体积含矸率均呈现较好的线性相关性，但是在分布上有不同。相比于低速条件[图 4-152(a)]，刮板链速在具有较高链速时，瞬时投影面积含矸率和瞬时体积含矸率具有更广的分布范围[图 4-152(b)、(c)]，这是由于较高的刮板链速将放出的煤块更快地运出，避免了过量堆积，等效于将煤流的内部更多地展现出来，这对于瞬时体积含矸率检测无疑是有益的。

3) 不同尾梁摆动角度条件下煤流含矸率

与刮板链速类似，尾梁摆动角度也是通过控制煤流中煤岩块体的堆积厚度来影响瞬时投影面积含矸率的结果，进而对瞬时体积含矸率的预测产生影响。图 4-153 为不同尾梁摆动角度条件下的瞬时放煤量监测结果。

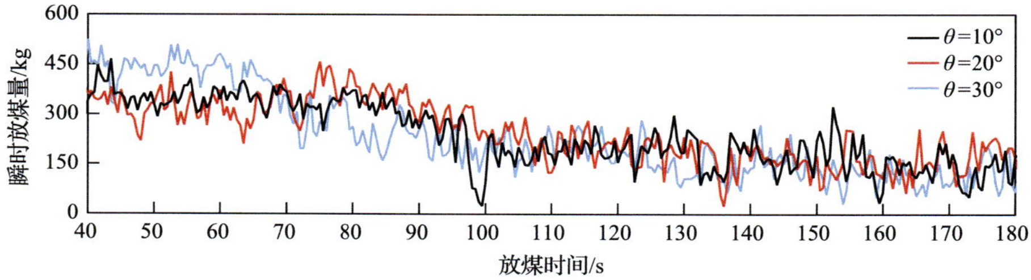

图 4-153 不同尾梁摆动角度条件下瞬时放煤量监测结果

总体上看，同一尾梁摆动角度条件下，瞬时放煤量呈震荡态势，且随着放煤时间增大，瞬时放煤量有减小趋势。不同尾梁摆动角度条件下的瞬时放煤量不同，尾梁摆动角度越大，瞬时放煤量越大，煤流堆积越厚，反之越薄。

对不同尾梁摆动角度条件下的瞬时投影面积含矸率和瞬时体积含矸率进行统计，如图 4-154 所示。

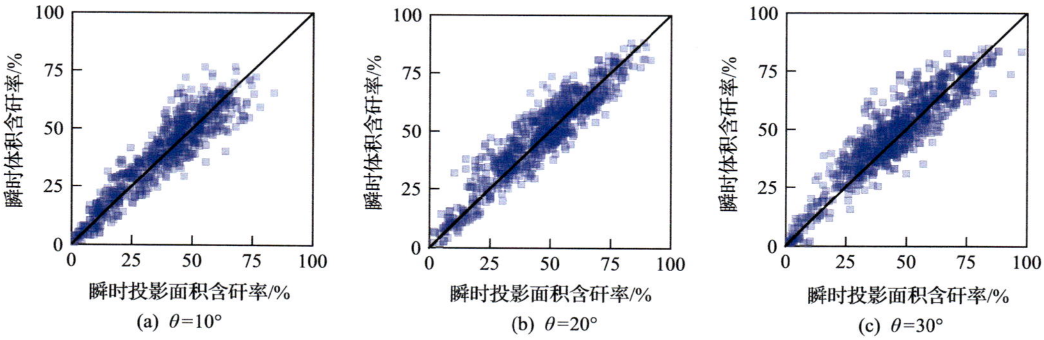

图 4-154 不同尾梁摆动角度条件下瞬时含矸率监测结果

可以看出，与刮板链速类似，不同尾梁摆动角度条件下监测的瞬时投影面积含矸率和瞬时体积含矸率均呈现了较好的线性相关性，但是在分布上有不同。在本实验涉及最小尾梁摆动角度条件下（$\theta = 10°$），虽然较小的尾梁摆动角度可以保证刮板输送机上有较薄的煤流，但是由于尾梁摆动角度较小，经常出现或大或小规模的卡煤、卡矸情况。此时如果进行干预，会让煤岩块体在短时间内大量涌出而堆积在后部刮板输送机上，变相增加了瞬时放煤量，不利于瞬时体积含矸率预测。在最大尾梁摆动角度条件下（$\theta = 30°$），含矸率监测结果分布的离散程度更大[图 4-154(c)]，且瞬时体积含矸率普遍大于瞬时投影面积含矸率，说明更多的岩石被掩埋在煤流内部。在中等尾梁摆动角度条件下（$\theta = 20°$），瞬时投影面积含矸率和瞬时体积含矸率具有更广的分布范围[图 4-154(b)]，既没有出现过多的卡煤、卡矸，也控制了煤流的厚度，这是有利于瞬时体积含矸率检测的。

4）不同煤岩块度分布条件下煤流含矸率

煤岩块度标准差也会影响煤流中煤岩块体的放出规律与堆积形态，影响瞬时投影面积含矸率的结果，进而对瞬时体积含矸率的预测产生影响。图 4-155 为不同煤岩块度分布条件下瞬时放煤量监测结果。

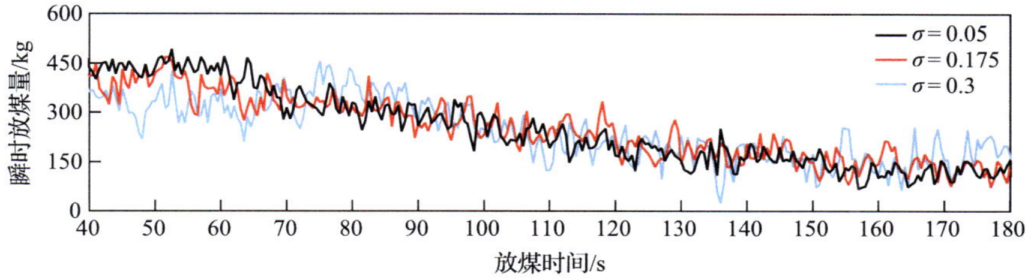

图 4-155　不同煤岩块度分布条件下瞬时放煤量监测结果

总体上看，同一煤岩块度分布条件下，瞬时放煤量呈震荡态势，且随着放煤时间增大，瞬时放煤量逐渐减小。不同煤岩块度分布条件下的瞬时放煤量差异不大，只是块度标准差较大的分组（$\sigma = 0.3$）中，瞬时放煤量的波动也越大。

对不同煤岩块度分布条件下的瞬时投影面积含矸率和瞬时体积含矸率进行统计，如图 4-156 所示。

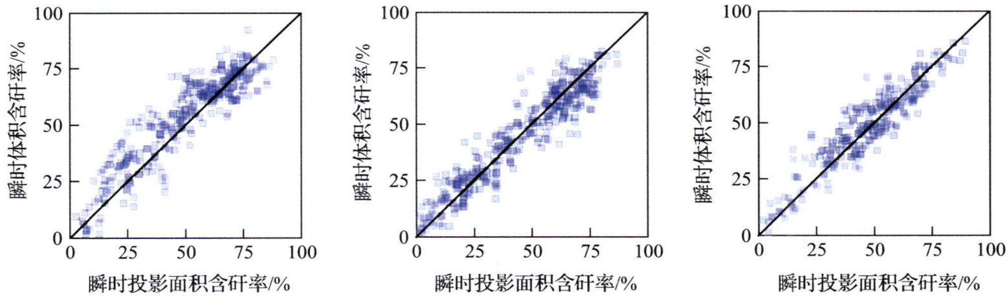

(a) $\sigma = 0.05$　(b) $\sigma = 0.175$　(c) $\sigma = 0.3$

图 4-156　不同煤岩块度分布条件下瞬时含矸率监测结果

不同煤岩块度分布条件下监测的瞬时投影面积含矸率和瞬时体积含矸率均呈现了较好的线性相关性，但块度标准差较大的分组[图 4-156（c）]的线性相关性相对更强，这是由于小块度的煤岩块体在刮板牵引、扰动作用下发生沉降，大块度的煤岩暴露在煤流表面，通过图像获得的投影图像中有更多大块度煤岩，而这些大块度煤岩对于煤流的体积贡献率更大，更能反映煤流的整体情况。因此，准确预测这些大块度煤岩的体积，有助于保证煤流瞬时体积含矸率预测的精度。而本节使用的规则形状块体，使得瞬时投影面积含矸率与瞬时体积含矸率具有相对明确的映射关系，所以，通过获取这些大块度煤岩的瞬时投影面积含矸率，更有利于预测煤流的瞬时体积含矸率，使得块度标准差较大分组的投影面积含矸率和体积含矸率具有相对更强的线性相关性。

5）“叠压”因素影响下的瞬时体积含矸率预测模型

在实际生产中，不同刮板链速、不同尾梁摆动角度以及不同煤岩块度分布情况都有可能出现，所以将上述不同条件下的瞬时投影面积含矸率和瞬时体积含矸率监测结果汇总，如图 4-157 所示。

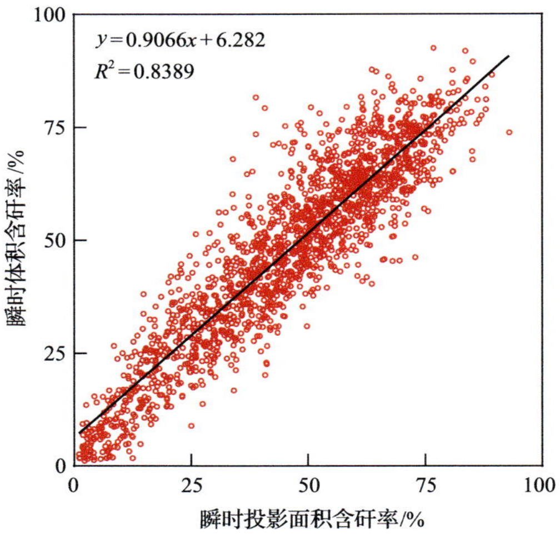

图 4-157 “叠压”因素影响下的瞬时体积含矸率预测模型

建立了“叠压”因素影响下的瞬时体积含矸率预测模型：

$$R_{M\_V} = 0.9066R_{M\_P} + 6.282 \tag{4-67}$$

式中，R_{M_V} 为瞬时体积含矸率；R_{M_P} 为瞬时投影面积含矸率。

该模型的决定系数 R^2 为 0.8389，说明该模型具有较好的预测效果。对于瞬时体积含矸率检测问题，在现场应用中，在保证放煤效率的前提下，关注的重点是通过协调刮板链速和尾梁摆动角度，控制煤流厚度，降低煤岩块体“叠压”，可以在一定程度上提升瞬时体积含矸率预测效果。

4.8.4 煤流体积含矸率预测

1. 实验方案

“形状+叠压”因素对于体积含矸率预测的影响实验，设置了不同刮板链速、不同尾梁摆动角度以及不同煤岩块度标准差 3 个实验分组，见表 4-17～表 4-19。

表 4-17 不同刮板链速实验分组（“形状+叠压”因素）

组别	块度标准差	尾梁摆动角/(°)	刮板链速/(m/s)
1	0.05	20	1.4
2	0.05	20	2.0
3	0.05	20	2.6

表 4-18　不同尾梁摆动角度实验分组（“形状+叠压”因素）

组别	块度标准差	尾梁摆动角/(°)	刮板链速/(m/s)
1	0.05	10	2
2	0.05	20	2
3	0.05	30	2

表 4-19　不同煤岩块度标准差实验分组（“形状+叠压”因素）

组别	块度标准差	尾梁摆动角/(°)	刮板链速/(m/s)
1	0.05	20	2
2	0.175	20	2
3	0.3	20	2

2. 实验参数设置

本实验中涉及三种材料，分别是煤、岩和钢(液压支架)，它们的参数见表 4-20、表 4-21。

表 4-20　材料参数（“形状+叠压”因素）

材料参数	泊松比	密度/(kg/m^3)	剪切模量/Pa
煤	0.5	1400	10^8
岩	0.2	2600	5×10^7
钢	0.3	7800	7×10^{10}

表 4-21　接触参数（“形状+叠压”因素）

接触参数	恢复系数	静摩擦系数	动摩擦系数
煤-煤	0.5	0.3	0.025
煤-岩	0.5	0.35	0.04
岩-岩	0.6	0.4	0.05
煤-钢	0.5	0.2	0.025
岩-钢	0.6	0.25	0.035

3. 含矸率检测方法

本实验中涉及的投影面积含矸率和体积含矸率的识别方法与“叠压”实验中的识别方法相同。

4. 研究思路

在“形状+叠压”因素对于体积含矸率预测的影响实验中，对于累积体积含矸率的计算有两个解决思路。其一是根据煤岩投影面积计算瞬时投影面积含矸率，进而计算区间投影面积含矸率，考虑煤岩块体的形状和叠压特征，建立区间投影面积含矸率和累积体积含矸率之间的关系。其二是利用“尺寸+形状”特征融合的煤岩块体体积预测模型，根据煤岩投影面积计算煤流表面的煤岩体积，计算瞬时体积含矸率、区间体积含矸率，然后考虑“形状”和“叠压”的影响，预测煤流累积体积含矸率，如图 4-158 所示。

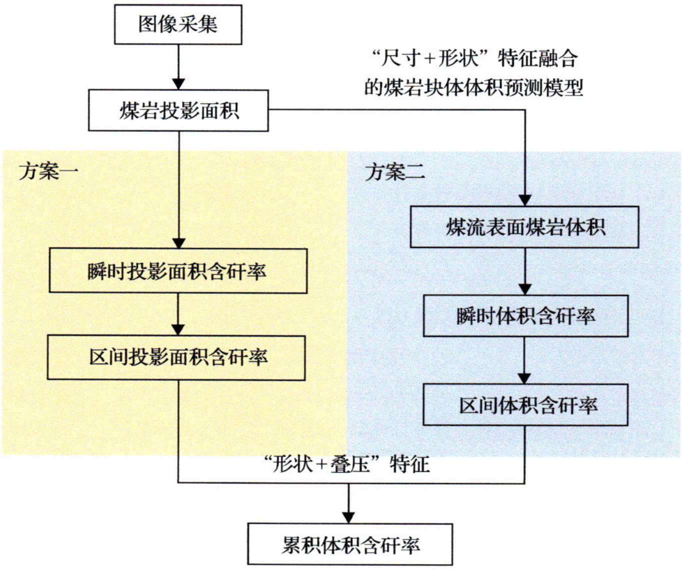

图 4-158 累积体积含矸率预测研究思路

5. 实验结果

1) 瞬时投影面积含矸率与累积体积含矸率监测结果

以不同尾梁摆动角度实验方案的第 1 组为例，研究一次完整放煤作业中，含矸率(包括煤岩瞬时投影面积含矸率和煤流累积体积含矸率)与瞬时放煤量的变化。对#4 支架下方煤流的含矸率与瞬时放煤量进行统计，如图 4-159 所示。

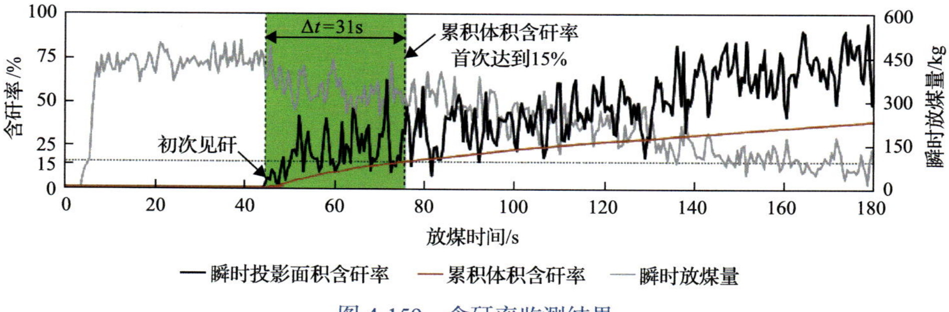

图 4-159 含矸率监测结果

放煤口打开后，顶煤逐渐放出，至 44s 为纯放煤阶段，此时瞬时投影面积含矸率和累积体积含矸率始终为 0，瞬时放煤量处于高位震荡。至 44.5s 时，瞬时投影面积含矸率达到 2.37%，此时为“初次见矸”。之后累积体积含矸率逐渐稳定增大，至 75.5s 时，累积体积含矸率增大至 15.03%，此时达到基于 BBR 理论确定的关闭放煤口的合理含矸率阈值（10%～15%）。此时关闭放煤口，可以在不明显增大含矸率的前提下有效提升顶煤回收率。

图像识别智能放煤技术通过图像分析获得的含矸率为瞬时投影面积含矸率，如果直接利用瞬时投影面积含矸率作为关闭放煤口的指标，那么瞬时投影面积含矸率的高频震荡很容易触发含矸率阈值，导致放煤口过早关闭。另外，也很难根据高频振荡的瞬时投影面积含矸率指定一个合理的瞬时投影面积含矸率阈值。因此，有必要对瞬时投影面积含矸率进行预处理，降低其高频振荡的影响，并基于此对累积体积含矸率进行预测，与基于 BBR 理论确定的关闭放煤口的合理含矸率阈值进行对比，决定是否关闭放煤口。

2）区间投影面积含矸率计算结果

将某一时间点前若干时长的瞬时投影面积含矸率的平均值作为该时间点的区间投影面积含矸率，使用区间投影面积含矸率代替瞬时投影面积含矸率有两点好处。一是可以降低瞬时投影面积含矸率的高频震荡，避免过早达到含矸率阈值而停止放煤；二是可以减少图像识别误差引起的含矸率异常导致的放煤口过早关闭。

图 4-160 为对#4 支架下方煤流的瞬时投影面积含矸率及其区间投影面积含矸率。这里进行区间投影面积含矸率计算的区间时长为 10s，即将某一时间点前 10s 的瞬时投影面积含矸率作为该时间点的区间投影面积含矸率。

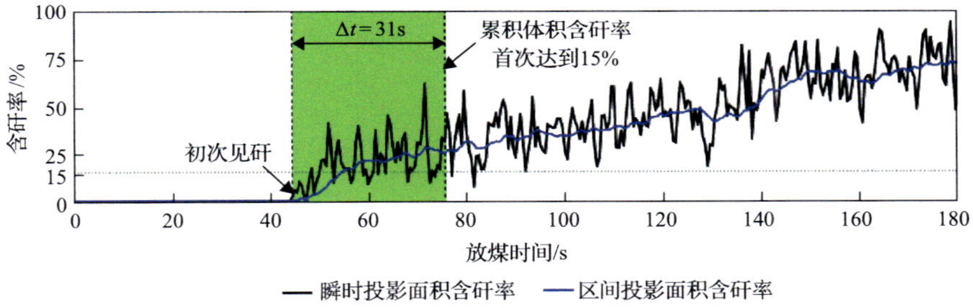

图 4-160　瞬时投影面积含矸率与区间投影面积含矸率

可以看出，随着放煤的持续，相比于瞬时投影面积含矸率，区间投影面积含矸率震荡减弱，表现出了更好稳定性，不会因为数据的高频震荡而过早触发放煤口关闭机制。

3）方案一：基于区间投影面积含矸率的累积体积含矸率预测

进一步对瞬时（区间）投影面积含矸率与累积体积含矸率的关系进行提取，如图 4-161 所示。

可以看出，相比于瞬时投影面积含矸率，区间投影面积含矸率与累积体积含矸率之间表现出了较为稳定的映射关系，通过区间投影面积含矸率，可以更为准确地预测累积体积含矸率，可用于确定放煤口的合理关闭时机。对区间投影面积含矸率与累积体积含矸率数据进行拟合，如图 4-162 所示。

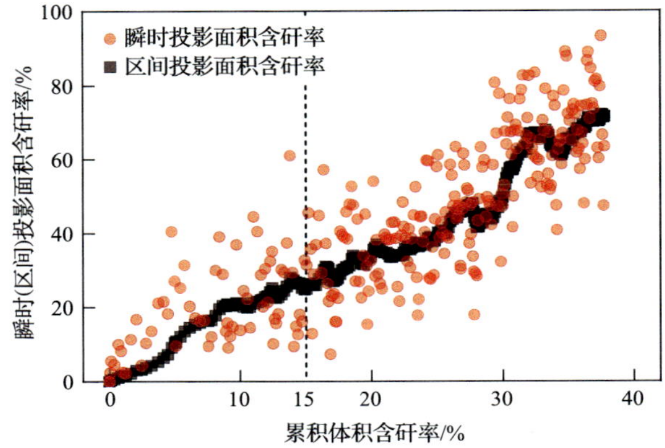

图 4-161 瞬时(区间)投影面积含矸率与累积体积含矸率的关系

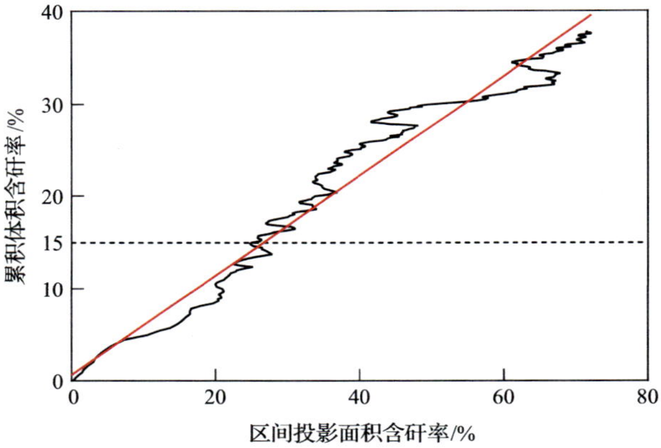

图 4-162 区间投影面积含矸率与累积体积含矸率

建立基于区间投影面积含矸率的累积体积含矸率预测模型：

$$R_{\mathrm{M\_CV}} = 0.5385 R_{\mathrm{M\_IP}} + 0.6628 \tag{4-68}$$

式中，$R_{\mathrm{M_CV}}$为累积体积含矸率；$R_{\mathrm{M_IP}}$为区间投影面积含矸率。

该模型的决定系数 R^2 为 0.9775，说明该模型具有较好的预测效果。

4) 方案二：基于区间体积含矸率的累积体积含矸率预测

首先提取了数值计算中使用的 120 个煤岩块体的形态学特征，包括扁平度 f 和伸长度 e，如图 4-163 所示。一方面，选用的 6 种典型形状的煤岩块体的形态学特征具有明显差异，说明将这 6 种煤岩块体视作典型块体是合理的。另一方面，煤岩块体的形态学基因在被定点诱变后，其形态学特征发生了稳定的变化，说明定点诱变技术对于煤岩块体形状的改变是可控的，将其用于快速批量生成具有预期形态学特征分布的煤岩块体群是合理的。

利用前文中建立的“尺寸+形状”特征融合的煤岩块体体积预测模型，通过煤流表面煤岩的投影面积得到煤流表面煤岩的体积，根据煤流表面煤体积和岩体积数据，计算得

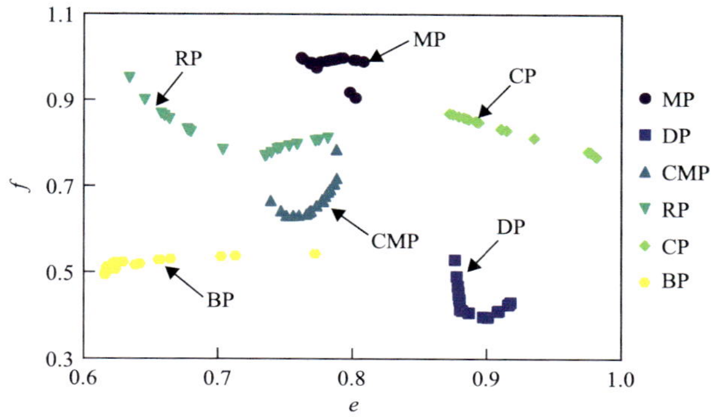

图 4-163　煤岩块体形态学特征

到煤流表面瞬时体积含矸率，进一步计算区间体积含矸率，其中，进行区间体积含矸率计算的区间时长为 10s。

由图 4-164 可以看出，随着放煤持续，相比于瞬时体积含矸率，区间体积含矸率表现出了更好的稳定性，不会因为数据的高频震荡而过早触发放煤口关闭机制。将区间体积含矸率和累积体积含矸率数据进行拟合，如图 4-165 所示。

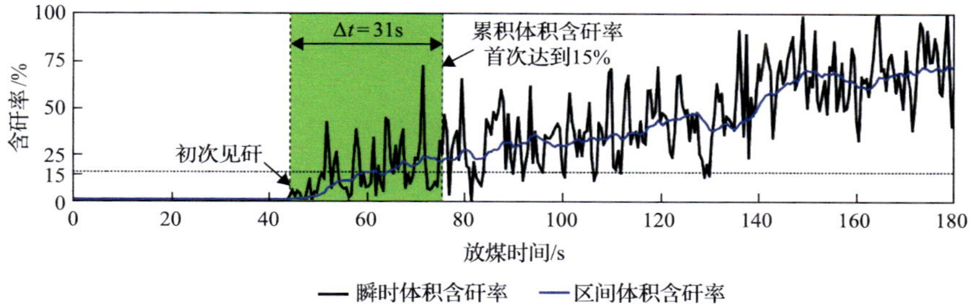

图 4-164　瞬时体积含矸率与区间体积含矸率

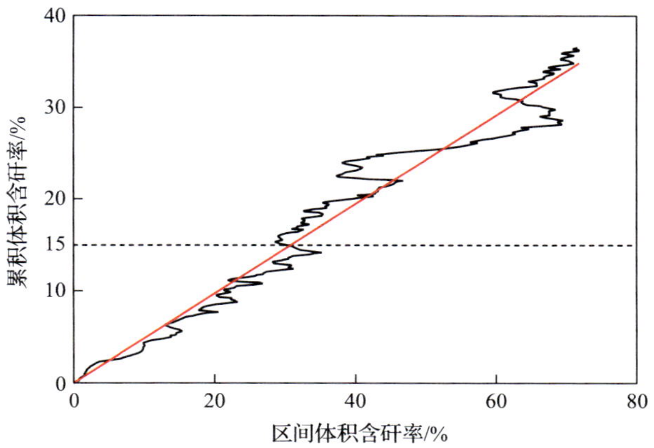

图 4-165　区间体积含矸率与累积体积含矸率

建立基于区间体积含矸率的累积体积含矸率预测模型：

$$R_{\mathrm{M\_CV}} = 0.4867 R_{\mathrm{M\_IV}} - 0.00506 \tag{4-69}$$

式中，R_{M_CV}为累积体积含矸率；R_{M_IV}为区间体积含矸率。

该模型的决定系数R^2为0.9783，说明该模型具有较好的预测效果。相比于基于区间投影面积含矸率的累积体积含矸率预测模型，该模型的预测精度稍有提升，说明利用“尺寸+形状”特征融合的煤岩块体体积预测模型，通过煤流二维投影面积计算区间体积含矸率，在考虑“形状+叠压”因素影响的基础上预测煤流累积体积含矸率的研究路径是可行的。

在预测煤流累积体积含矸率的过程中，对于区间体积含矸率的计算是非常重要的环节。计算了不同刮板链速、不同尾梁摆动角度以及不同煤岩块度标准差共计9个放煤实验的区间体积含矸率，其中，进行区间体积含矸率计算的区间时长为10s，如图4-166所示。

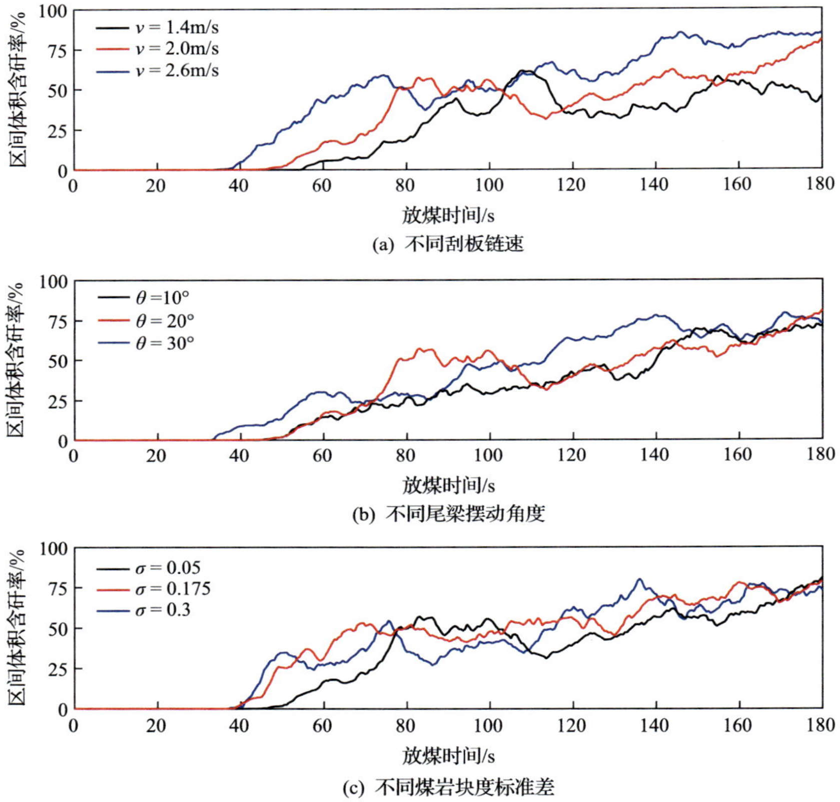

图4-166 区间体积含矸率监测结果

可以看出，不同实验方案下区间体积含矸率呈现出相似的变化规律，特别是不同尾梁摆动角度分组和不同煤岩块度标准差分组。另外，较快的刮板链速和较大的尾梁摆动角度，初次见矸时间也较早。不同刮板链速方案和不同尾梁摆动角度方案具有相似的区间体积含矸率变化规律，因为不论是调节刮板链速，还是调节尾梁摆动角度，它们在影响煤岩块体在后部刮板输送机上的堆积厚度或者堆积形态等方面具有相似作用，因而具有相似的区间体积含矸率变化规律。

本节提出的区间含矸率较为明显地改善了瞬时含矸率高频震荡而易触发放煤口关闭

机制的问题，但是，区间体积含矸率计算结果仍然存在一定程度的波动，可能会出现过早达到阈值而关闭放煤口的情况。可以从两方面考虑改善这种情况。一方面，从区间体积含矸率计算角度，可以考虑延长用于计算区间体积含矸率的区间时长，本节选用的区间时长为10s，可以进一步适当延长区间时长来降低区间体积含矸率的波动，比如增加到15s、20s，或者更长。特别需要指出的是，区间时长的延长不会影响到含矸率检测的实时性，因为关闭放煤口的阈值是基于累积体积含矸率设置的。另一方面，从含矸率阈值确定角度，可以针对区间体积含矸率的波动数据，提出具有一定容错能力的含矸率阈值，比如含矸率大于某一值持续若干时间作为关闭放煤口的阈值，可以有效改善区间体积含矸率过早达到阈值而关闭放煤口的情况。

至此，完成了“由表及里”(S2I)含矸率高精度预测两步走策略，达到了通过采集二维图像预测煤流累积体积含矸率的目的，将预测得到的累积体积含矸率与基于 BBR 理论确定的合理阈值进行对比，来决定是否关闭放煤口，停止放煤。

参 考 文 献

[1] 李良晖. 基于差异照度图像的综放开采煤矸混合度识别研究[D]. 北京: 中国矿业大学(北京), 2019.

[2] Xu H, Zhang J, Cai J, et al. GMFlow: learning optical flow via global matching[C]//2022 IEEE/CVF Conference on Computer Vision and Pattern Recognition(CVPR), 2022: 8111-8120.

[3] Li L H, Wang J C, Yang S L, et al. Estimate of three dimensional Wadell roundness of irregular particles using image processing and topographic analysis[J]. Construction and Building Materials, 2023, 396: 132273.

[4] Laurentini A. The visual hull concept for silhouette-based image understanding[J]. IEEE Transactions on Pattern Analysis and Machine Intelligence, 1994, 16(2): 150-162.

[5] Cheung K M, Baker S, Kanade T. Shape-From-Silhouette across time Part I: theory and algorithms[J]. International Journal of Computer Vision, 2005, 62(3): 221-247.

[6] Das N. Modeling three-dimensional shape of sand grains using discrete element method[D]. Tampa: University of South Florida, 2007.

[7] Li C, Xu W, Meng Q. Multi-sphere approximation of real particles for DEM simulation based on a modified greedy heuristic algorithm[J]. Powder Technology, 2015, 286: 478-487.

[8] Taghavi R. Automatic clump generation based on mid-surface[C]//proceedings of the Proceedings, 2nd international FLAC/DEM symposium, Melbourne, F, 2011.

[9] Angelidakis V, Nadimi S, Otsubo M, et al. CLUMP: a code library to generate universal multi-sphere particles[J]. SoftwareX, 2021, 15: 100735.

[10] Zheng J, Hryciw R D. A corner preserving algorithm for realistic DEM soil particle generation[J]. Granular Matter, 2016, 18(4): 84.

[11] Zheng J, He H, Alimohammadi H. Three-dimensional Wadell roundness for particle angularity characterization of granular soils[J]. Acta Geotechnica, 2021, 16(1): 133-149.

[12] Zheng J, Hryciw R D. Traditional soil particle sphericity, roundness and surface roughness by computational geometry[J]. Geotechnique, 2015, 65(6): 494-506.

[13] Sorokin J. Ridgefilt(img, L, sigma, alpha)[Z]. MATLAB Central File Exchange, 2022.

[14] Wadell H. Volume, shape, and roundness of rock particles[J]. The Journal of Geology, 1932, 40(5): 443-451.

[15] Loth E. Drag of non-spherical solid particles of regular and irregular shape[J]. Powder Technology, 2008, 182(3): 342-353.

[16] Krumbein W C. Measurement and geological significance of shape and roundness of sedimentary particles[J]. Journal of Sedimentary Research, 1941, 11(2): 64-72.

[17] Altuhafi F, O'Sullivan C, Cavarretta I. Analysis of an image-based method to quantify the size and shape of sand particles[J]. Journal of Geotechnical and Geoenvironmental Engineering, 2013, 139(8): 1290-1307.

[18] Potticary M, Zervos A, Harkness J. An investigation in the effect of particle platyness on the strength of granular materials using the discrete element method[C]//proceedings of the IV International Conference on Particle-based Methods (PARTICLES 2015), Barcelona, SPAIN, F Sep 28-30, 2015. Int Center Numerical Methods Engineering: 08034 Barcelona, 2015.

[19] Kong D, Fonseca J. Quantification of the morphology of shelly carbonate sands using 3D images[J]. Geotechnique, 2018, 68(3): 249-261.

[20] Angelidakis V, Nadimi S, Utili S. Shape analyser for particle engineering (SHAPE): seamless characterisation and simplification of particle morphology from imaging data[J]. Computer Physics Communications, 2021, 265: 107983.

[21] Mathworks. MATLAB 9.4.0.813654 (R2018a) [M]. Natick: The MathWorks Inc., 2018.

[22] Brechbühler C, Gerig G, Kübler O. Parametrization of closed surfaces for 3-D shape description[J]. Computer Vision and Image Understanding, 1995, 61(2): 154-170.

[23] Wei D, Wang J, Zhao B. A simple method for particle shape generation with spherical harmonics[J]. Powder Technology, 2018, 330: 284-91.

[24] Zhou B, Wang J F, Zhao B D. Micromorphology characterization and reconstruction of sand particles using micro X-ray tomography and spherical harmonics[J]. Engineering Geology, 2015, 184: 126-137.

[25] Liang H, Shen Y, Xu J H, et al. Multiscale three-dimensional morphological characterization of calcareous sand particles using spherical harmonic analysis[J]. Frontiers in Physics, 2021, 9: 1-8.

[26] Mollon G, Zhao J D. 3D generation of realistic granular samples based on random fields theory and Fourier shape descriptors[J]. Computer Methods in Applied Mechanics and Engineering, 2014, 279: 46-65.

[27] Blott S J, Pye K. Particle shape: a review and new methods of characterization and classification[J]. Sedimentology, 2008, 55(1): 31-63.

第 5 章　复杂外观条件下煤岩识别

5.1　复杂外观条件下含矸率检测精度保障策略

前面章节关于图像识别智能放煤技术的研究，首先从环境出发，提供了一个适合图像采集的光照环境，接着使用深度学习算法实现了二维图像投影面积含矸率的精准测量，在此基础上，以煤岩块体形态学特征为切入点，对煤流体积含矸率的测量进行了初步探索。这些研究的煤块、砂岩和泥岩在外观上或多或少是存在一定差异的，用肉眼是可以区分的。但是，在实际生产过程中，并不总是有这么理想的条件，可能存在复杂的条件。所谓复杂条件，就是不论从颜色，还是纹理，抑或是形状轮廓上，煤岩块体都极其接近的情况。在这种条件下，可能用肉眼都难以区分煤和岩石，对于图像识别智能放煤技术而言，更是一个巨大的挑战。此时，单纯使用图像识别智能放煤技术可能不能获得满意的识别效果，需要根据煤岩块体更本质的区别，模仿人的识别过程，考虑融合多源信息，以实现复杂外观条件下的智能放煤。

综放工作面放煤过程可能遇到的岩石主要包括两类，一类是煤系之外的岩石，称为白矸石，比如呈白色或灰白色砂岩这类顶板岩石，对这类矸石的识别相对简单，效果也比较好。另一类是在成煤过程中与煤层伴生、含碳量较低的岩石，称为煤矸石，主要是碳质、泥质和砂质页岩的混合物。它们的外观和煤炭看起来较为相近，有时用肉眼都难以区分，但是它们比煤坚硬、比重比煤大、灰分含量比煤高。因此，对于这类煤岩外观相近的复杂条件下的煤岩识别，现场工人不仅要看后部刮板输送机上煤流的颜色，还可以听煤岩摩擦尾梁、撞击刮板的声音，通过识别比重较大的岩石与金属摩擦撞击发出频率较高的声音，辅助工人判断煤和岩石的放落状态。

对于这类复杂外观条件下的煤岩识别，图像识别技术是存在一定局限性的，需要考虑融合多种传感器。虽然这类与煤层伴生的煤矸石在外观上看起来和煤极为接近，但是它们与煤在灰分和比重上的差异还是比较大的，灰分和比重的差异是开展复杂外观条件下煤岩识别的突破口。

在复杂外观条件下智能放煤含矸率检测研究中考虑灰分或者比重是合理的。实际上，在选矿环节，通常就是使用灰分作为划分煤和矸石的指标。煤的灰分是指煤完全燃烧后残留物的产率，反映了煤中矿物质的含量。随着灰分增大，煤炭的发热量降低。《中国煤炭分类》(GB/T-5751—2009) 中对煤炭的定义为“主要由植物遗体经煤化作用转化而成的富含碳的固体可燃有机沉积岩，含有一定量的矿物质，相应的灰分产率小于或等于50%(干基质量分数)”，将灰分大于 50%的煤炭视为矸石[1]。另外，国内在计算煤炭储量时，使用的煤炭灰分上限是 40%。在加拿大，也通常使用 50%灰分作为区分煤和矸石的阈值[2]。大量研究也表明，灰分和比重之间存在较强的线性关系。因此，使用灰分或者比重指标来区分煤岩块体是合理的。

在复杂外观条件下智能放煤含矸率检测研究中考虑灰分或者比重是必要的。煤中灰分是煤炭计价指标之一。在灰分计价中，灰分是计价的基础指标。在发热量计价中，灰分是计价的辅助指标。灰分是煤中的有害物质，同样影响煤的使用、运输和存储。煤用作动力燃料时，灰分增加，煤中可燃物质含量相对减少。矿物质燃烧灰化时要吸收热量，大量排渣要带走热量，因而降低了煤的发热量，影响了锅炉操作(如易结渣、熄火)，加剧了设备磨损，增加排渣量。煤用于炼焦时，灰分增加，焦炭灰分也随之增加，从而降低了高炉的利用系数。另外，煤中灰分增加，增加了无效运输，加剧了我国铁路运输的紧张。如果在采矿环节就考虑了灰分因素，也就是在放煤时，不仅识别出砂岩和泥岩这类顶板岩石，还将灰分较大的煤(灰分大于 50%即被认为是煤矸石)识别出来，可以大大降低后续运输和选矿环节的压力，做到“采矿—选矿”的有效互动与衔接。因此，在煤岩识别中考虑灰分因素是有必要的。

在复杂外观条件下智能放煤含矸率检测研究中考虑灰分或者比重也是可行的。大量的研究表明，很多监测手段获得的数据，比如通过 X 射线荧光光谱(X-ray fluorescence spectrometer，XRF)获得的化学元素含量，利用双能 X 射线透射成像(dual energy X-ray transmission，DE-XRT)获得的等效原子序数或者相对密度，是可以直接或间接地预测煤的灰分或者比重的。目前的研究主要在选矿环节针对单个煤岩样本的灰分或相对密度测量，但是对于采矿环节刮板输送机上呈堆积状态的煤流的灰分或相对密度测量较少。所以，能否精准识别煤流灰分或者相对密度，并基于此确定含矸率，是非常具有吸引力的课题。

因此，本章围绕复杂外观条件下智能放煤含矸率检测研究实际难题，以灰分和比重为切入点，综合运用声振信号传感器、XRF 传感器和 DE-XRT 传感器，分析煤流表面或内部的化学元素含量、相对密度、灰分以及含矸率之间的量化关系，探究复杂外观条件下煤岩块体识别以及含矸率检测的可行性。

40 余年的放顶煤开采经验表明，使用人工放煤方式在大多数条件下是可以满足生产需求的。但是人工放煤劳动强度大，长时间作业也容易产生误差，所以使用机器代替人工进行放煤，可以解放劳动力，提高生产效率。效率的提升不能以大幅牺牲精度为代价，在解放劳动力的同时要保证识别精度。对于图像识别智能放煤技术而言，大多数生产场景下可以使用图像进行含矸率的识别，但是对于一些复杂条件，单一的图像识别则不能有很好的表现。

既然人工放煤可行，那么放煤工人是如何在复杂外观条件下识别煤和岩石的呢？在综放工作面，放煤工人通常从液压支架的架间观察放煤口附近后部刮板输送机上的煤流，通过煤流中煤岩块体的颜色与形态来判断是否有岩石被放出，并根据岩石放出的大致持续时间或者大致的量来决定关闭放煤口。除了用眼睛观察，放煤工人还会根据煤岩块体摩擦尾梁和撞击刮板的声音来判断是否有岩石被放出。煤和岩石摩擦尾梁和撞击刮板声音之所以不同，主要是因为它们的比重不同，即便是外观相近的岩石和煤，它们的比重也存在显著差异，在摩擦尾梁和撞击刮板时会产生不同频率的声音。放煤工人利用该特点，辅助判断煤岩放落状态。因此，除了煤岩外观差异，它们的比重差异也是煤岩块体识别或者含矸率检测的重要指标，特别是对于复杂外观条件下的含矸率检测，多源信息融合是有必要的。

因此，提出了一种复杂外观条件下智能放煤含矸率检测精度保障策略，采用图像、声音传感器，分别模拟人的眼看煤流颜色和形态、耳听煤岩放落声音，这也是放煤工人使用的方法(图 5-1)。此外，利用振动传感器，感受煤岩撞击尾梁或者刮板产生的振动频率与强度，确定是否有岩石被放出，关于声振传感器的研究这里简要介绍。使用 XRF 传感器测量煤流表面化学元素含量，进而估算煤流表面投影面积含矸率。采用 DE-XRT 传感器获得煤流的等效原子序数或者煤流相对密度，实现煤流体积含矸率估算。利用多种传感器的协同合作，有效保障复杂外观条件下的智能放煤含矸率检测精度，进而达到解放劳动力、提高顶煤回收率的目的。

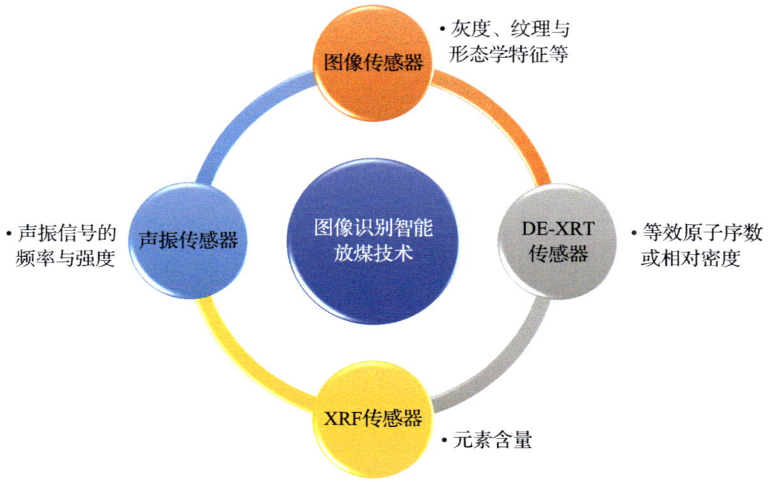

图 5-1　含矸率检测精度保障策略架构

5.2　基于声振信号的复杂外观条件含矸率检测

5.2.1　煤岩声振信号采集与处理

1. 试验样品

试验所用的煤岩样品来自大同矿区北辛窑煤矿，煤质为气肥煤，岩石种类为泥岩。煤岩样品如图 5-2 所示。

图 5-2　煤岩样品

2. 试验设备

在实验室搭建综放开采智能放煤试验平台，如图 5-3 所示。该平台主要由四大部分组成：主体框架，仿制液压支架，仿制刮板输送机，平台操控中心台。主体框架由四周的钢材与中心可视化的高强度玻璃组成，液压支架旁边的小窗口可以打开，方便对液压支架故障进行维修。仿制液压支架的液压缸可以控制顶梁支撑和尾梁摆动。仿制刮板输送机有电动机，可以控制刮板链转动，模拟工作面后刮板输送机运煤。平台操控中心台可以根据需要按动三个强中弱挡位，分别控制液压支架的工作阻力与刮板输送机的运动速度[3]。

图 5-3　综放开采智能放煤试验平台

利用声振信号采集装置进行试验过程声振信号采集，如图 5-4 所示。该装置由中央处理器、各种电子元件、声音传感器、振动传感器、电池等组成。采集装置外部保护壳可以保护内部电路板，外壳固定有一块强力磁铁，可以吸附于支架掩护梁上。

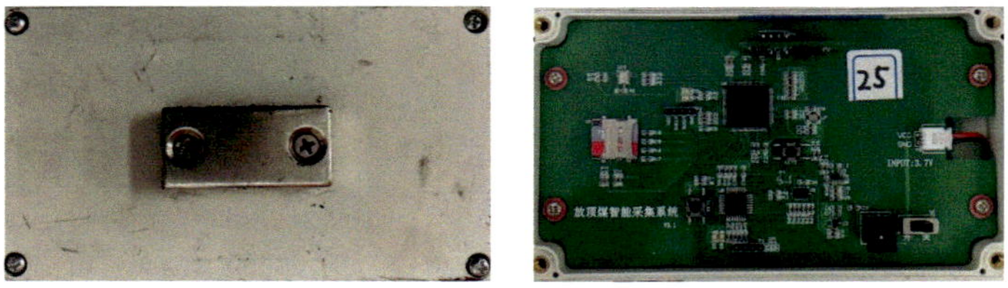

(a) 外部保护壳　　(b) 内部电路板

图 5-4　声振信号采集装置[4]

5.2.2　试验概况

1. 试验方案

考虑块度、高度和碰撞类型在内的三个因素，设计 18 组正交试验，每组试验各进行 120 次采样，每种碰撞类型的样本各采集 360 次，总计采集试验 2160 次。六种不同类型煤岩碰撞的试验方案见表 5-1。

表 5-1　六种不同类型煤岩碰撞的试验方案

序号	撞击物	被撞击物	碰撞类型	撞击物块度/cm	样本数/个				
					0.5m	1.0m	1.5m	小计	总计
1	煤	煤	煤-煤	5	40	40	40	120	360
2				10	40	40	40	120	
3				15	40	40	40	120	
4		矸	煤-矸	5	40	40	40	120	360
5				10	40	40	40	120	
6				15	40	40	40	120	
7		支架	煤-支架	5	40	40	40	120	360
8				10	40	40	40	120	
9				15	40	40	40	120	
10	矸	煤	矸-煤	5	40	40	40	120	360
11				10	40	40	40	120	
12				15	40	40	40	120	
13		矸	矸-矸	5	40	40	40	120	360
14				10	40	40	40	120	
15				15	40	40	40	120	
16		支架	矸-支架	5	40	40	40	120	360
17				10	40	40	40	120	
18				15	40	40	40	120	

注：表头中 0.5m、1.0m、1.5m 为碰撞高度。

煤岩识别不仅仅局限于单纯识别是煤还是岩石的问题，结合实际条件，含矸率的识别也是非常重要的。考虑到井下煤岩混合体第一时间会从顶板垮落撞击支架，因此为了研究不同含矸率的声音撞击信号，设计了五种不同含矸率的煤岩混合体碰撞支架的试验，每种含矸率的试验采集样本 360 个，总计采集样本 1800 个。五种不同含矸率煤岩混合体碰撞支架的试验方案见表 5-2。

表 5-2　五种不同含矸率煤岩混合体碰撞支架的试验方案

序号	撞击物			被撞击物	碰撞高度/m	含矸率/%	样本数/个
	块度/cm	煤块数/个	矸块数/个				
1	10	10	0	支架	1	0	360
2	10	9	1		1	10	360
3	10	8	2		1	20	360
4	10	5	5		1	50	360
5	10	0	10		1	100	360

2. 试验步骤

首先选取若干块度为 5cm、10cm、15cm 左右的立方体煤块与岩石，对不同煤块分别进行序号标记，便于做试验。在综放开采智能放煤试验平台主体框靠近支架的位置，利用卷尺进行高度测量，分别测量 50cm、100cm、150cm 三个高度，并用记号笔进行标记。高度标记位置如图 5-5 所示。

图 5-5 平台高度标记

将声振信号采集装置吸附在液压支架掩护梁内部，打开开关，持续采集信号。按照试验方案依次进行煤岩碰撞试验，直到采样数目达到试验方案设计的数目。

试验过程中对于碰撞砸坏的煤岩样品，进行更换新的同等块度的煤岩；对于同一块煤岩，采样 10 次以后如果没有损坏，也进行更换，确保采集的样本具有代表性。每采集 360 个样本，取出声振信号采集装置的内存卡保存一次信息，以防设备故障造成信息丢失。试验示意图如图 5-6 所示。

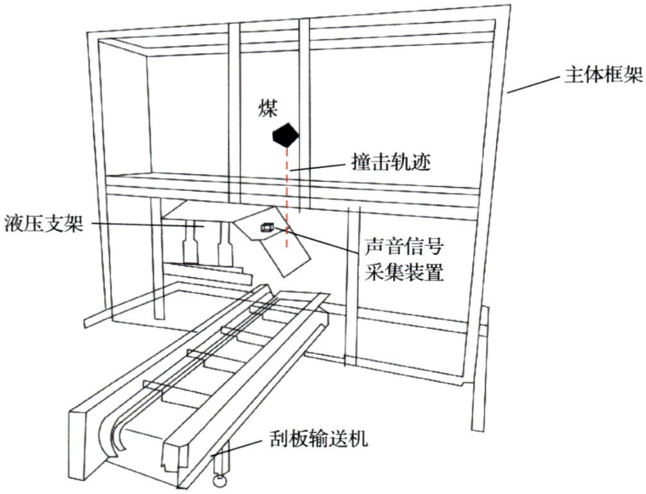

图 5-6 试验示意图

3. 试验结果

试验分别采集到煤-煤、煤-岩石、煤-支架、岩石-煤、岩石-岩石、岩石-支架各 2.5h

的声音片段。

试验分别采集到含矸率分别为 0、10%、20%、50%、100%的煤岩混合体碰撞支架各 4h 的声音片段。

5.2.3　声振信号处理

实际采集到的声振信号是模拟信号，无法直接观察获取特征，必须要经过一系列的处理变换才能进行特征提取与分析。

为了有效提取声振信号特征值，在分析之前必须对获得的声振信号进行处理，包括信号分割、预加重、分帧处理等。

1. 声振信号分割

用声振信号采集装置采集的声振信号是连续的持续时间较长的煤岩声振信号，首先对信号进行分割处理，截取成时长为 1s 的声振信号片段，统一存储为高清无损的 wav 格式文件。试验采集六种煤岩类型与五种不同含矸率的样本各 360 个，在声音分割处理过程中，去除误差较大的声音样本，得到每种样本各 300 个。

2. 声振信号预加重

声音需要通过介质进行传播，传播过程中能量是逐渐耗散的，而其他条件相同的情况下，频率越高，能量损耗越多。因此，在处理声振信号时，需要对信号进行预加重，以弥补高频部分的损耗，提高信噪比。

3. 声振信号分帧

由于声振信号是不断变化的，为了更好地进行特征提取，就需要分帧处理，即把声振信号分为一个个小片段，即分析帧。为了使分析帧能平滑过渡，常常将其进行叠加，使得分析的信号具有连续性，相邻分析帧交叠称为帧移。

5.2.4　声振信号的时域分析

煤岩碰撞产生的声振信号是一种非平稳的时变信号，采用时域分析是最为简单、最直观的方法。通过直接对语音信号的时域波形进行分析，获得不同特征参数，进而对比不同类型碰撞和不同含矸率的煤岩信号的特征差异。

声振信号波形可以展示其物理的本质特征，能够研究其传播过程与该过程中传播介质的响应。声波是一种机械波，主要是由物体振动产生。声音可以通过介质，以声波的形式传播，在气体和液体中声波主要表现为纵波，在固体中声波以横波为主，可能存在纵波混杂。

因为物体振动产生声音的响度各不相同，主要是通过振动频率，即物体每秒振动的次数对声音进行分类，人耳能听到的声波频率范围是 20～20000Hz，称为声波，低于 20Hz 称为次声波，超过 20000Hz 称为超声波，特别的超过 1GHz 称为特超声或微波超声。

声振信号的波形具体表现为时间的连续函数，因而声音和声音之间有逐渐过渡。在声振信号特性随时间变化过程中，声振信号的幅值随时间有显著变化，表达了声振信号的幅值随时间的变化过程。

1. 不同类型碰撞

图 5-7 展示了不同类型碰撞的声振信号的波形。表 5-3 给出了不同类型碰撞的声振信号的波形特征。可以看出，不同类型的煤岩块体碰撞声振信号波形在持续时间和幅值

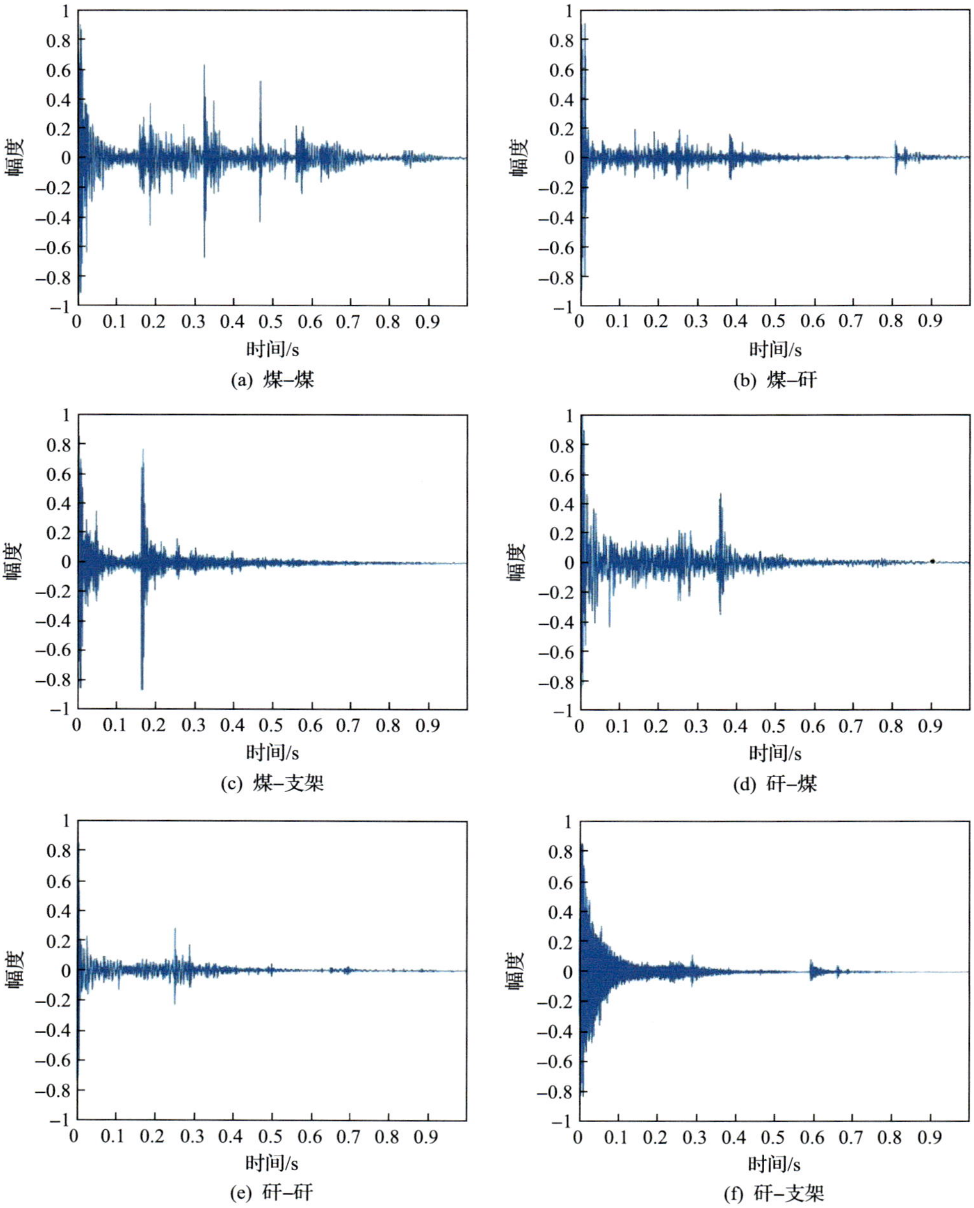

图 5-7　不同类型碰撞的声振信号波形图

表 5-3　不同类型碰撞的声振信号波形特征表

碰撞类型	波形性质	较大振幅持续时间/s	最大幅值
煤-煤	密集，不规则	0.9	0.9
煤-矸	较密集，波动小	0.9	0.9
煤-支架	较密集，幅值跃迁大	0.6	0.8
矸-煤	较密集，波动较整齐	0.8	1
矸-矸	较密集，波动小	0.5	0.85
矸-支架	密集，较平滑	0.7	0.9

上表现出明显差异。煤-煤碰撞波形的持续时间较长，幅值持续震荡，反映破碎后相互碰撞的复杂过程；煤-矸碰撞虽然持续时间与煤-煤相似，但振幅较大且较快减弱，表明岩石的硬度吸收了部分动能，碰撞过程具有较长的连续性；煤-支架碰撞波形较为密集，幅值较大，反映支架的平整与煤块碰撞时的较大振幅；矸-煤碰撞振幅较大且持续时间较长，表明岩石的质量和动能影响较大；矸-矸碰撞波形短暂，幅值小，反映岩石间的碰撞较为清脆，破坏活动较少；矸-支架碰撞波形密集且振幅较大，主要集中在碰撞初期，表明岩石与支架的碰撞产生较大的动能传递。

2. 不同含矸率

图 5-8 为不同含矸率的声振信号波形。表 5-4 给出了不同含矸率的声振信号的波形特征。可以看出，不同含矸率的煤岩混合体碰撞支架时，声振信号波形表现出显著差异。含矸率为 0 的煤块波形持续时间为 1s，振幅逐渐递减，反映了碎煤块的反弹与二次碰撞。含矸率为 10%的煤岩混合体波形持续时间为 0.7s，振幅高且多次反向跳跃，表现出煤岩与煤块碰撞的时间差。含矸率为 20%和 50%的煤岩混合体波形持续时间为 1s，振幅变化较为平缓，含矸率为 50%的煤岩混合体样本出现较大幅值跃迁。含矸率为 100%的岩石块波形持续时间为 0.8s，振幅较大且在碰撞后期有明显反向跃迁。总体而言，含矸率增加导致振动更复杂，幅值变化更多次反向跃迁。

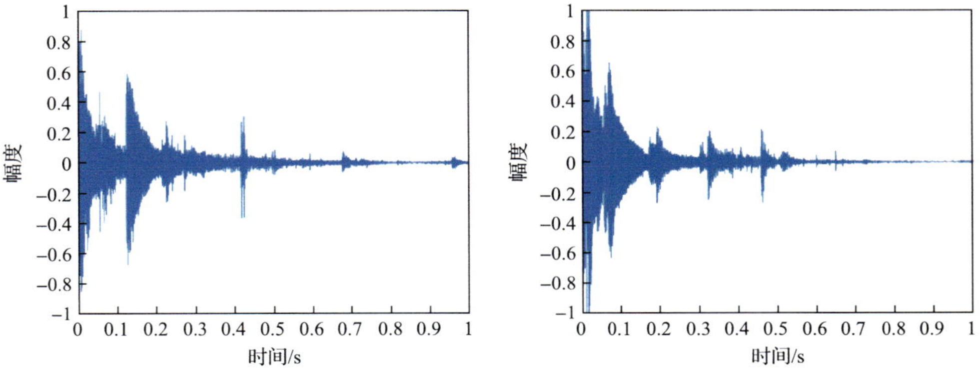

(a) 含矸率0　(b) 含矸率10%

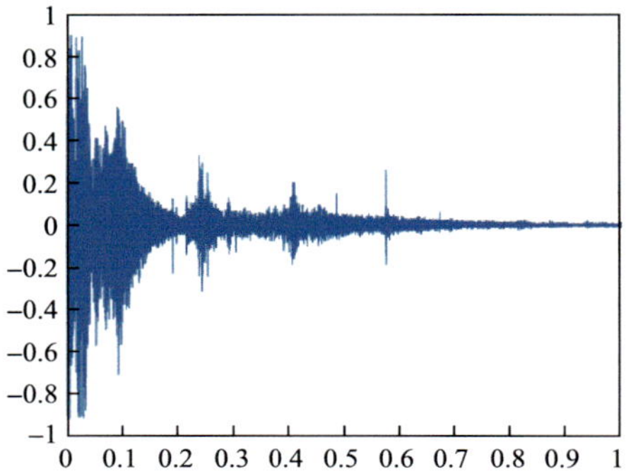

(c) 含矸率20%

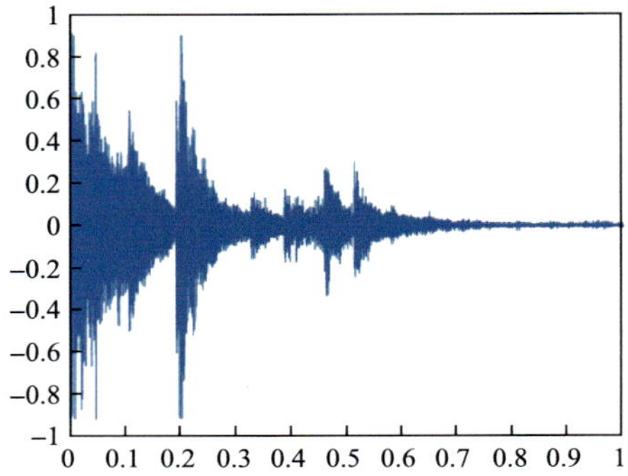

(d) 含矸率50%

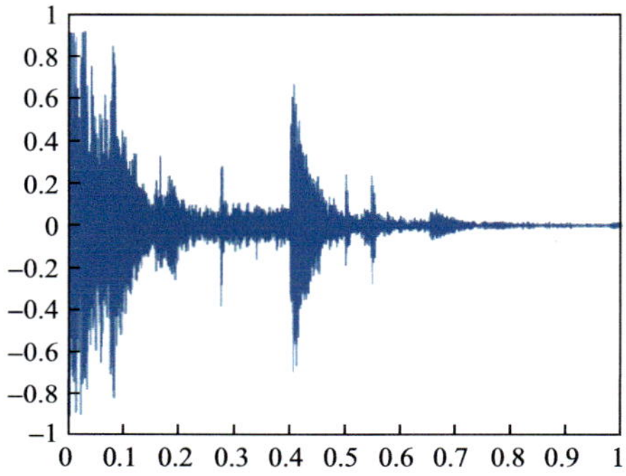

(e) 含矸率100%

图 5-8 不同含矸率的声振信号波形图

表 5-4 不同含矸率的声振信号波形特征表

含矸率/%	波形性质	较大振幅持续时间/s	最大幅值
0	密集，跃迁大	1	0.9
10	密集，不规则	0.7	1
20	密集，不规则	1	0.9
50	密集，跃迁大	1	0.9
100	密集，跃迁大	0.8	0.9

5.2.5 声振信号频域分析

频域分析主要是将声振信号以频率轴为坐标表现出来。与时域分析对比，频域分析更为简单，对声振信号的剖析更为深刻和方便，因此通过傅里叶变换生成声振信号的频谱图，进行频域分析，获得不同特征参数，进而对比不同类型碰撞和不同含矸率的煤岩信号的特征差异。

1．不同类型碰撞

图 5-9 为不同类型碰撞的声振信号频谱，表 5-5 给出了不同类型碰撞的声振信号的频谱特征。可以看出，不同类型碰撞的声振信号在频率和幅值上表现出不同的特点。

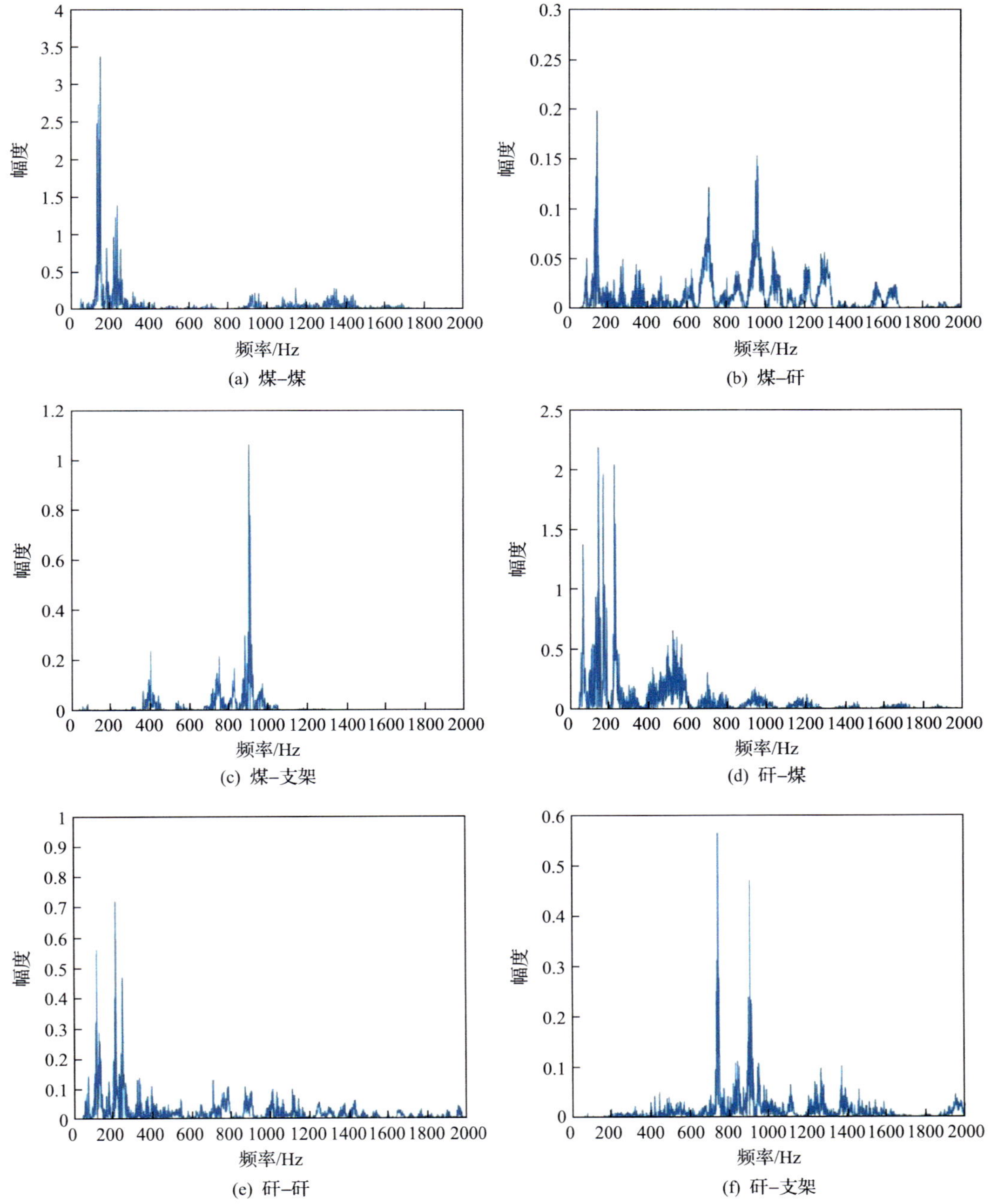

图 5-9　不同类型碰撞的声振信号频谱图

表 5-5 不同类型碰撞的声振信号频谱特征

碰撞类型	频谱形状	主频范围/Hz	最大幅值
煤-煤	单峰	180	3.4
煤-矸	多峰	100～1000	0.2
煤-支架	单峰	900	1.1
矸-煤	多峰	100～230	2.2
矸-矸	单峰	240	0.72
矸-支架	多峰	750～950	0.58

煤-煤碰撞的频率范围为 100～1400Hz，主频率为 180Hz，呈现低频高幅值现象。煤-矸碰撞频率范围较宽，最大幅值较小，频谱呈多峰状，主要由于煤岩破碎后产生的声音。煤-支架碰撞的频率范围较为集中，频谱呈单峰状，煤与支架的碰撞能量较快被消耗。矸-煤和矸-矸碰撞则呈现较大频率范围，多峰状频谱，岩石较硬，反弹后产生较低频率的峰值。矸-支架碰撞频率范围较广，频谱呈峰状，反弹多次后出现较大的振幅。总体而言，岩石和支架的碰撞信号频率较高，振幅较小，而煤-煤和煤-矸碰撞则具有较大幅值和低频特征。

2. 不同含矸率

图 5-10 为不同含矸率的声振信号的频谱，表 5-6 给出了不同含矸率的声振信号的频谱特征。可以看出，随着煤岩混合体含矸率的增加，煤块与支架碰撞的声振信号频率范围逐渐扩大，振动幅度和频谱形态也呈现不同变化。含矸率为 0 的煤块碰撞支架的频率范围为 100～1800Hz，主频率为 950Hz，最大幅值为 7.2，频谱呈现单峰状。含矸率为 10%的煤岩混合体频率范围更广（100～2900Hz），主频率为 2250Hz，最大幅值为 13，频谱也呈现单峰状。含矸率为 20%和 50%的煤岩混合体的频率范围为 100～2900Hz，主要振动幅度集中在 800～1500Hz 及 2200～2500Hz，主频率分别为 2240Hz 和 2220Hz，最大幅值分别为 5 和 8.5，频谱形态相似，但幅值不同。含矸率为 100%的岩石块频率范围为 100～1900Hz，主频率为 1300Hz，最大幅值为 13.8，频谱呈现单峰状，较其他含矸率的混合体

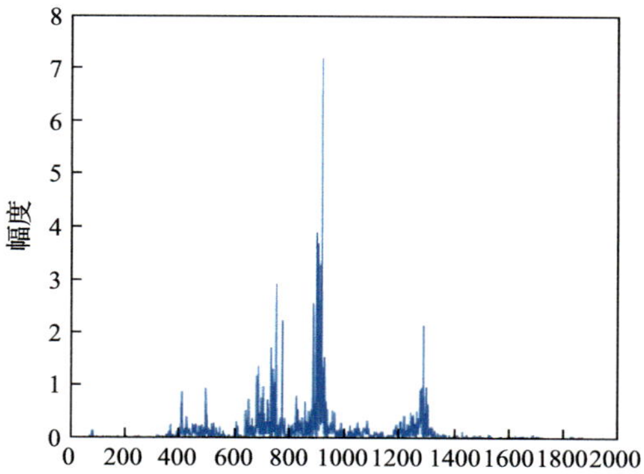

(a) 含矸率0

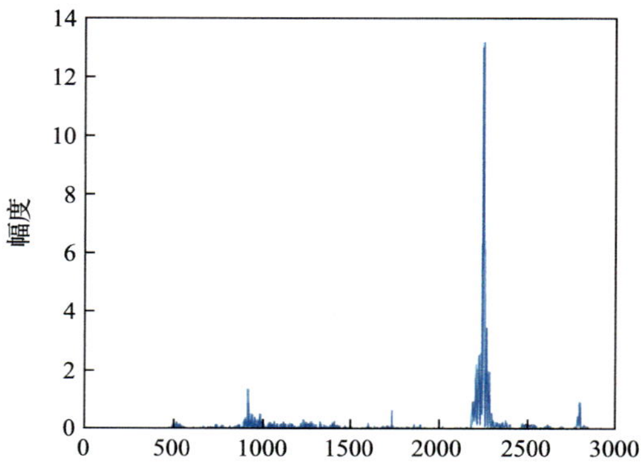

(b) 含矸率10%

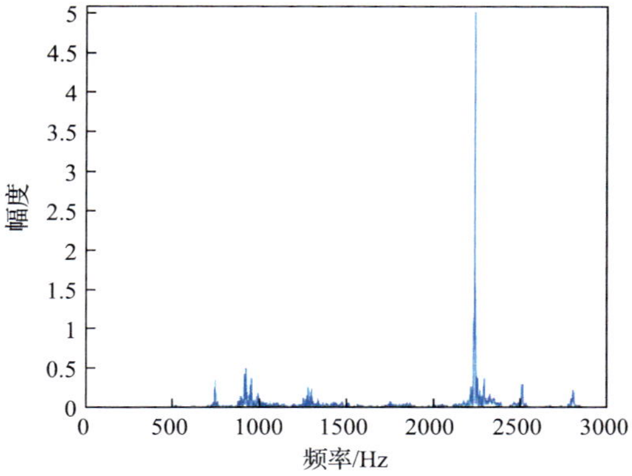

(c) 含矸率20%

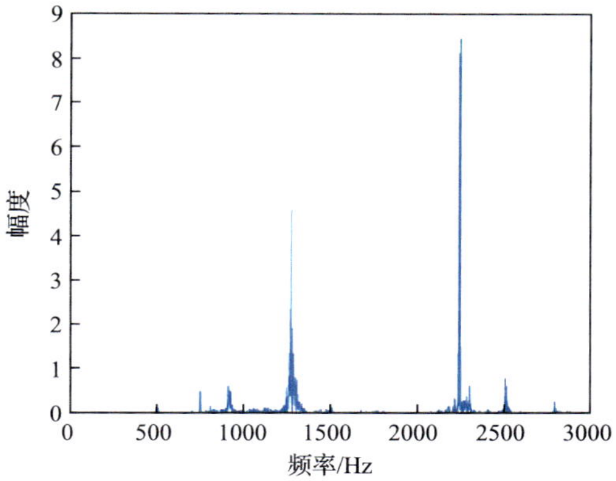

(d) 含矸率50%

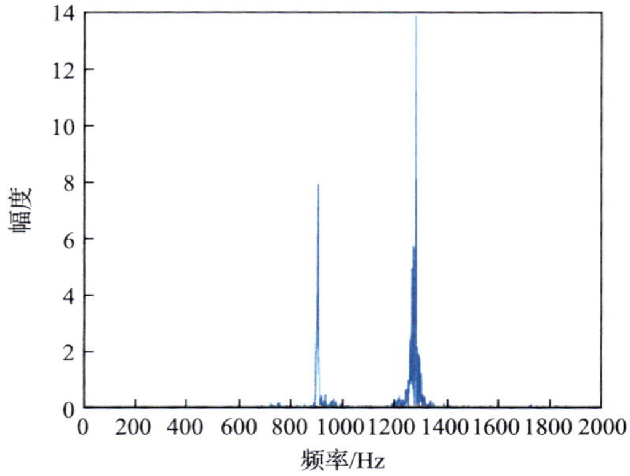

(e) 含矸率100%

图 5-10　不同含矸率的声振信号频谱

表 5-6　不同含矸率的声振信号频谱特征

含矸率/%	频谱形状	主频范围/Hz	最大幅值
0	单峰	950	7.2
10	单峰	2250	13
20	单峰	2240	5
50	单峰	2220	8.5
100	单峰	1300	13.8

频率范围要小，幅值最大。总体来看，含矸率的增加导致频率范围扩展，振动幅度波动较大，并呈现不同的频谱特征。

5.2.6　声振信号语谱图分析

语谱图最早由贝尔实验室的研究人员在第二次世界大战期间发明，其横坐标代表时间，纵坐标代表频率，图中的每个点通过颜色的深浅表示功率谱密度的大小。使用了 512

个采样点的段长度和 265 个采样点的重叠，并应用 256 个离散傅里叶变换（discrete Fourier transform, DFT）点和汉明窗，提取了声振信号的语谱图。

1. 不同类型碰撞

图 5-11 为不同类型碰撞的声振信号的三维语谱图。不同类型碰撞的声振信号三维语谱图呈现出不同的形状和功率谱密度分布。煤–煤碰撞的三维语谱图呈丘陵形状，功率谱密度随着频率增大整体上升，最大值出现在多个频率区间。煤–矸碰撞的三维语谱图呈山地形状，功率谱密度随频率增加而增大，但分布较为分散。煤–支架碰撞的三维语谱图呈

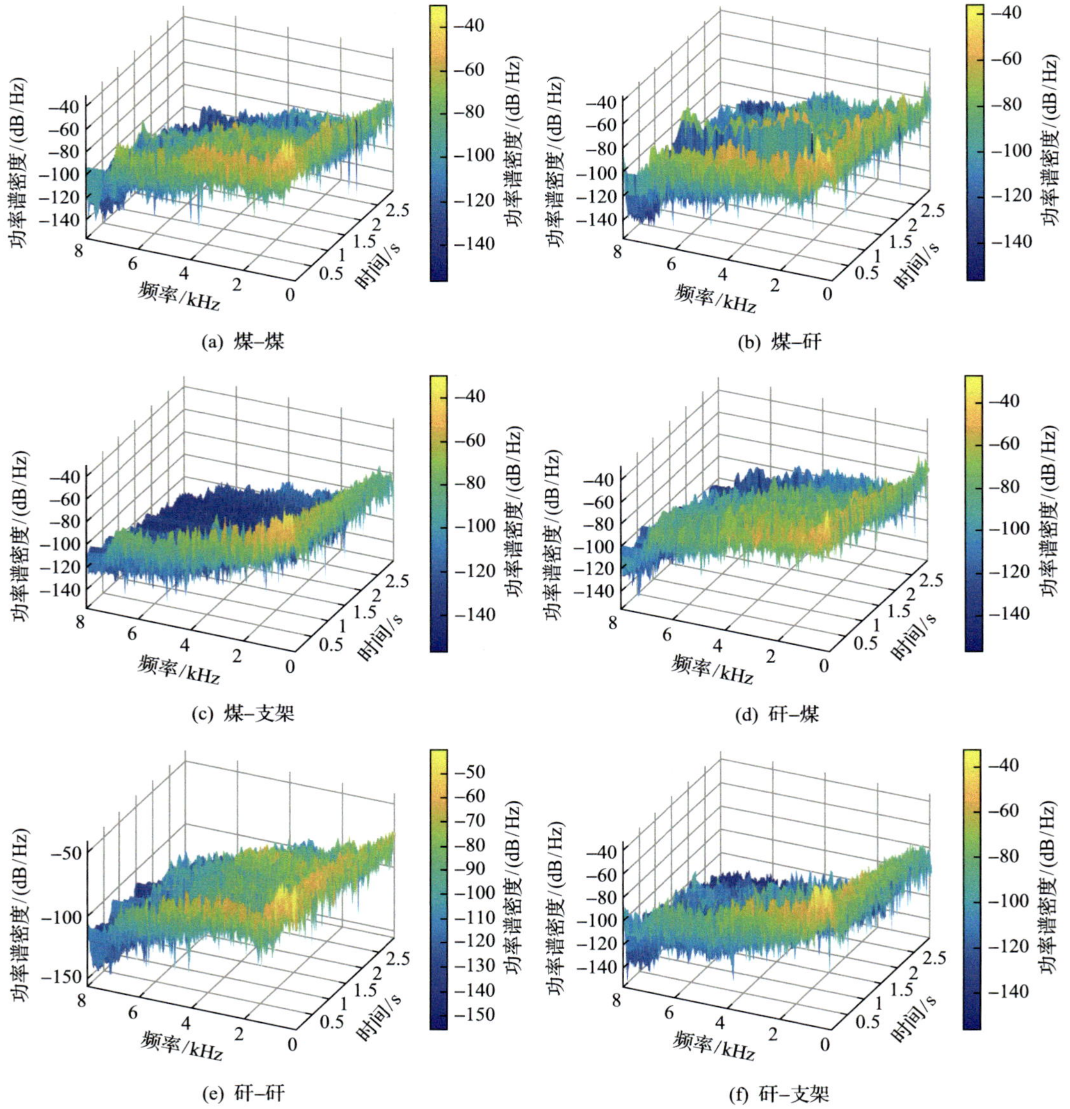

(a) 煤–煤　(b) 煤–矸

(c) 煤–支架　(d) 矸–煤

(e) 矸–矸　(f) 矸–支架

图 5-11　不同类型碰撞的声振信号的三维语谱图

缓坡形状，功率谱密度较大，集中在特定频率区间。矸-煤和矸-矸碰撞的三维语谱图呈陡坡形状，功率谱密度较小，远离 *xy* 轴平面，颜色较浅，显示出较低的功率谱密度。矸-支架碰撞的三维语谱图也呈缓坡形状，但功率谱密度变化较为平缓，集中在特定区域。总体来看，煤-煤、煤-矸、煤-支架碰撞的三维语谱图功率谱密度较大，而矸-煤、矸-矸碰撞的三维语谱图功率谱密度则较小。

2. 不同含矸率

图 5-12 为不同含矸率的声振信号的三维语谱图。可以看出，不同含矸率的煤岩混合

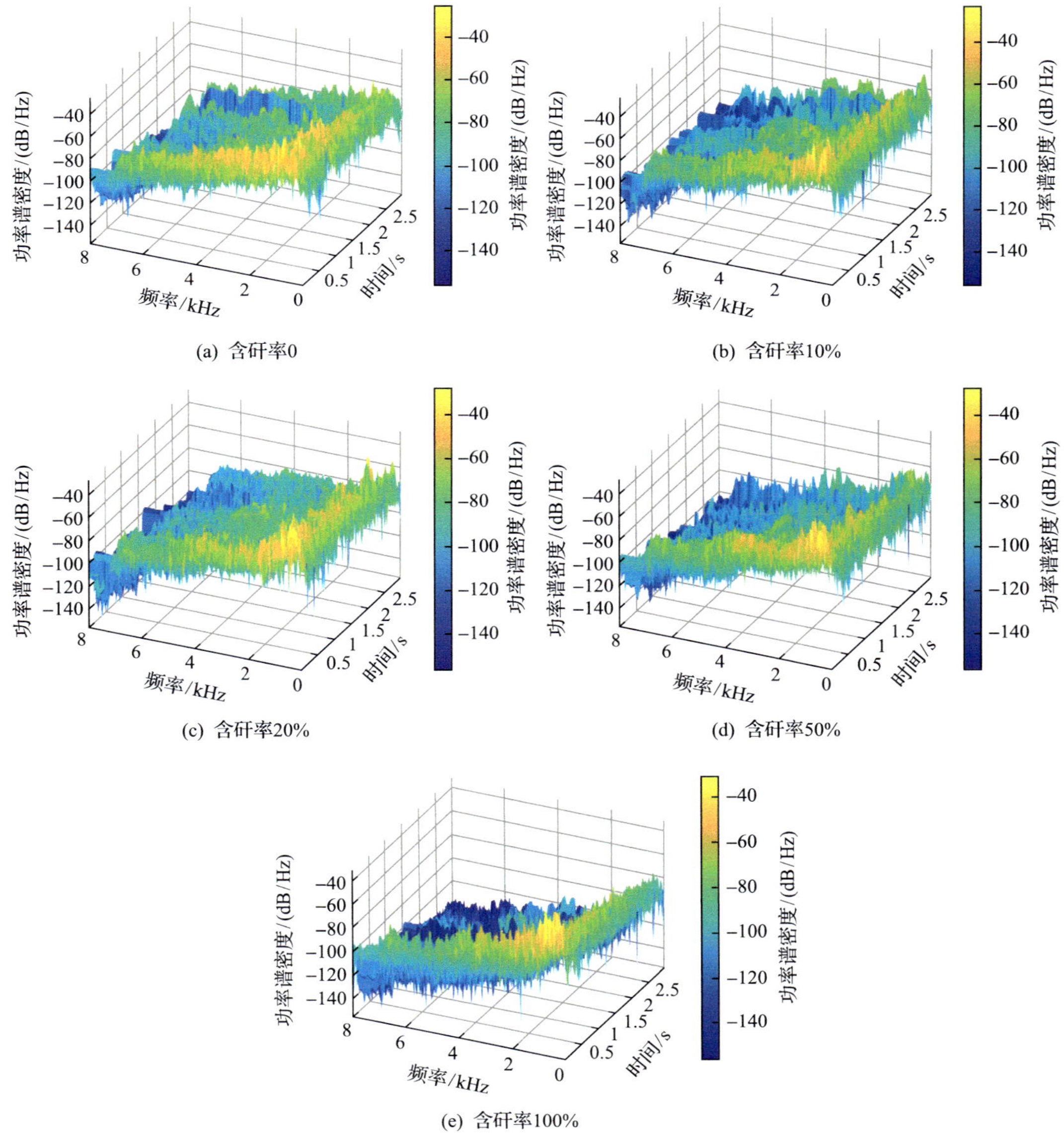

(a) 含矸率0　(b) 含矸率10%　(c) 含矸率20%　(d) 含矸率50%　(e) 含矸率100%

图 5-12　不同含矸率的声振信号的三维语谱图

体碰撞支架的声振信号三维语谱图呈现出各异的形状；随着含矸率增加，三维语谱图的功率谱密度逐渐增加，变化特征也表现出较大的差异。

5.2.7 声振信号识别

在采集和分析声振信号的基础上，构建了声振信号语谱图数据集，按照 7:3 的比例分为训练集与测试集，建立了 VggNet、GoogLeNet、ResNet 与 DenseNet 等四种经典的深度学习网络结构，对声振信号进行识别。

1. 不同类型碰撞识别结果

不同类型碰撞声振信号识别结果见表 5-7。可以看出，它们在训练集和测试集的准确率都超过 90%，DenseNet 表现最佳，准确率高、损失值小、计算速度快，适合煤岩识别。VggNet 效果最差，准确率波动大，计算时间长，学习能力较差。GoogLeNet 和 ResNet 表现中等，优于 VggNet。

表 5-7 不同类型碰撞声振信号识别结果

网络名称	测试集准确率/%	模型参数量/KB	训练集效果	测试集效果	训练识别整体效果
VggNet	90.1	524558	曲线震荡、不稳定	曲线震荡、不稳定	一般
GoogLeNet	94.2	38911	曲线稳定、效果好	局部震荡、效果较好	较好
ResNet	91.9	43729	曲线稳定、效果好	局部震荡、效果较好	较好
DenseNet	93.1	5686	曲线稳定、效果好	局部拟合过大，效果好	好

选择不同类型碰撞的四种网络测试集准确率最高的一轮，将其识别过程可视化，做成混淆矩阵，如图 5-13 所示。

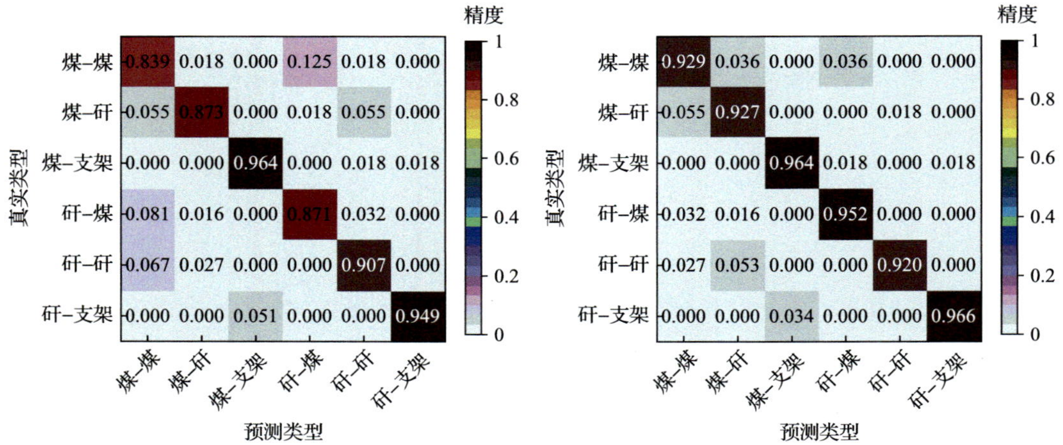

(a) VggNet　　(b) GoogLeNet

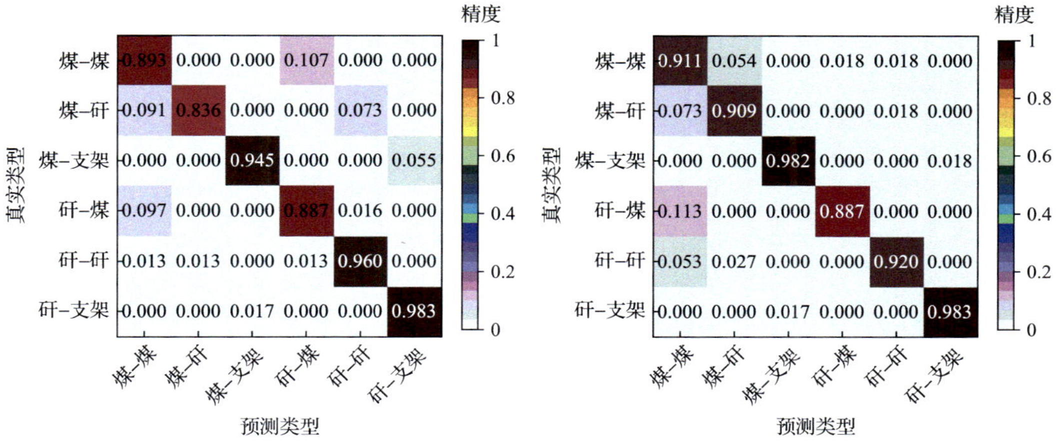

(c) ResNet　　(d) DenseNet

图 5-13　不同类型碰撞四种网络混淆矩阵对比

四种网络的混淆矩阵显示，煤-支架和矸-支架识别较为准确，测试准确率较高，超过整体准确率；煤-煤和矸-矸的准确率居中，接近整体准确率；煤-矸和矸-煤的准确率较低，低于整体准确率，表现较差。主要错误类型集中在煤-煤、煤-矸、矸-煤和矸-矸的混淆，以及煤-支架和矸-支架之间的混淆。

2. 不同含矸率识别结果

不同含矸率声振信号识别结果见表 5-8。可以看出，VggNet 的训练集准确率为 99.6%，测试集准确率为 74.0%，表现较差。其他三种网络训练集准确率均为 100%，测试集准确率超过 87%。评价网络效果时，不仅要考虑准确率，还需综合考虑损失值波动、模型参数量等因素。DenseNet 在训练集与测试集准确率较高，损失值小且稳定，学习能力强，模型参数量小，计算效率高，是最优选择。VggNet 准确率波动大，学习能力差，且计算量大，为最差选择。GoogLeNet 虽然准确率较高，但不稳定，学习能力较差，效果一般。ResNet 准确率高、损失值小且稳定，尽管参数量大，但整体效果优于 VggNet 和 GoogLeNet。

表 5-8　不同含矸率声振信号识别结果

网络名称	训练集准确率/%	测试集准确率/%	模型参数量/KB	训练集效果	测试集效果	训练识别整体效果
VggNet	99.6	74.0	524542	曲线震荡、效果一般	曲线震荡、效果一般	一般
GoogLeNet	100	88.5	38979	曲线震荡、效果一般	曲线震荡、效果一般	一般
ResNet	100	89.6	43727	曲线稳定、效果好	曲线稳定、效果好	较好
DenseNet	100	87.5	5685	曲线稳定、效果好	曲线稳定、效果好	好

选择不同类型碰撞四种网络测试集准确率最高的一轮，将其识别过程可视化，做成混淆矩阵，如图 5-14 所示。

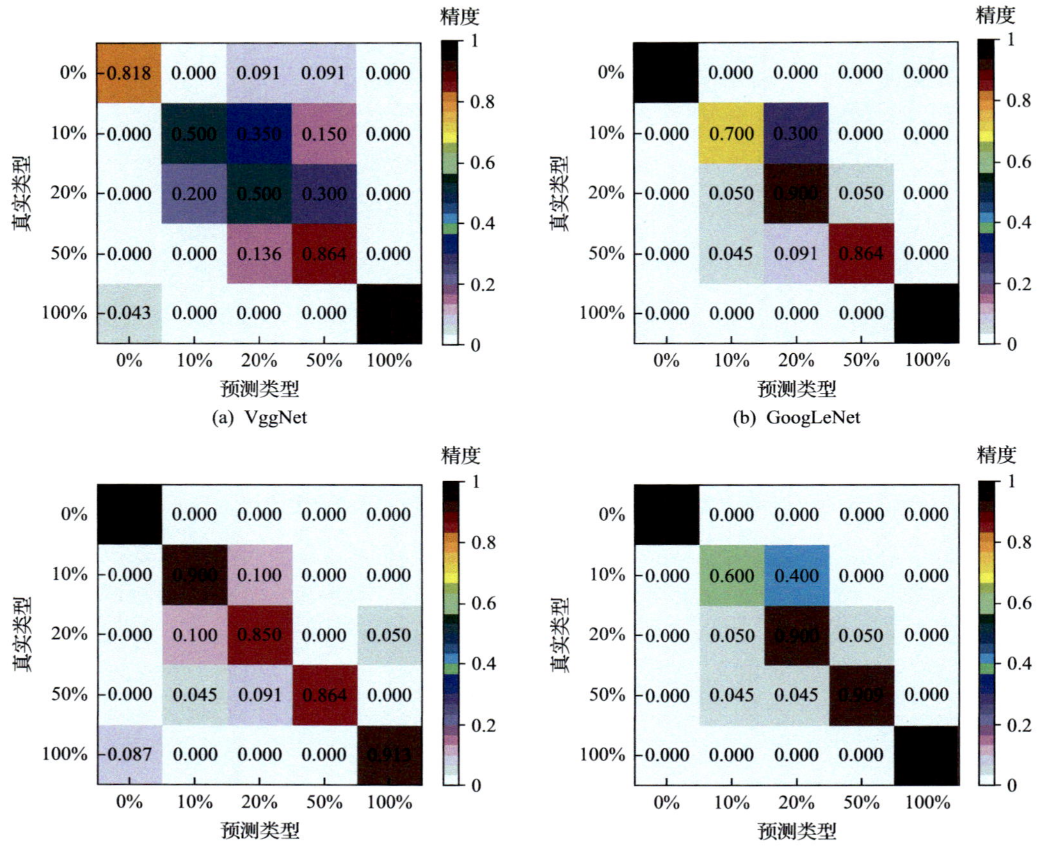

(a) VggNet (b) GoogLeNet (c) ResNet (d) DenseNet

图 5-14 不同含矸率四种网络混淆矩阵对比

综合四种网络的混淆矩阵分析，含矸率为 0 和 100%的样本较容易识别，测试集准确率普遍较高，优于整体准确率，识别效果较好；含矸率 50%的测试集准确率居中，接近整体准确率；含矸率 10%和 20%的识别效果因网络而异，VggNet 在两者的识别准确率相同，而 GoogLeNet 和 DenseNet 在含矸率 10%的识别准确率较低，ResNet 在含矸率 20%的识别准确率较低，识别效果较差。

5.3 基于 XRF 的复杂外观条件含矸率检测

5.3.1 实验材料

1. 煤岩样本

本试验的煤岩样本采集自加拿大 Teck 公司下属煤矿(简称为 Teck 样本)。煤的类型为烟煤，共有 61 块，岩石类型为泥岩，共有 64 块，合计 125 块，煤岩样本外观比较接近，如图 5-15 所示，它们的属性和灰分含量标注在图中块体下方。仅凭肉眼难以准确区分它们，属于复杂外观条件下的煤岩识别问题。煤岩样本的块度为 5～30cm，样本在采集回实验室后保持它们原有的形状，未进行人工破碎。

图 5-15　Teck 煤岩识别

对三种煤岩样本表面的灰尘和污垢用清水和软毛刷清洗干净。然后，湿润的煤岩样本放置在干燥凉爽的地方，自然晾干 72h，将晾干的煤岩样本放入聚乙烯密封袋中备用，如图 5-16 所示。

(a) 采集的煤岩样本

(b) 煤岩样本清洗

(c) 煤岩样本自然风干

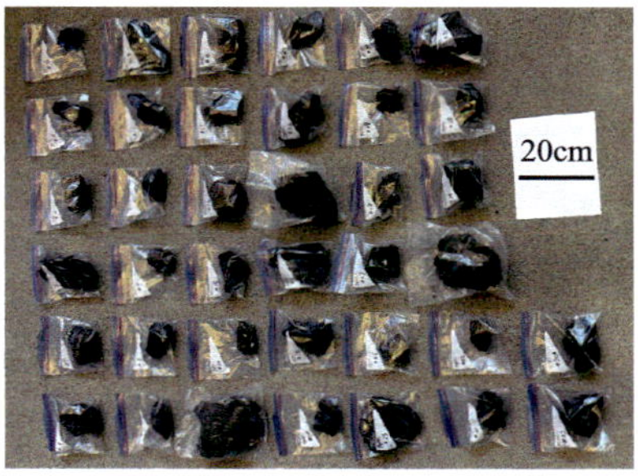

(d) 煤岩样本装袋备用

图 5-16　煤岩样本的采集与清洁

2. 盒子

本试验需要制备两种煤岩混合样本，即均质煤岩混合样本和煤岩块体混合样本。使用两种形状和尺寸的盒子用于制作两种煤岩混合样本。制作均质煤岩混合样本使用的是3.5cm×3.5cm×1.8cm(长×宽×高)的聚丙烯方盒，密度为0.90g/cm^3。煤岩块体混合样本使用的是9cm×1.5cm(直径×高)的聚苯乙烯圆盒，密度为1.05g/cm^3，如图5-17所示。选用的这两种盒子的密度均比较低，且厚度较小，以降低盒子对XRF和DE-XRT测试的影响。

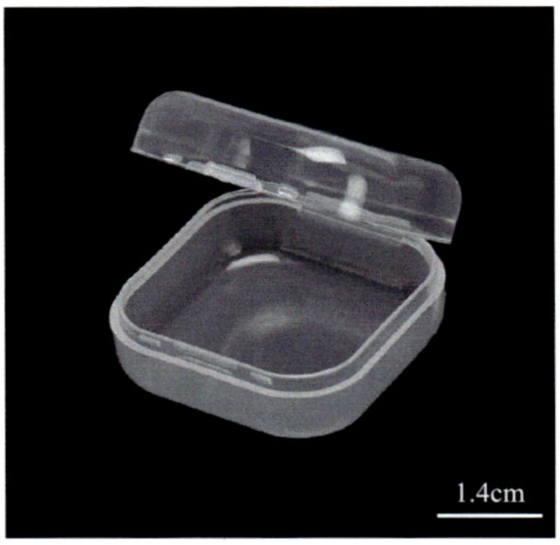

(a) 方盒

(b) 圆盒

图5-17 制备煤岩混合样本使用的盒子

3. 水

有两个环节会使用水，一个是煤岩块体清洗，另一个是比重(specific gravity，SG)测量。水取自加拿大英属哥伦比亚大学煤炭与矿物加工实验室(UBC Coal and Mineral Processing Laboratory)的自来水。

5.3.2 比重测量设备与流程

比重和密度是两个相关但不完全相同的物理量。比重是一个物质的密度与某个标准物质密度的比值。比重是一个无量纲的数值，在煤炭和矿物加工领域中，比重是一个重要的物理参数，通常用来描述和区分不同的矿物和岩石。在本试验中，假设水的密度为1g/cm^3，认为比重和密度在数值上相同。

开发了一种煤岩块体比重快速测试系统，用于测量煤和岩石样本的比重。测试系统主要由金属支架、高精度电子秤、烧杯、水和尼龙线组成，如图5-18所示。

图5-19显示了使用阿基米德原理测试煤和岩石样本比重的过程，主要包含三个步骤。首先，在电子秤上放置装有水的烧杯，记录质量m_0。接着，将尼龙线一端缠绕在煤和岩石样本上，将另一端固定在金属支架上。使用尼龙线悬挂煤和岩石样本，使煤和岩石样本完全浸入水中，并不接触烧杯的内壁和底部。当电子秤的读数稳定后，记录质量m_1。最后松开固定在金属支架上的尼龙线，慢慢将样本放置于烧杯底部，记录质量m_2。煤和岩石样本的质量为(m_2-m_0)。煤和岩石样本的比重可以表示为

$$SG=\frac{m_2-m_0}{m_1-m_0} \tag{5-1}$$

式中，SG 为煤岩样本的比重；m_0 为烧杯和水的质量；m_1 为烧杯、水和悬浮状态的煤岩样本的质量；m_2 为烧杯、水和触底状态煤岩样本的质量。

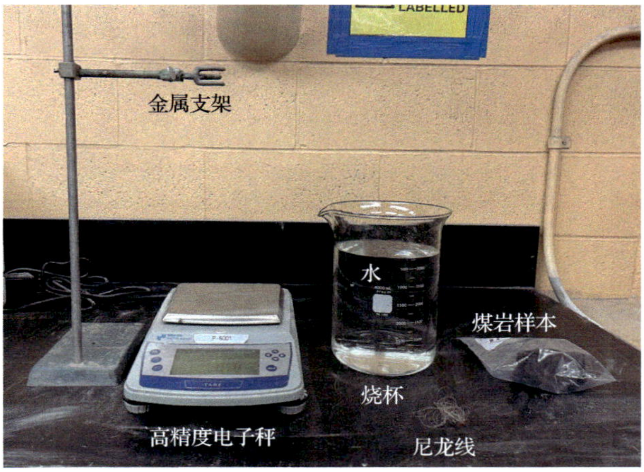

图 5-18　煤岩块体比重快速测试系统

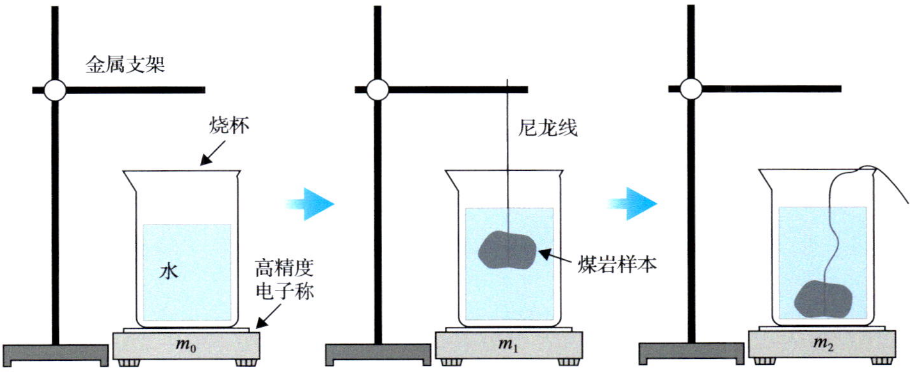

图 5-19　煤岩块体比重测试流程

在比重测试后，湿润的煤岩样本用纸巾擦干，并放置在干燥凉爽的地方，自然晾干 72h，将晾干的煤岩样本放入聚乙烯密封袋中备用。

5.3.3　灰分含量测定设备与流程

灰分含量测定试验主要设备有颚式破碎机、分样器、研磨机、Ro-TAP RX-29 机械式振筛仪、恒温干燥箱、Mettler AC 100 高精度数字分析天平、玻璃干燥器、马弗炉、灰皿等。颚式破碎机排料口尺寸为 40mm。分样器为横格分样器，可以通过调节横格位置控制二分样比例。机械式振筛仪具有均衡机械性旋转和敲击运动，以模拟手动筛分效果。数字分析天平的最大称重和分度分别为 100g 和 0.1mg，定期由专业人员进行维护。玻璃干燥器底部放有氧化钙作为干燥剂，以保持器内干燥。马弗炉放置在高温试验台中，试验台具备通风系统。马弗炉具有数显温度控制器，可以精准控制炉内温度，保证焚化效果。灰皿采用黏土材质制作，耐高温且表面光滑，如图 5-20 所示。

(a) 颚式破碎机

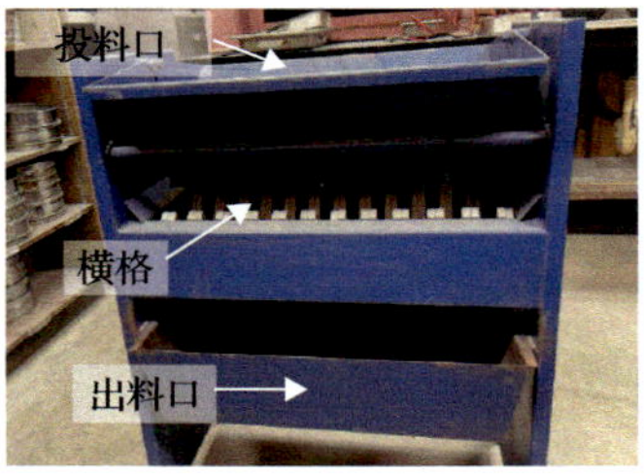

(b) 分样器

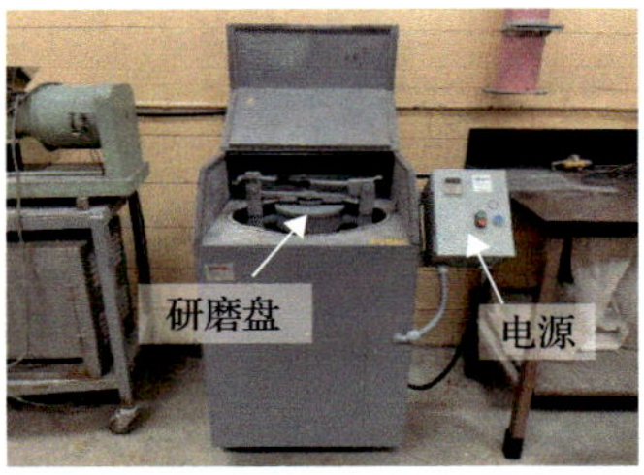

(c) 研磨机

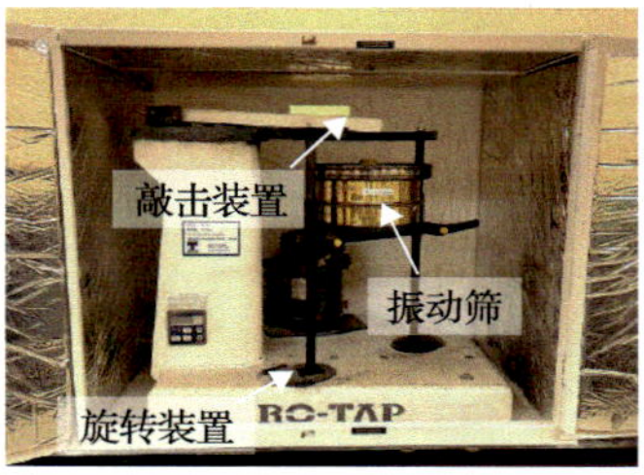

(d) 机械式振筛仪

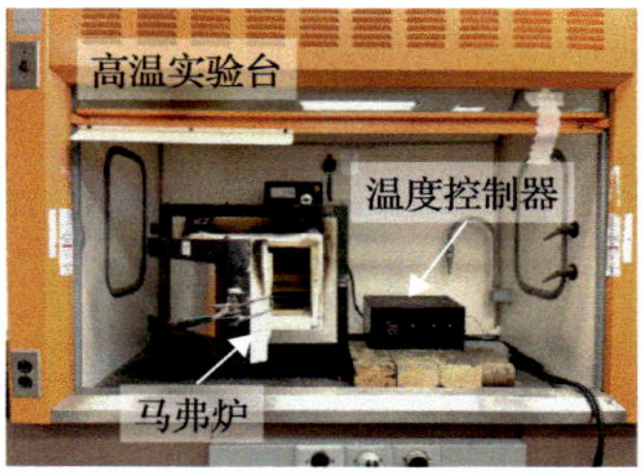

(e) 马弗炉

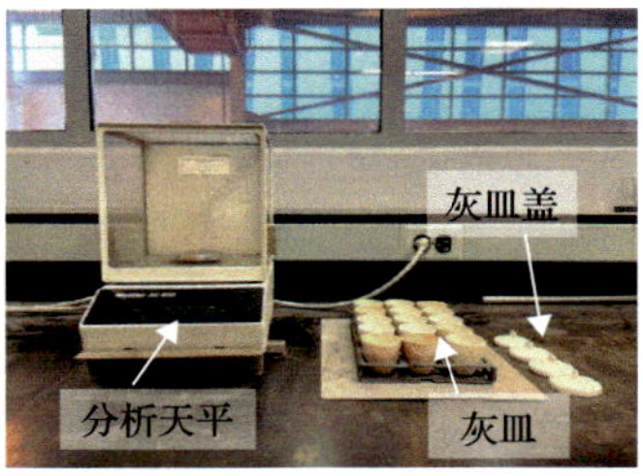

(f) 高精度数字分析天平与灰皿

图 5-20　灰分含量测定试验主要设备

参照 ASTM D3174-12(2018)e1 煤和煤焦分析样本中灰分的标准试验方法对煤岩样本的灰分含量进行测定，主要包括四个步骤，即磨粉、取样、焚化以及灰分含量计算。首先，依次使用颚式破碎机将煤岩块体破碎成小块[图 5-21(a)～(c)]，使用分样器将破碎后的煤岩样本分成两组，一组用于制备均质煤岩混合样本，另一组用于制备煤岩块体混合样本。使用研磨器将破碎后的煤岩块体研成粉末[图 5-21(d)]，研磨时间为 120s。使用振筛仪将煤岩粉末进行筛分，将通过 70 目(0.212mm)振动筛的煤岩粉末收集备用[图 5-21(e)]，机械式振筛仪振筛时间为 900s。将煤岩粉末放入恒温干燥箱中[图 5-21(f)]，恒温 85°烘干 24h。接着，将烘干后的煤岩粉末放入玻璃干燥器中[图 5-21(g)]，使用高精度数字分析天平称量空灰皿和灰皿盖的质量，记为 m_e；使用高精度数字分析天平称量 1g 左右的粉末样本，质量记为 m_p，粉末置于灰皿中，快速盖上灰皿盖[图 5-21(h)]。

待所有样本称量完毕后，取下灰皿盖，将装有煤岩粉末的灰皿放入冷的马弗炉中[图 5-21(i)]，在 1h 的时间里将马弗炉逐步升温到 500℃±10℃。然后，在接下来的 1h 里将马弗炉逐步升温至 750℃±15℃，保持 750℃恒温焚化 2h，其间开启小缝使空气自然流通，让煤岩粉末充分焚化。焚化结束后，切断电源，将灰皿取出马弗炉，迅速盖上灰皿盖，放入玻璃干燥器中自然冷却[图 5-21(j)]。最后，称重焚化后的粉末、灰皿和灰皿盖的质量，质量记为 m_i。煤岩块体的灰分含量可以表示为

$$\mathrm{ASH}=\frac{m_i-m_e}{m_p}\times 100\% \tag{5-2}$$

式中，ASH 为煤岩块体的灰分含量；m_i 为焚化后的粉末、灰皿和灰皿盖的质量；m_e 为空灰皿和灰皿盖的质量；m_p 为煤岩粉末取样质量。

每个煤岩样本的磨粉、取样、焚化以及灰分含量计算步骤均独立进行，且重复三次取平均值，三组试验的相对误差小于 5%，否则进行复检。

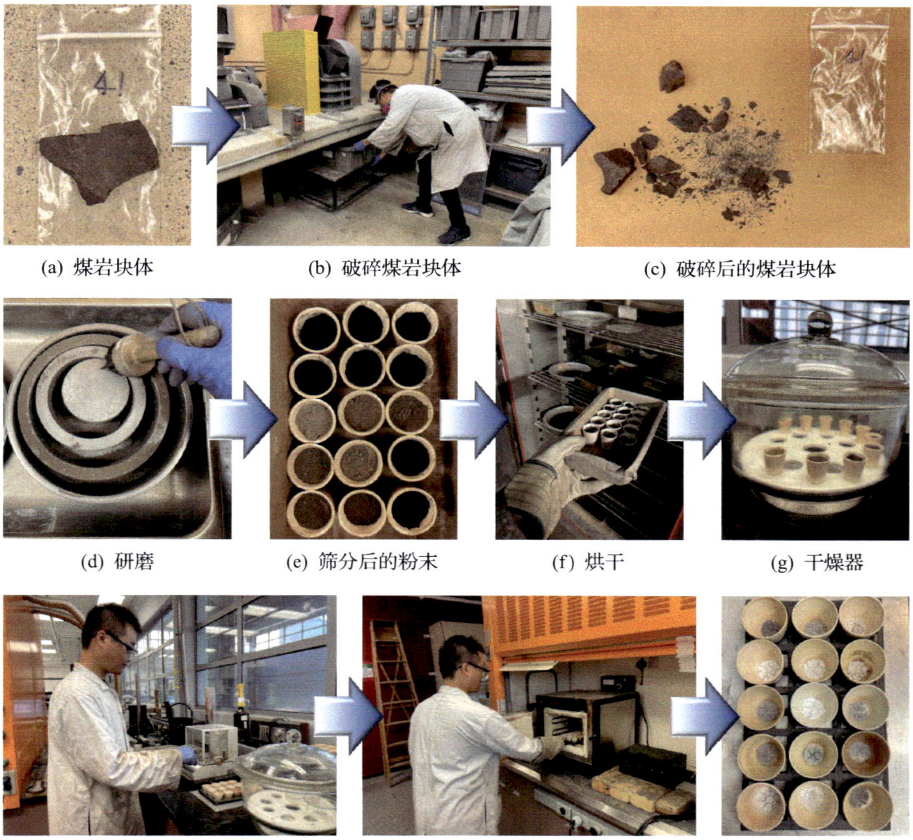

(a) 煤岩块体　(b) 破碎煤岩块体　(c) 破碎后的煤岩块体

(d) 研磨　(e) 筛分后的粉末　(f) 烘干　(g) 干燥器

(h) 称量粉末　(i) 焚化粉末　(j) 焚化后的粉末

图 5-21　灰分含量测定流程

5.3.4　化学元素含量无损测定设备与流程

使用 OLYMPUS VANTA M 系列 X 射线荧光光谱(XRF)分析仪对煤岩块体混合样本和均质煤岩混合样本的化学元素含量进行半定量化无损测定。该仪器可以测试从镁(Mg)到钚(Pu)之间的 83 种化学元素含量，且大部分化学元素的检出限都在 10^{-6} 级别。XRF 各元素检出限见表 5-9。除了 XRF，还有 X 射线辐照防护箱和核辐射检测仪用于该试验，如图 5-22 所示。

表 5-9　XRF 设备检出限

元素名称	检出限/10^{-6}	元素名称	检出限/10^{-6}	元素名称	检出限/10^{-6}
Mg	5053	Co	3	Ag	4
Al	480	Ni	6	Cd	4
Si	320	Cu	4	Sn	4
P	30	Zn	2	Sb	3
S	30	As	1	W	2

续表

元素名称	检出限/10^{-6}	元素名称	检出限/10^{-6}	元素名称	检出限/10^{-6}
Cl	30	Se	1	Au	2
Ca	40	Rb	1	Hg	2
Ti	50	Sr	1	Pb	2
V	20	Y	1	Bi	3
Cr	20	Zr	1	Th	2
Mn	10	Nb	1	U	1
Fe	20	Mo	2		

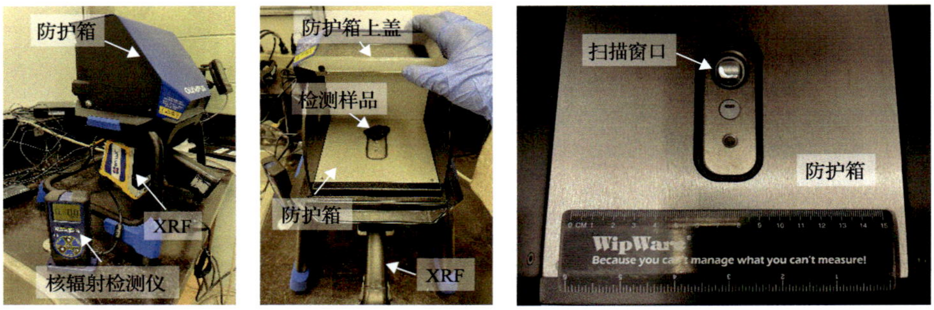

(a) 设备整体　(b) 防护箱细节　(c) 扫描窗口细节

图 5-22　化学元素含量无损测定设备

将 XRF 固定在 X 射线辐照防护箱底部，扫描窗口朝向防护箱内部，打开防护箱上盖，将检测样本放置在扫描窗口上方[图 5-23(a)、(b)]，之后关闭防护箱上盖，然后对样本进行分析[图 5-23(c)]。仪器工作模式设定为地球化学(geoChem3-Extra)模式。扫描窗口尺寸 2cm×2cm，每个测点连续测量 90s，单位为 ppm 和%。试验过程中，将 SEI Radiation Alert Ranger 核辐射检测仪开启并放置在 XRF 设备旁，用于保障试验安全。所有设备定期由专业人员进行维护。

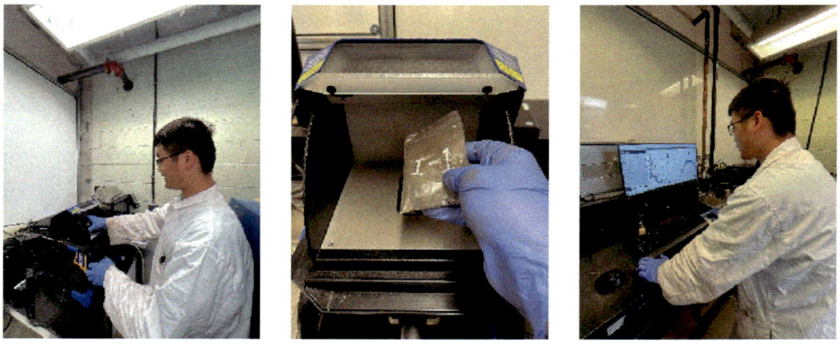
(a) 放置样本　(b) 放置样本细节　(c) 样本分析

图 5-23　化学元素含量无损测定流程

对每个样本扫描多次取平均值。其中，煤岩块体混合样本扫描 3 次，每次扫描结束后随机旋转煤岩块体，然后进行下一次扫描。均质煤岩混合样本扫描 6 次，每次扫描结束后轻轻摇晃聚丙烯方盒，然后进行下一次扫描。煤岩块体混合样本扫描 20 次，包括底部扫描 10 次和顶部扫描 10 次，之所以分别扫描煤岩块体混合样本的底面和顶面，是因为破碎后的煤岩块体在混合并装入聚苯乙烯圆盒后，块度较小的煤岩块体聚集于圆盒底部而块度较大的煤岩块体集中于圆盒顶部，为了充分采集与分析数据，对煤岩块体混合样本的底部和顶部分别扫描 10 次。顶部的 10 个测点位置如图 5-24 所示，底部的测点位置布置方式与顶部相同。

图 5-24　煤岩块体混合样本扫描测点示意图

5.3.5　煤岩混合样本制备

本着由简到难的原则，本试验制备了多种煤岩混合样本，包括均质煤岩混合样本和煤岩块体混合样本。煤岩混合样本是由 Teck 样本进行制备的，在选取样本过程中，尽可能选取性质相近的样本，本试验不再对宏观煤岩类型进行划分。每个煤岩样本分别进行破碎和分样，根据灰分含量测定结果，以灰分含量 50%为阈值划分煤和岩石。将分样后的煤和岩石样本进行混合，获得 4 份混合样本，分别是两份煤块体样本和两份岩石块体样本，各取一份进行磨粉，进而获得煤粉末样本、岩石粉末样本、煤块体样本及岩石块体样本。因为粉末样本和块体样本是通过分样器进行分样的，可以近似认为两种样本的材料性质是相同的。从某种程度上看，相比于块体的混合，粉末的混合更为充分，表现得更为均质，所以本试验从均质煤岩混合样本开始。

1. 均质煤岩混合样本的制备

均质煤岩混合样本是将煤岩粉末进行混合，其制备主要包括两个步骤，混合与分装。首先，根据单个煤岩块体的比重测定结果，确定煤粉末样本和岩石粉末样本[图 5-25(a)]的比重。通过称重，配制 10 种不同含矸率的煤岩粉末混合物，分别装入 10 个聚乙烯密封袋中[图 5-25(b)]，充分混合备用，10 种含矸率分别是 0、2%、5%、10%、15%、20%、30%、50%、70%、100%。含矸率并未等间距设置的原因是放煤作业通常不会让含矸率大于 50%或者更高，所以试验也更关注于中、低含矸率情况。然后，通过称重，从 10 袋煤岩粉末混合物中分别取出 2.0cm^3 的样本，分装到 10 个聚丙烯方盒中[图 5-25(c)]，完成均质煤岩混合样本的制备。注意，这里制备了多组不同体积的均质煤岩混合样本，本试验只选用其中一组。

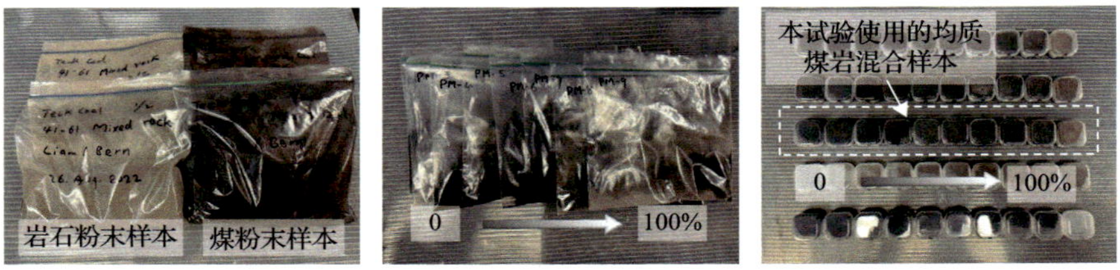

(a) 煤岩粉末样本　　(b) 混合　　(c) 分装

图 5-25　均质煤岩混合样本制备流程

2. 煤岩块体混合样本的制备

煤岩块体混合样本是将真实的煤岩块体进行混合，其制备主要包括三个步骤，块体二次破碎、混合与分装。首先，使用 MSI MASSCO GYROCONE 圆锥破碎机对煤岩块体进行二次破碎，获得更为丰富的块度分布。然后，通过称重，配制 10 种不同含矸率的煤岩块体混合物，分别装入 10 个聚乙烯密封袋中，充分混合备用，10 种含矸率分别是 0、2%、5%、10%、15%、20%、30%、50%、70%、100%。最后，通过称重，从 10 袋煤岩块体混合物中分别取出 40cm^3 的样本，分装到 10 个聚苯乙烯圆盒中[图 5-26(c)]，完成煤岩块体混合样本的制备。

(a) 二次破碎　　(b) 二次破碎后的块体　　(c) 分装

图 5-26　煤岩块体混合样本制备流程

5.3.6　化学元素含量、比重与灰分关系

1. 煤岩块体比重与灰分含量关系

Teck 样本的比重与灰分含量测量结果如图 5-27 所示。以灰分含量 50%阈值将 Teck 样本划分为煤和岩石，也正是经过该步骤，岩石或者灰分含量高的煤才称为矸石。可以定性看出，Teck 样本的比重与灰分含量具有良好的线性关系。随着灰分含量增加，比重也逐渐增大，说明虽然煤和岩石是以灰分含量为依据划分的，但是通过比重来区分煤和岩石也是可行的，这是后续开展 DE-XRT 研究的基础。

利用简单线性回归(即一元线性回归)建立了 Teck 样本比重预测模型：

$$SG = 0.01445ASH + 1.195 \tag{5-3}$$

式中，SG 为比重；ASH 为灰分含量。

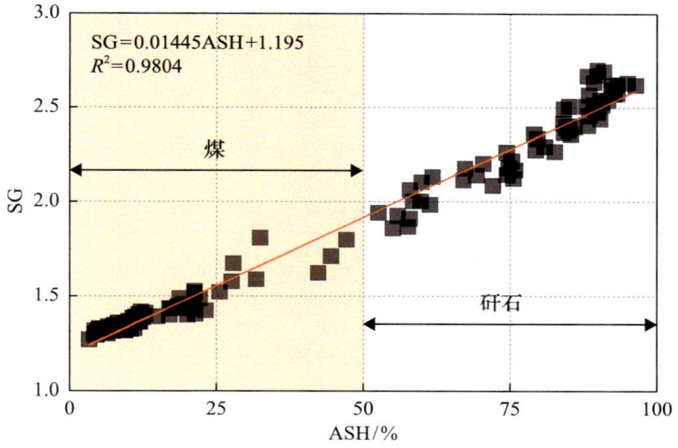

图 5-27　比重与灰分含量测量结果

该模型的决定系数 R^2 为 0.9804，说明该模型具有较好的预测效果。另外，通过煤岩块体灰分含量预测的比重和实际比重具有较好的线性关系，可以定性直观地说明该模型具有较好的比重预测能力，如图 5-28 所示。

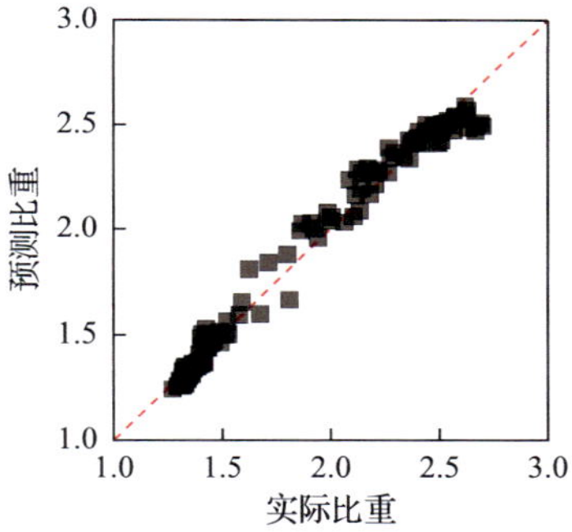

图 5-28　煤岩块体实际比重与预测比重

本试验所提的煤岩块体比重预测模型良好的预测效果表明，Teck 样本比重和灰分含量具有较强的线性关系，一方面，这为后续开展 DE-XRT 研究提供了依据，通过 DE-XRT 研究可以确定物体的相对密度，而 Teck 样本的比重与灰分含量相关，而灰分含量又是划分煤和岩石最基本的指标，所以，利用 DE-XRT 区分煤和岩石在原理上也是可行的；另一方面，解释了可以通过密度来识别煤和岩石的原因。

2. 煤岩块体化学元素含量与灰分含量关系

采用 Teck 样本研究煤岩块体比重与灰分含量的关系。利用多元线性回归对 Teck 样本的化学元素含量与灰分含量进行分析。通过方差膨胀因子（VIF）进行多重共线性评价，从模型中依次移除 VIF>10 的自变量，然后将显著性概率 $P>0.05$ 的自变量移除，在每移除一个自变量后均进行一次回归分析。样本数量为 125 个，最终保留下 7 个自变量，以避免过拟合，确保回归结果具有统计学意义。建立了煤岩样本灰分含量预测模型：

$$\begin{aligned}ASH = 5.993 + 0.0005214Fe + 0.2386Cu - 0.008016Zn + 0.3302Rb \\ + 0.1490Zr + 0.003749Ba - 0.3566U\end{aligned} \tag{5-4}$$

式中，ASH 为灰分含量；Fe、Cu、Zn、Rb、Zr、Ba 和 U 分别为铁元素、铜元素、锌元素、铷元素、锆元素、钡元素和铀元素的含量。

该模型的决定系数 R^2 为 0.9275，说明该模型具有较好的预测效果。另外，实际灰分含量与利用该模型预测得到的灰分含量具有较好的线性关系，可以定性直观地说明该模型具有较好的灰分含量预测能力，如图 5-29 所示。

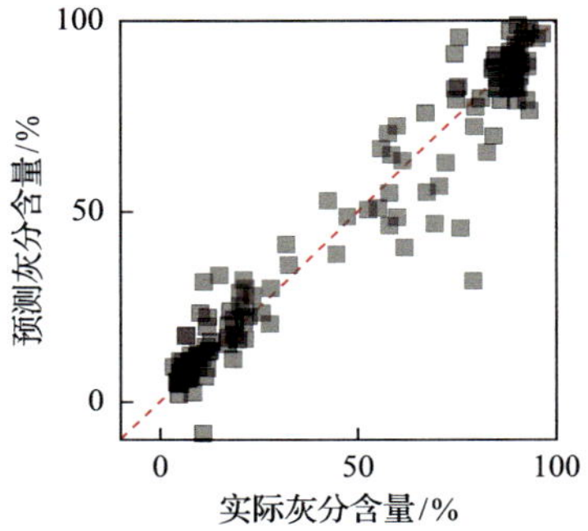

图 5-29 煤岩块体实际灰分含量与预测灰分含量

综上所述，Teck 样本的化学元素含量和灰分含量具有较好的相关性，通过选用若干化学元素进行灰分含量的预测是可行的。煤流的灰分含量反映了煤流中的岩石含量，所以，选用 XRT 传感器，通过测定若干化学元素进行含矸率的预测是可行的。此外，对于选矿环节而言，也更关心灰分含量指标。所以在智能放煤中，除了使用含矸率，还可以使用灰分含量作为监测并用于确定合理关闭放煤口时间的指标。

5.3.7 均质煤岩混合样本含矸率检测

在明确了选用若干化学元素预测含矸率具备可行性的基础上，首先对均质煤岩混合样本的含矸率进行预测，均质煤岩混合样本包含 10 种含矸率，分别是 0、2%、5%、10%、15%、20%、30%、50%、70%、100%。由于分组较少，不适合保留过多自变量，否则容易出现过拟合，因此回归结果具有统计学意义。拟采用简单线性回归(即一元线性回归)对均质煤岩混合样本的含矸率进行预测。为了从大量的元素测试结果中，筛选出合适的元素进行含矸率预测，首先计算了含矸率和元素含量的皮尔逊相关系数，对不同元素含量与含矸率之间的相关性有一个大致的认知，研究的元素包括铬(Cr)、铁(Fe)、铜(Cu)、锌(Zn)、铷(Rb)、锶(Sr)、钇(Y)、锆(Zr)、钡(Ba)、铅(Pb)、铀(U)，如图 5-30 所示。结果表明，含矸率与 Fe、Zn、Rb、Sr、Y、Zr 和 Pb 表现出较强的线性相关(皮尔逊相关系数大于 0.90)，所以采用这几种元素进行线性回归。

以决定系数 R^2 为依据，筛选出使决定系数最大的 Pb 元素含量来构建均质煤岩混合样本含矸率预测模型。回归结果进行分析与展示，见表 5-10～表 5-12。

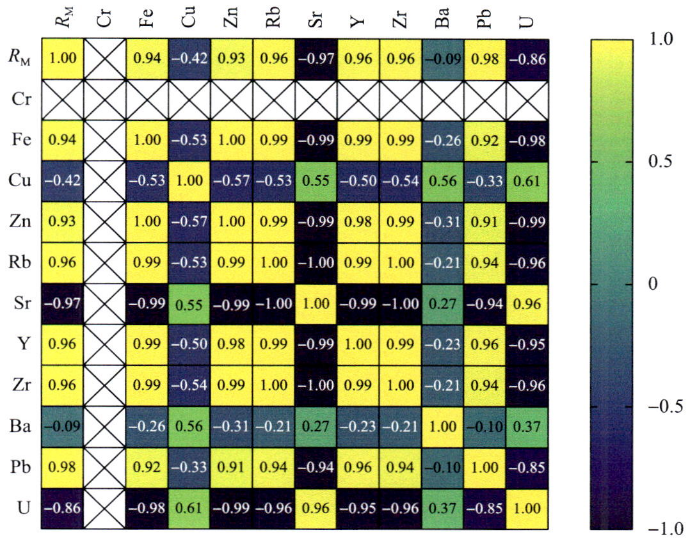

图 5-30　皮尔逊相关系数

表 5-10　回归方程显著性检验

方差分析	SS	DF	MS	F(DFn, DFd)	P 值
回归	9479	1	9479	$F(1, 8) = 166.7$	<0.0001
Pb	9479	1	9479	$F(1, 8) = 166.7$	<0.0001
残差	455.0	8	56.88		
合计	9934	9			

注：SS 为均值偏差平方和；DF 为自由度；MS 为均方；F(DFn, DFd)为方差分析统计量。

表 5-11　回归系数显著性检验

参数估计	变量	估计	标准误差	95%置信区间	$\|t\|$	P 值	P 值概述
β0	截距	−50.56	6.695	−66.00～−35.12	7.552	<0.0001	****
β1	Pb	17.18	1.331	14.11～20.25	12.91	<0.0001	****

表 5-12　回归统计量

复相关系数	R^2	调整后的 R^2	平方和	剩余标准差	AICc
0.9768	0.9542	0.9485	455	7.542	48.18

注：AICc 为小样本数据集的信息准则。

首先，对回归方程进行显著性检验和拟合优度检验，对回归系数进行显著性检验。从表 5-10 可以看出，该回归方程的检验统计量 F 为 166.7，显著性概率 $P<0.0001$，说明该回归方程的回归效果显著，具有统计学意义。从表 5-11 可以看出，该回归系数的显著性概率 $P<0.0001$，说明回归系数对于响应变量有显著影响，同样具有统计学意义。从表 5-12 可以看出，决定系数 $R^2 = 0.9542$，剩余标准差为 7.542，说明该回归方程拟合效果较好。

另外，对回归方程残差的方差齐性进行检验。图 5-31(a)为回归方程的残差图，总体来看，图中散点随机均匀分布，没有明显规律性，未出现随着预测值的变化而增大或减小，认为该回归方程残差方差齐性，满足回归分析条件。图 5-31(b)为回归方程的残差 Q-Q 图，可以看出，预测残差和实际残差近似为直线，说明残差符合正态(或近似正态)分布，满足回归分析条件。

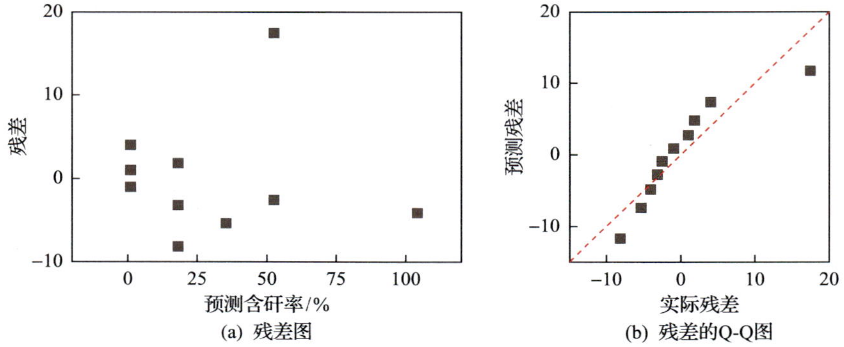

图 5-31 含矸率回归方程残差分析

在此基础上，建立了均质煤岩混合样本含矸率预测模型：

$$R_M = 17.18Pb - 50.56 \tag{5-5}$$

式中，R_M 为含矸率；Pb 为铅元素含量。

该模型的决定系数 R^2 为 0.9542，说明该模型具有较好的预测效果。另外，实际含矸率与利用该模型预测得到的含矸率具有较好的线性关系，如图 5-32 所示。

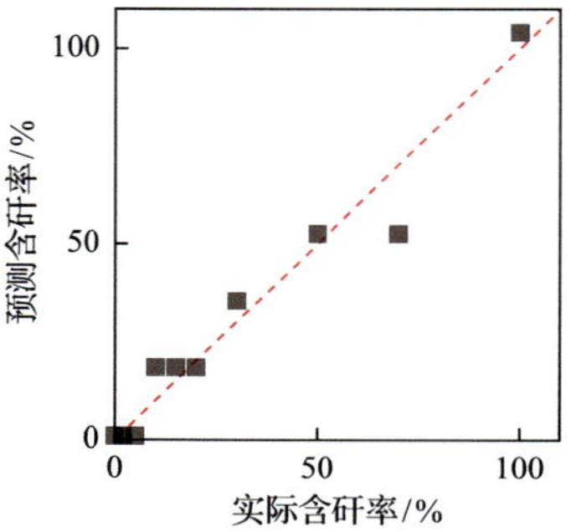

图 5-32 均质煤岩混合样本实际含矸率与预测含矸率

5.3.8 煤岩块体混合样本含矸率检测

对煤岩块体混合样本的含矸率进行预测，煤岩块体混合样本包含 10 种含矸率，分别是 0、2%、5%、10%、15%、20%、30%、50%、70%、100%。与均质煤岩混合样本类似，采用简单线性回归(即一元线性回归)对煤岩块体混合样本的含矸率进行预测。基于皮尔逊相关系数，从大量的元素测试结果中筛选出合适的元素进行含矸率预测，筛选出的元素包括铁(Fe)、铜(Cu)、锌(Zn)、铷(Rb)、锶(Sr)、钇(Y)、锆(Zr)、铅(Pb)、铀

(U)，它们的皮尔逊相关系数大于 0.90，表现出与含矸率较强的线性相关，所以采用这几种元素进行线性回归。建立了煤岩块体混合样本的含矸率预测模型：

$$R_M = 0.6087Zn - 63.55 \tag{5-6}$$

式中，R_M 为含矸率；Zn 为锌元素含量。

该模型的决定系数 R^2 为 0.9906，说明该模型具有较好的预测效果。另外，实际含矸率与利用该模型预测得到的含矸率具有较好的线性关系，如图 5-33 所示。

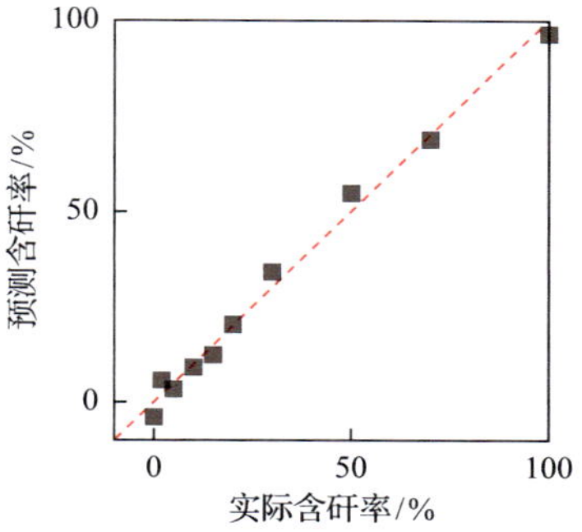

图 5-33　煤岩块体混合样本实际含矸率与预测含矸率

另外，本试验对于煤岩块体混合样本，在样本底部和顶部设置了 20 个扫描测点，通过增加测点数量以及合理布置测点位置，可能会获得更高的识别效果，将在接下来的研究中进行探究，研究成果将指导现场应用时硬件设备的安装位置及扫描频率。

综上所述，以选矿领域的基于传感器的煤岩分选技术为基础，由简到难，依次对独立煤岩块体、均质煤岩混合样本及煤岩块体混合样本进行 XRF 试验，试验结果表明，含矸率与化学元素含量具有显著的线性关系，确定了使用 XRF 传感器识别含矸率的可行性，并且是投影面积含矸率。

5.4　基于 DE-XRT 的复杂外观条件含矸率检测

5.4.1　试验材料

1. 煤岩样本

本试验的煤岩样本为采集自加拿大 Teck 公司下属煤矿的煤岩样本(简称为 Teck 样本)。Teck 样本与基于 XRF 传感器的复杂外观条件含矸率检测研究中使用的 Teck 样本相同。煤岩样本的块度为 5～30cm，样本在采集回实验室后保持它们原有的形状，未进行人工破碎。对 Teck 样本表面的灰尘和污垢用清水和软毛刷清洗干净。然后，湿润的煤岩样本放置在干燥凉爽的地方，自然晾干 72h，将晾干的煤岩样本放入聚乙烯密封袋中备用。

2. 盒子与胶囊

本着由简到难的原则，本试验需要制作两种煤岩混合样本，即均质煤岩混合样本和煤岩块体混合样本。首先，均质煤岩混合样本是将煤和岩石粉末分别装进胶囊中，制作一种局部均质的材料，同类胶囊内的材料是相同的且均质的，而不同类胶囊之间的材料是不同的，用于探究 DE-XRT 传感器识别均质材料体积含矸率的可行性。其次，煤岩块体混合样本是将现场采集的煤岩样本进行破碎预处理后，直接进行混合，制作一种非均质材料，可以反映现场实际条件，用于探究 DE-XRT 传感器识别煤岩块体体积含矸率的可行性。

制备煤岩块体混合样本与基于 XRF 传感器的复杂外观条件含矸率检测（以下简称“XRF 研究”）的样本，这里不再介绍。制作均质煤岩混合样本使用的是 Capsuline 0 号羟丙甲基纤维素（hydroxypropyl methylcellulose，HPMC）植物胶囊，如图 5-34 所示。胶囊长度为 18.60mm，胶囊外径为 7.33mm，密度为 1.30g/cm^3 左右，质量为 0.08g。使用钥匙将煤粉或者岩石粉填充到胶囊内。选用胶囊的密度均比较低，且厚度较小，以降低胶囊对 DE-XRT 测试的影响。

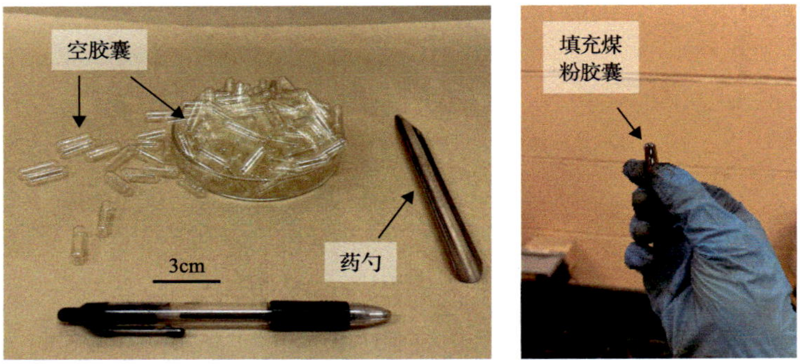

(a) 空胶囊和药勺　　(b) 充填后的胶囊

图 5-34　植物胶囊示意图

3. 水

本试验有两个环节会使用水，一个是清洗煤岩样本，另一个是测量煤岩样本的比重。水取自加拿大英属哥伦比亚大学煤炭与矿物加工实验室的自来水。

5.4.2　比重、灰分与化学元素测量设备与流程

本试验采用与 XRF 研究相同的设备和流程，测量煤岩样本的比重、灰分、化学元素等，这里不再赘述。

5.4.3　双能 X 射线透射成像设备与流程

采用加拿大英属哥伦比亚大学煤炭与矿物加工实验室的 COMEX’s MSX-400-VL-XR 型双能 X 射线透射成像（DE-XRT）系统。该系统主要包括 X 射线源、投料窗、皮带机、成品箱、废品箱及处理器，如图 5-35 所示。开启设备，从投料窗将被检测样本放在皮带上，皮带以 0.2m/s 的速度带动样本匀速通过 X 射线源，处理器实时采集数据。为了防止煤岩样本由于坠入成品箱或废品箱而破坏其原始形态，在样本通过 X 射线源完成监测后，即停止并反转皮带，从投料窗取出样本，然后继续下一批样本的检测。

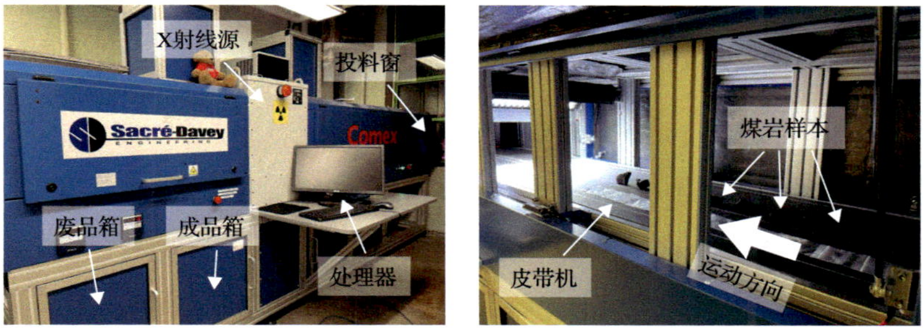

(a) 主要部件　　　　(b) 内部构造

图 5-35　双能 X 射线透射成像系统

DE-XRT 主要是利用 X 射线透射原理来测量物质的相对密度。对于单一能量 X 射线而言，X 射线从设备的源头射入物质内部，一部分 X 射线会被物质吸收，剩下的 X 射线则会穿过物质，到达探测器。由朗伯比尔定律可知，探测器接收到的 X 射线的强度可以表示为[5]

$$I = I_0 e^{-\mu t} \tag{5-7}$$

式中，I 为探测器接收到的 X 射线强度；I_0 为 X 射线源的强度；μ 为被检测物体的吸收率；t 为被检测物体的厚度。

将 I 和 I_0 的比值称作衰减率(attenuation)，它与被检测物体的厚度与密度有关。与普通的 X 射线透射成像不同，DE-XRT 设备采用了双能技术，即在不同能量范围内同时进行两次测量，通过分析两种不同能量射线在被检测物体中的衰减特性，从而可以消除厚度因素的影响，更准确地测量物体的相对密度。虽然 DE-XRT 听起来是有两个 X 射线源，但实际上，本试验使用的 DE-XRT 设备只有一个 X 射线源。不过，这个 X 射线源产生了一个能量谱，通过使用荧光体(scintillators)和滤波金属(filter)，将透过被检测物体后衰减的 X 射线划分为低能量强度水平和高能量强度水平，如图 5-36 所示。

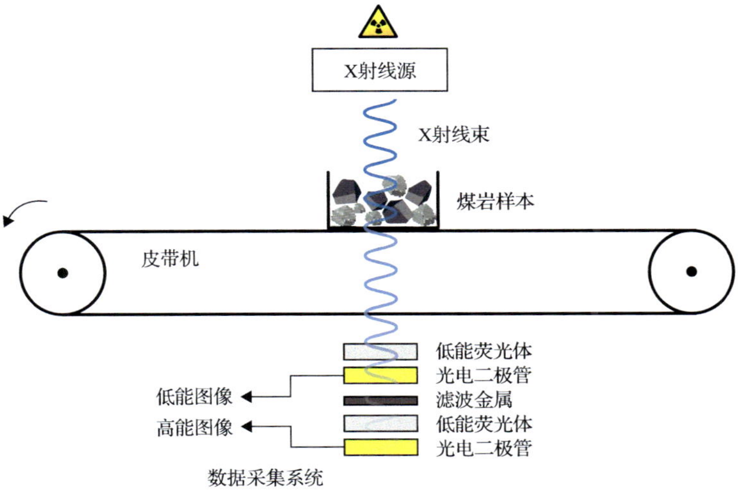

图 5-36　双能 X 射线透射成像原理

通过数据采集系统，将低能量数据和高能量数据转化为图像，保存为低能图像和高能图像，如图 5-37 所示。对低能图像和高能图像中煤岩块体位置进行识别，提取低能图像和高能图像中每个块体的像素点的灰度。

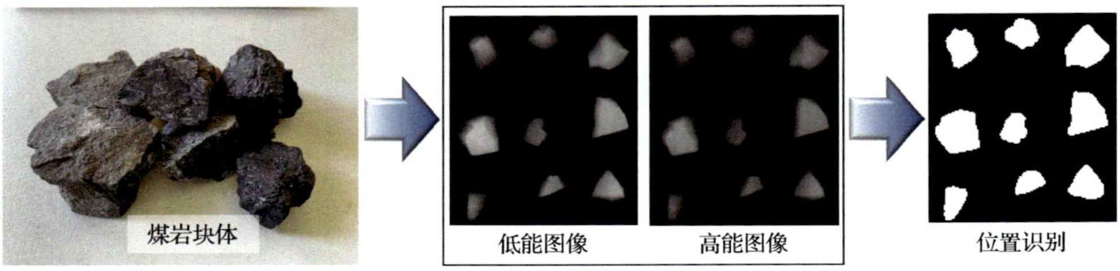

图 5-37 DE-XRT 图像采集与预处理

高能和低能 X 射线在通过被检测物体后，其衰减率为

$$H = \mathrm{e}^{-\mu_{\mathrm{H}} t} \tag{5-8}$$

$$L = \mathrm{e}^{-\mu_{\mathrm{L}} t} \tag{5-9}$$

式中，H、L 为高能和低能 X 射线的透射强度；μ_{H} 和 μ_{L} 为被检测物体对于高能和低能 X 射线的吸收率；t 为被检测物体的厚度。

联立式(5-8)和式(5-9)，即可以消除厚度因素：

$$H = L^{\mu_{\mathrm{H}} / \mu_{\mathrm{L}}} \tag{5-10}$$

式中，$\mu_{\mathrm{H}} / \mu_{\mathrm{L}}$ 为一个与被检测物体的密度或者原子序数相关的参数，所以，不同密度物质具有不同的 *H-L* 曲线。

以煤岩块体为例，将煤岩块体的高能 X 射线透射强度 H 和低能 X 射线透射强度 L 以散点图形式绘制，如图 5-38 所示。

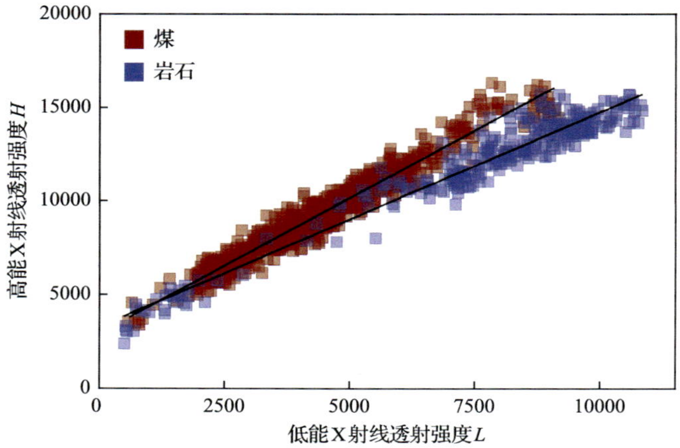

图 5-38 *H-L* 分布示意图

对两组散点分别进行拟合，获得两条直线或者曲线，位于一条拟合线上的点具有相同的密度，可以认为是一种材料。原点与任一像素点 M 组成的 $\overrightarrow{OM}$ ，将 $\overrightarrow{OM}$ 分解到这两条线上，得到向量 $\overrightarrow{OA}$ 和 $\overrightarrow{OB}$ ，也就是说，对于非均质的煤岩块体中的任何像素点，都可以用两种材料进行表示：

$$\overrightarrow{OM} = \overrightarrow{OA} + \overrightarrow{OB} \tag{5-11}$$

则像素点 M 位置的相对密度被定义为

$$\rho_R = \frac{\left|\overrightarrow{OA}\right|}{\left|\overrightarrow{OA}\right| + \left|\overrightarrow{OB}\right|} \tag{5-12}$$

式中，ρ_R 为相对密度；$\left|\overrightarrow{OA}\right|$ 和 $\left|\overrightarrow{OB}\right|$ 分别为向量 $\overrightarrow{OA}$ 和 $\overrightarrow{OB}$ 的模。

5.4.4　煤岩混合样本制备

本试验使用了两种煤岩混合样本，分别为均质煤岩混合样本和煤岩块体混合样本。

首先，制作了两组粉末胶囊样本，包括煤粉末胶囊样本和岩石粉末胶囊样本。根据胶囊尺寸，每个胶囊内可以填充 2.2cm^3 的煤粉末和岩石粉末。通过称重，使用药勺将 0.30±0.01g 的煤粉末和 0.58±0.01g 的岩石粉末填充到胶囊内，使用高精度电子秤称重无误后封闭胶囊。共计制作了 200 个煤粉末胶囊样本和 200 个岩石粉末胶囊样本，如图 5-39 所示。将胶囊样本放入装有硅胶干燥剂的聚乙烯密封袋中备用。

图 5-39　煤粉末胶囊样本和岩石粉末胶囊样本

通过搭配不同数量的煤粉末胶囊和岩石粉末胶囊，获得 10 种含矸率，分别是 0、2%、5%、10%、15%、20%、30%、50%、70%、100%。不同分组的胶囊总数均为 200 粒，见表 5-13。

此外，本试验使用的煤岩块体混合样本与 XRF 研究中使用的煤岩块体混合样本相同，制作过程不再赘述。

表 5-13 煤岩粉末胶囊混合方案

组号	含矸率/%	煤粉末胶囊数/粒	岩石粉末胶囊数/粒
1	0	200	0
2	2	196	4
3	5	190	10
4	10	180	20
5	15	170	30
6	20	160	40
7	30	140	60
8	50	100	100
9	70	60	140
10	100	0	200

5.4.5 煤岩块体混合样本含矸率检测

1. 均质煤岩混合样本识别结果

将装在聚乙烯密封袋中的具有不同含矸率的均质煤岩混合样本进行 DE-XRT 扫描，获得了它们的高能图像与低能图像，如图 5-40 和图 5-41 所示。

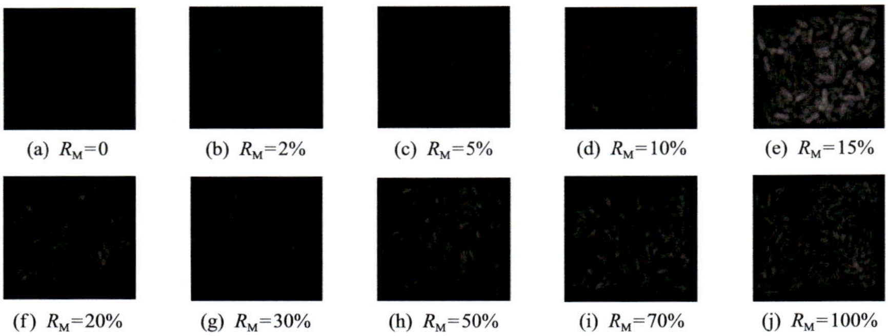

(a) $R_M=0$ (b) $R_M=2\%$ (c) $R_M=5\%$ (d) $R_M=10\%$ (e) $R_M=15\%$

(f) $R_M=20\%$ (g) $R_M=30\%$ (h) $R_M=50\%$ (i) $R_M=70\%$ (j) $R_M=100\%$

图 5-40 均质煤岩混合样本高能图像

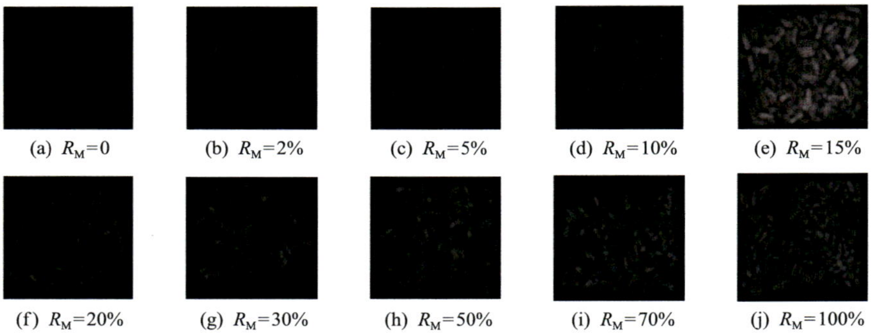

(a) $R_M=0$ (b) $R_M=2\%$ (c) $R_M=5\%$ (d) $R_M=10\%$ (e) $R_M=15\%$

(f) $R_M=20\%$ (g) $R_M=30\%$ (h) $R_M=50\%$ (i) $R_M=70\%$ (j) $R_M=100\%$

图 5-41 均质煤岩混合样本低能图像

通过高能图像和低能图像，可以大致判断煤粉末胶囊和岩石粉末胶囊的位置，但是从原理上看，厚度因素会反映在高能图像和低能图像中，也就是说，足够厚度的低密度物质与较小厚度的高密度物质，在高能或低能图像中会有相同的表现。

因此，进一步根据高能图像与低能图像计算了相对密度图像，如图 5-42 所示，以消除厚度效应。

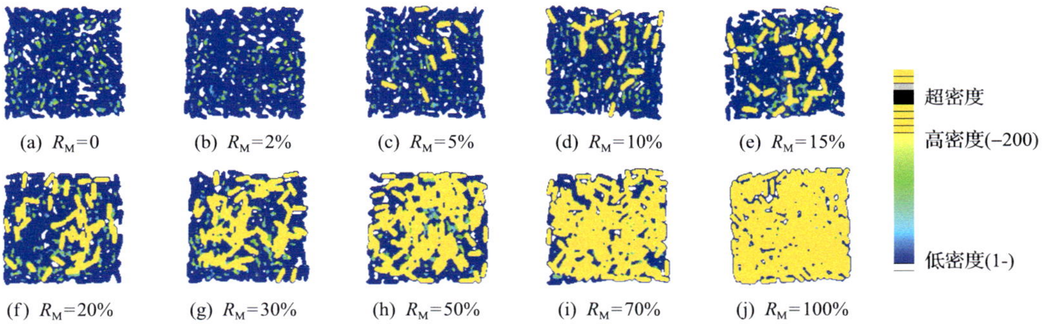

图 5-42　均质煤岩混合样本相对密度

可以看出，随着含矸率增大，监测结果中黄色区域逐渐增多，即相对密度逐渐增大，定性说明了使用 DE-XRT 识别均质煤岩混合样本含矸率的可行性。

统计了不同含矸率条件下均质煤岩混合样本的相对密度，并进行归一化处理，如图 5-43 所示。

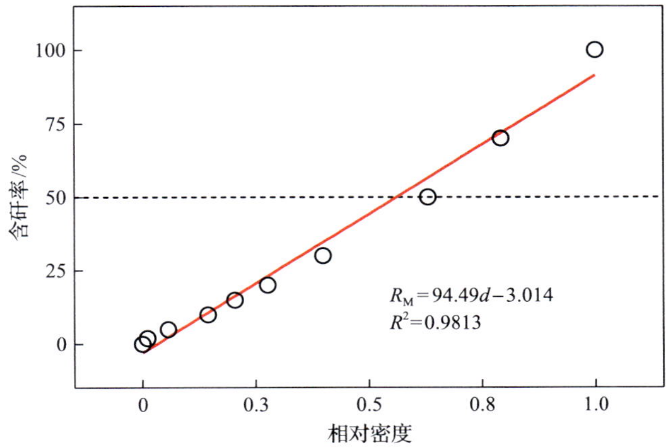

图 5-43　均质煤岩混合样本的相对密度与含矸率

建立了均质煤岩混合样本的含矸率预测模型：

$$R_M = 94.49d - 3.014 \tag{5-13}$$

式中，R_M 为含矸率；d 为利用 DE-XRT 测量得到的相对密度。

该模型决定系数 R^2 为 0.9813，表现出了较好的预测能力，说明利用 DE-XRT 可以较为精准地识别出均质煤岩混合样本的含矸率。

2. 煤岩块体混合样本识别结果

将装在聚苯乙烯圆盒中的具有不同含矸率的煤岩块体混合样本进行 DE-XRT 扫描，获得了它们的高能图像与低能图像，如图 5-44 和图 5-45 所示。

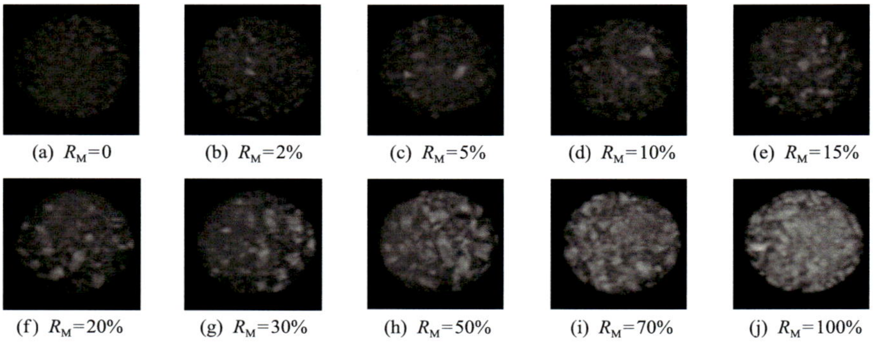

图 5-44 煤岩块体混合样本高能图像

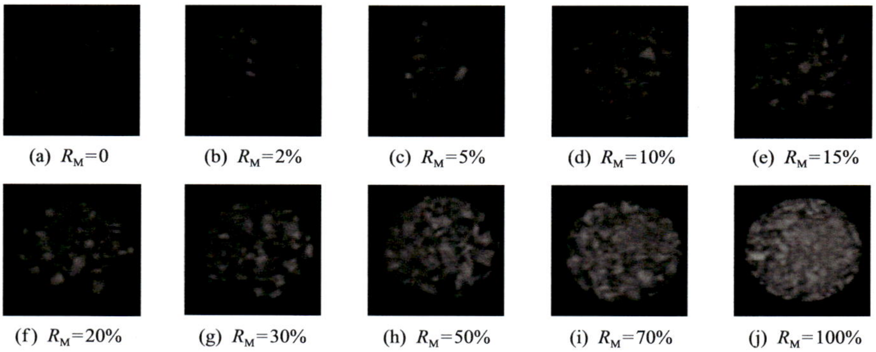

图 5-45 煤岩块体混合样本低能图像

因此，进一步根据高能图像与低能图像计算了相对密度图像，如图 5-46 所示。

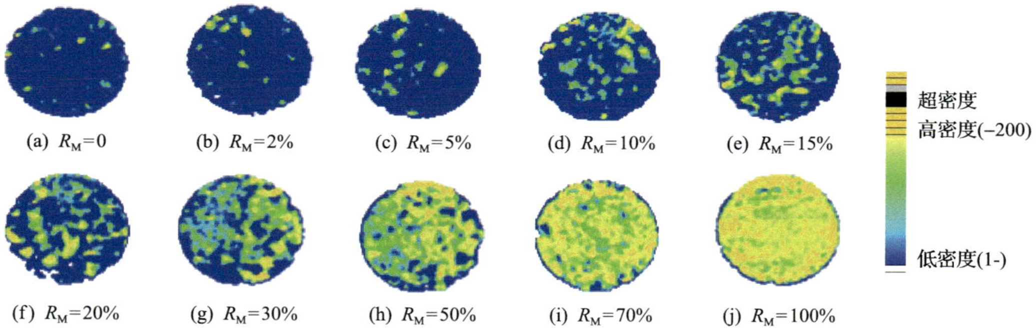

图 5-46 煤岩块体混合样本相对密度测试结果

可以看出，随着含矸率增大，监测结果中黄色区域逐渐增多，即相对密度逐渐增大，定性说明了使用 DE-XRT 识别煤岩块体混合样本含矸率的可行性。

统计煤岩块体混合样本的相对密度，并进行归一化处理，如图 5-47 所示。

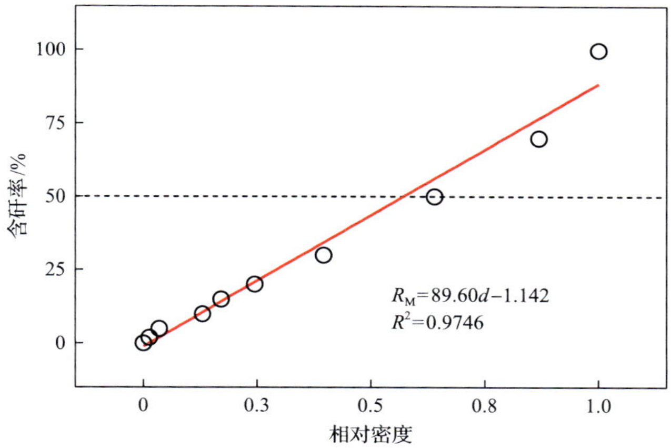

图 5-47　煤岩块体混合样本相对密度与含矸率

建立了煤岩块体混合样本的含矸率预测模型：

$$R_{\mathrm{M}} = 89.60d - 1.142 \tag{5-14}$$

式中，R_{M} 为含矸率；d 为利用 DE-XRT 测量得到的相对密度。

该模型决定系数 R^2 为 0.9746，表现出了较好的预测能力，说明利用 DE-XRT 可以较为精准地识别出煤岩块体混合样本的含矸率。与均质煤岩混合样本相比，煤岩块体混合样本含矸率预测模型的预测能力稍弱，这与制备该样本时选用了真实煤岩块体样本有关，真实的煤岩块体结构复杂，密度分布不均匀，增加了含矸率预测的难度。但是总体上看，0.9746 的决定系数是可以满足综放工作面含矸率检测的使用需求的。

综上所述，使用声振信号进行煤岩识别，使用 XRF 传感器测量煤流表面含矸率，以及使用 DE-XRT 传感器测量煤流体积含矸率，在原理上以及在实验室测试条件下是可行的。在未来，随着硬件技术的发展，可以将它们应用于综放工作面，作为图像识别智能放煤技术的补充策略，有效保障复杂外观条件下智能放煤含矸率检测精度。

参 考 文 献

[1] 煤炭科学研究总院北京煤化工研究分院，中钢集团鞍山热能研究院有限公司，煤炭科学研究总院西安研究院. 中国煤炭分类[Z]. 北京：中华人民共和国国家质量监督检验检疫总局，中国国家标准化管理委员会，2009: 12.

[2] Hughes J D, Klatzel-Mudry L, Nikols D. A standardized coal resource/reserve reporting system for Canada[J]. Geological Survey of Canada, 1989, 88-21: 1-7.

[3] 王家臣，潘卫东，张国英，等. 图像识别智能放煤技术原理与应用[J]. 煤炭学报，2022, 47 (1): 87-101.

[4] 蒋磊，马六章，杨克虎，等. 基于 MFCC 和 FD-CNN 卷积神经网络的综放工作面煤矸智能识别[J]. 煤炭学报，2020, 45 (S2): 1109-1117.

[5] Beer A. Bestimmung der absorption des rothen lichts in farbigen flussigkeiten[J]. Ann Physik, 1852, 162: 78-88.

第 6 章　系统开发与应用

6.1　智能放煤应用

6.1.1　C 矿 122105 综放工作面智能放煤

1. 工作面基本情况

C 矿内含煤地层为延安组，赋存有可采煤层 11 层，其中全区可采煤层 4 层，开拓方式为斜井-立井综合开拓，主、副斜井落底标高+958.0m，风井落底标高+972m，设计生产能力 15.00Mt/a。122105 综放工作面位于 12 盘区西翼，开采煤层 2^{-2} 煤，工作面倾向长度 330m，走向长度 6003m，开采面积约 1980990m^2，可采储量约 2556.1 万 t。工作面煤层平均厚度 11.72m，煤层倾角 0°～3°，结构简单、赋存稳定，平均埋深 317.5m，煤质较硬，硬度 2.5～3。

表 6-1 为 122105 综放工作面顶底板基本情况。工作面直接顶为粉砂岩，平均厚度 10m；基本顶为细粒砂岩，平均厚度 15.85m，较为坚硬不易垮落；直接底为粉砂岩，平均厚度 8.62m，基本底为细粒砂岩，平均厚度 8.34m。煤层单轴抗压强度 17.9～30.8MPa，平均 23.89MPa，抗拉强度 0.67～1.08MPa，平均 0.92MPa。

表 6-1　122105 综放工作面顶底板基本情况

岩层名称	岩石种类	厚度/m	特征
基本顶	细粒砂岩	$\frac{5.8\sim25.9}{15.85}$	灰白色，成分以石英为主，长石次之，分选中等，次圆状，泥质胶结，小型交错层理
直接顶	粉砂岩	$\frac{2.75\sim17.25}{10}$	深灰色，泥质胶结，块状层理
直接底	粉砂岩	$\frac{2.98\sim14.26}{8.62}$	灰白色，块状层理，夹细粒砂岩薄层
基本底	细粒砂岩	$\frac{3.44\sim13.24}{8.34}$	灰—深灰色，成分以石英为主，长石次之，分选好，次圆—圆状，波状层理，见植物化石

2. 工作面采煤方法与配套设备

1) 采煤方法

C 矿 122105 综放工作面采用走向长壁后退式采煤法，智能化放煤工艺，全垮落法管理顶板。

2) 配套设备

工作面主要设备配置见表 6-2。

表 6-2　122105 综放工作面主要设备配置

序号	设备名称	规格型号	数量
1	采煤机	SL900	1 台
2	基本液压支架	ZFY21000/34/63D	153 架
3	中间过渡液压支架	ZFYG21000/34/63D(A/B)	2 架
4	机头过渡液压支架	ZFG22000/30/50D(A)	3 架
5	机尾过渡液压支架	ZFG22000/30/50D(B)	5 架
6	端头液压支架	ZYT21000/28/50D	2 架
7	运输顺槽超前支架	ZTC17500/30/50D	3.5 组
8	回风顺槽超前支架	ZQL2×9000/33/50D	6 组
9	前部刮板输送机	SGZ1250/2×2000	1 台
10	后部刮板输送机	SGZ1400/3×1600	1 台

3. 智能放煤设备与技术参数

智能化综采放顶煤技术的核心是实现对放煤口开启与关闭的智能化控制。为实现 122105 综放工作面智能化放煤，增加了用于图像识别含矸率的矿用本安 KBA12S(A)型图像处理摄像仪、KJJ113 型矿用隔爆兼本安型综合接入网关以及 DGS 系列矿用隔爆型 LED 补光灯。

(1)矿用本安 KBA12S(A)型图像处理摄像仪用于图像识别煤岩含矸率，可以实现在多粉尘、多水雾的环境下获取清晰的煤岩图像(图 6-1)，将摄像头固定在支架后部四连杆位置处，用来识别后部刮板输送机上煤流的含矸率。

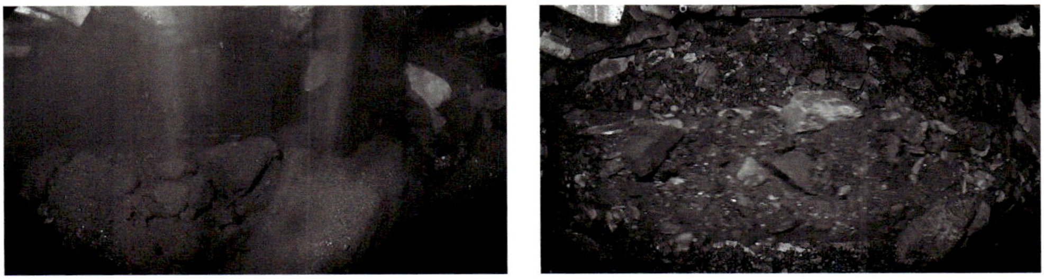

(a) 本架放煤　　(b) 邻架放煤

图 6-1　摄像头采集画面

(2)KJJ113 型矿用隔爆兼本安型综合接入网关安装在液压支架四连杆前部预留螺丝孔处，其主要作用为给摄像头提供电源，并传输摄像头画面。此外，利用网关可以实现以太网信号的级联转换，起到集线器的作用，相关技术参数见表 6-3。

表 6-3 KJJ113 型矿用隔爆兼本安型综合接入网关技术参数

参数名称	数值	参数名称	数值
额定工作电压	AC127V(75%～110%)	输入视在功率	≤50VA
以太网电信号接口	100M，6 路	本安电源输出路数	4 路
额定输出电压	12V	额定输出电流	1400mA
过压保护电压	≤12.5V	过流保护电流	≤1600mA

(3) DGS 系列矿用隔爆型 LED 补光灯和摄像头固定在支架上(图 6-2)，通过调节补光灯的照明范围及光照强度，提高图像质量和煤岩识别精度。

图 6-2 摄像头和补光灯实际安装位置

122105 综放工作面智能化放煤设备布置如图 6-3 所示。为保证智能化放煤系统的稳定性，机头 11 架与机尾 10 架不参与智能化放煤，由人工操作。从第 12 架至第 153 架，

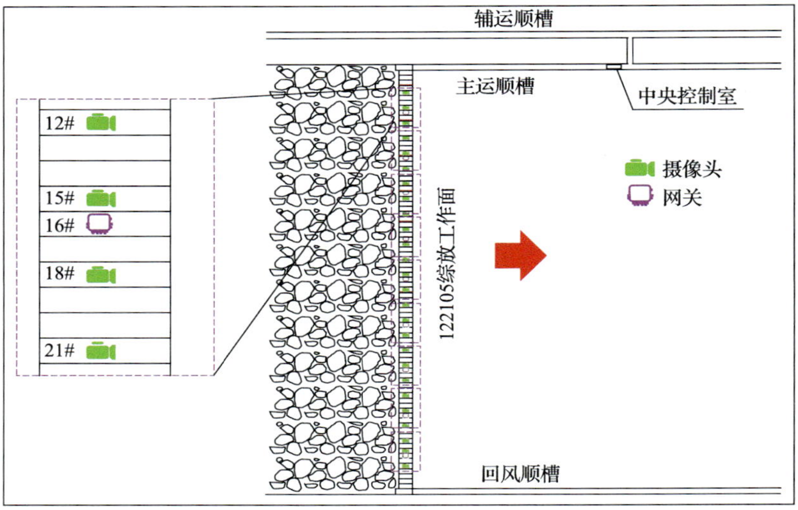

图 6-3 122105 综放工作面智能化放煤设备布置图

每隔 3 架装一个摄像头，共安装 48 个摄像头和补光灯，每个摄像头配置独立 IP 地址；每隔 12 架装一个网关，共安装 12 个网关，每个网关分别连接相邻的 4 个摄像头，所有设备的电源采用并联方式连接，网线采用串联方式连接。

4. 应用效果

图 6-4 为 122105 综放工作面智能化放煤技术应用示意图。在工作面集控中心及调度室安装煤岩识别系统，支架进行放煤时通过该系统对后部刮板输送机运输的原煤进行含矸率动态检测，当含矸率超过预设值时，系统向电液控制系统发送控制指令，控制支架尾梁归位插板伸出关闭放煤口[1]。

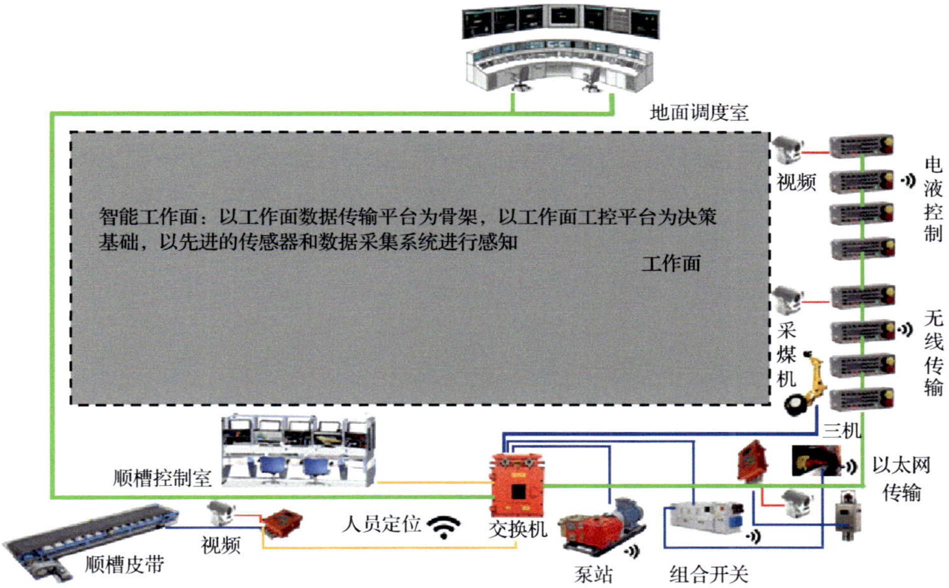

图 6-4　122105 综放工作面智能化放煤技术应用示意图

对比智能化放煤技术应用前后的顶煤回收率，采用智能化放煤技术前一个月顶煤回收率为 69.5%；采用智能化放煤技术后一个月顶煤回收率为 74.3%；采用智能化放煤技术后 15～30 天，顶煤回收率为 88.4%，较采用智能化放煤技术前提高了 18.9 个百分点。该工作面剩余可推进距离约 3km，预计智能化放煤技术将为该工作面增加 180 万 t 煤炭产量，增加经济效益 7.2 亿元。

6.1.2　B 矿 81202 综放工作面智能放煤

1. 工作面基本情况

B 矿井田面积约 60km^2，为高瓦斯矿井，地质条件复杂，顶板破碎，安全管理难度大，设计生产能力 12.00Mt/a。81202 综放工作面所采煤层为二叠系煤层，煤层总体近南北走向，呈向西倾斜的单料构造，工作面长度 237m，沿走向平均推进长度 2626m，煤层倾角 3°～6°，平均 4°，平均厚度 7.2m，煤层结构复杂，宏观煤岩类型以半亮—半暗煤为主。平均夹矸 3 层，岩性为泥岩及碳质泥岩，单层夹矸最大厚度 0.8m，煤种为气煤。煤层可采指数为 1，变异系数为 27.5%，属于稳定煤层。

表 6-4 为 81202 综放工作面顶底板基本情况。工作面直接顶为粉砂岩，平均厚度 1.0m；基本顶为粗粒砂岩，平均厚度 8.9m；直接底为砂质泥岩，平均厚度 1.0m，基本底为细粒砂岩，平均厚度 8.34m。煤层单轴抗压强度 17.9～30.8MPa，平均 23.89MPa，抗拉强度 0.67～1.08MPa，平均 0.92MPa。

表 6-4　81202 综放工作面顶底板基本情况

岩层名称	岩石种类	厚度/m	特征
基本顶	粗粒砂岩	$\frac{1.0 \sim 20.8}{8.9}$	灰白色，成分以石英为主，长石次之，含暗色碎屑，分选性中等，次圆状—次棱角状，泥质充填
直接顶	粉砂岩	1.0	深灰色，泥质胶结，块状层理
直接底	砂质泥岩	1.0	砂泥质结构，水平层理，平坦状结构，含少量不完整植物化石，局部被冲蚀
基本底	细粒砂岩	8.34	灰色—深灰色，波状层理，见植物化石

2. 工作面采煤方法与配套设备

1) 采煤方法

81202 综放工作面沿 8#煤底板回采，设计采高 3.7m，放煤高度 3.5m，采放比为 1∶0.95，采用走向长壁后退式综合机械化放顶煤采煤方法，全部垮落法管理顶板，采用双向割煤，往返一次割两刀，进刀方式为端部斜切进刀，放煤方式为一刀一放，采煤机截深为 0.865m。

2) 配套设备

工作面主要设备配置见表 6-5。

表 6-5　81202 综放工作面主要设备配置

序号	设备名称	规格型号	数量
1	采煤机	7LS6C-LWS636	1 台
2	基本液压支架	ZFY18000/25/39D	108 架
3	中间过渡液压支架	ZFYG21000/25/39D	2 架
4	组合支架	ZFP21000/26/41D	1 组
5	排头支架	ZFP21000/26/41D	9 架
6	前部刮板输送机	SGZ1000/2400	1 台
7	后部刮板输送机	SGZ1000/2400	1 台

3. 智能放煤设备与安装

1) 智能放煤配套设备

为适应井下恶劣工作环境，获得可以满足识别需求的高质量图像，研发了长效防尘、主动除尘的智能自清洁隔爆型摄像头“慧眼一号”[1]，如图 6-5 所示。

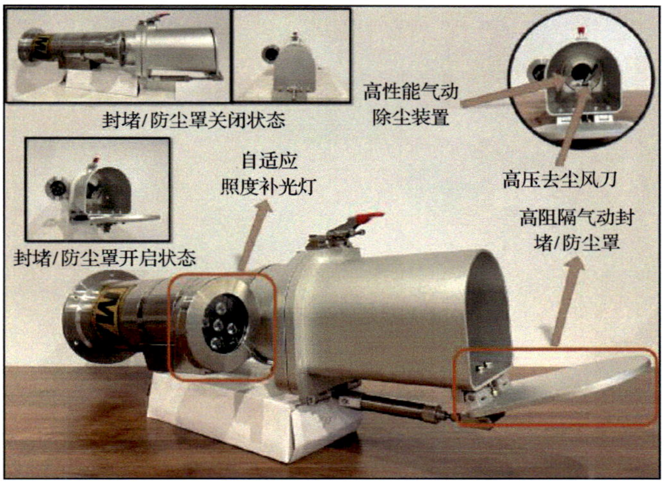

图 6-5　慧眼一号

构建了图像识别智能放煤系统框架，硬件设备包括 KXJ127 型矿用隔爆兼本安型通信控制器与摄像头。其中，每台通信控制器负责给 1～3 台摄像头供电与双向通信。通信控制器之间采用光纤串联方式实现通信互通，摄像头内置 E-CAM-MB-2.0 主板与 Xavier NX 模块，摄像头内部处理分析数据，识别结果通过通信控制器进行传输，其中每台摄像头与对应支架控制器采用 RS485 通信协议经双芯电源线连接，如图 6-6 所示。

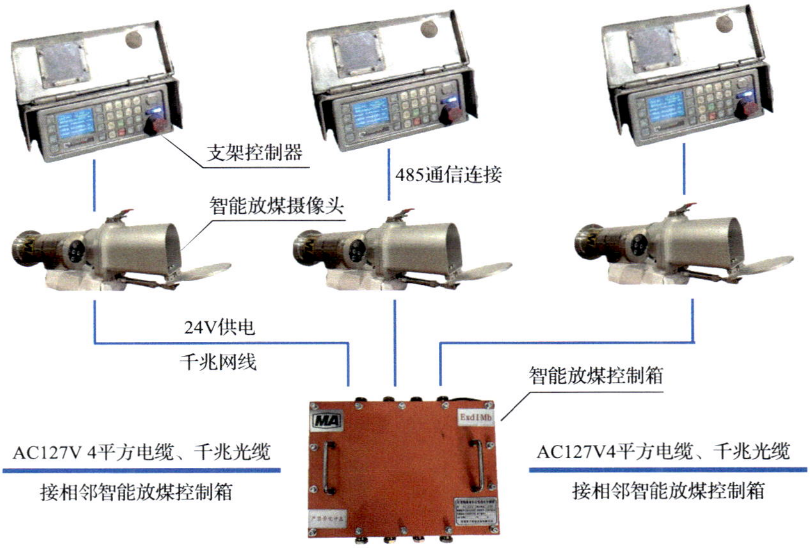

图 6-6　图像识别智能放煤系统框架

2）设备安装方案

摄像头、补光灯通过转接件安装于液压支架连杆上，避免支架与后部刮板输送机间煤堆对数据采集的影响，如图 6-7 所示。

图 6-7 安装效果图

3）工作面设备布置

摄像头安装于支架左侧预留挂块位置，共计安装 35 台，具体安装架次为#8、#10、#12、#15、#17、#19、#21、#23、#25、#27、#29、#31、#33、#35、#37、#39、#41、#43、#45、#48、#51、#57、#63、#69、#71、#74、#76、#78、#80、#82、#84、#86、#88、#90、#92 支架。

通信控制器安装于支架四连杆位置左侧预留挂块处，共计安装 16 台，具体安装架次为#9、#15、#21、#27、#33、#39、#45、#53、#63、#71、#79、#84、#91、#96、#103、#109 支架。

4. 应用效果

通过地面太空舱安装的上位机系统，可以实现对井下摄像头进行实时连接，对摄像头的启停进行控制；与摄像头连接成功、打开视频模式后，可以实时获取摄像头对应图像采集区域的画面，并可以通过更改光圈、焦距、缩放来调整视频流清晰度；通过更改设置中的曝光时间、增益级别、白平衡矫正、拍照间隔等来获取图片数据；当打开视频模式，画面中有煤流通过时，可以显示图像采集区域的实时含矸率。

如图 6-8 所示，可通过顺槽集控中心和地面太空舱对 81202 综放工作面安装的智能放煤摄像头进行智能放煤联合调试，通过电液控制系统在井下放煤过程中打开摄像头，设备正常运转、含矸率上报正常，实时性良好。在智能放煤联合调试过程中，本架摄像头控制邻架放煤动作，通过在电液控制系统中预设含矸率阈值 5%、20%、30%、50%，当含矸率达到阈值时，邻架自动停止放煤。智能放煤控制器界面如图 6-9 所示。

利用上位机收集的约 15000 张 81202 综放工作面后部刮板输送机上的煤流图像，对其进行筛选、标注，构建了图像数据集，按照 8∶2 划分为训练集与测试集，通过对煤岩图像智能算法的多次迭代优化，经第三方检测机构检测，煤岩识别准确率 86.62%。

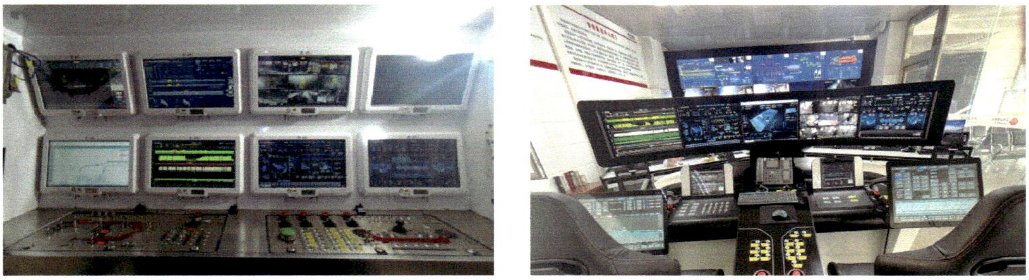

(a) 顺槽集控中心　　(b) 地面太空舱

图 6-8　远程自动放煤调试

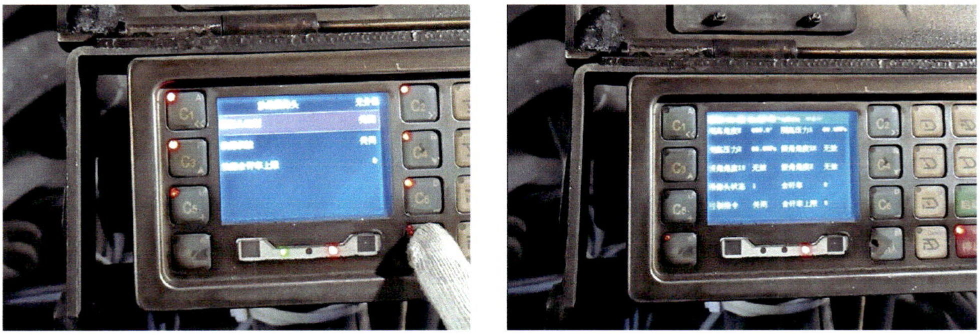

(a) 控制器智能放煤模式开启界面　　(b) 控制器摄像头状态显示界面

图 6-9　智能放煤控制器界面

6.1.3　W 矿 91208 综放工作面智能放煤

1. 工作面基本情况

W 矿井田南北长约 19.45km，东西宽约 5.81km，面积为 79.6806km^2，井田内可采及局部可采煤层有 6 层，计算储量煤层 3 层，平均厚度 8.62m，可采含煤系数 5.07%。91208 综放工作面位于 3#煤层，赋存于二叠系山西组中下部，为陆相湖泊型沉积。工作面标高 355～401m，地面标高 932～934m。

工作面煤层厚度相对稳定，煤层厚度 7.37m，局部煤层变薄，夹矸厚度 1.0～1.9m；煤层可采指数 1，变异系数 8.42%，煤层结构较为复杂。顶板泥岩、砂质泥岩为软弱—中硬型；底板泥岩、砂质泥岩为中硬型；煤层为低磷、低硫，中灰，具黏性，高发热量，为优质动力用煤。

表 6-6 为 91208 综放工作面顶底板基本情况。工作面基本顶为中粒砂岩，平均厚度 1.5m；直接顶为泥岩，平均厚度 5.7m；直接底为泥岩，平均厚度 3.24m，基本底为细粒砂岩，平均厚度 2.71m。煤层单轴抗压强度 17.97～56.86MPa，抗剪强度 1.47～7.27MPa。

表 6-6　91208 综放工作面顶底板基本情况

岩层名称	岩石种类	厚度/m	特征
基本顶	中粒砂岩	$\frac{1.2\sim1.8}{1.5}$	深灰色，厚层状，石英为主，长石次之
直接顶	泥岩	$\frac{3.45\sim7.95}{5.7}$	灰黑色，块状，泥质结构，见植物化石
直接底	泥岩	$\frac{1.18\sim5.3}{3.24}$	灰黑色，块状，泥质结构，局部夹少许细粒砂岩，下部岩心较破碎，少许植物化石
基本底	细粒砂岩	$\frac{1.05\sim4.37}{2.71}$	灰—深灰色，成分以石英为主，长石次之，分选好，次圆状—圆状，波状层理，见植物化石

2. 工作面采煤方法与配套设备

1) 采煤方法

91208 综放工作面采用走向长壁、后退式综合机械化低位放顶煤一次采全高全部垮落采煤法。工作面切眼长 290m，底分层采高 3.3±0.1m，循环进度 0.8m，顶煤平均高度 3.63±0.1m。

2) 配套设备

91208 综放工作面配套设备见表 6-7。

表 6-7　91208 综放工作面配套设备清单

序号	设备名称	规格型号	数量
1	采煤机	WG400/930-WD	1 台
2	中间液压支架	ZF8000/20/38	182 组
3	排头(尾)架	ZFG9600/23/38	11 组
4	端头副架	ZT2200/25/40	1 组
5	前后部刮板输送机	SGZ1000/2*1000	2 部
6	转载机	SZZ1200/525	1 部
7	破碎机	PLM-3500	1 台
8	带式输送机	DSJ-140/230/3*400	1 台
9		SSJ-120/150/*315	1 台
10	乳化泵	BRW-400/31.5	3 台

3. 智能放煤配套设备与技术安装

针对放顶煤工作面放煤口附近空间狭小，升级改造了图像识别智能放煤图像采集系统，论证了图像处理电路的可靠性与集成度，缩小了图像采集装置外观尺寸，开发了图像识别智能放煤边缘计算数据采集系统“慧眼二号”以及工作站[2]，如图 6-10 所示。

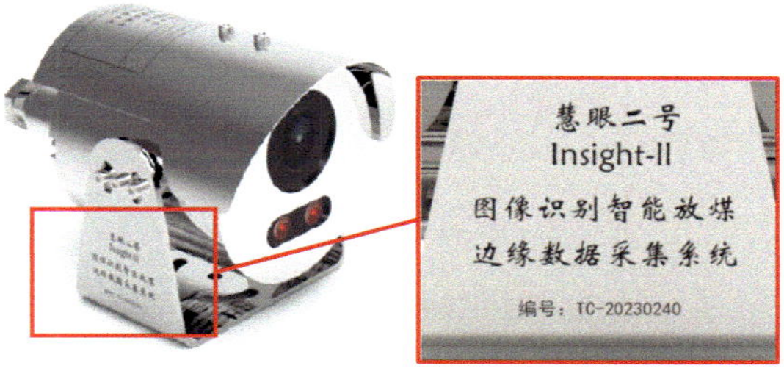

(a) 慧眼二号

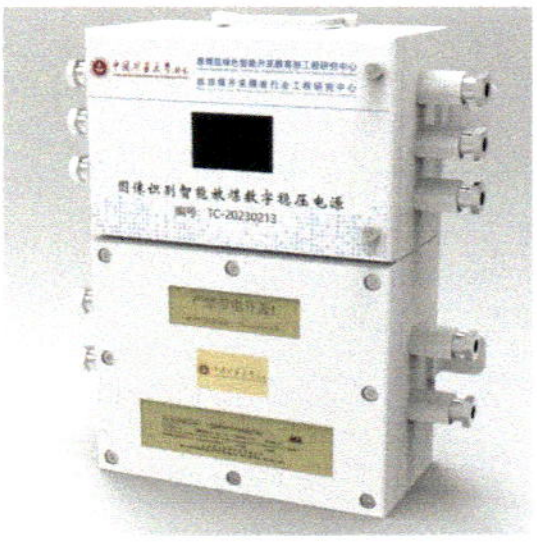

(b) 数字稳压电源

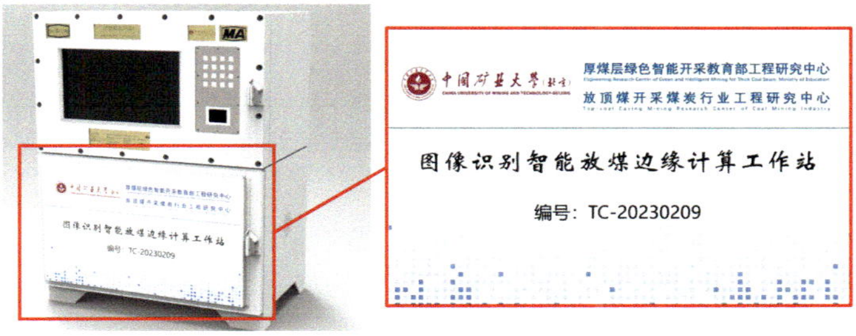

(c) 边缘计算工作站

图 6-10　智能放煤配套设备

91208 综放工作面共安装长效自清洁摄像头 50 台、LED 补光灯 50 台、隔爆电源 10 台、工业级千兆交换机 4 台、边缘计算图像处理服务器 1 台。

为确保智能放煤系统在煤岩数据采集与低延迟传输方面的稳定性，制定了合理的设备布线方案。摄像头供电采用电缆并联方式，每个隔爆电源可为 5 台摄像头提供稳定供电。摄像头通信采用网线串联，每 5 台摄像头组成一组，第一台、第三台交换机分别连接三组摄像头，第二台交换机连接两组，以优化数据传输路径。交换机通过并联方式连接至边缘计算图像处理服务器，确保高效、可靠的数据传输。补光灯采用电缆串联供电，以减少布线复杂度并提高供电稳定性。

结合 91208 综放工作面 ZF8000/20/38 型低位放顶煤液压支架的结构特点，充分考虑生产环境和支架移架工艺对图像采集系统的影响，制定了智能放煤设备安装方案。该方案确保摄像头在最优角度和最大范围内采集煤岩图像，同时保证放煤系统在生产过程中稳定运行。具体安装方案如图 6-11 所示，摄像头与补光灯安装于支架后连杆中部，

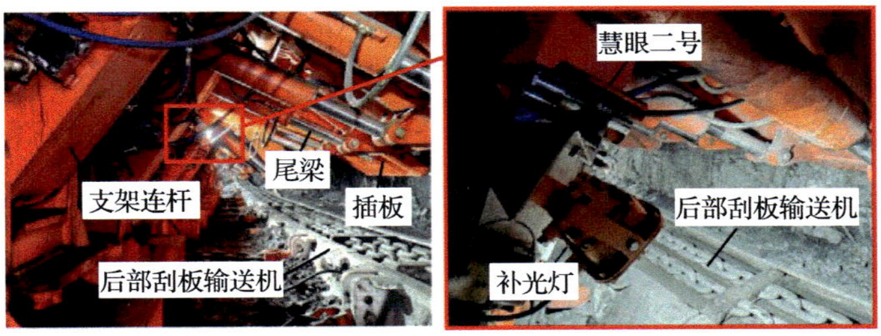

(a) 慧眼二号和补光灯

(b) 数字稳压电源

图 6-11　设备安装位置

以提供最佳拍摄视角，数字稳压电源及交换机则安装在支架前立柱中部，确保电源供应的稳定性与设备布线的合理性。此外，为了提高数据处理的稳定性，将边缘计算图像处理服务器安装在设备列车集控中心，保障数据的高效存储与处理。

4. 应用效果

目前已完成 91208 综放工作面设备安装与联调联试工作，并构建了图像数据，实现了放煤过程煤岩图像的高精度分割与含矸率自动识别，如图 6-12 所示，煤岩图像识别准确度 87.3%。

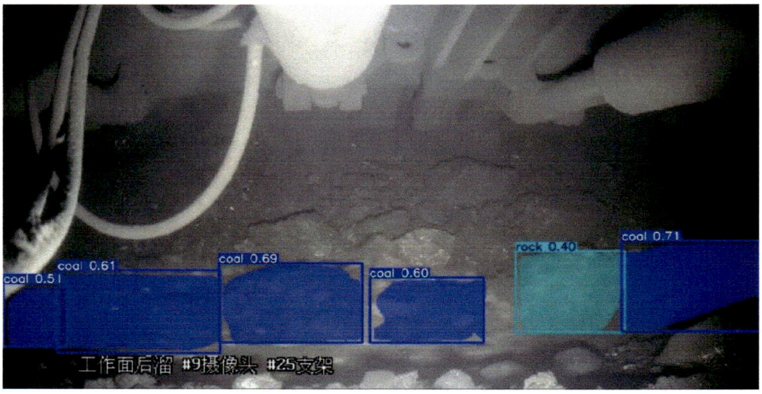

图 6-12　W 矿 91208 综放工作面煤岩识别图像

6.2　限高开采应用

6.2.1　M 矿 I0216^{3}02 工作面概况

M 矿井田东西平均长约 9.50km，南北平均宽约 5.36km，面积为 49.05km^2。矿井设计资源储量 11.92 亿 t，可采储量 7.04 亿 t，设计生产能力 5.00Mt/a。I0216^{3}02 工作面位于 16-3 煤层北一盘区，煤层埋深 413.30～447.20m，工作面长度 185m，推进长度 901m，煤层厚度 15.40～25.25m，平均厚度 19.50m，煤层倾角 3°～7°，平均倾角 5°，变异系数 14.2%。

表 6-8 为 I0216^{3}02 工作面顶底板基本情况。工作面直接顶为粉砂岩，平均厚度 2.45m；基本顶为粉砂岩，平均厚度 10.00m；直接底为泥岩，平均厚度 6.00m，基本底为粉砂岩，平均厚度 10.50m。煤层单轴抗压强度为 8.3～16.1MPa，平均 12.3MPa，平均内摩擦角 34.92°。

I0216^{3}02 工作面回采的 16-3 煤层属于伊敏组煤层，伊敏组煤层顶板及煤层间的砾岩和砂砾岩发育，厚度较大，构成了煤层开采时直接充水含水层和间接充水含水层。白垩系伊敏组煤系地层含水层自上而下分为 3 个含水层，分别为 15 煤层组顶板及层间砂砾岩、砂岩含水层（Ⅰ含），16 煤层组顶板砾岩、砂砾岩含水层（Ⅱ含），16 煤层间砾岩、砂砾岩含水层（Ⅲ含），其中对煤层开采影响较大的是Ⅱ含水层和Ⅲ含水层。需要对 I0216^{3}02 工作面顶煤放出高度进行精准控制，以降低由于过多放出顶煤而引发涌水事故的风险，实现安全高效生产。

表 6-8　I0216^{3}02 工作面顶底板基本情况

岩层名称	岩石种类	厚度/m	特征
基本顶	粉砂岩	$\frac{9.30 \sim 12.50}{10.00}$	灰白色，粉砂状结构，巨厚层状，泥质胶结，半坚硬
直接顶	粉砂岩	$\frac{0.35 \sim 3.70}{2.45}$	灰色，粉砂状结构，厚层状，半坚硬
直接底	泥岩	$\frac{1.78 \sim 30.00}{6.00}$	灰黑色，巨厚层状构造，泥质结构，含炭屑，松软
基本底	粉砂岩	$\frac{6.68 \sim 26.95}{10.50}$	灰色，粉砂状结构，厚层状，半坚硬

6.2.2　工作面采煤方法与配套设备

1. 采煤方法

I0216^{3}02 工作面采用走向长壁后退式综放工艺，全部垮落法处理采空区的综合机械化放顶煤采煤方法。

2. 配套设备

工作面主要设备配置见表 6-9。

表 6-9　I0216^{3}02 工作面主要设备配置

序号	设备名称	规格型号	数量
1	采煤机	MG400/930-WD	1 台
2	基本液压支架	ZF10000/17/32D	119 架
3	中间过渡液压支架	ZFG10000/21/32D	7 架
4	端头支架	ZTZ20000/19/32D	1 组
5	超前支架	ZQL2×6000/23/45	8 架
6	前部刮板输送机	SGZ900/1400	1 台
7	后部刮板输送机	SGZ900/1400	1 台

6.2.3　智能放煤设备与技术参数

1. 放煤时间测试设备

依据 M 矿 I0216^{3}02 工作面采煤作业规程，在工作面煤壁完整无片帮的区域，分别在 10-11#、62-63#、114-115#放煤支架架间处架设钻孔临时平台和安装顶煤运移跟踪仪[3]，如图 6-13 所示，在距离煤壁 0.5～2.0m 处的架间位置采用 Φ42mm 风煤钻垂直向上施工钻孔，直至放出煤体边界线以上 0.5m 停止打孔，钻孔长度 6.5m。自上向下进行顶煤放出标签的安装，其中超放预警标签安装至 6.5m 高度位置，其余顶煤放出标签的垂距为 0.25m，每个钻孔内共安装 25 个标签[4,5]，如图 6-14 所示。

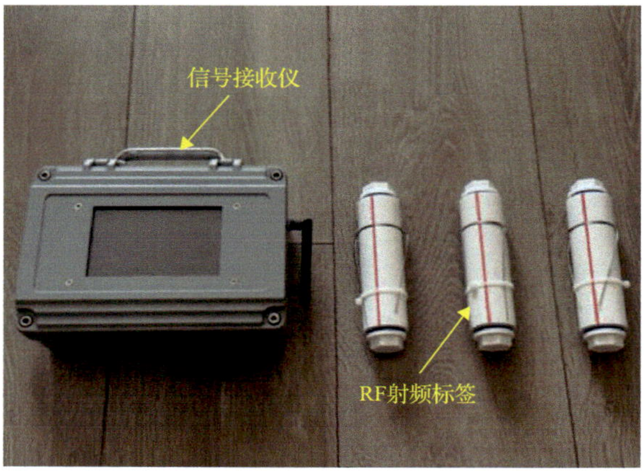

图 6-13　顶煤运移跟踪仪

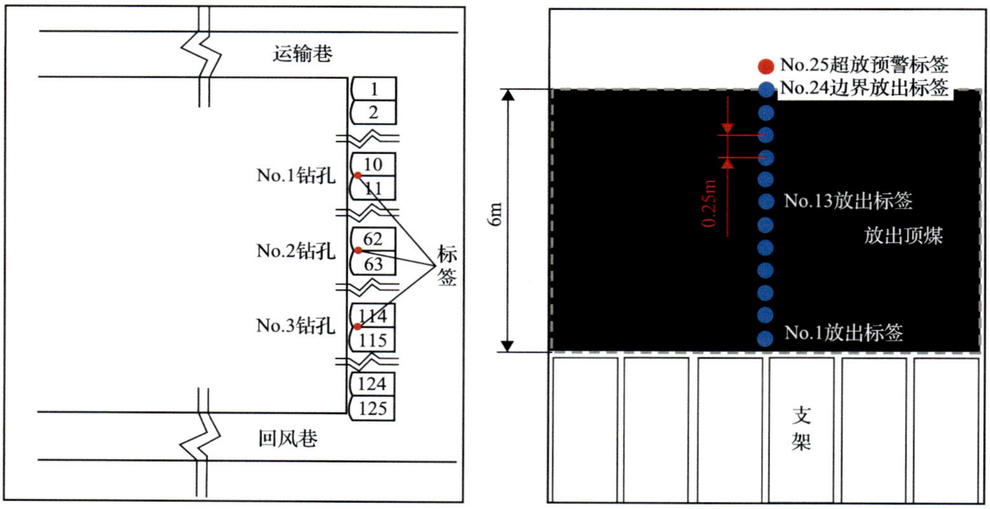

图 6-14　顶煤放出标签布置方案

2. 智能图像识别监测与监控设备

在工作面 4#～119#放煤支架范围内每 3 部支架上安装一套智能图像识别监测与监控设备，包括 1 台慧眼二号、1 台 LED 补光灯、1 台 KDW127/12 型矿用隔爆兼本安型直流稳压电源箱(图 6-15)。LED 补光灯和电源箱分别串联后经三通接线盒接入顺槽集控仓进行供电，摄像头的供电由电源箱提供，并与矿用本安型千兆环网交换机连接进行信号传输，采集的视频数据通过交换机传输至顺槽集控仓进行处理，最终传输至地面集控中心。

图 6-15　KDW127/12 型矿用隔爆兼本安型直流稳压电源箱

开发综放工作面智能化精准控制顶煤放出高度系统，包括图像识别模块、数据处理模块和控制模块。通过图像识别模块可以读取每台摄像头采集的视频数据，实时对综放工作面放煤口的放煤状态和顶煤放出量进行实时监控；通过数据处理模块将图像识别结果与传感器数据进行融合，对放煤时间进行动态调整；控制模块基于放煤时间测试与图像数据处理结果，向电液控制系统发送信号，对放煤口的开启与关闭发送指令，实现精准控制顶煤放出高度。

6.2.4　应用效果

在 I0216^{3}02 工作面开采初期使用顶煤运移跟踪仪进行了多轮放煤时间测试(图 6-16)。

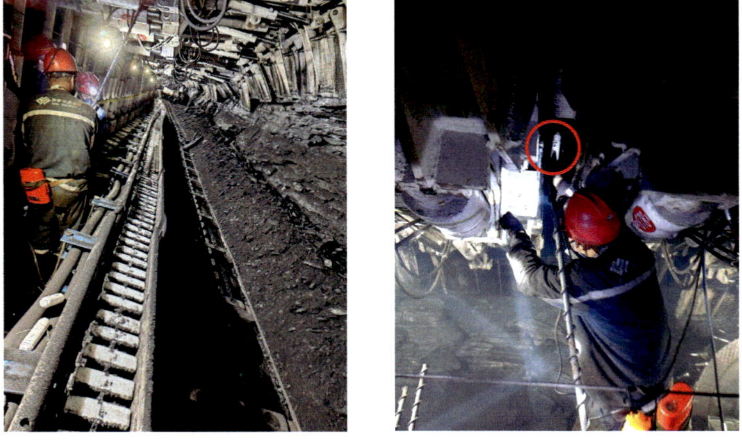

图 6-16　架间打孔安装顶煤跟踪仪

按照布置方案分别在工作面上、中、下部向顶煤施工钻孔，每个区域安装 25 个顶煤运移标签，并在运输巷距工作面 50m 处布置信号接收仪，汇总放煤的顶煤运移时间。

在工作面 5#～119#放煤支架范围内进行支架改造与升级，在支架上进行焊接挂块，通过转接板实现支架与摄像头和电源箱的连接，如图 6-17 所示。LED 补光灯安装于支架右前连杆底部，摄像头安装于支架右前连杆侧面，KDW127/12 型矿用隔爆兼本安型直流稳压电源箱安装于支架脚踏板上方左侧顶梁，如图 6-18 所示。

(a) 标记板固定

(b) 挂块焊接点标记

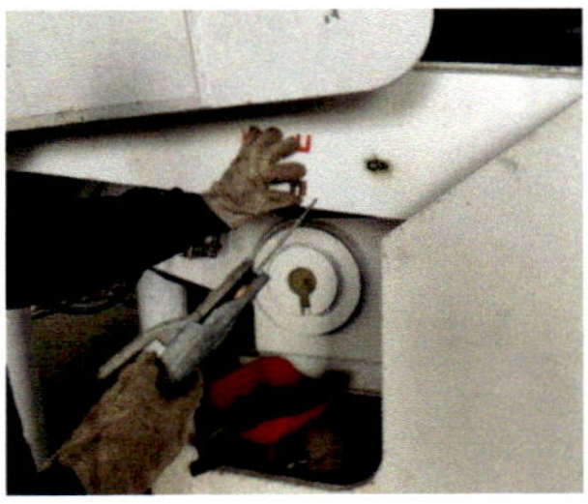
(c) 现场焊接挂块

(d) 挂块焊接效果图

(e) 摄像头转接板

(f) 电源箱转接板

图 6-17 支架改造与升级

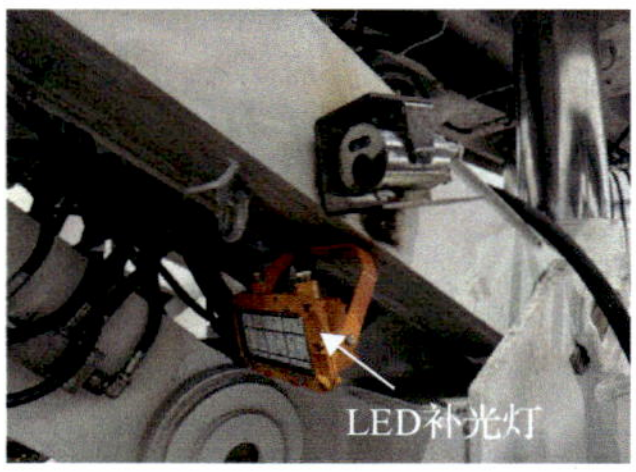

(a) 放煤图像识别LED补光灯

(b) 放煤图像识别摄像头

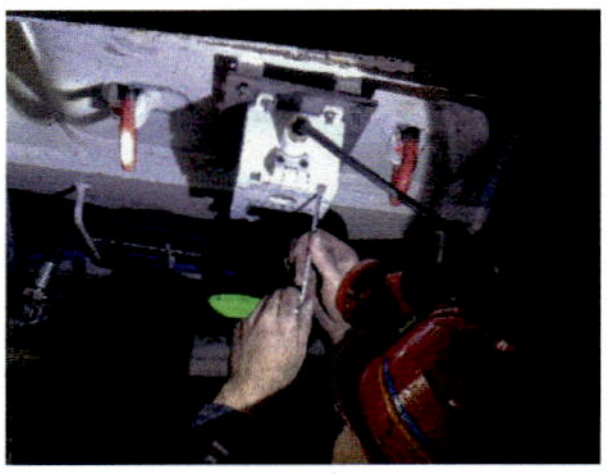
(c) 放煤图像识别电源箱

图 6-18 智能图像识别设备安装

开发了 M 矿智能化精准控制顶煤高度系统（图 6-19），对工作面不同位置放煤口的放煤状态进行实时监测和分析，并与电液控制系统实现对接，根据多轮记忆放煤时间结合图像识别进行工作面液压支架放煤口开启与关闭，实现 I0216^{3}02 工作面顶煤放出高度的智能化精准控制。另外，提供了计算机端和手机端版本，放煤工人可以在调度室、集控仓使用计算机操作，也可以在工作面使用手机操作。

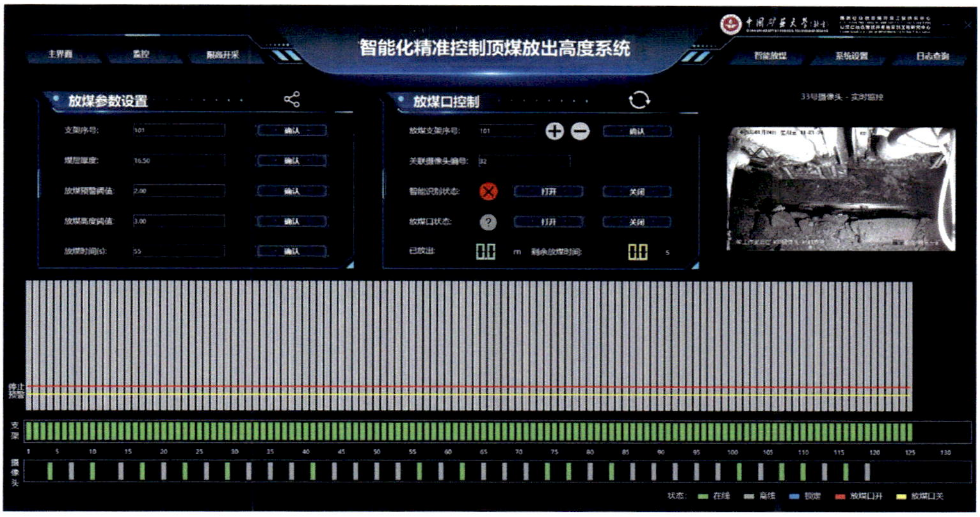

图 6-19　M 矿智能化精准控制顶煤高度系统

参 考 文 献

[1] 王家臣, 潘卫东, 张国英, 等. 图像识别智能放煤技术原理与应用[J]. 煤炭学报, 2022, 47(1): 87-101.

[2] 王家臣, 杨胜利, 李良晖, 等. 智能放煤理论与技术研究进展[J]. 工矿自动化, 2024, 50(9): 1-12.

[3] 王家臣, 黄国君, 杨宝贵, 等. 顶煤放出规律跟踪仪及其测定顶煤放出规律的方法: ZL200910090005.9 [P]. 2009-08-26.

[4] 王家臣, 杨胜利, 黄国君, 等. 综放开采顶煤运移跟踪仪研制与顶煤回收率测定[J]. 煤炭科学技术, 2013, 41(1): 36-39.

[5] 潘卫东, 李新源, 员明涛, 等. 基于顶煤运移跟踪仪的自动化放煤技术原理及应用[J]. 煤炭学报, 2020, 45(S1): 23-30.